QCM de chimie organique

QCM de chimie organique

2e édition

> Ayadim

de boeck SUPÉRIEUR

Pour toute information sur notre fonds et les nouveautés dans votre domaine de spécialisation, consultez notre site web: **www.deboecksuperieur.com**

Fond Jean Pâques, 4 – B-1348 Louvain-la-Neuve

2e édition 2015

Dépôt légal:
Bibliothèque nationale, Paris: septembre 2015
Bibliothèque royale de Belgique, Bruxelles: 2015/13647/077
ISBN 978-2-8041-9017-0

Avant-propos

Mal comprendre un problème de chimie organique n'est pas toujours en soi un élément négatif du point de vue pédagogique. Je me suis rendu compte, après avoir enseigné, organisé des monitorats et corrigé des examens pendant de nombreuses années, que le fait d'être piégé par ces QCM pouvait, en définitive, revêtir un caractère constructif, c'est-à-dire formatif. Autrement dit, si on donne à l'étudiant l'occasion de pouvoir corriger ses erreurs au cours de son apprentissage, il lui sera possible d'éviter de reproduire celles-ci en situation réelle, comprenez au moment des examens qui constituent tout compte fait un contrôle de la validité des connaissances acquises.

Pour l'enseignant aussi, la mise à profit de la « pédagogie de l'erreur » permet de réagir positivement vis-à-vis des réponses données face au spectre des réponses proposées. La méthodologie de son cours pourra être revue en fonction des écueils rencontrés, aboutissant peut-être à un enseignement plus performant.

Le contenu de l'ensemble des exercices proposés est rarement répétitif, car il est bien connu qu'une redondance dans l'erreur est souvent décourageante pour l'apprenant. Bref, cet ouvrage se veut être un outil efficace pour les étudiants désireux de réussir à l'université et se positionner sur le bon rail. Grâce à ces questionnaires par QCM, il a été prouvé que même les étudiants les plus inadaptés à la science sont capables de s'en sortir avec brio pour autant qu'ils acceptent de jouer le jeu. Après tout, les concepts développés ici reposent sur des notions assez fondamentales. Dans ce livre, les erreurs proposées au fil d'un exercice sont principalement conçues pour acquérir des automatismes permettant à l'apprenant d'aller plus en profondeur dans la matière.

En général, dans les 300 QCM, toutes les propositions ne sont jamais très loin du sujet et, c'est le feedback d'erreur qui peut se révéler précieux pour améliorer et faciliter l'apprentissage de l'étudiant. De plus, l'aide dirigée est présentée dans l'intention de donner un aperçu d'une stratégie de résolution.

Enfin, cet ouvrage se termine par 182 Vrai/Faux qui vous permettent de vérifier et d'ébranler l'état de vos connaissances en chimie organique.

M. AYADIM

Liaisons-isoméries, polarité-solubilité et acides-bases

1. Quelle est la formule de LEWIS exacte de NH_3 (A), $FeBr_4^{\ominus}$ (B), CH_3OH (C) et RCOOOH (D)? Les polarités des liaisons doivent être respectées.

A.

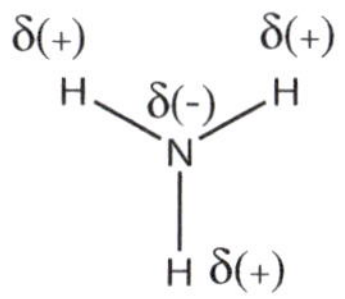
1

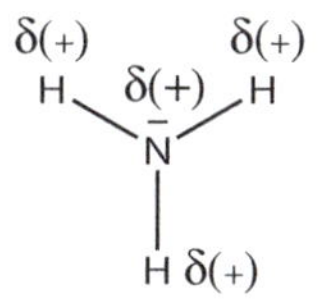
2

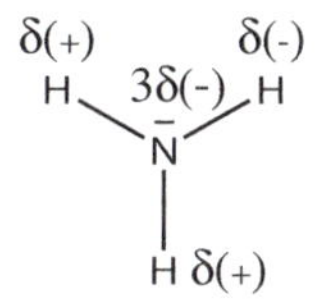
3

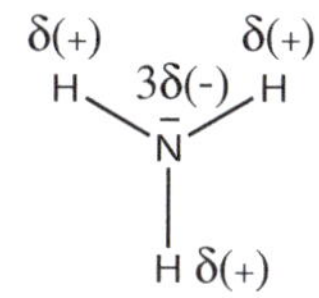
4

B.

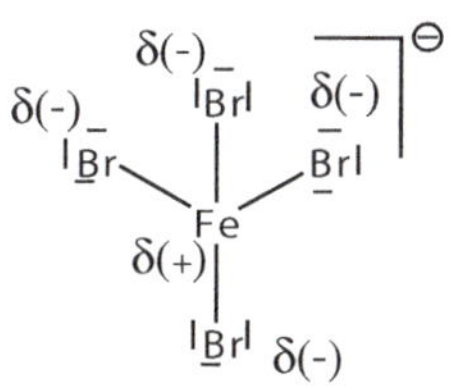
1

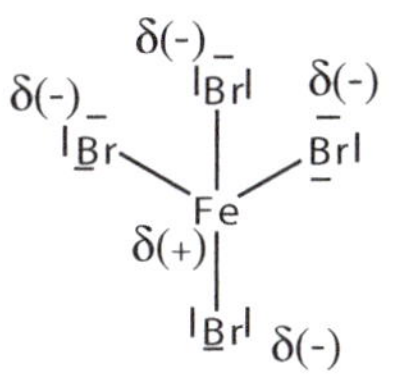
2

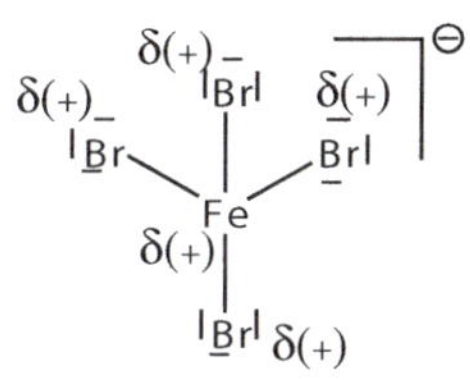
3

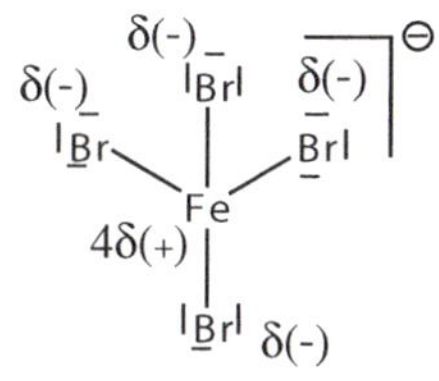
4

C.

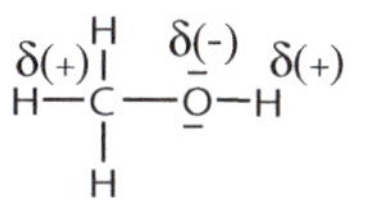
1

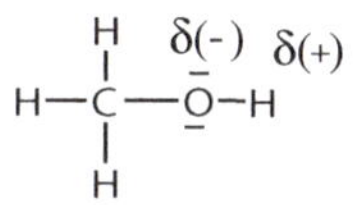
2

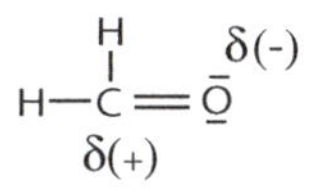
3

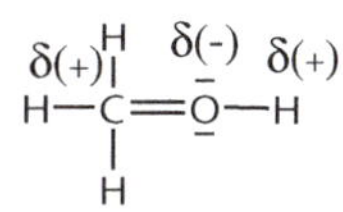
4

D.

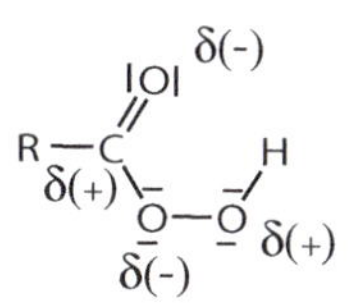
1

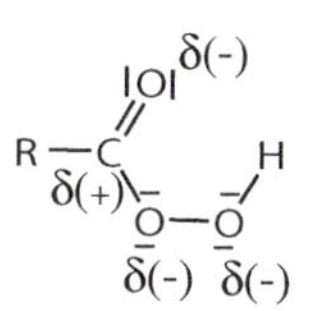
2

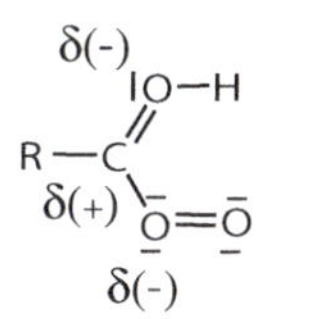
3

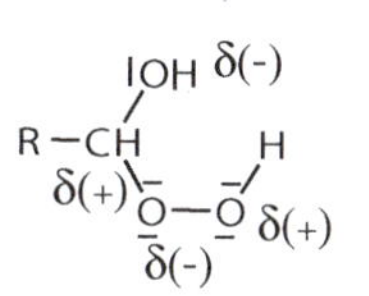
4

2. **Parmi les structures de LEWIS suivantes, indiquer (sans répétition) celle(s) qui correspond(ent) au C_3H_5Cl.**

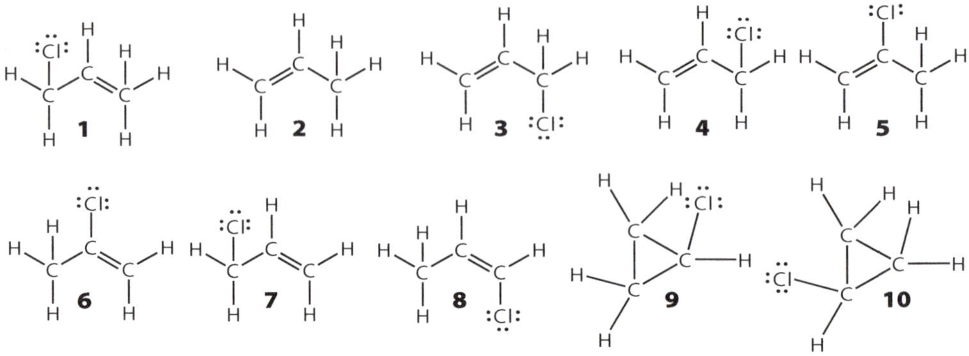

A. **1, 2, 3, 4**
B. **1, 3, 5, 8, 9**
C. **3, 5, 8, 10**
D. **1, 3, 5, 9, 10**
E. **2, 5, 8, 10**

3. **I. Voici les formules développées et simplifiées de tous les isomères de $C_4H_{10}O$. Les classer en 2 catégories : solubles (a) et insolubles (b) dans l'eau.**

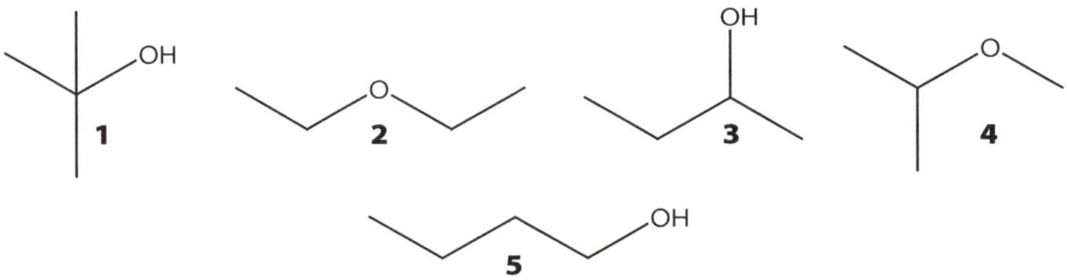

1 = a ou b
2 = a ou b
4 = a ou b
5 = a ou b

II. Classer les alcools 1, 3 et 5 par ordre croissant de solubilité dans l'eau.

A. **1** < **3** < **5**
B. **3** < **5** < **1**
C. **5** < **3** < **1**
D. **5** < **1** < **3**

4. On passe sur une colonne chromatographique contenant de la silice (polaire) un mélange de **1**, **2** et **3**.

1

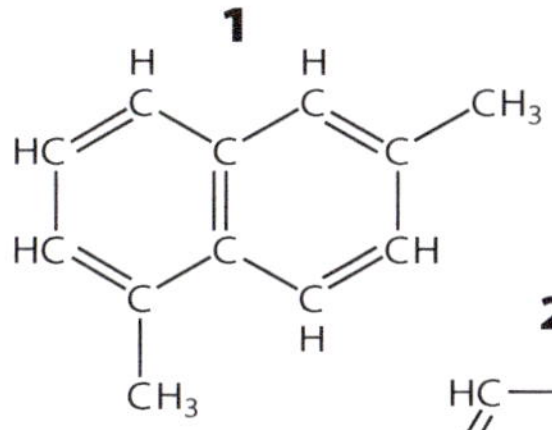

3

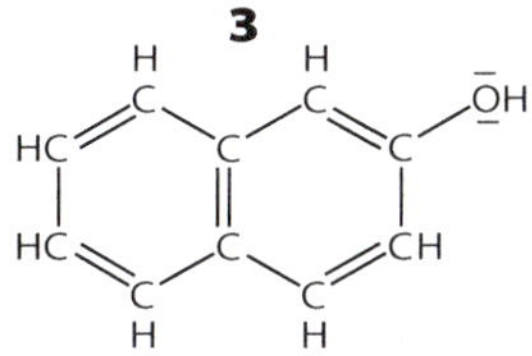

2

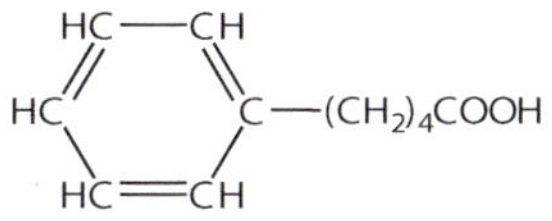

On recueille ces produits dans une série de tubes à essais marqués de 1 à 51.

- Dans les tubes 4 à 14 se trouve un produit (A).
- Dans les tubes 15 à 21 se trouvent deux produits (B et C).
- Dans les tubes 22 à 37 se trouve un produit (D).
- Un des produits est resté sur la colonne (E) .

Identifier les trois produits.

A = **1**, **2** ou **3**
B et C = **1** et **2**, **1** et **3** ou **2** et **3**
D = **1**, **2** ou **3**
E = **1**, **2** ou **3**

5. On passe sur une colonne chromatographique contenant de la silice un mélange de **1**, **2** et **3**.

2 = Acide cyclopentylcarboxylique

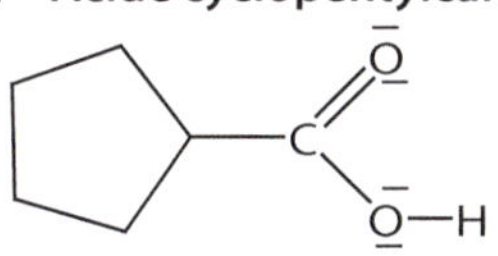

1 = Tétradécane

$H_3C-(CH_2)_{12}-CH_3$

3 = Undécan-6-one

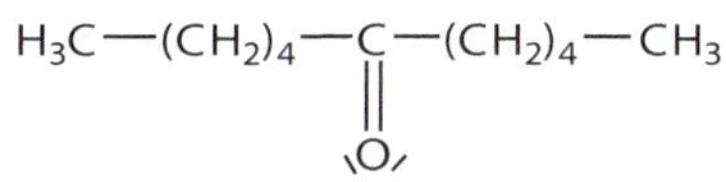

On recueille ces produits dans une série de tubes à essais marqués de 1 à 80.

- Dans les tubes 20 à 48 se trouve un produit (A).
- Dans les tubes 60 à 70 se trouve un autre produit (B).
- Un des produits est resté sur la colonne (C).

Où sont les trois produits ?

A = **1**, **2** ou **3**
B = **1**, **2** ou **3**
C = **1**, **2** ou **3**

6. **En chromatographie sur couche mince, après migration du solvant, l'échantillon déposé en 2 donne une seule tache sur la plaque de chromatographie. Que peut-on en déduire ?**

A. **2** = **1**
B. **2** = **3**
C. **2** = **4**
D. **2** est un produit pur qui se trouve dans le mélange **1**

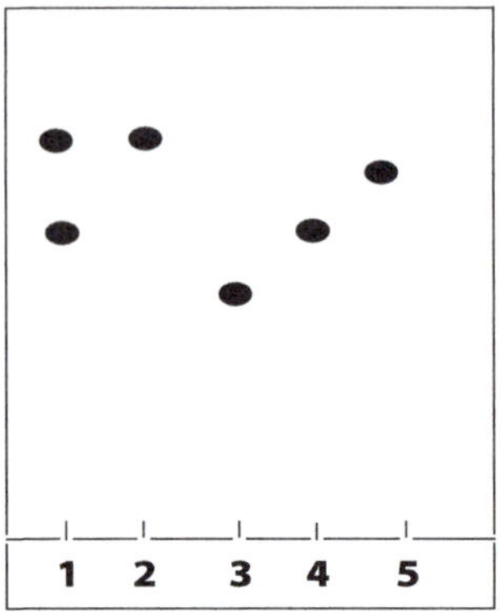

7. **Sur la ligne A de la plaque chromatographique ci-dessous, on dispose des gouttes de citral (C), de menthol (M), d'eucalyptol (E), de limonène (L) et du produit à analyser (P). Après élution et révélation, on obtient l'aspect de la plaque de droite.**

Parmi les propositions suivantes, laquelle(lesquelles) est(sont) correcte(s) ?

A. il faut que le niveau de l'éluant dans le récipient utilisé soit moins élevé que la ligne A sur laquelle on a disposé les composés chimiques.
B. le produit contient du citral.
C. le produit est un mélange d'au moins 5 corps différents.
D. le rapport frontal du limonène est voisin de 0,4

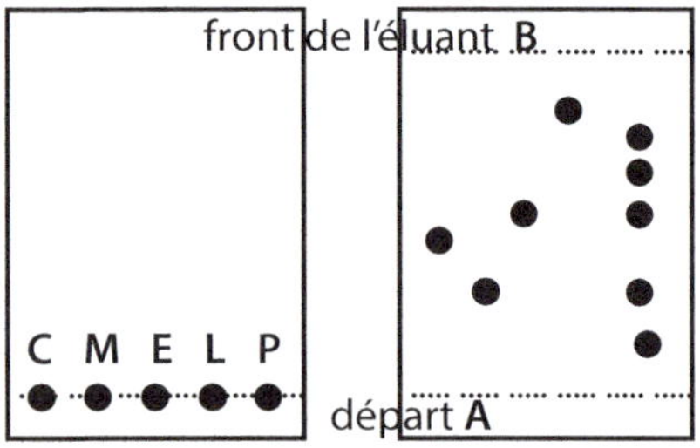

8. **Les dentifrices à la menthe sont parfumés à l'aide d'huile essentielle de menthe poivrée. Cette huile contient du menthol, de la menthone, de l'eucalyptol, du menthofuranne et un autre constituant P.**

L'analyse par chromatographie sur couche mince permet de rassembler les données ci-dessous :

Constituant	Rapport frontal*
P	0,5
Eucalyptol	0,4
Menthofuranne	0,9
Menthol	0,3
Menthone	0,6

* Chromatographie sur silice avec le dichlorométhane comme éluant.

Si on traite l'huile essentielle par du borohydrure de sodium, la menthone est transformée quantitativement en menthol.

I. Quel est, parmi les constituants de l'huile de menthe poivrée, le composé le moins polaire ?

A. P
B. Eucalyptol
C. Menthofuranne
D. Menthol
E. Menthone

II. Indiquer le dessin exact de la plaque tel que 1 = menthol pur, 2 = eucalyptol pur, 3 = huile essentielle avant le traitement au $NaBH_4$ et 4 = huile essentielle après le traitement au $NaBH_4$.

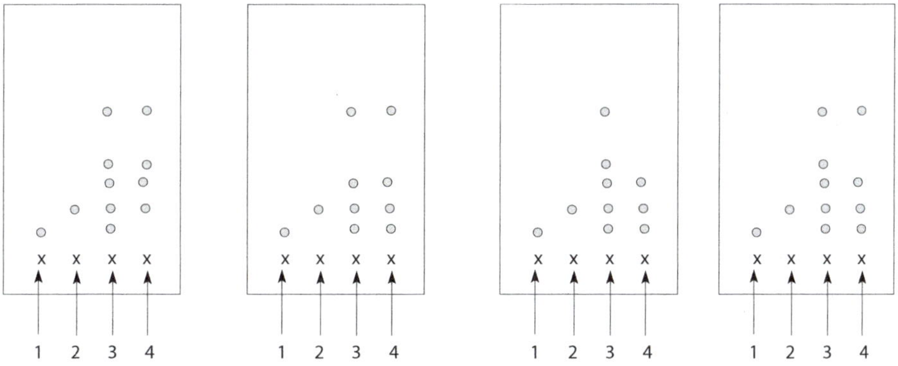

Plaque **1** Plaque **2** Plaque **3** Plaque **4**

A. Plaque **1**
B. Plaque **2**
C. Plaque **3**
D. Plaque **4**

9. Parmi les propositions suivantes, laquelle(lesquelles) est(sont) correcte(s) ?

A. le point de fusion du mélange de deux solides différents (en quantité égale) est inférieur au point de fusion de l'un et l'autre solide
B. le point de fusion du mélange de deux solides différents (en quantité égale) est supérieur au point de fusion de l'un ou l'autre solide
C. le point de fusion du mélange de deux solides différents (en quantité égale) est égal à la moyenne des points de fusion des deux solides
D. le point de fusion du mélange de deux solides différents (en quantité égale) est égal au point de fusion de l'un ou l'autre solide

E. le point de fusion d'un solide tri-hydraté est inférieur au point de fusion du même solide mais non hydraté
F. au fusionomètre, la quantité de substance contenue dans le tube capillaire n'a aucune influence sur la température de fusion
G. l'extraction liquide-liquide consiste en un transfert de matière entre deux phases liquides non miscibles

10. Soit un mélange d'acide benzoïque et de l'aniline (liquide) que l'on veut séparer à l'aide d'une extraction liquide–liquide (éther-eau). Quelle est la bonne procédure parmi les suivantes ?

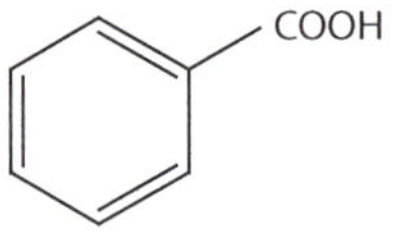

Acide benzoïque

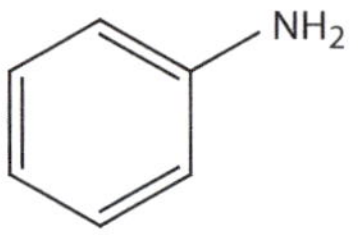

Aniline

A. Ajouter une solution aqueuse de soude au mélange dans une ampoule à décanter. Agiter. Après décantation, séparer la phase aqueuse de la phase organique. Ajouter une solution d'acide à la phase aqueuse obtenue et refroidir, vérifier le pH < 2, filtrer sur Büchner, rincer et sécher. Quant à la phase organique, il suffit d'évaporer le solvant.
B. Ajouter une solution aqueuse d'acide chlorhydrique au mélange dans une ampoule à décanter. Agiter. Après décantation, séparer la phase aqueuse de la phase organique. Ajouter une solution d'acide à la phase aqueuse obtenue, refroidir, vérifier le pH < 2, filtrer sur Büchner, rincer et sécher. Quant à la phase organique, sécher le solvant, filtrer et l'évaporer.
C. Ajouter une solution aqueuse d'acide chlorhydrique au mélange dans une ampoule à décanter. Agiter. Après décantation, séparer la phase aqueuse de la phase organique. Ajouter une solution de soude à la phase aqueuse obtenue, refroidir, vérifier le pH > 10, filtrer sur Büchner, rincer et sécher. Quant à la phase organique, sécher le solvant, filtrer et l'évaporer.
D. Ajouter une solution aqueuse de soude au mélange dans une ampoule à décanter. Agiter. Après décantation, séparer la phase aqueuse de la phase organique. Ajouter une solution d'acide à la phase aqueuse obtenue et refroidir, vérifier le pH < 2, filtrer sur Büchner, rincer et sécher. Quant à la phase organique, sécher le solvant (avec un desséchant), filtrer et évaporer le solvant.

11. Parmi les propositions suivantes, laquelle(lesquelles) est(sont) correcte(s) ? On a une conjugaison quand une liaison π est séparée par une seule liaison σ...

A. d'une autre liaison π
B. d'une autre liaison σ
C. d'un atome chargé ou non chargé négativement mais à doublets libres
D. d'un atome possédant un électron célibataire
E. d'un atome à orbitale vacante non chargé

12. **Quelles sont les molécules qui peuvent subir une résonance ?**

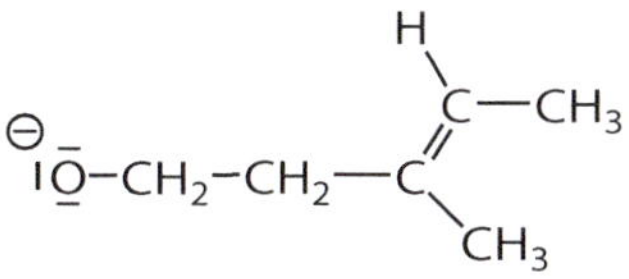

1

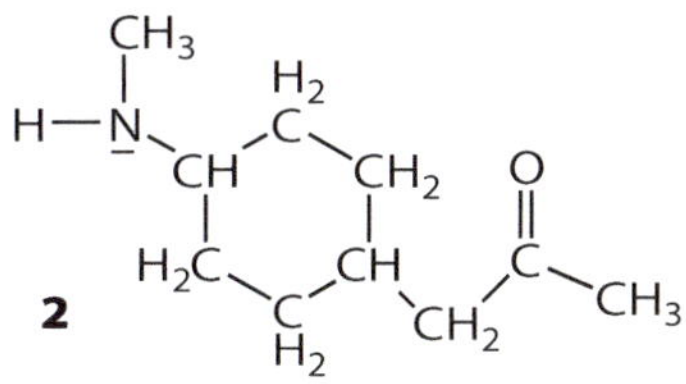

2

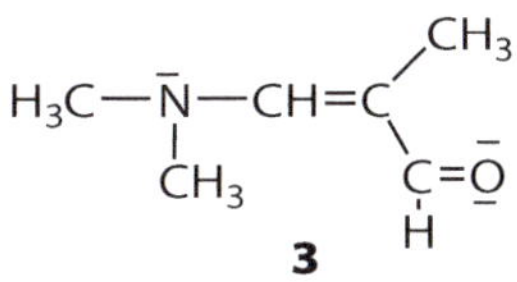

3

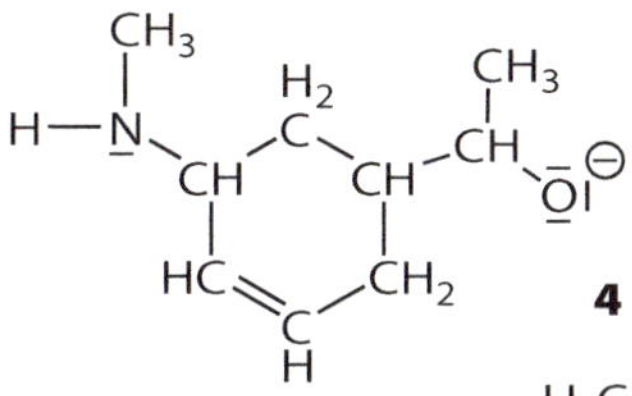

4

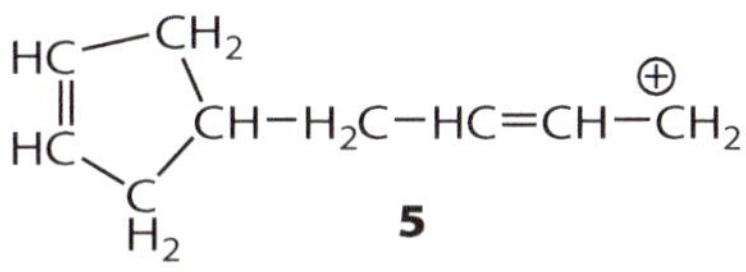

5

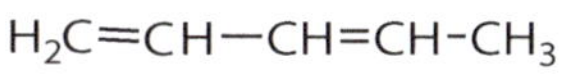

6

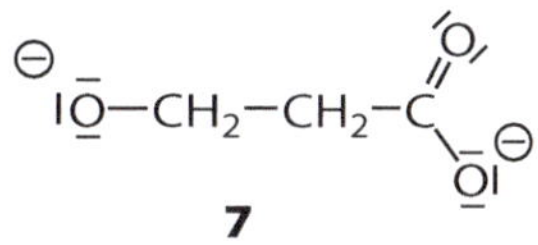

7

8

A. **1, 2, 4, 6, 7**
B. **2, 3, 5, 6, 7**
C. **1, 4, 5, 6, 7**
D. **3, 2, 5, 6, 8**
E. **3, 4, 5, 6, 7**
F. **3, 5, 6, 7, 8**

13. **Voici les formules de résonance de la structure 1.**
Une de ces formules de résonance n'est pas correcte. Laquelle ?

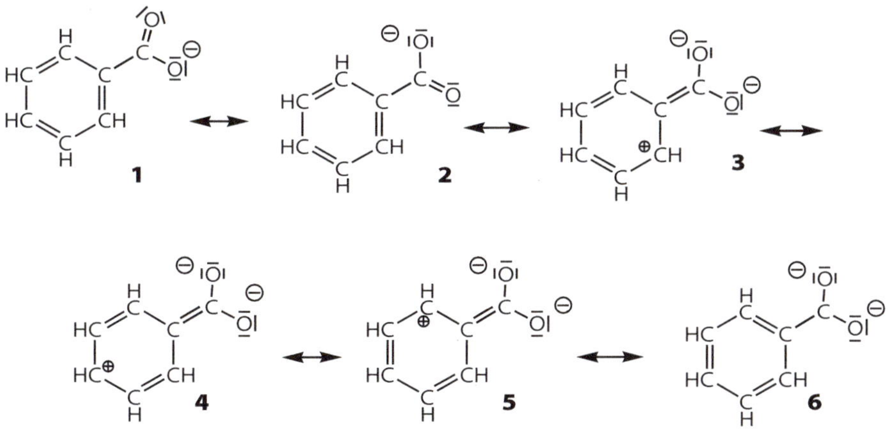

A. **2**
B. **3**
C. **4**
D. **5**
E. **6**

14. **Voici les formules de résonance de la structure 1. Deux de ces formules ne sont pas correctes. Lesquelles ?**

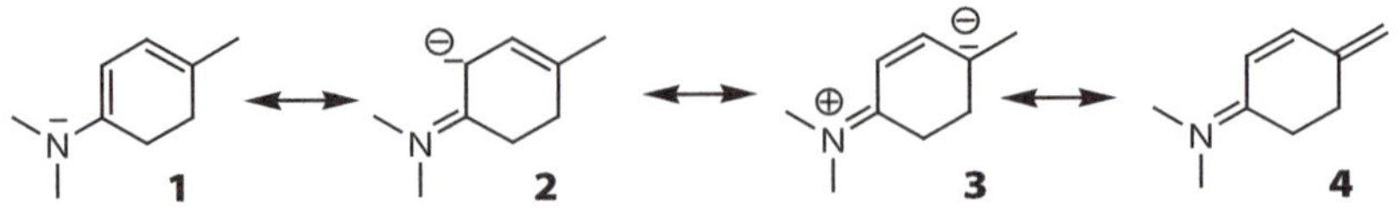

A. **2** et **3**
B. **2** et **4**
C. **3** et **4**

15. **Pour les structures de résonance des molécules suivantes, indiquer celle(s) où toutes les formes limites proposées sont correctes :**

1

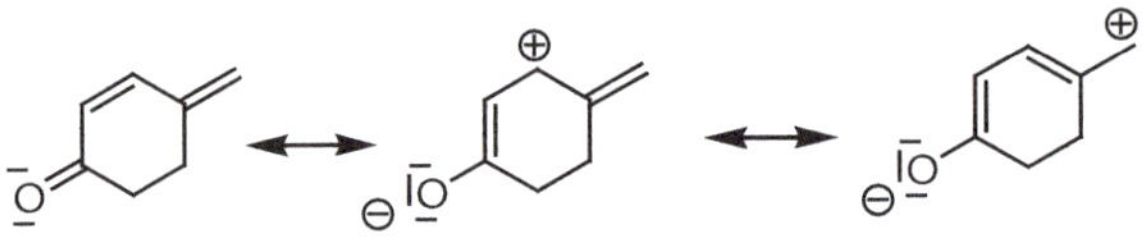

2

3

4

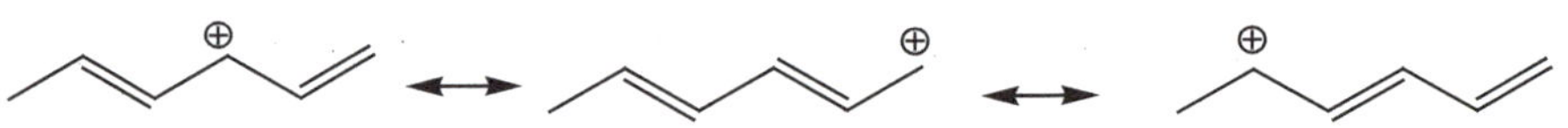

5

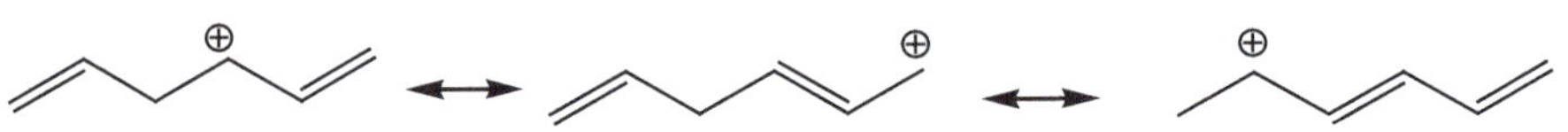

A. **1**, **2**, **3**, **4**, **5**
B. **1**, **3**, **4**, **5**
C. **1**, **2**, **3**, **5**
D. **1**, **3**, **4**

16. **Pour la molécule suivante, quels sont les atomes sur lesquels on peut prédire un certain pourcentage de charge négative ?**

$$\underset{1}{H_3C}-\underset{2}{H\bar{N}}-\underset{3}{CH}=\underset{4}{CH}-\underset{5}{CH_3}$$

A. **1** et **2**
B. **3**
C. **4**
D. **5**

17. **Pour la molécule suivante, quels sont les atomes sur lesquels on peut prédire un certain pourcentage de charge positive ?**

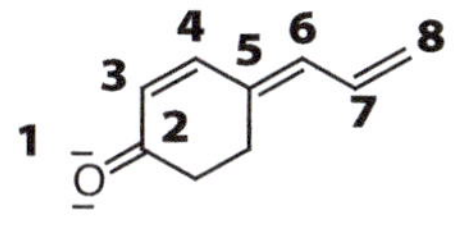

A. **1, 2, 5**
B. **4, 6, 8**
C. **3, 5, 7**
D. **4, 5, 6**

18. **Dans la molécule ci-dessous :**

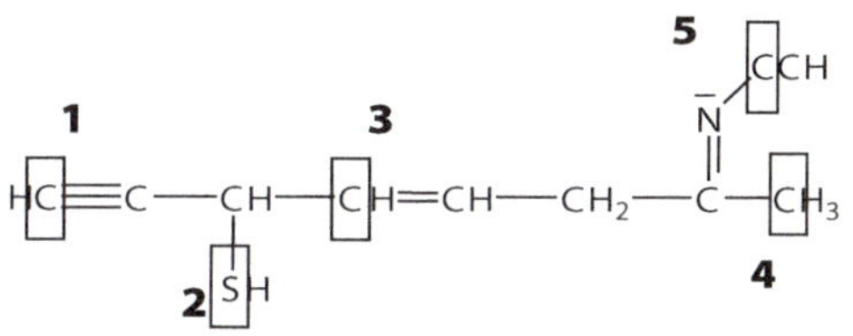

I. Quelle est l'hybridation des atomes encadrés ?

A. **1** = sp ; **2** = sp^2 ; **3** = sp^2 ; **4** = sp^3 ; **5** = sp^3
B. **1** = sp ; **2** = sp^3 ; **3** = sp^2 ; **4** = sp^3 ; **5** = sp
C. **1** = sp ; **2** = sp^3 ; **3** = sp^2 ; **4** = sp^3 ; **5** = sp^2
D. **1** = sp^2 ; **2** = sp^3 ; **3** = sp^2 ; **4** = sp^3 ; **5** = sp^3

II. Combien y a-t-il d'électrons π dans cette molécule ?

A. **6**
B. **8**
C. **10**
D. **12**

19. **Soit une molécule organique composée de trois atomes de carbone, dans laquelle un atome de carbone est lié à chacun de ses deux voisins par une liaison σ et une liaison π. Quelle doit être l'hybridation du carbone médian ?**

A. *sp*
B. sp^2
C. sp^3
D. autre

20. **En se basant sur la table des p*K*a suivants, indiquer pour chacune des réactions acide base ci-dessous la valeur de la constante d'équilibre. En déduire si la réaction considérée est complète, impossible ou en équilibre.**

	p*K*a		p*K*a
CH_3COOH	**4,75**	H_2CO_3	**6,4**
$H_2PO_4^{\ominus}$	**7,2**	HI	**-11**
HF	**3,45**	HOOC-COOH	**1,2**
HOOC-COO$^{\ominus}$	**4,3**	C_6H_5-$NH_3^{\oplus}$	**4,6**
CH_3SH	**11**	$HPO_4^{2\ominus}$	**12,7**
C_6H_5-OH	**10**	$CH_3NH_3^{\oplus}$	**9,6**
HCN	**9,31**	$CH_2ClCOOH$	**2,86**
HCOOH	**3,81**	H_3PO_4	**2,1**
$HCO_3^{\ominus}$	**10,4**	HCl	**-7**

I. $C_6H_5O^{\ominus} + H_2CO_3 \rightarrow C_6H_5OH + HCO_3^{\ominus}$

A. 3981 ; complète
B. 3981 ; en équilibre
C. 0,398 ; en équilibre
D. $2{,}51 \times 10^{-4}$; impossible

II. $C_6H_5\text{-}NH_3^{\oplus}$ + HOOC-COO$^{\ominus}$ $\rightarrow$ $C_6H_5\text{-}NH_2$ + HOOC-COOH

A. 1258 ; complète
B. 1258 ; en équilibre
C. $7{,}94 \times 10^{-4}$; impossible
D. $3{,}98 \times 10^{-4}$; impossible

III. $C_6H_5OH + CH_3S^{\ominus} \rightarrow C_6H_5O^{\ominus} + CH_3SH$

A. 0,1 ; en équilibre
B. 0,1 ; impossible
C. 10 ; en équilibre
D. 10 ; complète

21. **On dissout dans un ballon jaugé de 250 mL, 4,6 g d'acide formique (HCOOH) et on porte au trait de jauge avec de l'eau pure. À 10 mL de cette solution, on ajoute 100 mL d'une solution de NaOH 0,02 M. Quel est le pH du mélange ? (Pour les p*K*a : voir le QCM 20).**

A. 3,81
B. 8,81
C. 10,81
D. autre

22. **On mélange 10 mL de solution 0,1 M en méthanethiol (CH_3SH) avec 20 mL de soude caustique (NaOH) 0,2 M. Que vaut le pH du mélange ? (Pour les p*K*a : voir le QCM 20).**

A. 8,0
B. 9,0
C. 10
D. 13

23. **À 20 mL d'une solution 0,01 M en méthanamine (CH_3NH_2) on ajoute 30 mL d'une solution 0,5 M d'acide chlorhydrique, quel est le pH du mélange ? (Pour les p*K*a : voir le QCM 20)**

A. 0,43
B. 0,53
C. 9,60
D. autre

24. **Dans un mélange tampon d'acide acétique/acétate de sodium de pH = 4,75, la concentration en acétate de sodium est 0,10 M. Si à un litre de ce mélange tampon on ajoute 100 mL d'une solution d'hydroxyde de baryum 0,10 M, déterminer le pH final. p*K*a (CH_3COOH) = 4,75.**

A. 4,57
B. 4,69
C. 4,93
D. autre

Alcanes et cycloalcanes

À mémoriser

Isomérie :

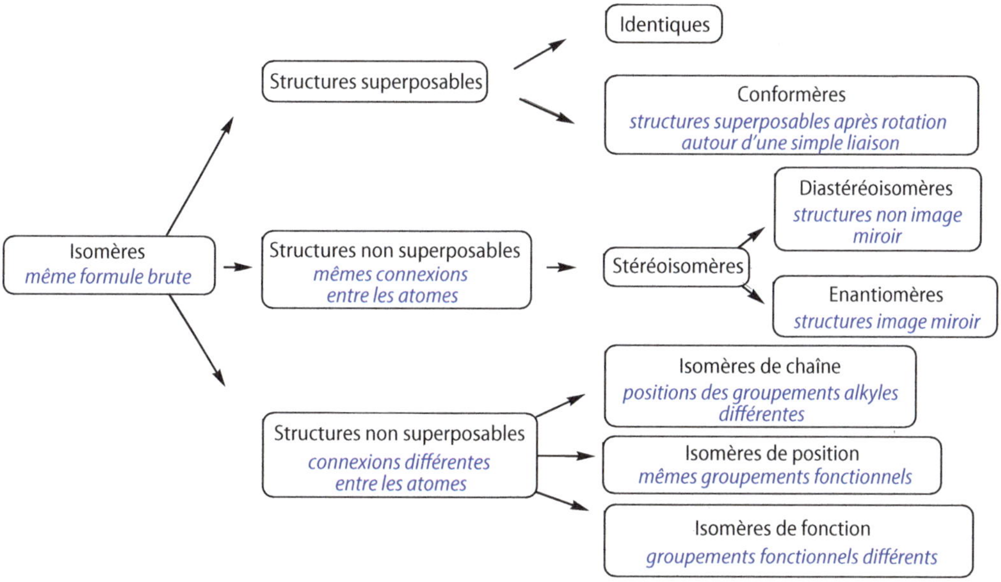

Réactions :

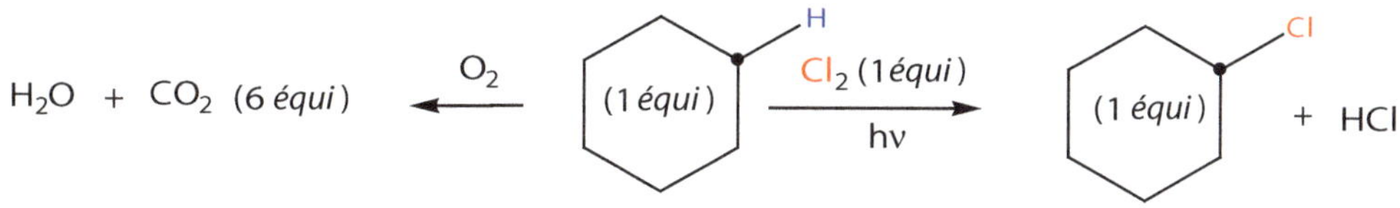

Modes de représentation :

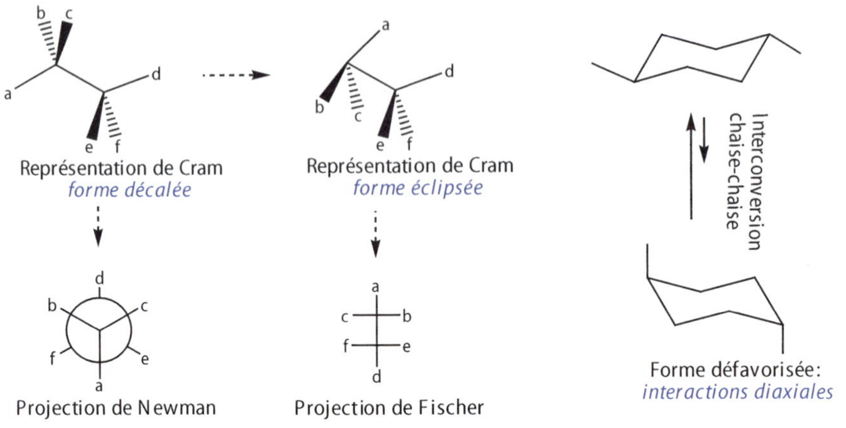

1. Nommer cette molécule d'après la nomenclature systématique.

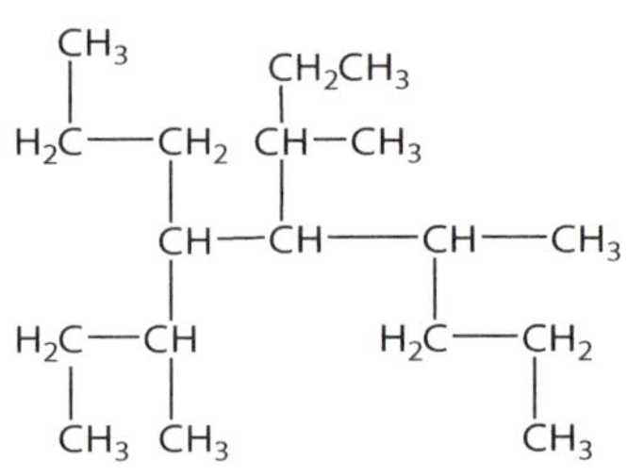

A. 4-méthyl-4,5-di(1-méthylpropyl)nonane
B. 4-méthyl-4-(1-méthylpropyl)-5-(1-méthylpropyl)nonane
C. 3,6-diméthyl-5-(3-méthylpropyl)-4-propylnonane
D. 3,6-diméthyl-5-(1-méthylpropyl)-4-propylnonane

2. Nommer cette molécule d'après la nomenclature IUPAC.

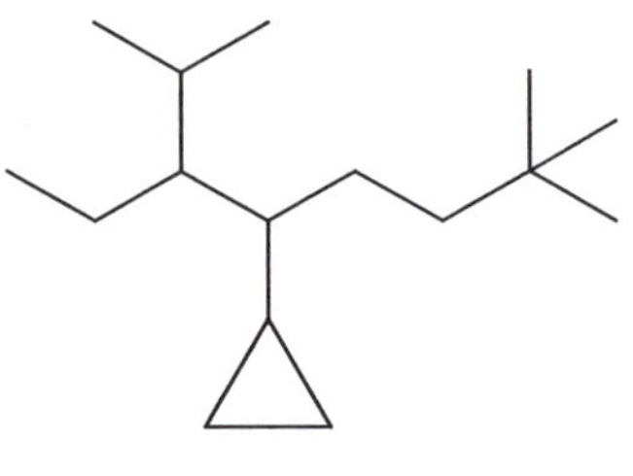

A. 5-cyclopropyl-6-isopropyl-2,2-diméthyloctane
B. 5-cyclopropyl-2,2-diméthyl-6-isopropyloctane
C. 4-cyclopropyl-7,7-diméthyl-3-isopropyloctane
D. 5-cyclopropyl-6-éthyl-2,2,7-triméthyloctane

3. Nommer cette molécule d'après la nomenclature IUPAC.

$CH_3C(CH_2CH_2Br)_2CH_3$

A. 1,3-dibromo-2,2-diméthylpropane
B. 1,3-dibromo-2,2-diméthylpentane
C. 1,5-dibromo-3,3-diméthylpentane
D. 1,5-dibromo-2,2-diméthylpentane

4. Quel est le nom que l'on peut attribuer à cette molécule ?

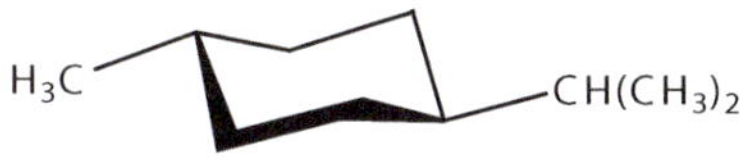

A. 1-isopropyl-4-méthylcyclohexane
B. *trans*-1-isopropyl-4-méthylcyclohexane
C. *cis*-1-isopropyl-4-méthylcyclohexane
D. 4-isopropyl-1-méthylcyclohexane

5. Quel est le nom IUPAC de cette structure (sans tenir compte de la configuration *R*-*S*) ?

A. *trans*-1,2-diméthylcyclononane
B. *trans*-1,2-diméthylcyclooctane
C. *cis*-1,2-diméthylcyclooctane
D. *cis*-1,2-diméthylnonane

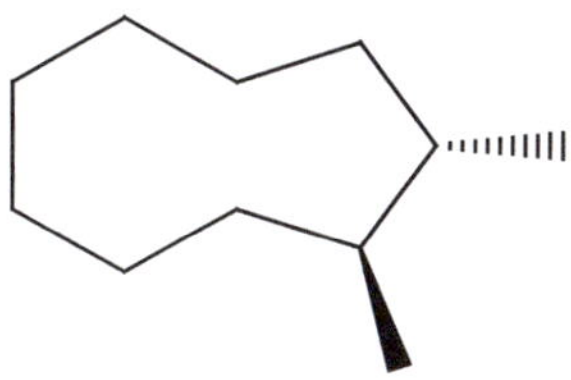

6. Nommer les trois substituants (préfixes) **1**, **2** et **3** suivants :

1

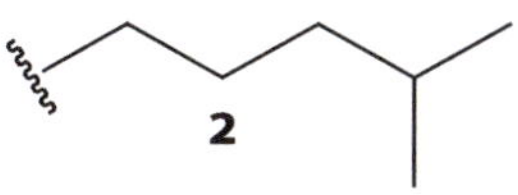
2

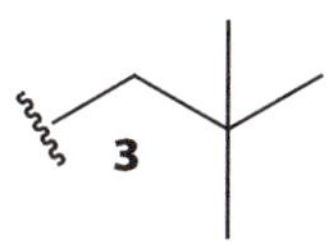
3

A. **1** = isohexyl, **2** = *n*-hexyl, **3** = néohexyl
B. **1** = *n*-hexyl, **2** = isohexyl, **3** = néohexyl
C. **1** = *n*-hexyl, **2** = isopentyl, **3** = néopentyl
D. **1** = *n*-hexyl, **2** = isohexyl, **3** = néopentyl

7. Nommer les quatre bicyloalcanes suivants :

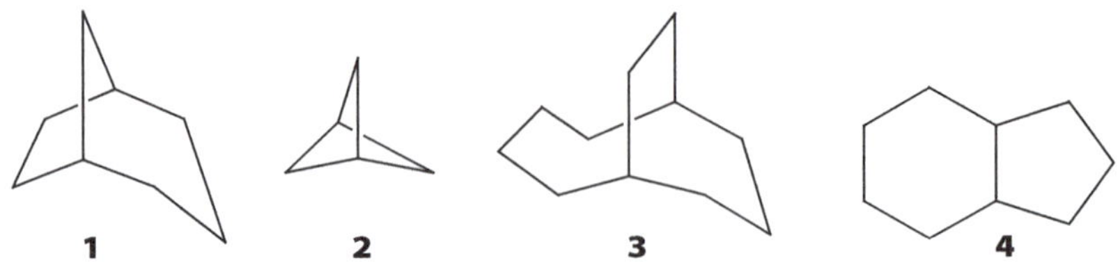

A. **1** = bicyclo[3,2,1]octane, **2** = bicyclo[4,3,2]undécane, **3** = bicyclo[1,1,1]pentane, **4** = bicyclo[4,3,1]nonane

B. **1** = bicyclo[3,2,1]octane, **2** = bicyclo[4,3,2]undécane, **3** = bicyclo[4,3,0]nonane, **4** = bicyclo[4,3,0]nonane

C. **1** = bicyclo[3,2,1]octane, **2** = bicyclo[1,1,1]pentane, **3** = bicyclo[4,3,2]undécane, **4** = bicyclo[4,3,0]nonane

D. **1** = bicyclo[3,2,0]octane, **2** = bicyclo[1,1,1]pentane, **3** = bicyclo[4,3,2]undécane, **4** = bicyclo[4,3,0]nonane

8. Donner la structure chimique correcte pour :
A = *cis*-1,3-diméthylcyclohexane
B = *trans*-1-méthyl-2-(1-méthylpropyl)cyclobutane
C = 2-(bromométhyl)1,4-dibromopentane

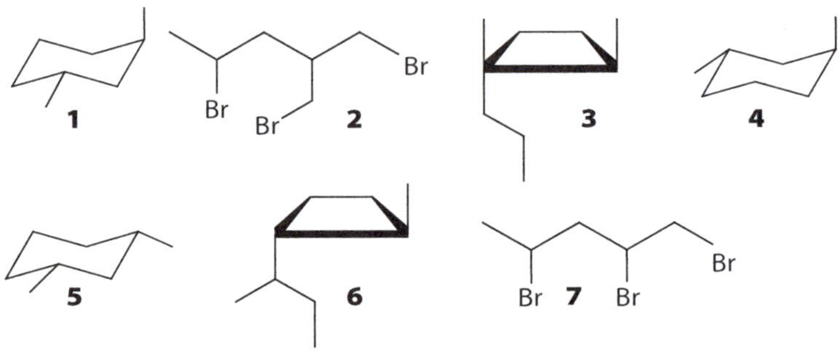

A. A = **1**, B = **3**, C = **7**
B. A = **4**, B = **3**, C = **7**
C. A = **1**, B = **6**, C = **7**
D. A = **5**, B = **6**, C = **2**
E. A = **4**, B = **6**, C = **2**

9. **I. Quelle liaison $C_{avant} \rightarrow C_{arrière}$ (numéroter les carbones) a-t-elle été utilisée pour représenter la projection de Newman ci-dessous ?**

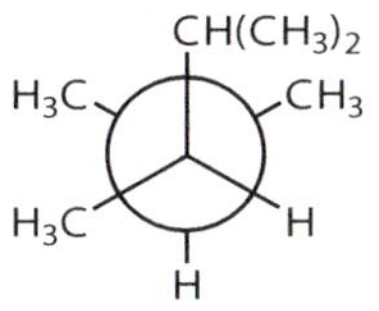

A. liaison C1 → C2
B. liaison C2 → C3
C. liaison C4 → C3
D. liaison C3 → C2

II. S'agit-il d'une conformation éclipsée ou décalée ?

A. conformation éclipsée
B. conformation décalée

III. Parmi les trois conformations décalées 1, 2 et 3 suivantes, laquelle est la plus stable ?

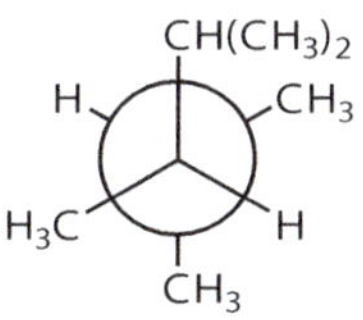

1

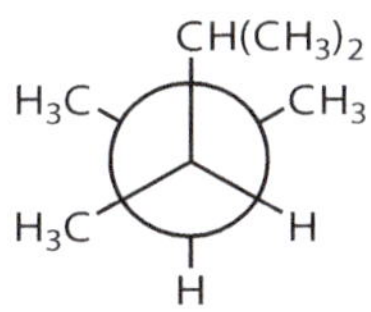

2

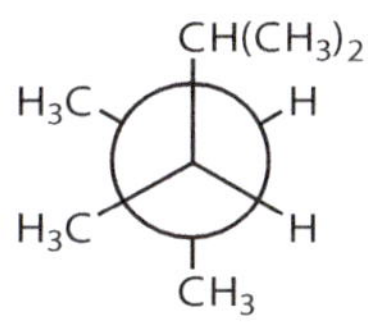

3

A. **1**
B. **2**
C. **3**
D. autre

10. **I. Pour les conformations de 1 suivantes, indiquer la conformation la plus énergétique.**

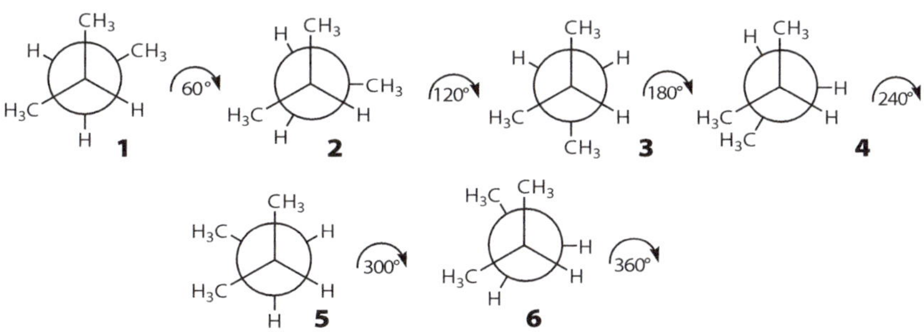

A. **2**
B. **3**
C. **6**
D. autre

II. Quel est le diagramme énergétique le plus adéquat aux conformations de la molécule 1 représentées en projection de Newman ?

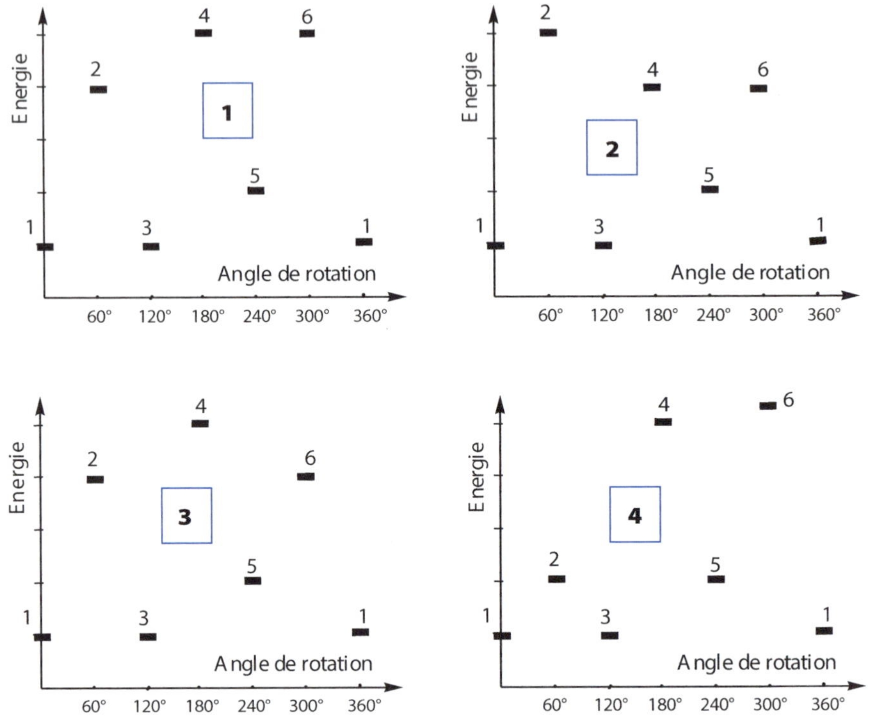

A. **1**
B. **2**
C. **3**
D. **4**

11. Parmi les structures proposées ci-dessous, indiquer la conformation la plus stable de la molécule *trans*-1-éthyl-4-propylcyclohexane.

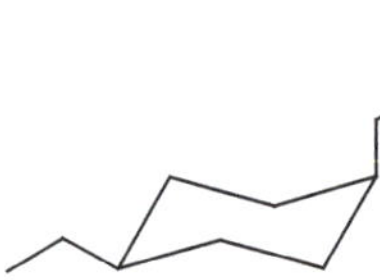
1

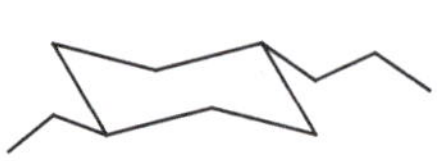
2

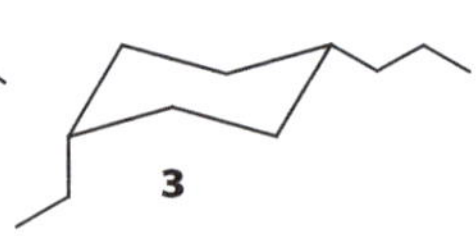
3

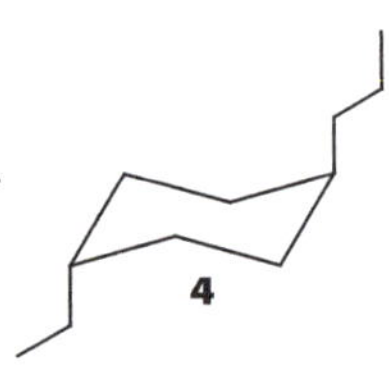
4

A. **1**
B. **2**
C. **3**
D. **4**

12. **Pour les deux molécules suivantes,
indiquer pour chacune d'elles les deux conformères « chaises » principaux.**

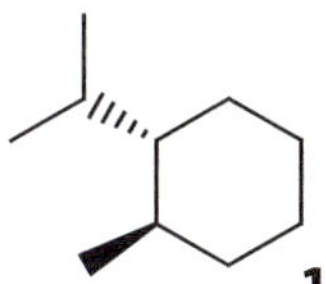

1

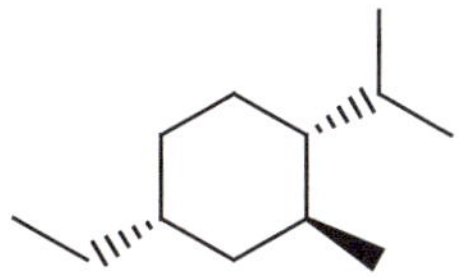

2

1 :

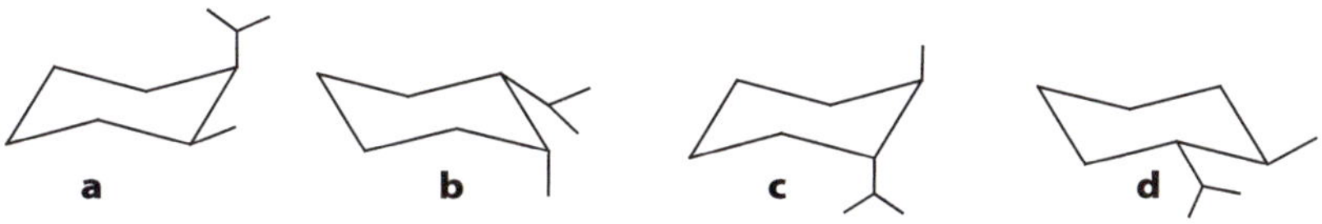

2 :

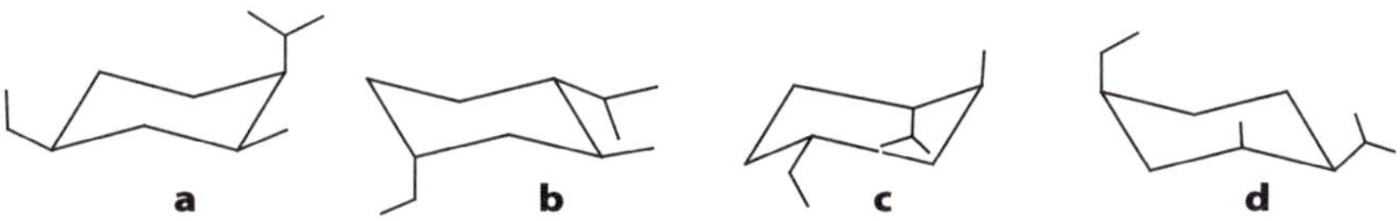

A. **1** = a et b, a et c, a et d, b et c ou c et d
B. **2** = a et b, a et c, a et d, b et c ou c et d

13. **En utilisant des énergies de liaison de la table ci-dessous,**

Liaison	C-H	Cl-Cl	C-Cl	H-Cl	C-C	C=C	C-O	C=O	O-H
kJ mol^{-1}	414	242	339	430	347	610	359	744	464

évaluer la chaleur de réaction en kJ mol^{-1} et préciser si la réaction est exo- ou endothermique.

I.

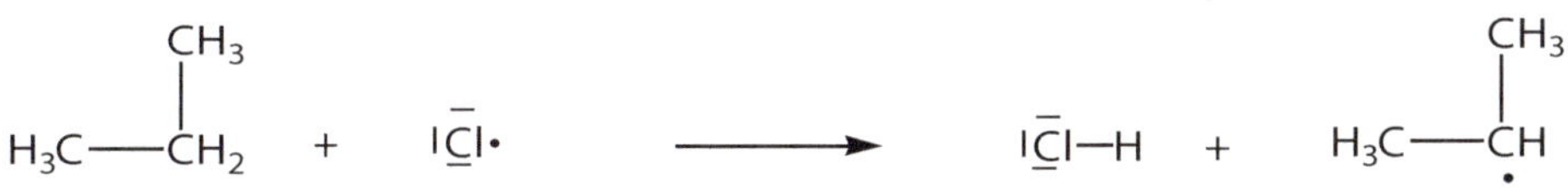

A. – 16 J mol^{-1}; exothermique
B. + 16 J mol^{-1}; endothermique
C. – 16 kJ mol^{-1}; exothermique
D. – 16 kJ mol^{-1}; endothermique

II.

A. – 113 kJ mol^{-1} ; exothermique
B. + 113 kJ mol^{-1} ; endothermique
C. – 355 kJ mol^{-1} ; exothermique
D. + 355 kJ mol^{-1} ; endothermique

**14. Pour la formule brute C_5H_{10}, quel est le nombre total d'isomères ne contenant aucune double liaison dans leur structure ?
(sans tenir compte de la configuration *cis / trans*)**

A. 2
B. 3
C. 4
D. 5

15. Quel est le nombre de composé(s) formé(s) lors d'une monochloration photochimique de…

I. 2,2-diméthylpropane ?

A. 1
B. 2
C. 3
D. 4

II. 1-chlorocyclobutane (tenir compte de la stéréochimie) ?

A. 2
B. 3
C. 4
D. 6

16. Parmi les énoncés suivants, un seul est faux. Lequel ?

A. Le mécanisme d'une réaction de monochloration photochimique est composé de trois étapes : l'initiation, la propagation et la terminaison. ❑

B. Lors d'une réaction de Cl_2 avec un alcane saturé, en présence de la lumière, le produit monochloré peut être formé durant l'étape de propagation. ❑
C. Lors d'une réaction de Br_2 avec un alcane saturé, en présence de la lumière, le produit monobromé ne peut être formé que dans l'étape de terminaison. ❑
D. Lors d'une réaction de Br_2 avec de l'éthane en présence de la lumière, la production du 1,4-dibromobutane (en faible quantité) pourrait avoir lieu. ❑
E. Lors d'une réaction radicalaire, l'étape d'initiation pourrait être assurée par le chauffage (augmentation de la température). ❑
F. La combustion complète d'une mole de $CH_3C(CH_3)_3$ donne 5 moles de dioxyde de carbone et 6 moles de H_2O. ❑
G. Le carbone 2 du 2,2-diméthylbutane présente un nombre d'oxydation égal à 0. ❑

17. Soient les deux molécules suivantes 1 et 2. Dans les mêmes conditions expérimentales, laquelle des deux molécules dégagera plus de chaleur lors d'une combustion ?

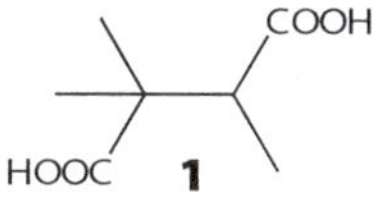

1

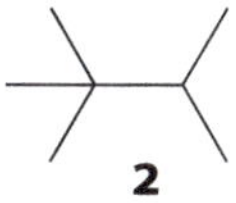

2

A. **1**
B. **2**
C. la chaleur dégagée est identique dans les deux cas

18. Pour la molécule suivante, quel est l'étage d'oxydation de chacun des atomes numérotés ?

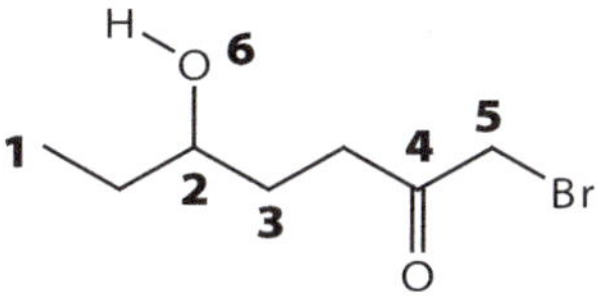

A. **1** = –II ; **2** = 0 ; **3** = –II ; **4** = +II ; **5** = –I ; **6** = –II
B. **1** = –III ; **2** = 0 ; **3** = –III ; **4** = +II ; **5** = –I ; **6** = –II
C. **1** = –III ; **2** = 0 ; **3** = –II ; **4** = +II ; **5** = –II ; **6** = –II
D. **1** = –III ; **2** = 0 ; **3** = –II ; **4** = +II ; **5** = –I ; **6** = –II

19. Quels sont les produits formés lors d'une monochloration photochimique de…

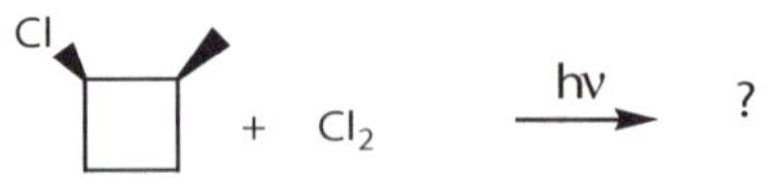

A. 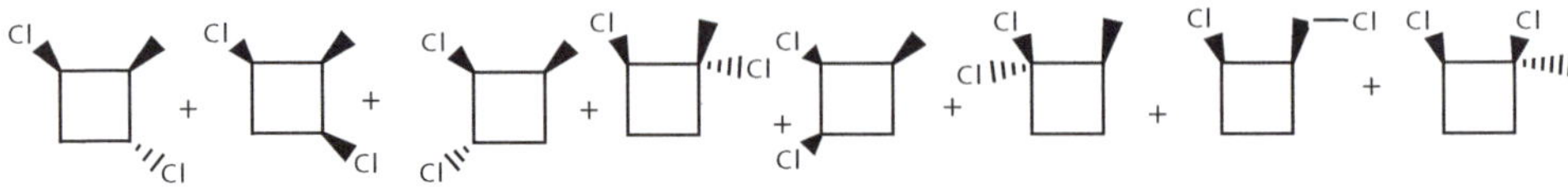

B. 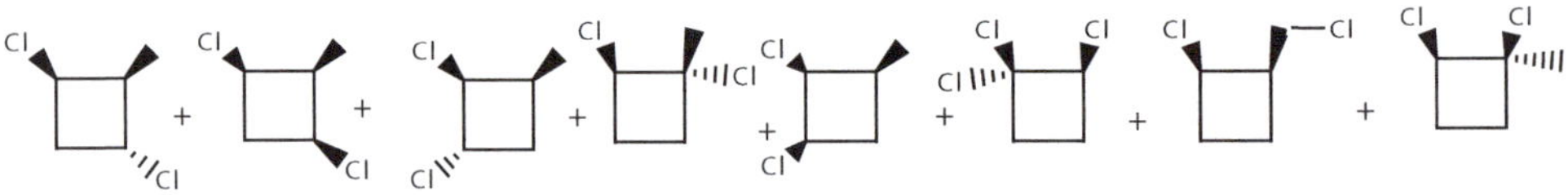

C. 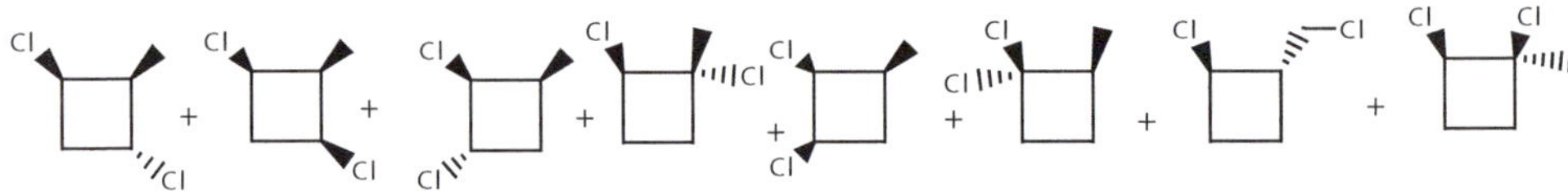

Alcènes et alcynes

À mémoriser

Descripteur en trois dimensions :

Atomes prioritaires du même côté de la double liaison : *Z* (ou *cis* si ces atomes sont de même nature).

Atomes prioritaires de part et d'autre de la double liaison : *E* (ou *trans* si ces atomes sont de même nature).

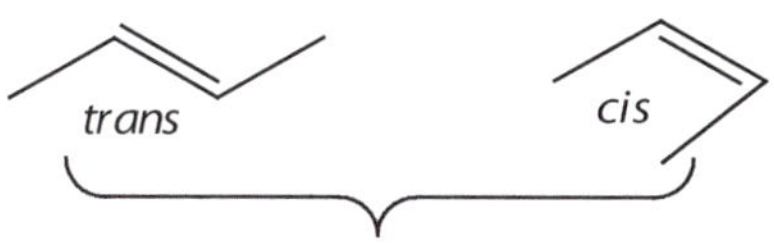

Diastéréoisomères:
leurs propriétés sont différentes

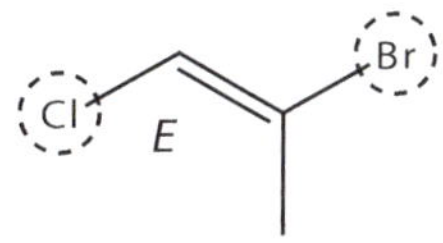

E-1-chloro-2-bromopropène

Pour un cycle, il s'agit de comparer la position des substituants par rapport au plan du cycle :

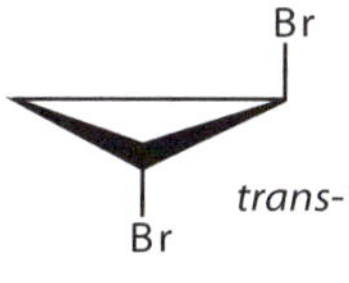

trans-1,2-dibrocyclopropane

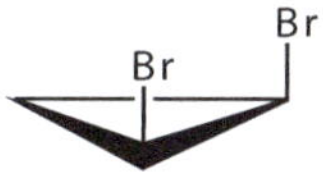

cis-1,2-dibrocyclopropane

Malgré la même connectivité, les deux molécules suivantes ne sont pas superposables (ne possèdent pas de plan de symétrie) : elles sont différentes l'une de l'autre.

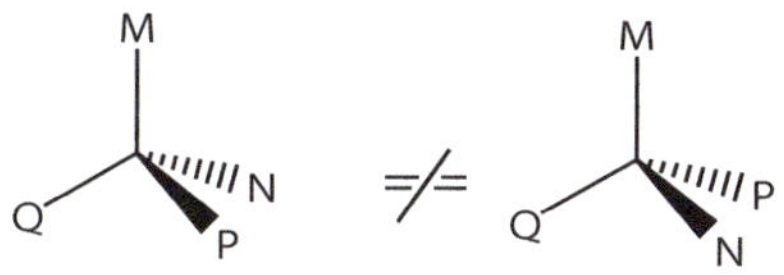

si les groupements M, N, P, et Q sont différents

Réactions :

1) Alcènes

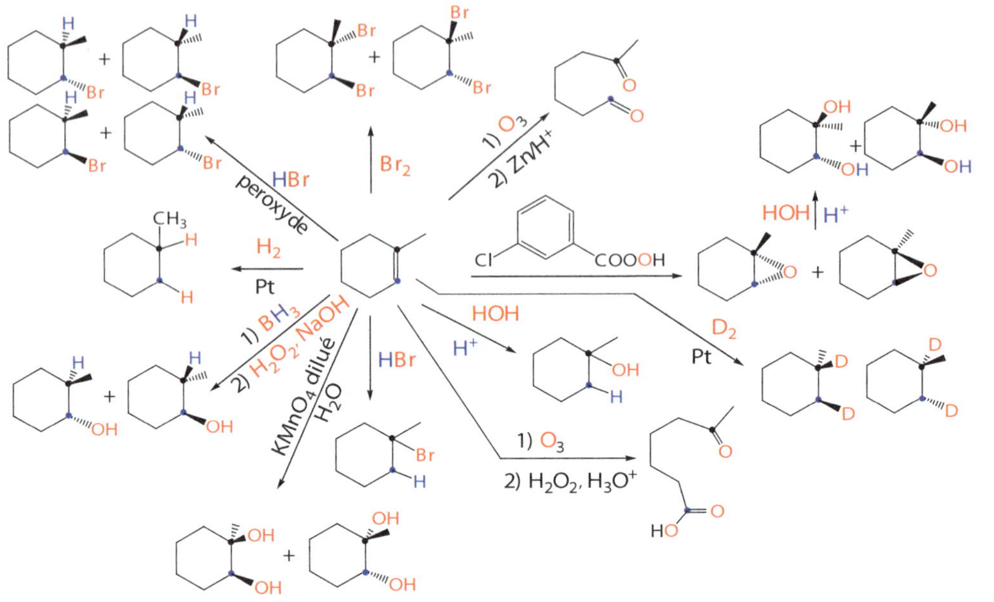

2) Alcynes

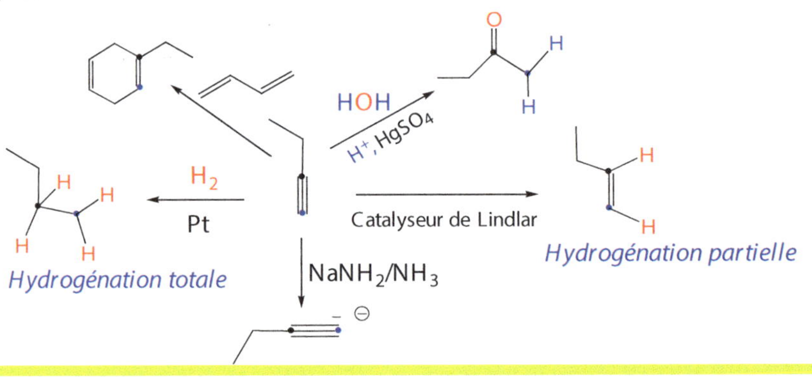

1. **Soit les structures chimiques des molécules 1, 2, 3, 4 et 5. Quel est le nom exact de chacune de ces structures ?**

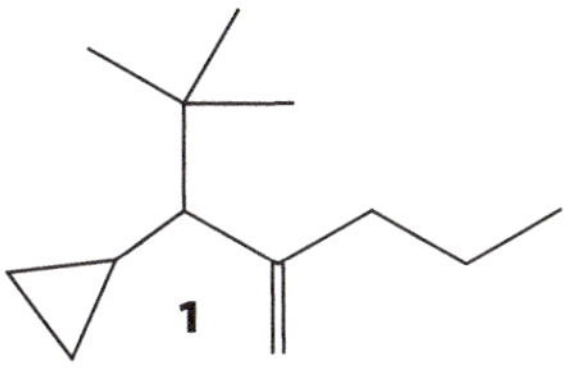

1

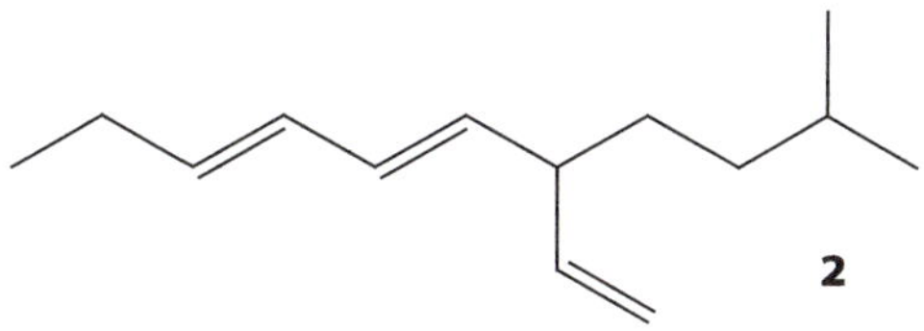

2

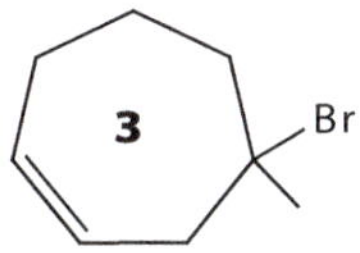

3

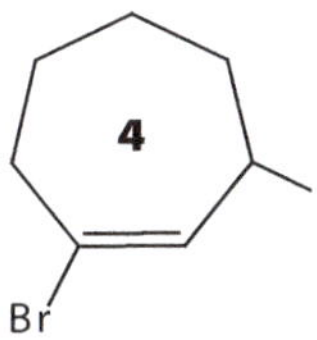

4

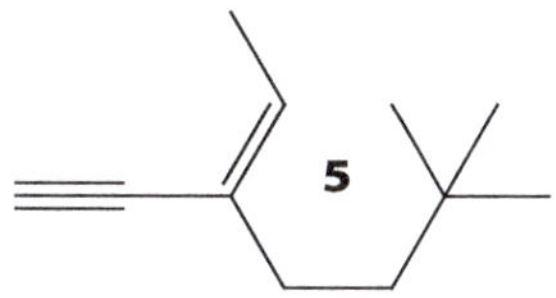

5

Pour **1** :

A. (*cis*)-3-cyclobutyl-4,4-diméthyl-2-propylpent-1-ène
B. 3-cyclobutyl-2,2-diméthyl-4-propylpent-4-ène
C. 3-cyclobutyl-2,2-diméthyl-4-vinylhept-4-ène
D. 3-cyclopropyl-4,4-diméthyl-2-propylpent-1-ène

Pour **2** :

A. (*trans*)-(*trans*)- 7-(3-méthylbutyl)non-3,5,8-triène
B. (*trans*)-(*trans*)- 3-(3-méthylbutyl)non-1,3,6-triène
C. (*trans*)-(*trans*)- 3-isopentylnon-1,4,6-triène
D. (*trans*)-(*trans*)- 3-isopentylnon-1,3,6-triène

Pour **3** :

A. (*Z*)- 1-bromo-1-méthylcyclohept-3-ène
B. (*E*)- 1-bromo-1-méthylcyclohept-3-ène
C. (*Z*)- 4-bromo-4-méthylcyclohept-1-ène
D. (*E*)- 4-bromo-4-méthylcyclohept-1-ène

Pour **4** :

A. (*Z*)-1-bromo-3-méthylcyclohept-2-ène
B. (*E*)-1-bromo-3-méthylcyclohept-1-ène
C. (*cis*)-1-bromo-3-méthylcyclohept-1-ène
D. (*trans*)-1-bromo-3-méthylcyclohept-1-ène

Pour **5** :

A. (*cis*)-2-(3,3-diméthylbutyl)but-1-yne-2-ène
B. (*trans*)-3-(3,3-diméthylbutyl)but-1-yne-2-ène
C. (*trans*)-2-(3,3-diméthylbutyl)but-1-yne-2-ène
D. (*Z*)-3-(3,3-diméthylbutyl)pent-3-ène-1-yne

2. **La(les) configuration(s) *E-Z* d'une des structures proposées ci-dessous n'est(sont) pas juste(s). Laquelle ?**

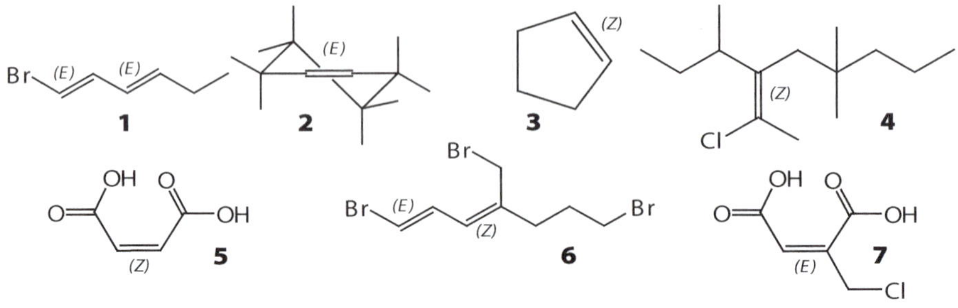

A. **1**
B. **2**
C. **3**
D. **4**
E. **5**
F. **6**
G. **7**

3. **Parmi les structures suivantes,
quelle est celle de la molécule (*E*)-6-isopropyl-3-vinyloct-4-yne-1,6-diène ?**

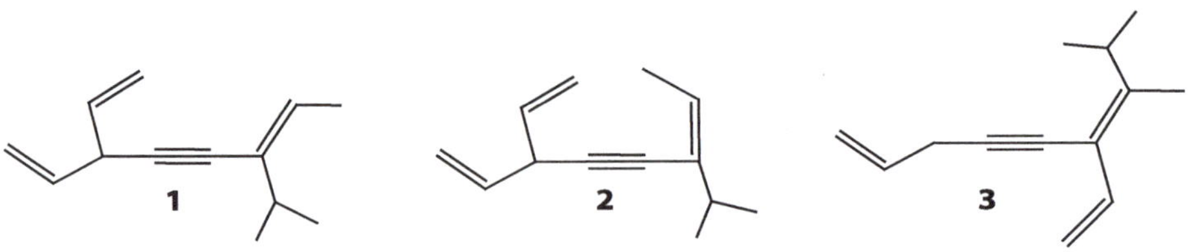

A. **1**
B. **2**
C. **3**
D. autre

4. **Sans tenir compte de l'isomérie *cis-trans*,
il existe dix composés de formule brute C_5H_{10}.**

I. Combien de composés présentent une isomérie *cis-trans* ?

A. **1**
B. **2**
C. **3**
D. **4**

II. **Combien de composés présentent une double liaison disubstituée ?**

A. **1**
B. **2**
C. **3**
D. **4**

III. **Combien de composés présentent une double liaison tétrasubstituée ?**

A. **0**
B. **1**
C. **2**
D. **3**

IV. **Combien de composés cycliques présentent une isomérie *cis-trans* ?**

A. **1**
B. **2**
C. **3**
D. **4**

5. **En tenant compte de la stéréochimie, quel(s) est(sont) le(s) produit(s) des réactions suivantes ?**

I.

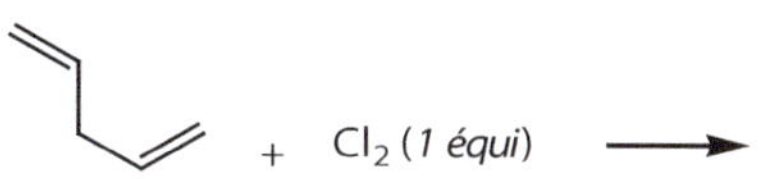

A. 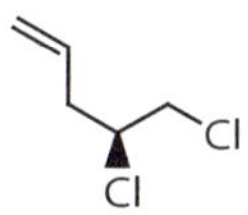

B. 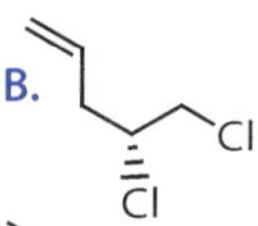

C. 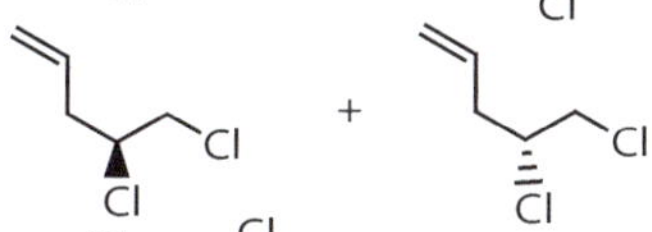

D. 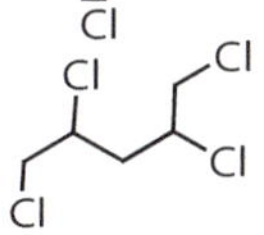

II.

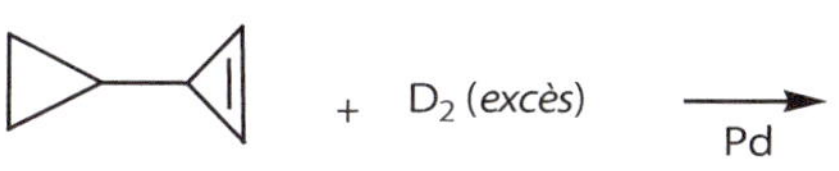

A. 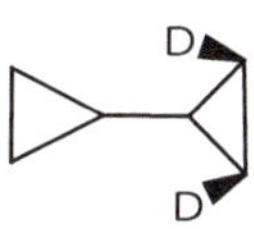

B. 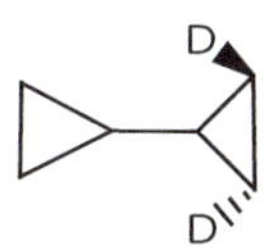

C. 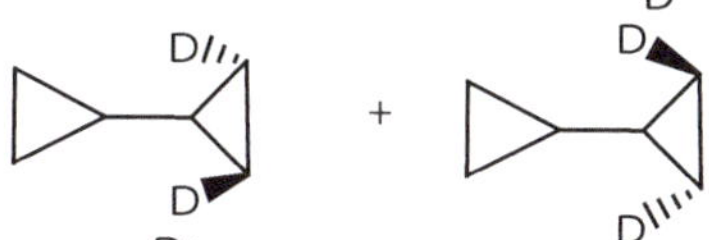

D. 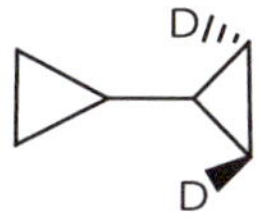

III.

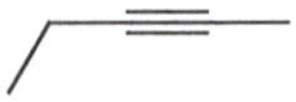 + Catalyseur de Lindlar $\xrightarrow[\text{excès}]{H_2}$

A. 

B. 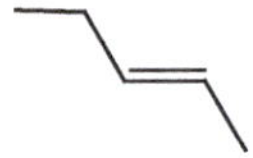

C.  + 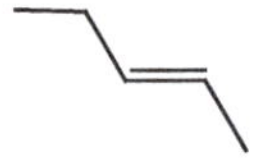

D. 

IV.

Méthylènecyclohexane + HBr (*1 équi*) ⟶

A. 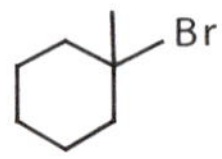

B. 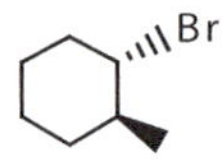

C. 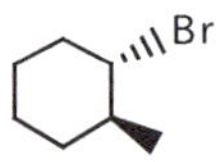

\+ 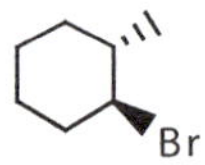

D. 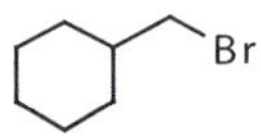

V.

2-Méthylpent-2-ène + CH_3OH (*1 équi*) $\xrightarrow{H^{\oplus} \textit{cat}}$

A. 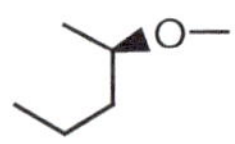

B. 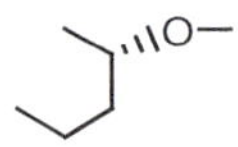

C. 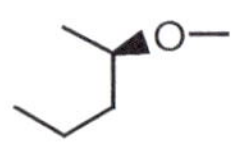

\+ 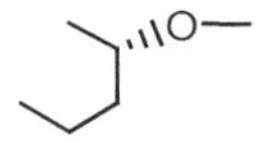

D. 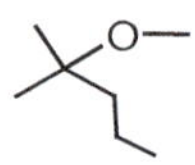

VI.

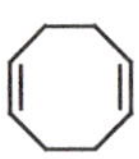 $\xrightarrow[H_2O]{KMnO_4 \text{ dilué à froid (2 \textit{équi})}}$

A. 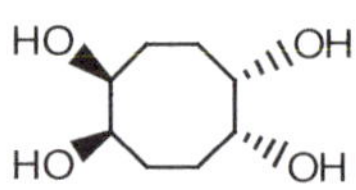

B. 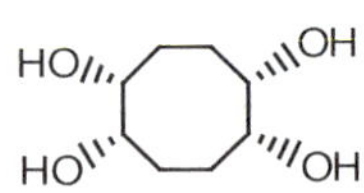

C. 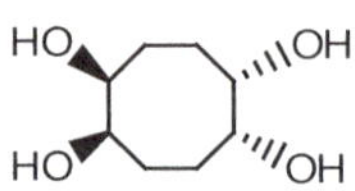

\+ 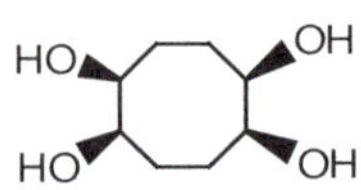

D. 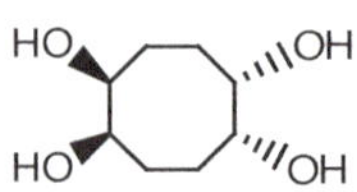

\+ 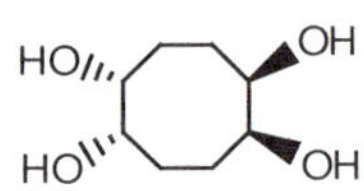

6. Sans tenir compte de la stéréochimie, quel est le réactif utilisé pour synthétiser le produit des réactions suivantes ?

I.

A. $CH_2ClCH(CH_3)CHCHCH(CH_3)CHCl_2$

B. $CHCl_2CH(CH_3)CHCHCH(CH_3)_2$ + Cl_2 ⟶ 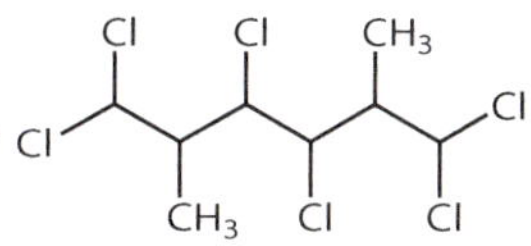

C. $CHCl_2CH(CH_3)CHCHCH(CH_3)CHCl_2$

II.

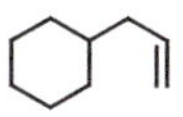 +

A. HBr / 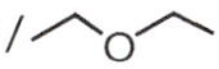

B. HBr / 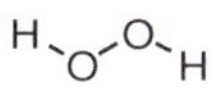

C. HBr / 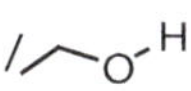

⟶ (Δ) 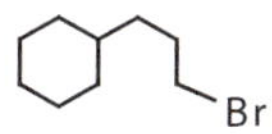

III.

 +

A. Cl_2 / H_2O

B. Cl_2 / CH_3OH

C. CH_2OHCH_2Cl

⟶ 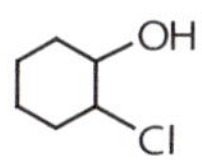

7. Sans tenir compte de la stéréochimie, quel(s) est(sont) le(s) produit(s) synthétisé(s) dans les réactions suivantes ?

I.

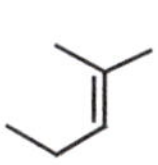 + 1) BH_3 ⟶ 2) H_2O_2, NaOH

A. 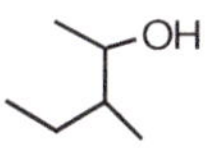

B. 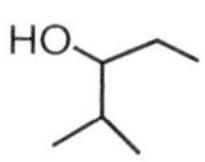

C. 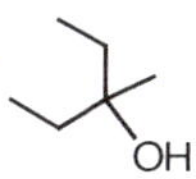

D. 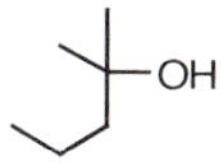

II.

3-Méthylhex-1-yne + Br_2 (*1 équi*) ⟶

A. 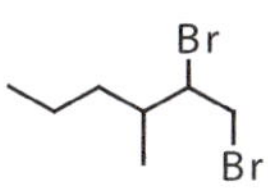

B. 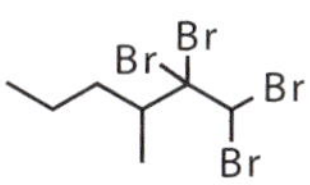

C. 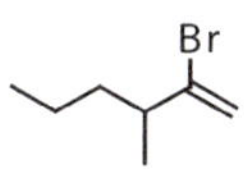

D. 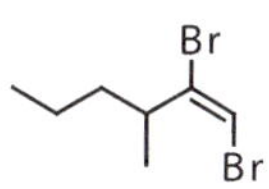

III.

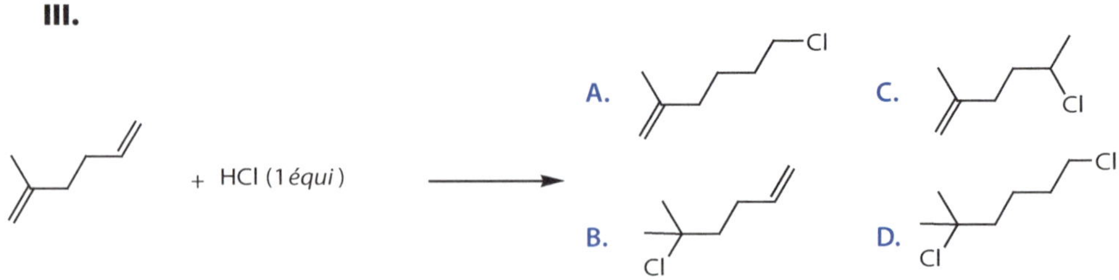

IV.

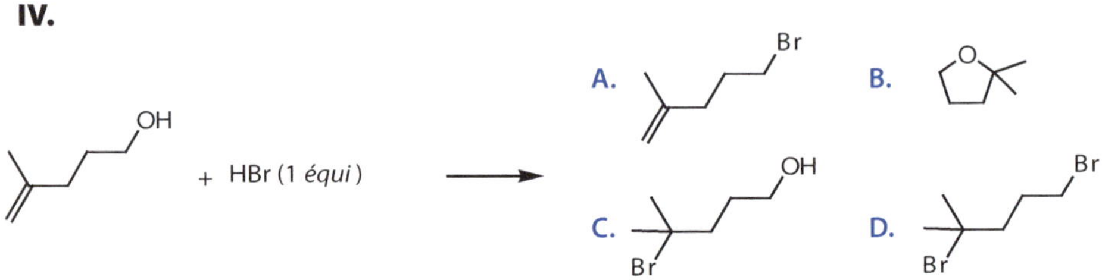

8. **Quel(s) réactif(s) peut-on utiliser pour obtenir uniquement le(s) produit(s) indiqué(s) dans chacune des réactions suivantes ? S'il y a plusieurs choix, sont-ils tous aussi bons ?**

I.

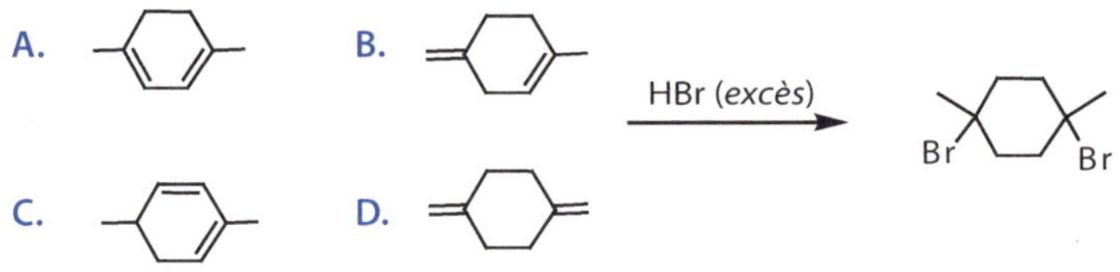

II.

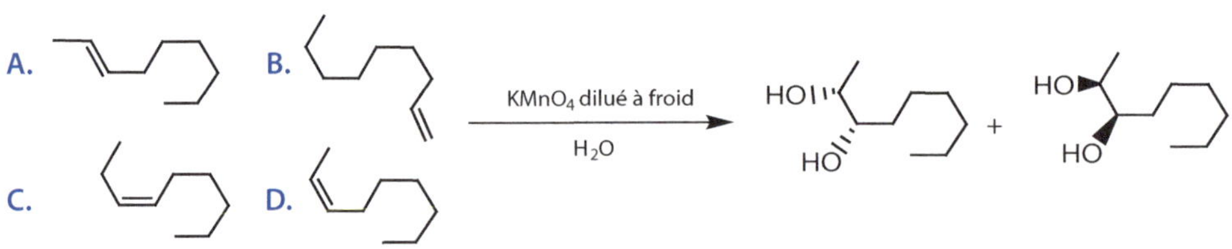

III.

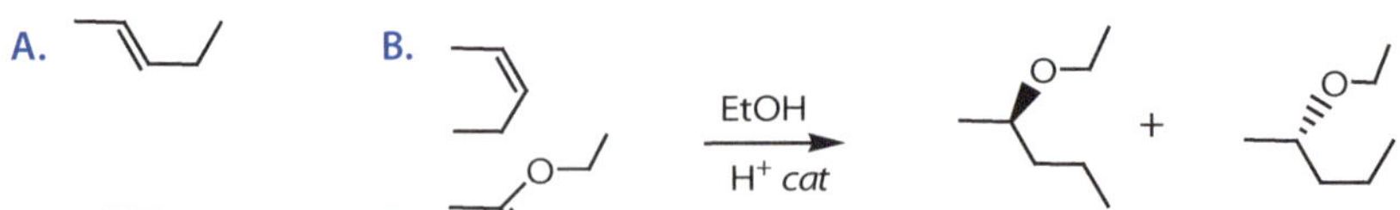

IV.

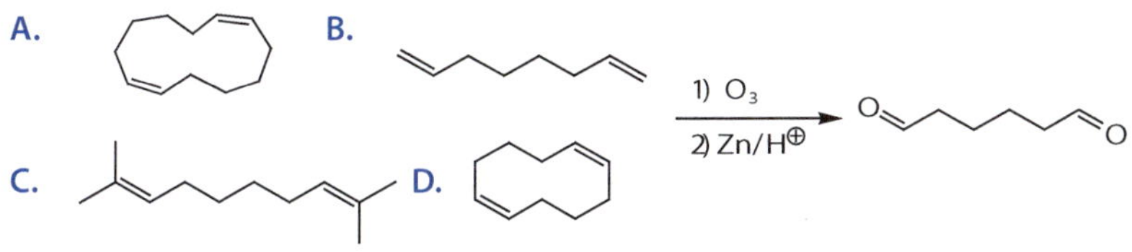
A.
B.
C.
D.
1) O_3
2) $Zn/H^{\oplus}$

V.

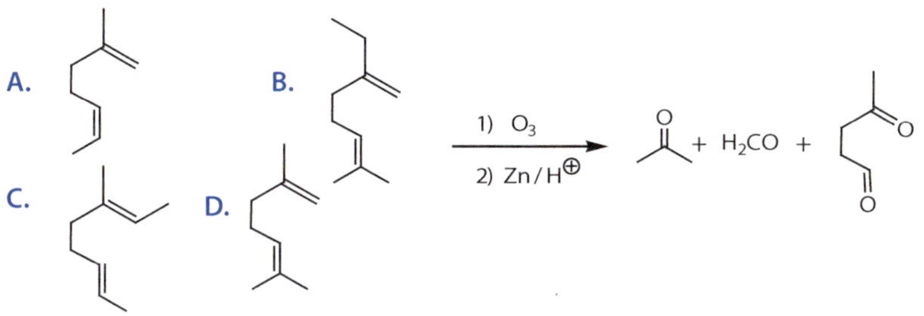
A.
B.
C.
D.
1) O_3
2) $Zn/H^{\oplus}$
+ H_2CO +

VI.

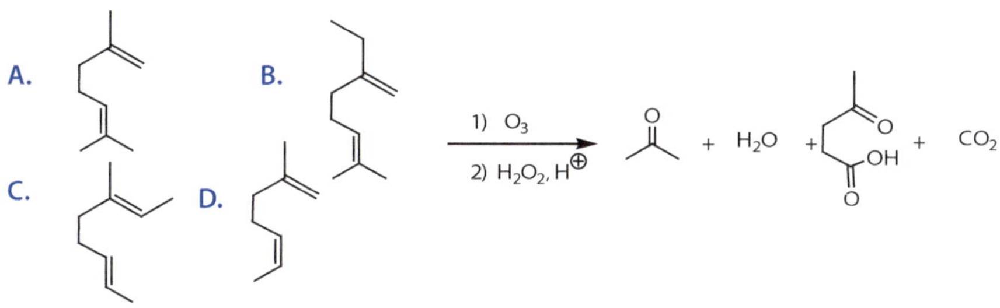
A.
B.
C.
D.
1) O_3
2) H_2O_2, $H^{\oplus}$
+ H_2O +
OH
+ CO_2

VII.

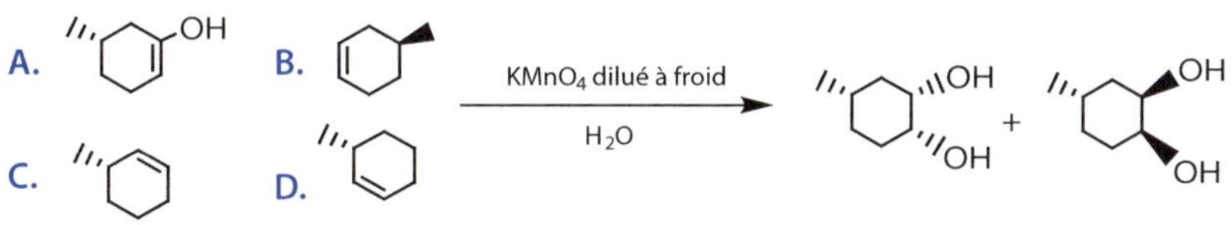
A.
OH
B.
C.
D.
$KMnO_4$ dilué à froid
H_2O
OH
OH
+
OH
OH

9. **En tenant compte de la stéréochimie, quels est(sont) le(s) produit(s) formé(s) dans les réactions suivantes ?**

I.

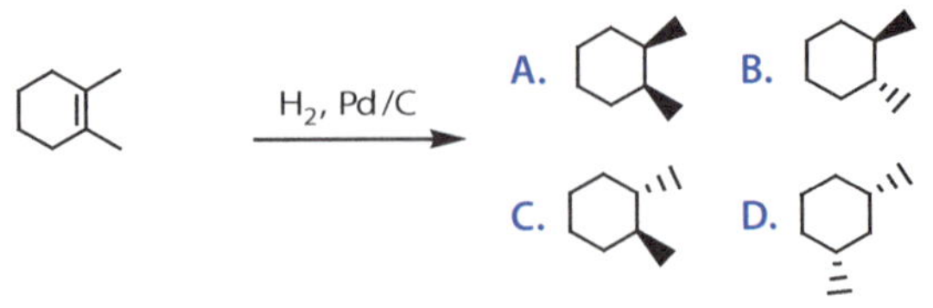

II.

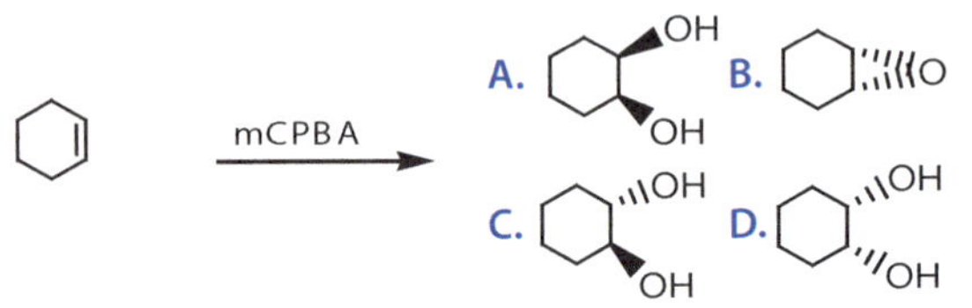

III.

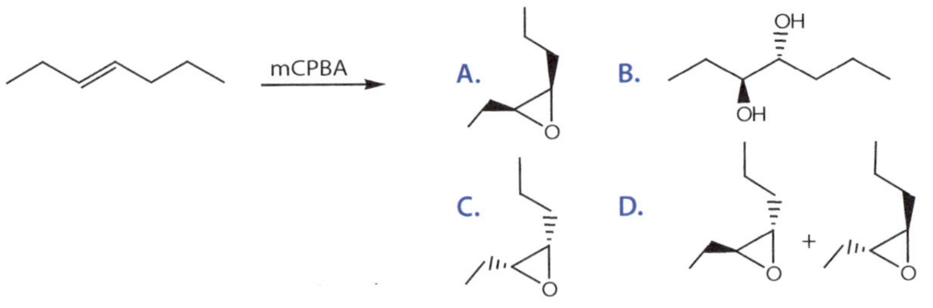

IV.

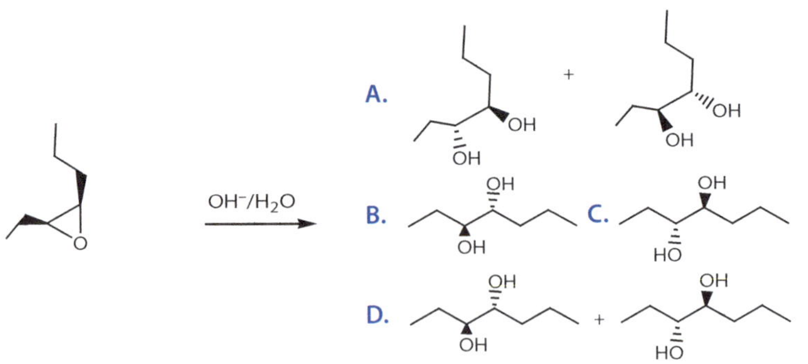

V.

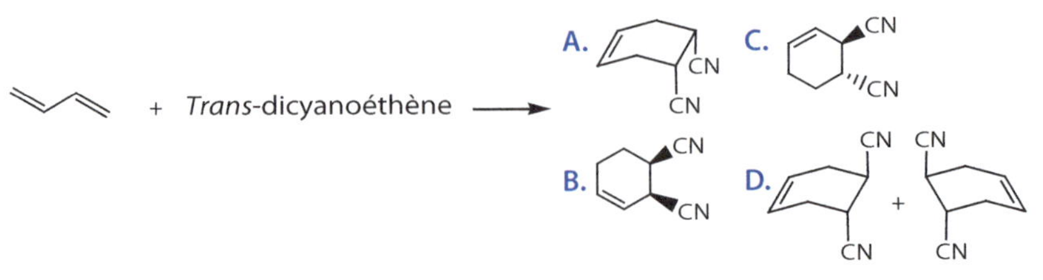

10. **À partir des propriétés des diènes conjugués, indiquer la nature du(des) produit(s) issu(s) de ces réactions.**

I.

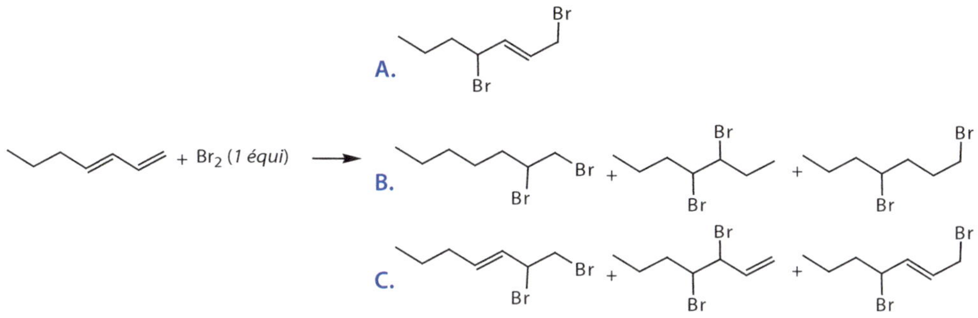

II.

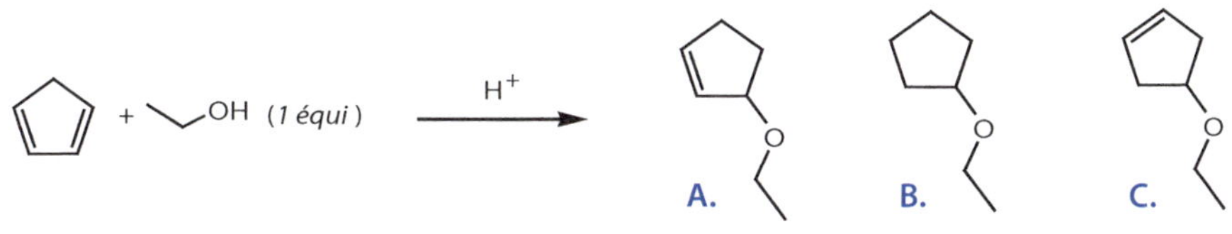

III.

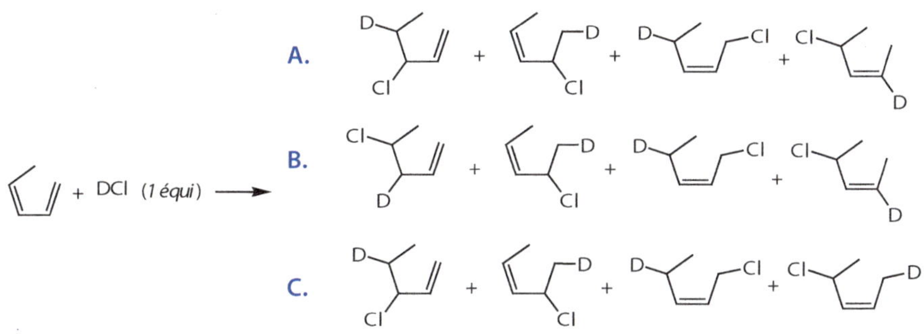

IV.

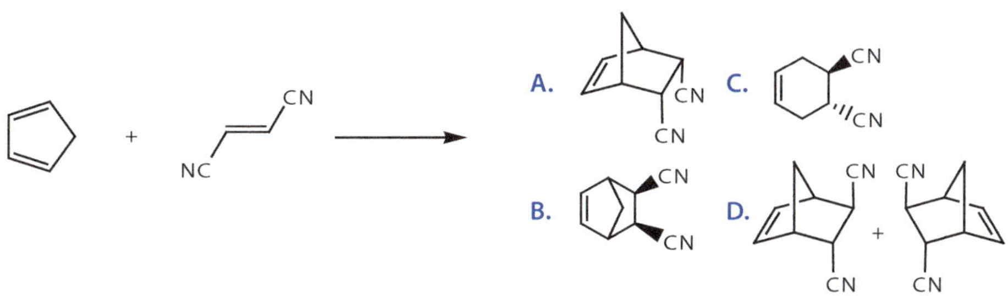

V.

A. 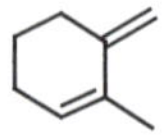

B. 

C. 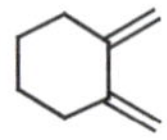

VI.

A. 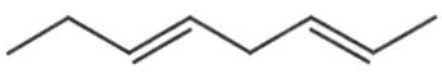

B. 

C. 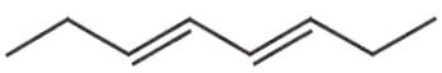

11. Quelle est la structure de formule brute $C_{14}H_{22}$ qui permet d'obtenir uniquement les 3 composés suivants, par réaction d'ozonolyse [1) O_3 ; 2) Zn / $H^{\oplus}$] ?

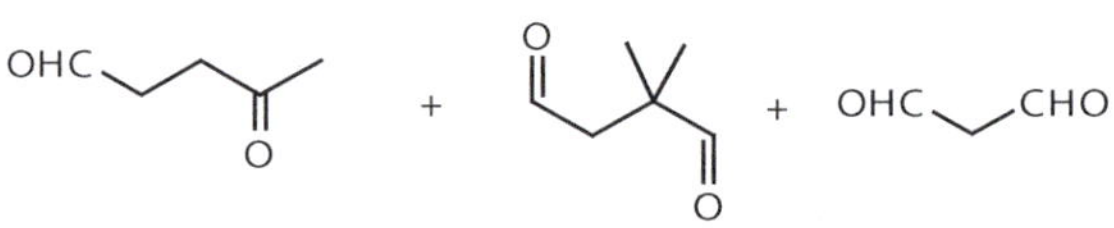

A. 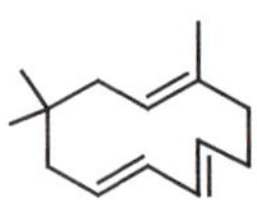

B. 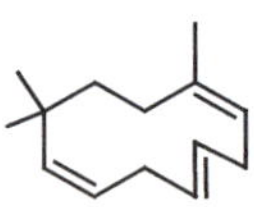

C. 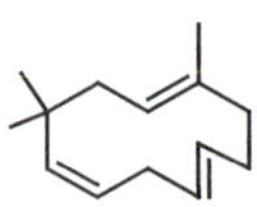

D. 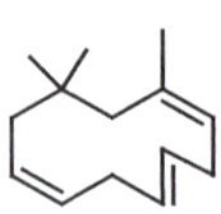

Composés aromatiques

À mémoriser

Réactions :

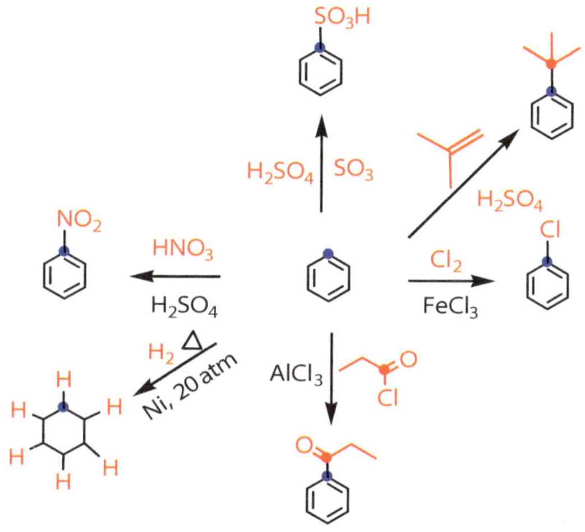

Effet d'orientation et d'activation

– **Substitution en *ortho-para***

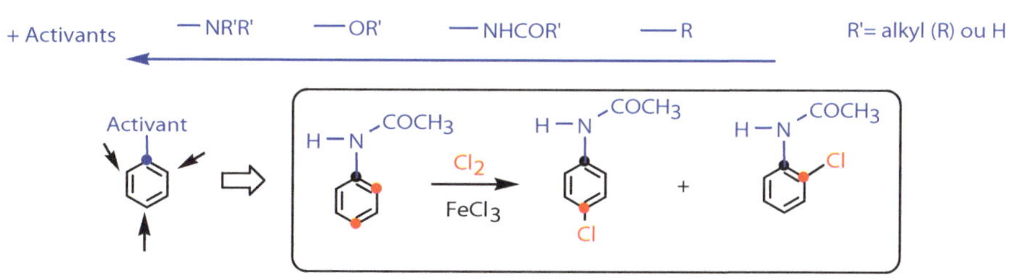

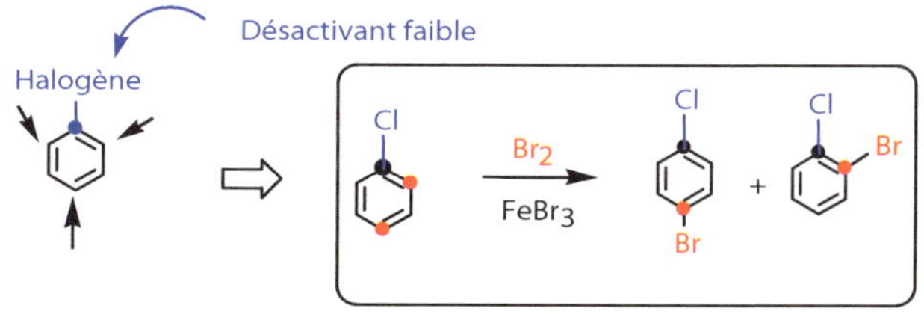

Les halogènes orientent en *ortho-para* malgré leur désactivation. En effet, lors d'une attaque en *ortho-para*, la paire libre de l'halogène stabilise la charge positive formée.
L'isomère *para* sera majoritaire si les deux groupements liés au cycle benzénique sont volumineux.

- Substitution en *méta*

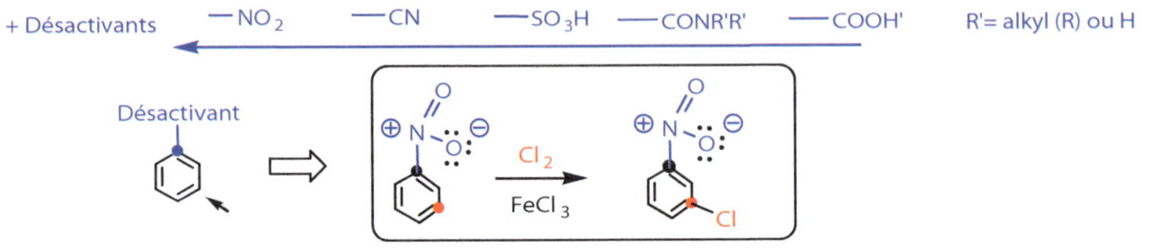

Aromaticité :

Pour qu'un composé soit aromatique, il doit être plan cyclique, conjugué circulairement et avoir un nombre d'électrons π égal à 4n + 2.

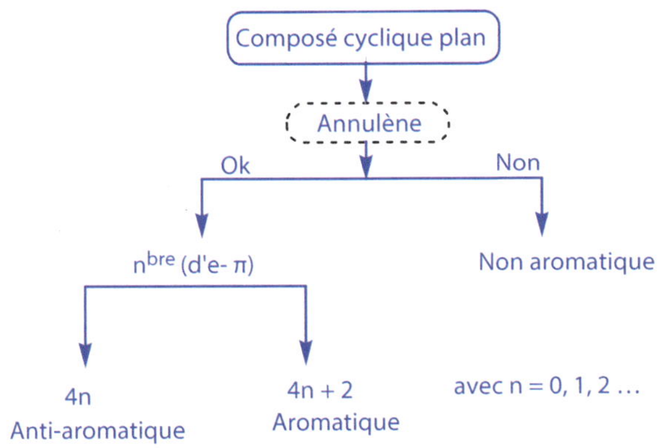

1. Quelle structure correcte pour la nomenclature des isomères de position (en tenant compte des stéréoisomères géométriques) peut-on obtenir en plaçant les 2 substituants sur chacun des deux types de cycles (benzène et cyclohexane) ?

Isomères

- A. *Trans*-1-allyl-4-bromocyclohexane
- B. *Méta*-bromovinylbenzène
- C. *Ortho*-allylbromobenzène
- D. *Cis*-1-bromo-4(-2-méthylpropylcyclohexane)
- E. *Para*-bromovinylbenzène
- F. *Trans*-1-allyl-4-isopropylcyclohexane
- G. *Trans*-1-bromo-4-vinylcyclohexane

Structures proposées

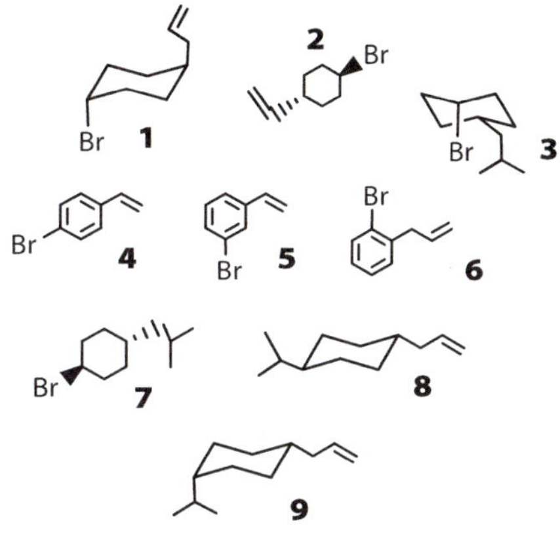

2. Donner l'orientation préférentielle de la nitration électrophile des molécules suivantes en appuyant votre réponse sur les formules de résonance appropriées.

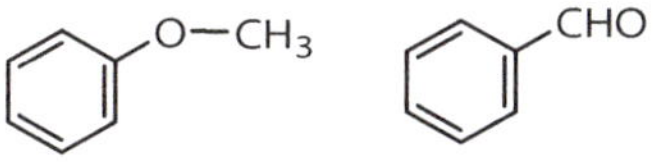

1 2

Pour la structure **1** :

A. substitution en *ortho* :
4 formes de résonance avec une charge positive sur le C en α du groupement O—CH_3.

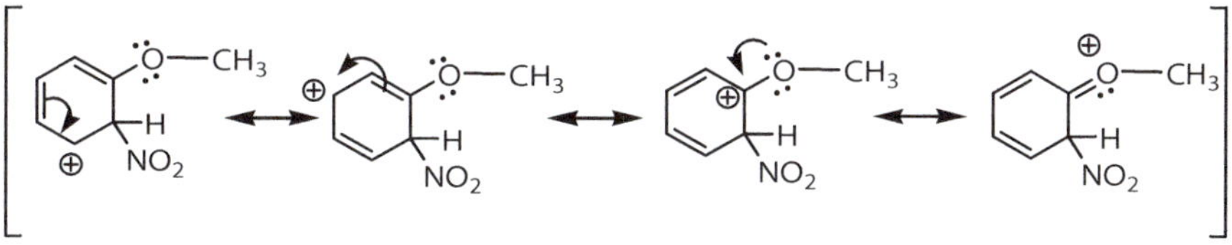

B. substitution en *méta* : 3 formes de résonance.

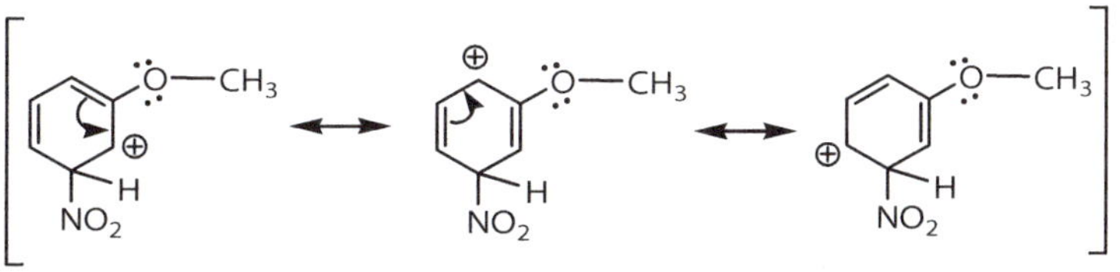

C. substitution en *para* :
4 formes de résonance avec une charge positive sur le C en α du groupement O—CH_3.

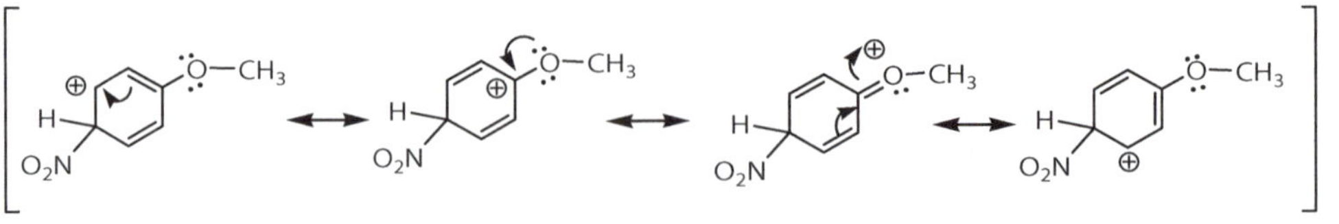

Pour la structure **2** :

A. substitution en *ortho* :
3 formes de résonance avec une charge positive sur le C en α du groupement —CHO.

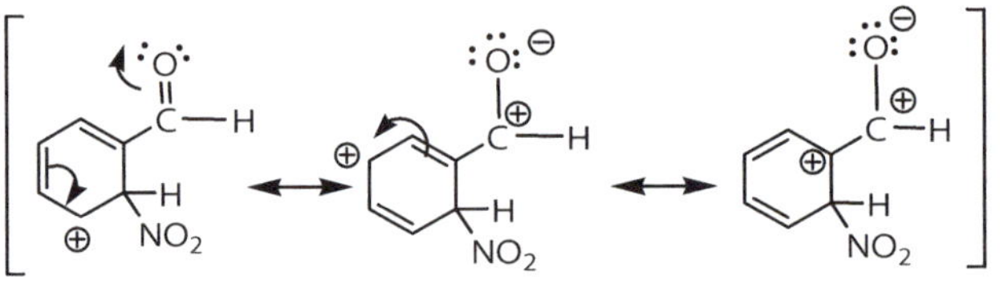

B. substitution en *méta* :
3 formes de résonance mais aucune charge sur le C en α du carbonyle —CHO.

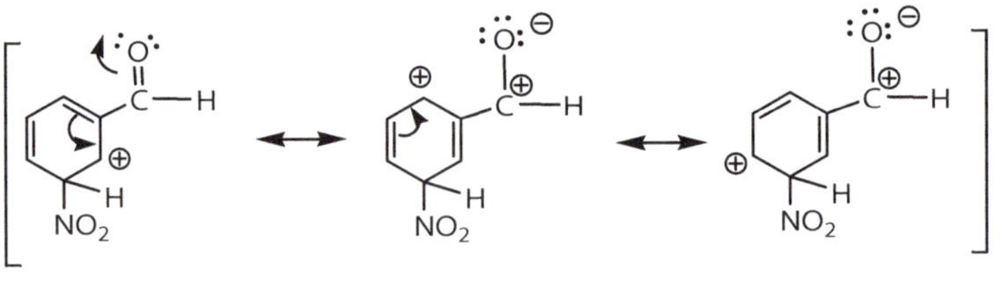

C. substitution en *para* :
3 formes de résonance avec une charge positive sur le C en α du groupement —CHO.

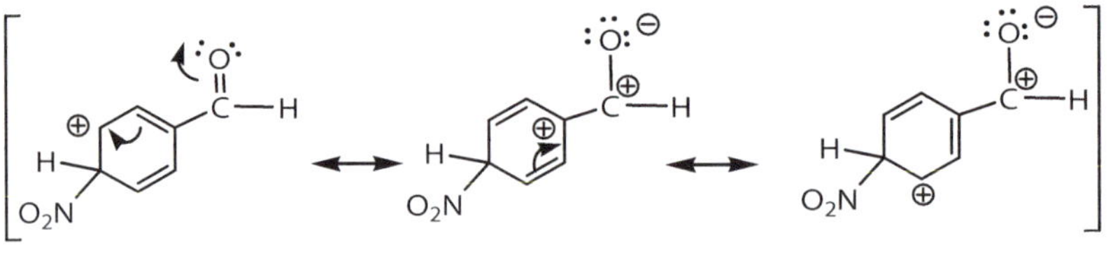

3. Indiquer si les substituants suivants orientent la réaction de la substitution électrophile sur le cycle aromatique en *ortho-para* (1) ou en *méta* (2).

A. 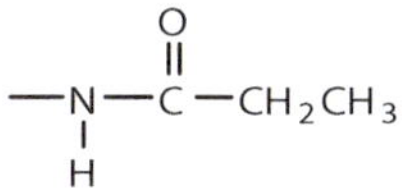 oriente en - (1) - (2)

B. 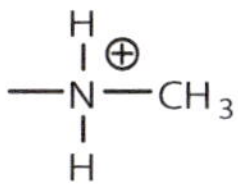 oriente en - (1) - (2)

C. 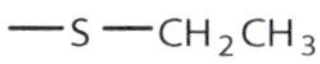 oriente en - (1) - (2)

D. 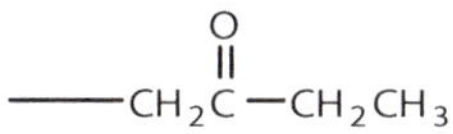 oriente en - (1) - (2)

E.  oriente en - (1) - (2)

F.  oriente en - (1) - (2)

4. Indiquer pour chacune des molécules suivantes, si elle est aromatique (a), anti-aromatique (b) ou non aromatique (c).

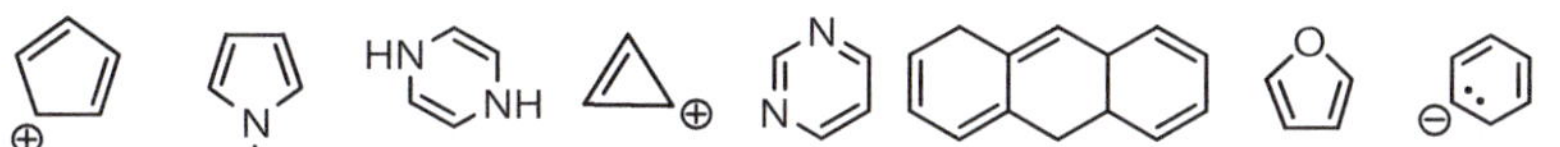

1 2 3 4 5 6 7 8

A. **1** = c, **2** = c, **3** = a, **4** = c, **5** = b, **6** = b, **7** = a, **8** = b
B. **1** = b, **2** = a, **3** = b, **4** = b, **5** = a, **6** = c, **7** = b, **8** = a
C. **1** = b, **2** = a, **3** = b, **4** = a, **5** = a, **6** = c, **7** = a, **8** = c
D. **1** = a, **2** = b, **3** = b, **4** = b, **5** = b, **6** = c, **7** = b, **8** = a

5. Quel est le produit principal des réactions suivantes ?

I.

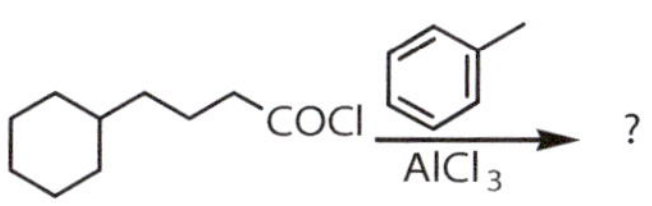

A. 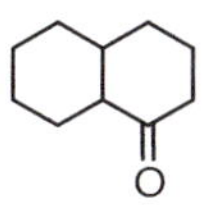

C. 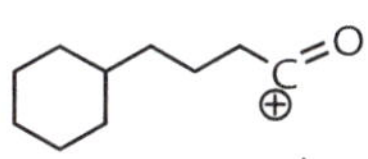

B. 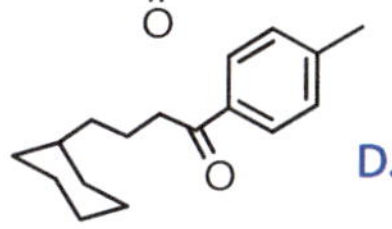

D. 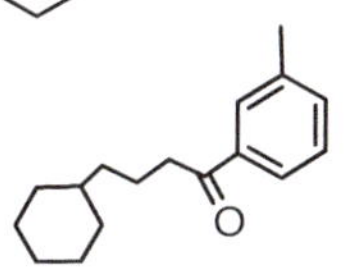

II.

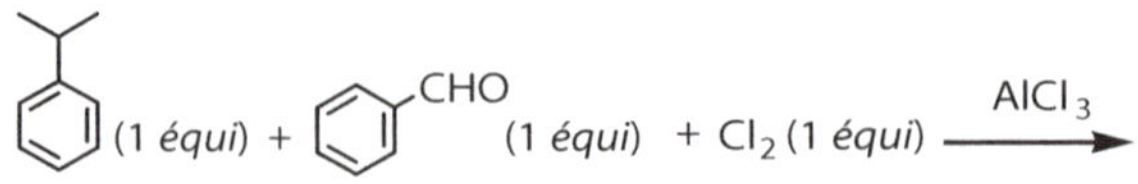

A. 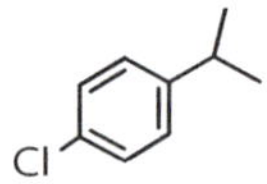

B. 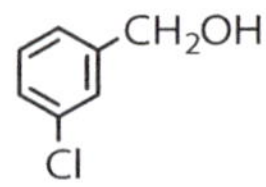

C. 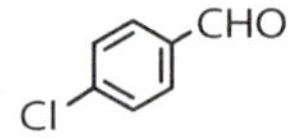

D. 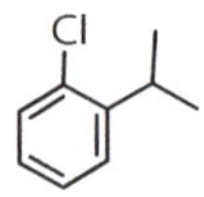

III.

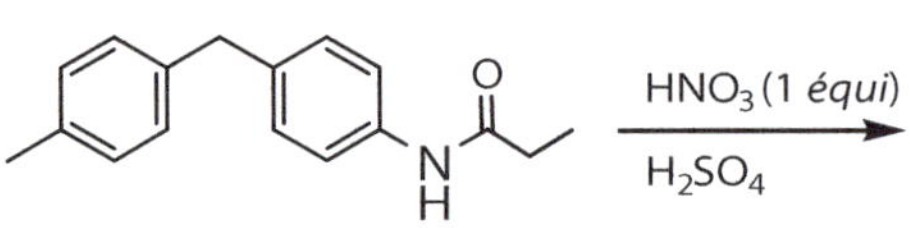

A. 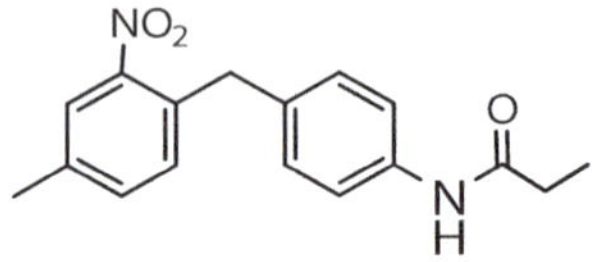

B. 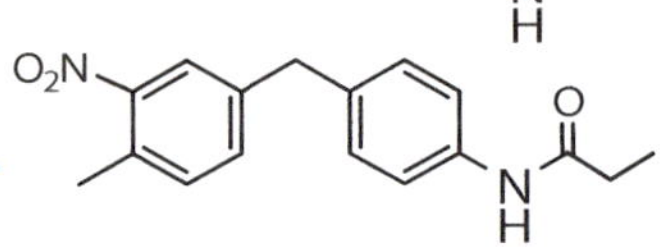

C. 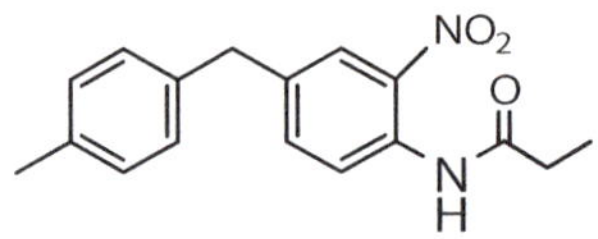

D. autre

IV.

A. 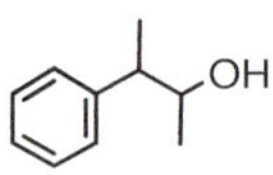

B. 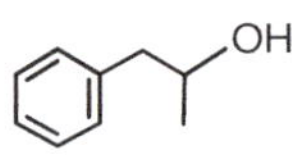

C. 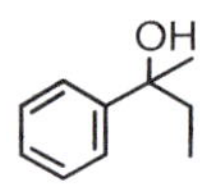

D. pas de réaction

6. **Comment préparer le composé suivant à partir du benzène et de chlorure de benzoyle (C_6H_5COCl) ? Indiquer la bonne séquence réactionnelle.**

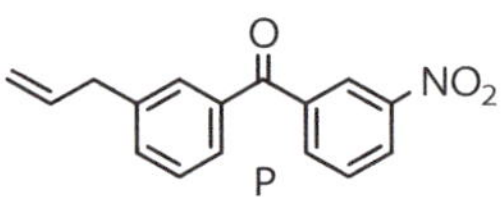

P

A. 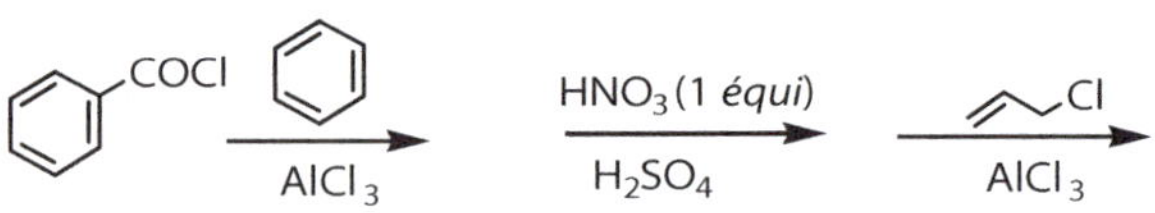

B. 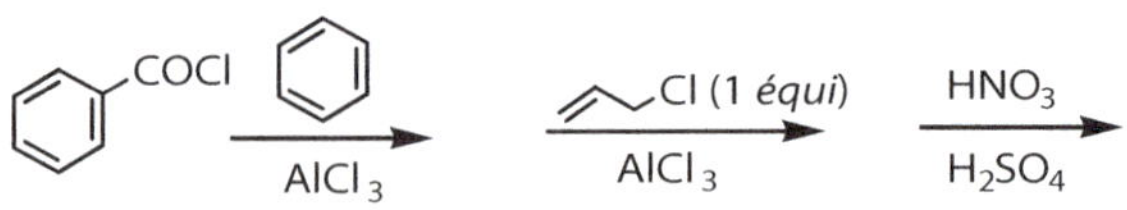

C. 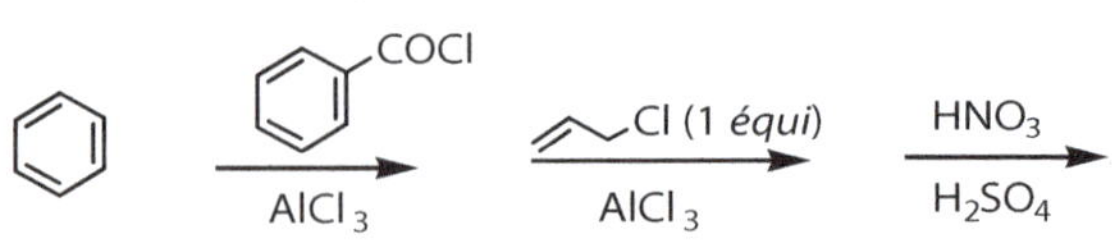

D. autre

7. **Quelle est la bonne séquence de réactions pour préparer le composé P suivant à partir du benzène, de chlorure de benzoyle (C_6H_5COCl) et de chlorure d'acétyle comme substances organiques et tout autre composé inorganique ?**

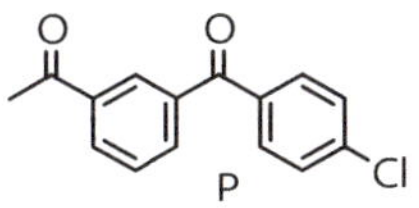

P

A. 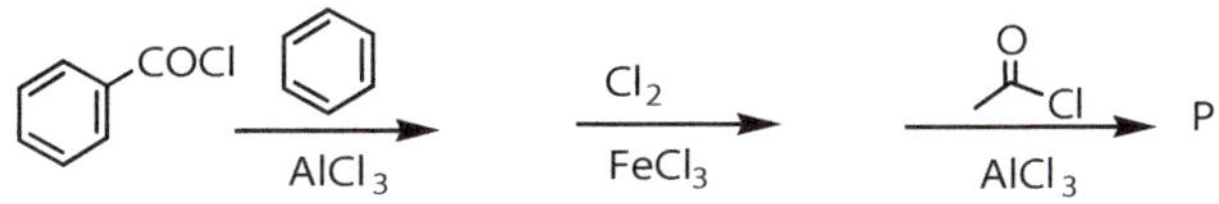

B. 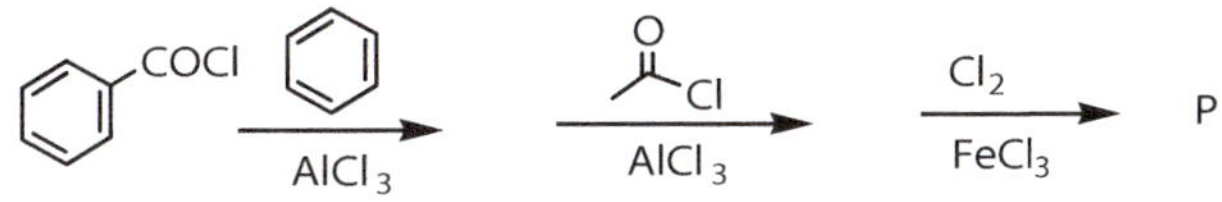

C. 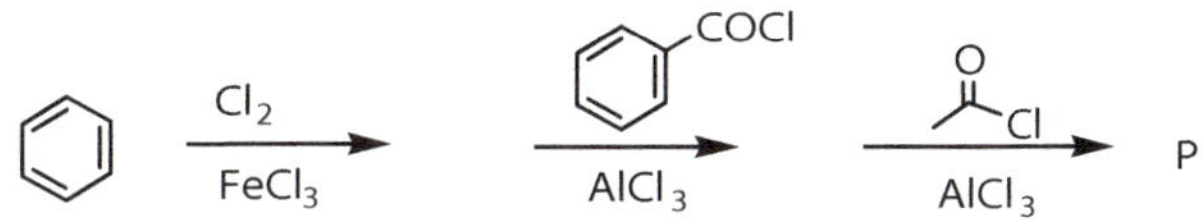

D. 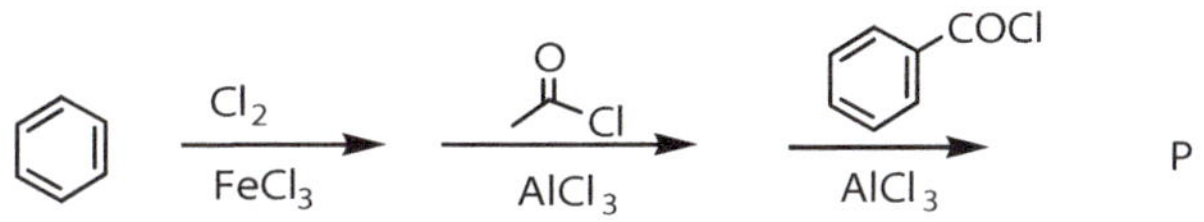

8. **En tenant compte de la stéréochimie, compléter les réactions suivantes en identifiant les structures correspondant aux molécules A, B, C, D et E par 1, 2, 3, …**

A = **1**, **2**, **3**, **4**, **5**, **6**, **7** ou **8**
B = **1**, **2**, **3**, **4**, **5**, **6**, **7** ou **8**
C = **1**, **2**, **3**, **4**, **5**, **6**, **7** ou **8**
D = **1**, **2**, **3**, **4**, **5**, **6**, **7** ou **8**
E = **1**, **2**, **3**, **4**, **5**, **6**, **7** ou **8**

A 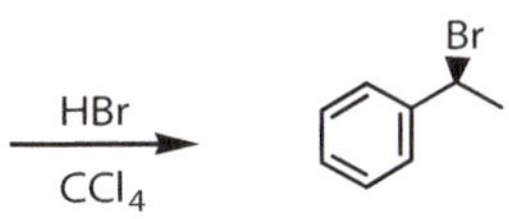 + B

$$\text{A} \xrightarrow[\text{2) } H_2O_2\text{, } H_3O^+]{\text{1) } O_3} \text{C} + CO_2 + \text{D}$$

$$\text{C} \xrightarrow[FeCl_3]{Cl_2} \text{E}$$

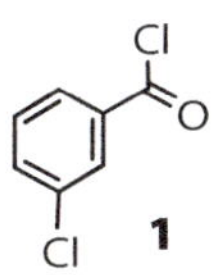

1

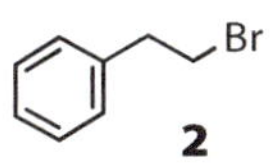

2

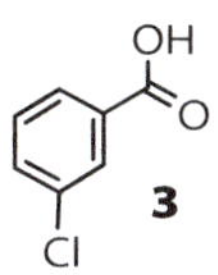

3

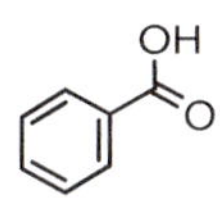

4

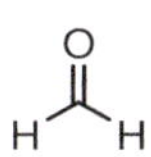

5

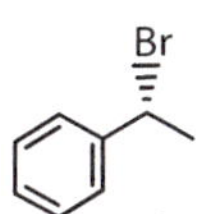

6

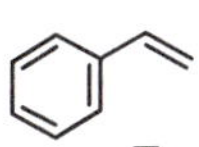

7

H_2O

8

Stéréoisomérie et activité optique

À mémoriser

Configuration *R/S* :

Un carbone est asymétrique (chiral) s'il possède quatre substituants de nature différente.

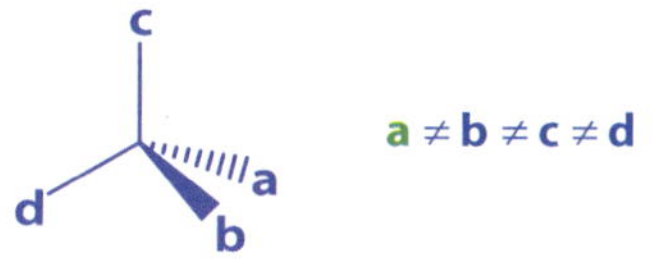

Pour déterminer le descripteur de configuration absolue *R* ou *S* du centre chiral, l'axe de regard doit être placé du côté opposé au groupement ayant la plus petite priorité.

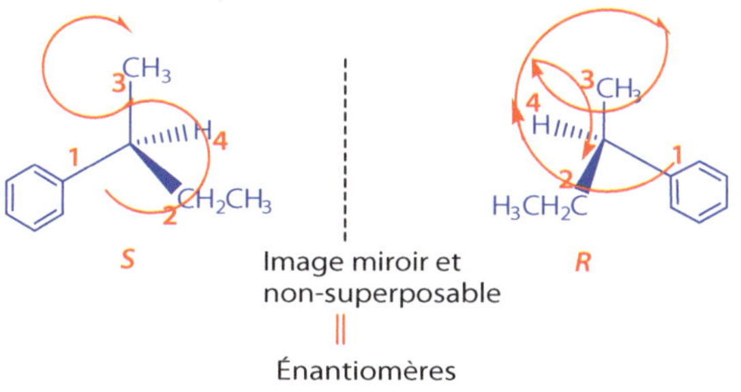

La règle de Cahn-Ingold-Prelog est utilisée pour définir l'ordre de priorité des atomes :

- un atome portant un numéro atomique élevé (*Z*) est prioritaire par rapport à un atome de *Z* plus faible.
- si au premier rang il est impossible de déterminer le groupement prioritaire, les groupements qui lui sont liés (atomes du second rang) seront alors comparés, et ainsi de suite. Il faut s'arrêter à la première différence.

Deux permutations successives ne changent pas le descripteur du centre chiral : méthode à appliquer pour mettre le groupement 4 derrière le plan !

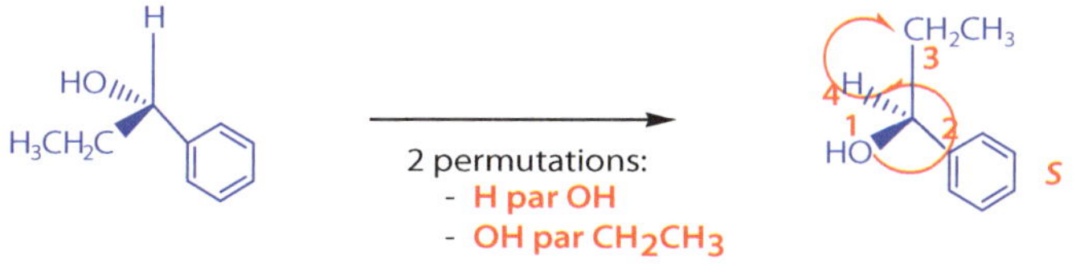

Relation entre stéréoisomères :

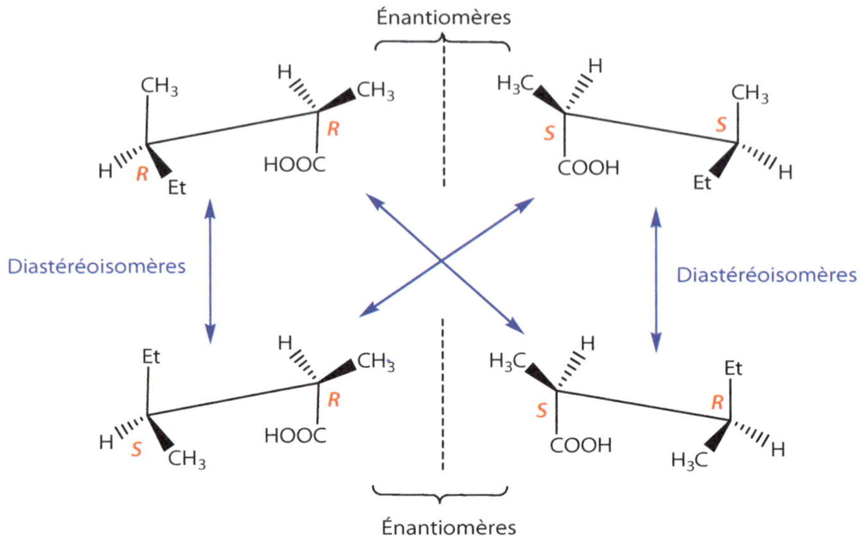

Illustration d'un composé méso :

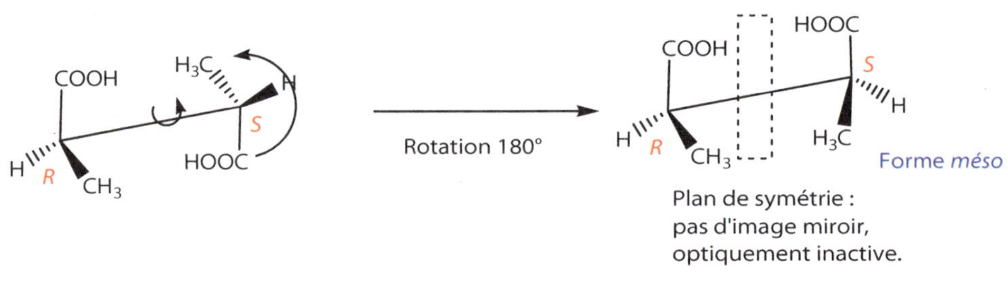

Projection de Fischer :

Pour passer facilement d'une représentation de Cram à celle de Fischer, les deux groupements situés dans le même plan (ici les deux –COOH) doivent être du même côté (syn-périplanaire). La tête du bonhomme de 'Ficher' est toujours orientée vers le groupement le plus oxydé (pas de différence dans notre cas car groupements identiques)

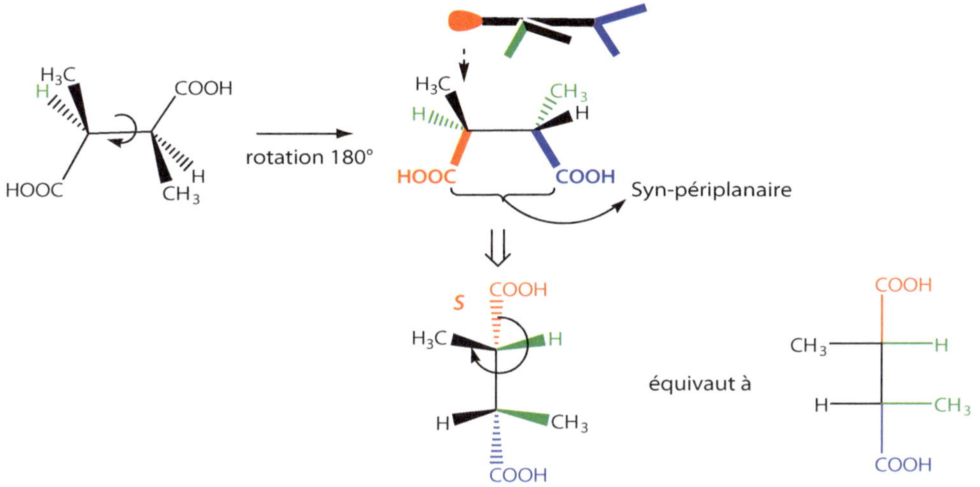

Les liaisons verticales percent dans le plan et les liaisons horizontales sortent du plan vers l'observateur.
En Fisher, souvent, l'atome portant le n° 4 dans l'ordre de préséance est dirigé vers l'observateur. Dans ce cas, pour déterminer le descripteur, il suffira de regarder l'ordre apparent de rotation des atomes 1-2-3, si cet ordre est *R*, la configuration absolue sera *S*, et vice-versa.

Attention,

– la représentation 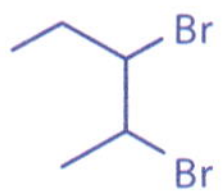 ne fait pas la différence entre ces quatre structures 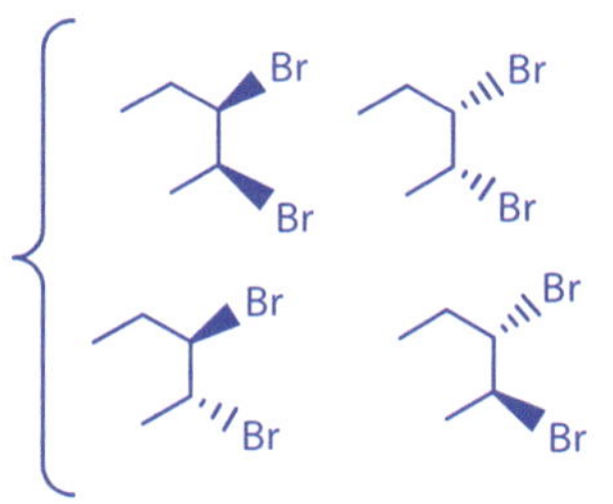

– les relations entre les stéréoisomères peuvent dépendre du produit de départ :

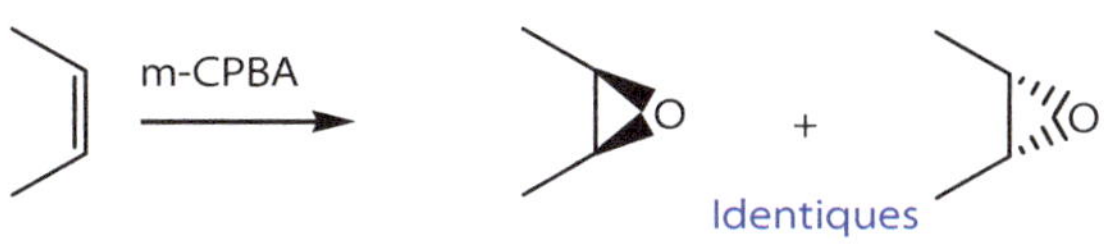

Le produit formé possède un plan de symétrie (forme méso), les deux structures sont donc identiques. Dans ce cas, il suffit de présenter une seule structure.

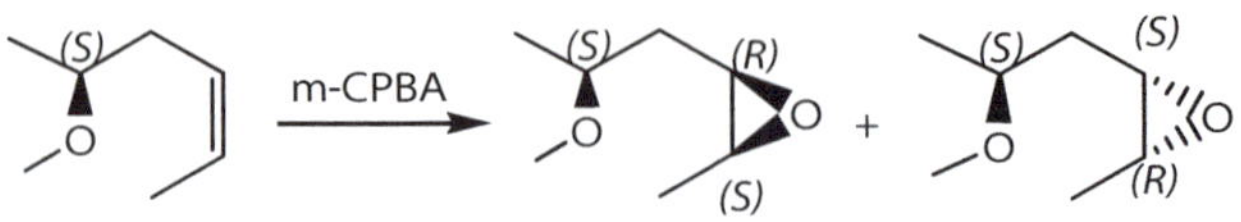

Diastéréoisomères

Les deux molécules ont des propriétés physiques et chimiques différentes

1. Combien y a-t-il de stéréoisomères dans les molécules suivantes ?

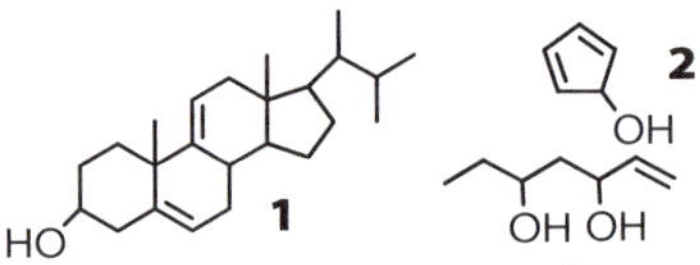

1 **2** **3**

$CH_3CH(CH_3)CHOHCH_2CH_2CHClCHOHCH_3$

4

A. **1** = 64, 128 ou 256
B. **2** = 0, 1 ou 2
C. **3** = 1, 2, 3, 4 ou 8
D. **4** = 2, 4, 8 ou 16

2. Quel est le descripteur de la configuration absolue des centres chiraux dans les molécules suivantes ?

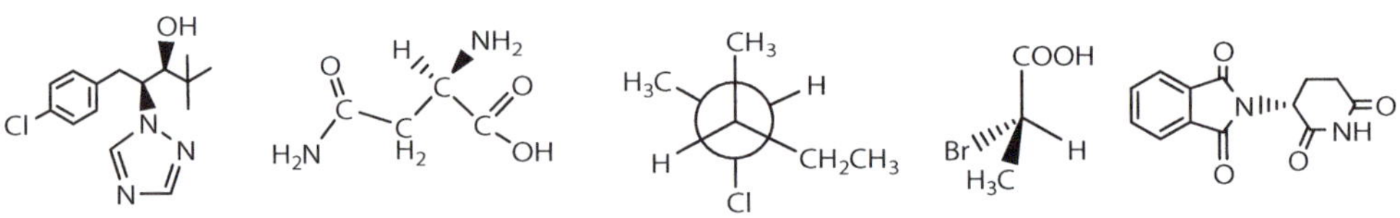

Paclobutrazol **1**

Asparagine **2**

3

4

Thalidomide **5**

A. **1** = *R-S, S-R, S-S ou R-R*
B. **2** = *R ou S*
C. **3** = *2R-3S, 2S-3R, 2S-3S ou 2R-3R*
D. **4** = *R ou S*
E. **5** = *R ou S*

3. **Établir la relation dans chacune des paires de molécules suivantes : identiques, conformères, énantiomères, diastéréoisomères ou autres.**

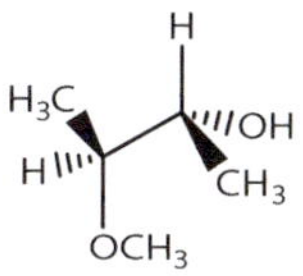 et 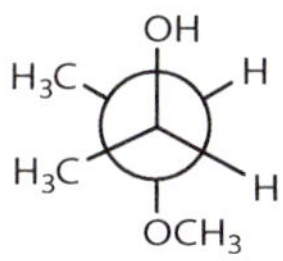

I.
A. identiques
B. énantiomères
C. diastéréoisomères
D. aucune de ces trois propositions

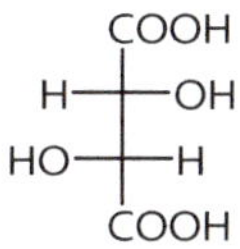 et 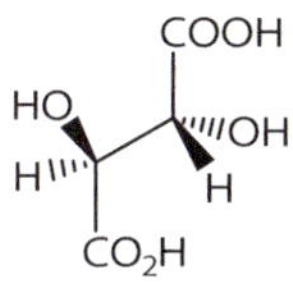

II.
A. identiques
B. énantiomères
C. diastéréoisomères
D. aucune de ces trois propositions

 et 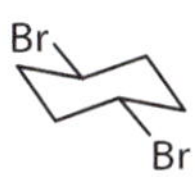

III.
A. identiques
B. énantiomères
C. diastéréoisomères
D. aucune de ces trois propositions

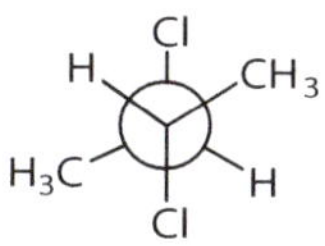 et 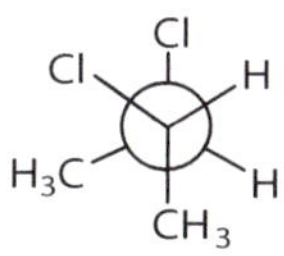

IV.
A. conformères
B. énantiomères
C. diastéréoisomères
D. aucune de ces trois propositions

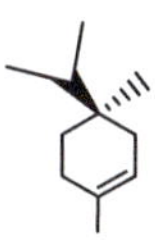 et 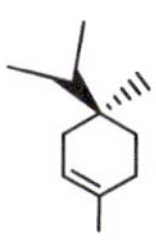

V.
A. identiques
B. énantiomères
C. diastéréoisomères
D. aucune de ces trois propositions

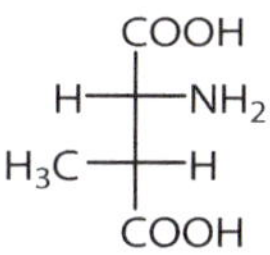 et 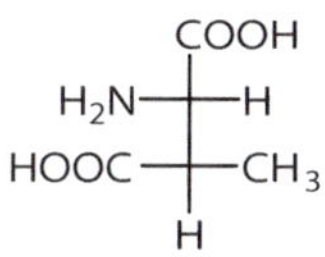

VI.
A. identiques
B. énantiomères
C. diastéréoisomères
D. aucune de ces trois propositions

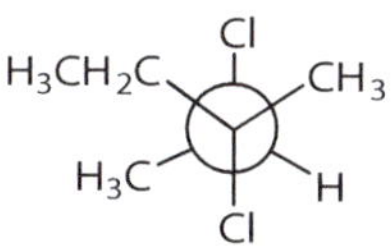 et 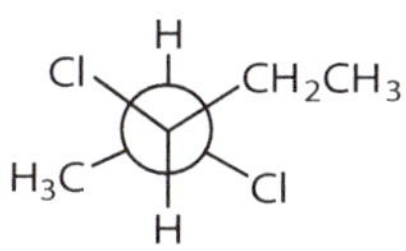

VII.
A. identiques
B. énantiomères
C. diastéréoisomères
D. aucune de ces trois propositions

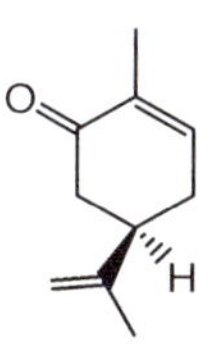
(+)-Carvone

et (–)-Carvone

VIII.
A. identiques
B. énantiomères
C. diastéréoisomères
D. aucune de ces trois propositions

4. **En utilisant une chromatographie classique, combien de produits organiques allez-vous détecter (a) pour les réactions ci-dessous ?**
Combien y en a-t-il en réalité (b) ?

A. 

a. 1, 2, 3, 4
b. 1, 2, 3, 4

B. 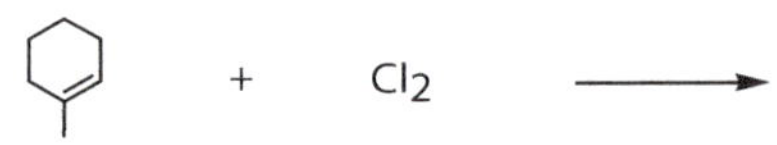

a. 1, 2, 3, 4
b. 1, 2, 3, 4

C. 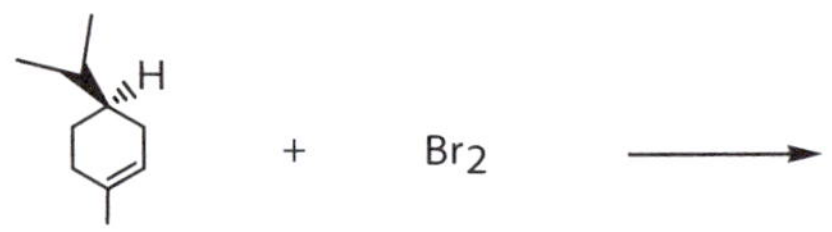

a. 1, 2, 3, 4
b. 1, 2, 3, 4

D. 

a. 1, 2, 3, 4
b. 1, 2, 3, 4

5. **Les substances ci-après sont-elles optiquement actives ou inactives ?**
(a = molécule optiquement active ; b = molécule optiquement inactive)

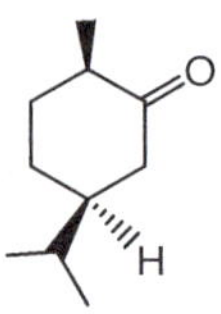

1

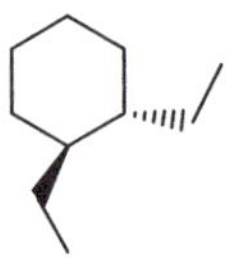

2

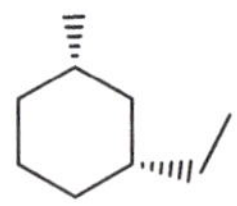

3

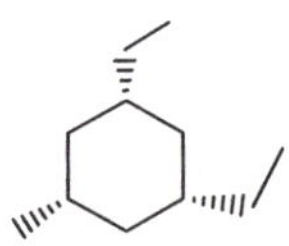

4

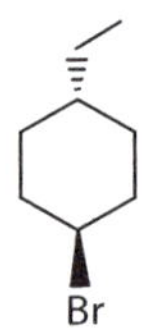

5

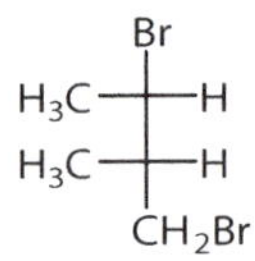

6

A. **1** = a, **2** = b, **3** = b, **4** = a, **5** = a, **6** = b
B. **1** = a, **2** = a, **3** = a, **4** = a, **5** = a, **6** = b
C. **1** = b, **2** = a, **3** = a, **4** = b, **5** = b, **6** = a
D. **1** = a, **2** = a, **3** = a, **4** = b, **5** = b, **6** = a

6. **Les pouvoirs rotatoires spécifiques des (+) et (–) limonènes sont respectivement de +100° et -100°. Dans une solution de limonène (solvant = éthanol), on observe un pouvoir rotatoire de 10°. Calculer les concentrations massiques (g mL^{-1}) de chacune des formes (+) et (–). La longueur du tube polarimétrique est de 15 cm. La concentration totale en limonène ((+) et (–)) est de 0,36 g mL^{-1}.**

A. C(+) = 0,0667 g mL^{-1} et C(–) = 0,293 g mL^{-1}
B. C(+) = 0,147 g mL^{-1} et C(–) = 0,213 g mL^{-1}
C. C(+) = 0,213 g mL^{-1} et C(–) = 0,147 g mL^{-1}
D. aucune de ces trois réponses

Composés halogénés et organométalliques — Substitution et élimination

À mémoriser

Comparaison S_N1 et S_N2 :

	S_N1	S_N2
Mécanisme :	deux étapes	une seule étape
Équation cinétique :	v = k [R–X]	v = k [R–X] [Nu]
Substrat :	**benzylique > allylique > C3 (tertiaire) > C2 (secondaire) >> C1 (primaire)**	**benzylique > allylique > C1 (primaire) > C2 (secondaire) pas de S_N2 avec C tertiaire**
Nature du nucléophile :	souvent non chargé, H_2O, ROH, …	– fort : RS^-, I^-, R_2N^-, RO^-, CN^- – moyen : RSH, Br^-, RCO_2^- – dans une colonne $I^- > Br^- > Cl^- > F^-$
Nature du nucléofuge :	$-N_2^+ > -OR_2^+ > -OTs > -I > -Br > -H_2O^+ > -Cl$	$-N_2^+ > -OR_2^+ > -OTs > -I > -Br > -Cl$
Stéréochimie :	non stéréosélective	stéréospécifique et stéréosélective (inversion de Walden)
Nature du solvant :	polaire protique (H_2O, CH_3OH, …)	polaire aprotique (CH_3CN, CH_3COCH_3, $CHCl_3$, …)

Comparaison E1 et E2 :

	E1	E2
Mécanisme :	deux étapes	une seule étape
Équation cinétique :	v = k [R–X]	v = k [R–X] [Base]
Substrat :	**selon la stabilité du carbocation (benzylique > allylique > $^+C3 > {}^+C2 >> {}^+C1$)**	**selon la stabilité de l'alcène formé (3 (tertiaire) > 2 (secondaire) > 1 (Primaire))**

Nature de la base :	bases faibles (H_2O, ROH, R_2NH, …)	bases fortes (RO^-, R_2N^-, …)
Nature du nucléofuge :	N_2^+ > $-OR_2^+$ > −OTs > −I > −Br > $-H_2O^+$ > −Cl	$-N_2^+$ > $-OR_2^+$ > − OTs > −I > −Br > −Cl >
Stéréochimie :	non stéréospécifique	stéréospécifique : antipériplanaire
Nature du solvant :	polaire protique (H_2O, CH_3OH, …)	solvant aprotique (CH_3CN, CH_3COCH_3, $CHCl_3$, …)
Produits	En général, l'alcène le plus substitué est toujours prédominant (Zaitsev). Elimination d'Hofmann : l'alcène le moins substitué est prédominant.	

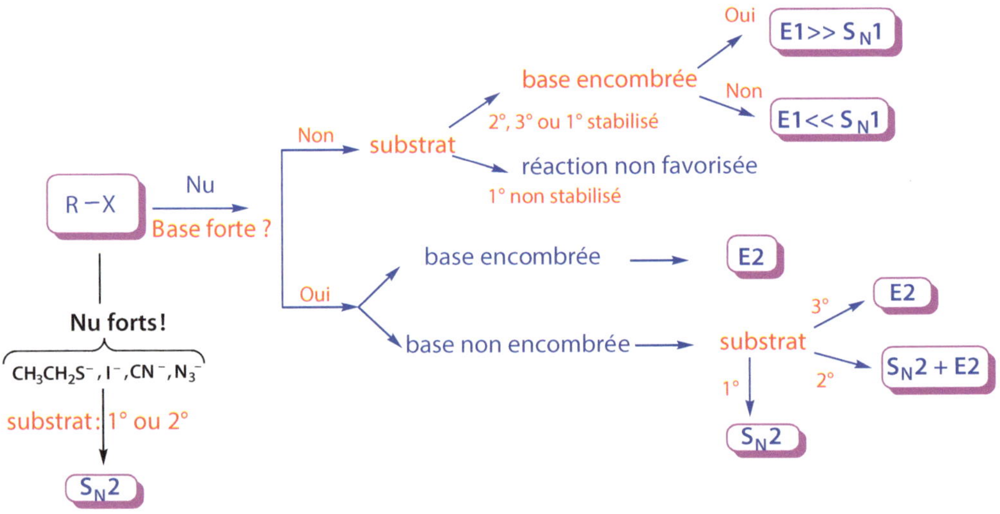

Dans des conditions favorisant la réaction unimoléculaire (nucléophiles faibles/bases faibles + solvants polaires et protiques), un mélange de produits issus de S_N1 et de E1 est généralement obtenu !

On ne peut donc parler d'une conformation anti-périplanaire que lorsque deux atomes (ou groupes) attachés à deux atomes adjacents forment un angle de torsion compris entre +150° et 180° ou entre −150° et 180°.

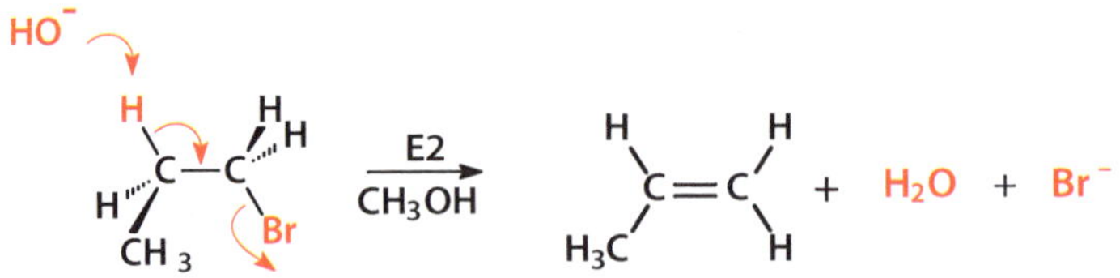

Réarrangement de Wagner-Meerwein :

Le réarrangement n'est possible que si la migration d'un hydrure ou d'un groupement alkyle sur le carbone adjacent conduit à un carbocation plus stable (par effet inductif et/ou mésomère).

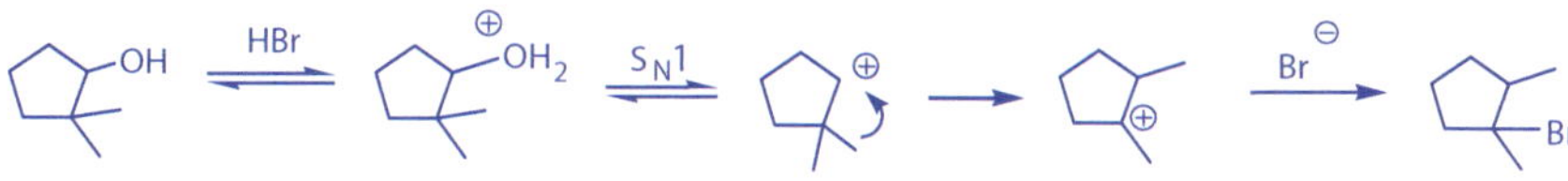

Réactif de Grignard :

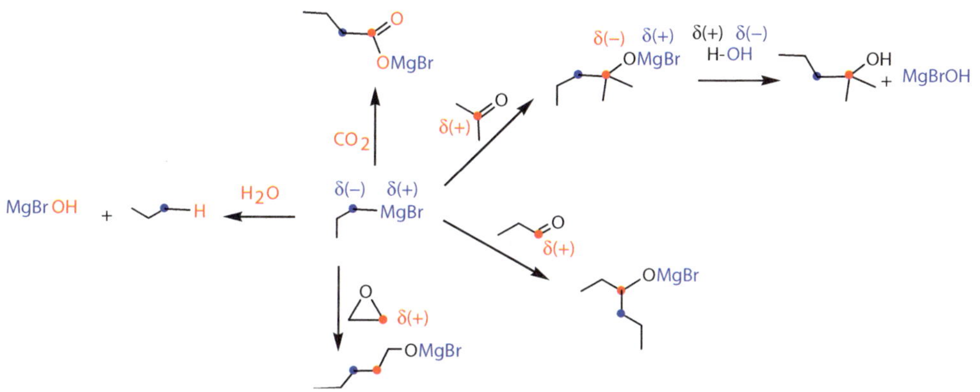

1. **Pour les réactions suivantes, indiquer si le produit majoritaire est formé via un mécanisme S_N1, S_N2, E1 ou E2.**

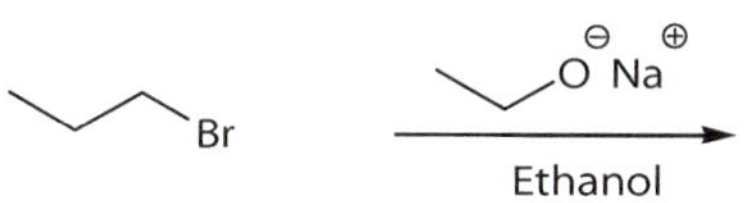

A. S_N1, S_N2, E1, E2

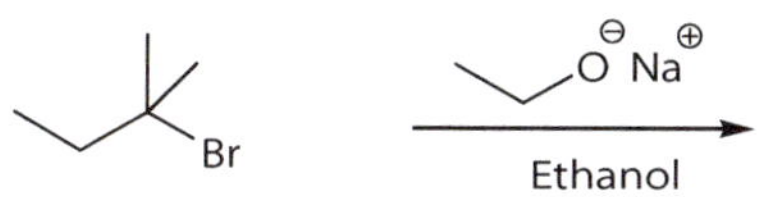

B. S_N1, S_N2, E1, E2

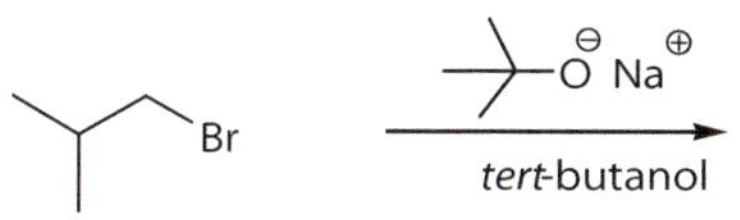

C. S_N1, S_N2, E1, E2

D. S_N1, S_N2, E1, E2

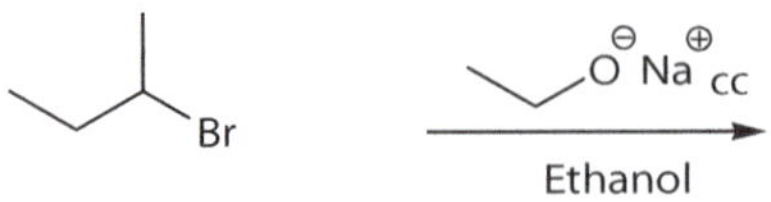

E. S_N1, S_N2, E1, E2

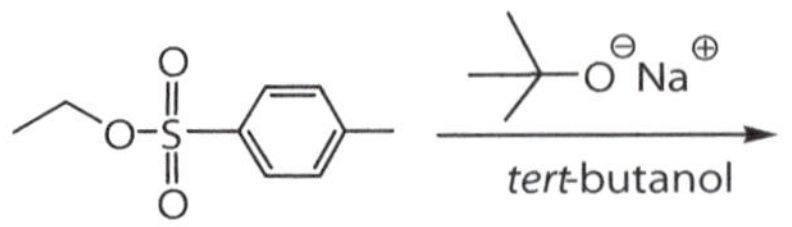

F. S_N1, S_N2, E1, E2

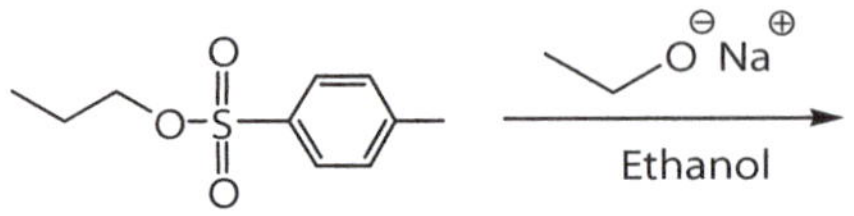

G. S_N1, S_N2, E1, E2

H. S_N1, S_N2, E1, E2

2. Quel est le produit principal dans chacune des réactions suivantes ?

I. 

A. 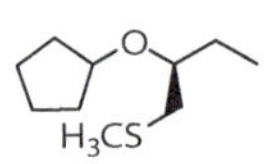

B. 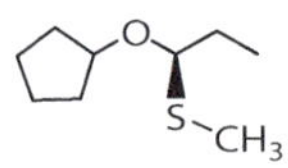

C. 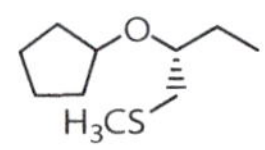

II. 

A. 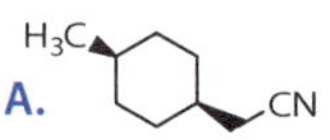

B. 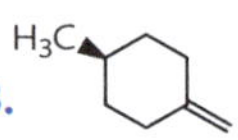

C. 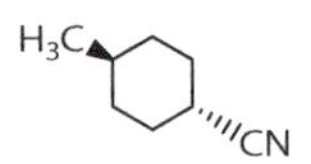

III. 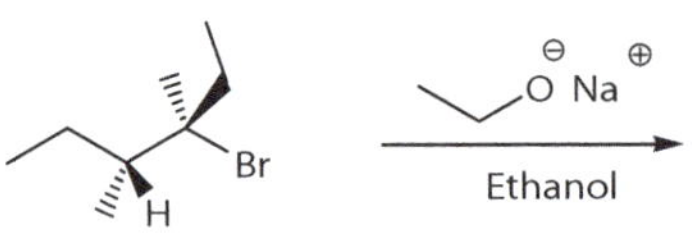

A. 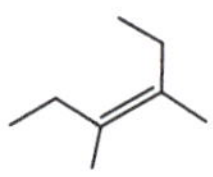

B. 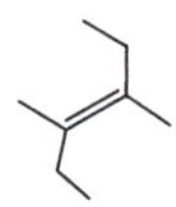

C. 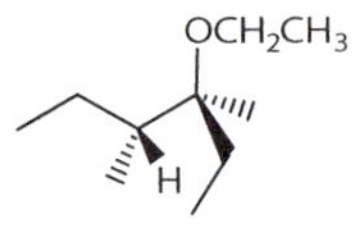

3. Indiquer le(s) produit(s) des réactions suivantes en précisant, si nécessaire, la stéréochimie des produits.

I. 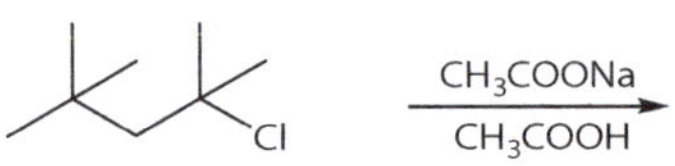

A. 

B. 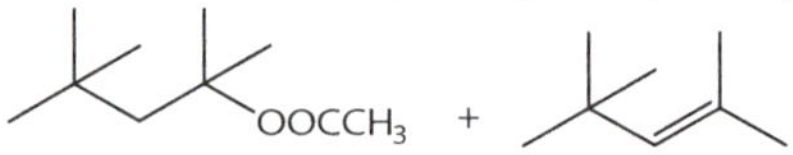

C. 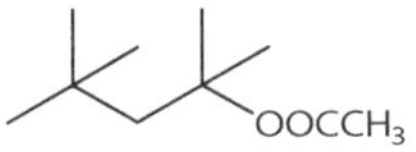

II. 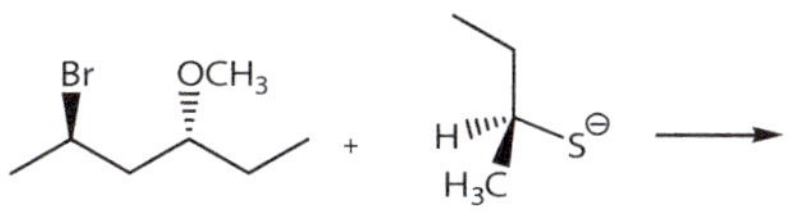

A. 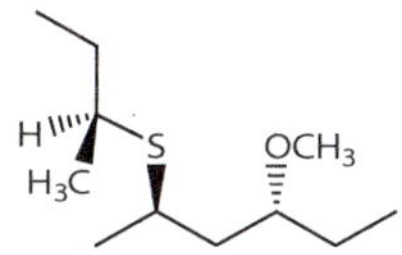

B. 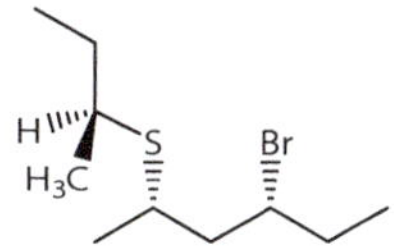

C. 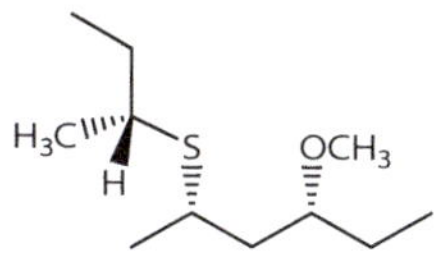

D. 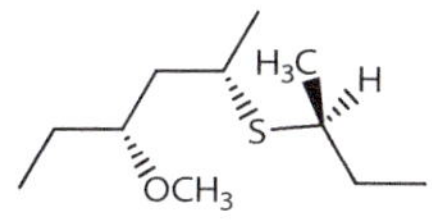

III. 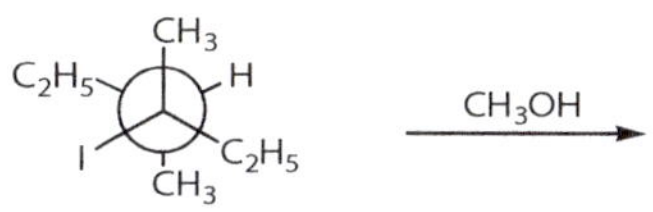

A. 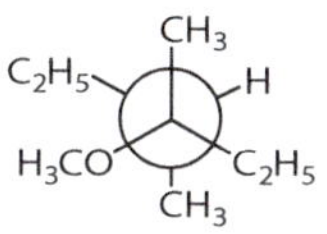

B. 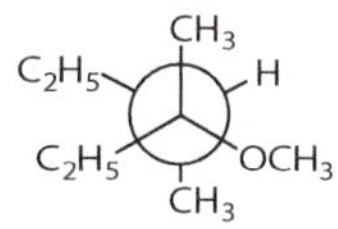

C. 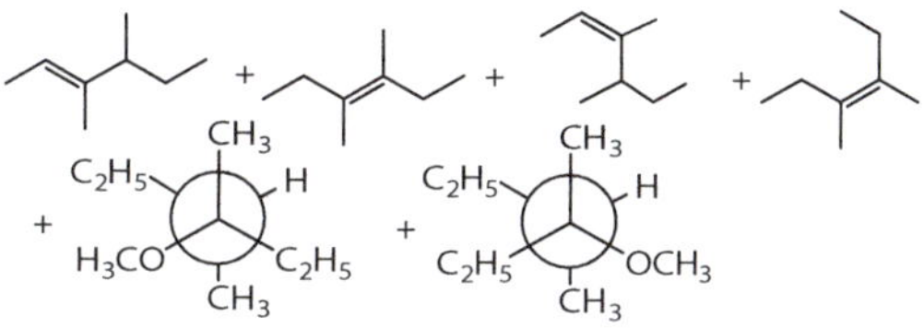

4. **I. Dans les réactions suivantes, les molécules donnent des produits qui peuvent résulter des réactions S_N2 et E2.**
Une des trois réactions est uniquement E2, laquelle ?

....

A. 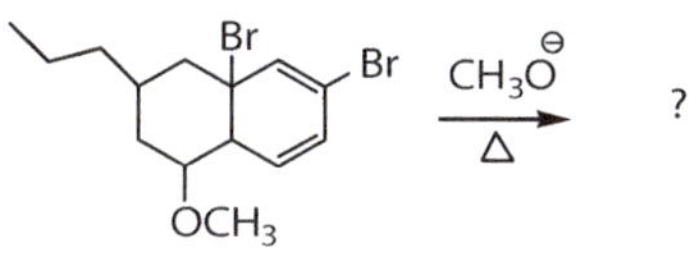

B. 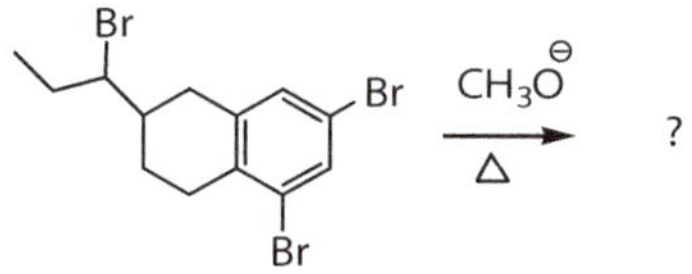

C. 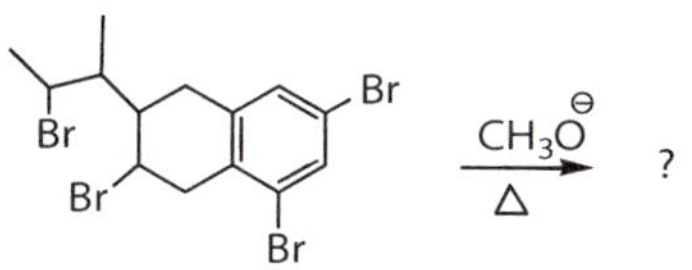

II. **On suppose que les deux réactions suivantes ne donnent que des produits d'élimination (E2), mais l'une est plus favorisée thermodynamiquement que l'autre. Laquelle ?**

A. 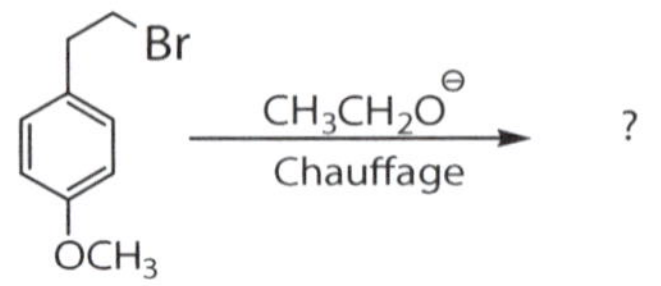

B. 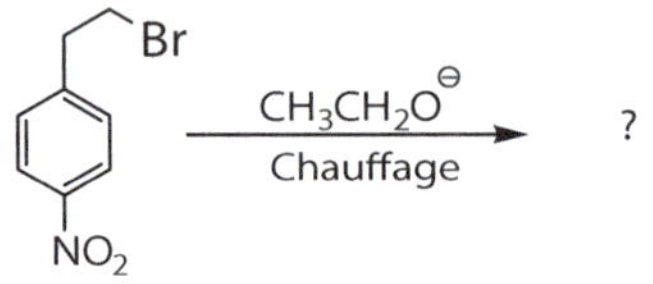

5. Parmi les réactions de Williamson ci-dessous, l'une d'entre elles ne donne qu'un faible rendement en produit, laquelle ?

A.
B.

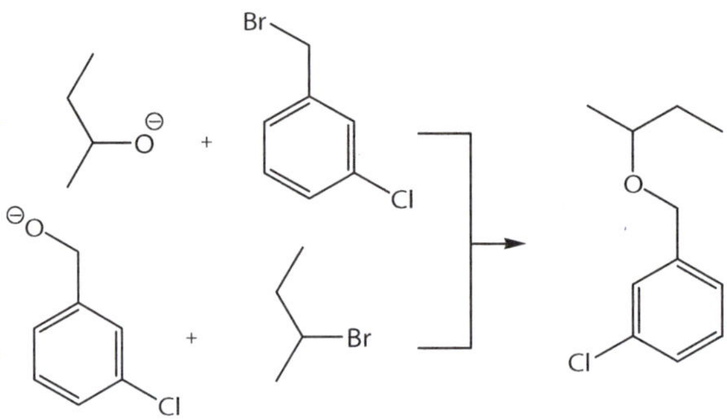

6. Quel est le produit principal pour les réactions suivantes ?

I.  A.  B. 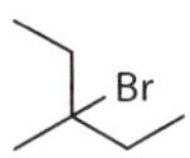 C. 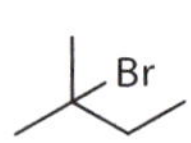

II. 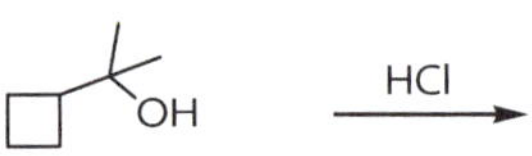 A. 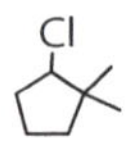 B.  C. 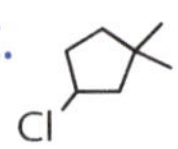

III. 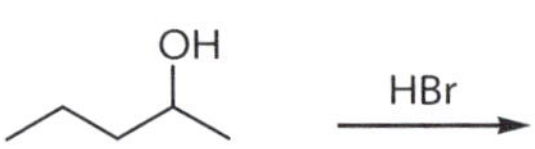 A. 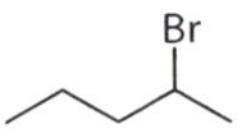 B. 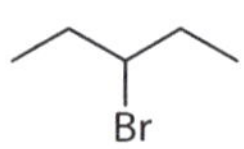 C. 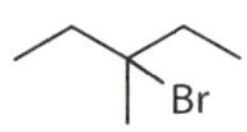

IV. 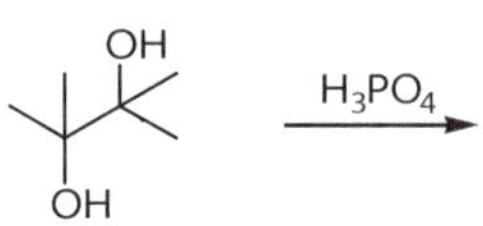 A. 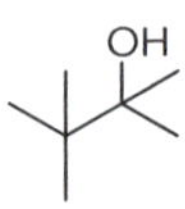 B. 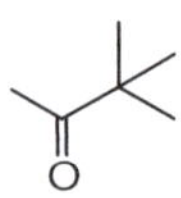 C. 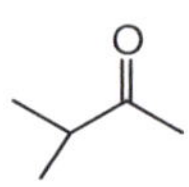

7. Examinons la réaction suivante :

Le produit principal formé est nommé **P**. **M** est le réactif chloré.

Indiquer si les énoncés suivants sont vrais ou faux.

A. Le réactif **M** peut être représenté en projection de Newman sous la forme de : ❑

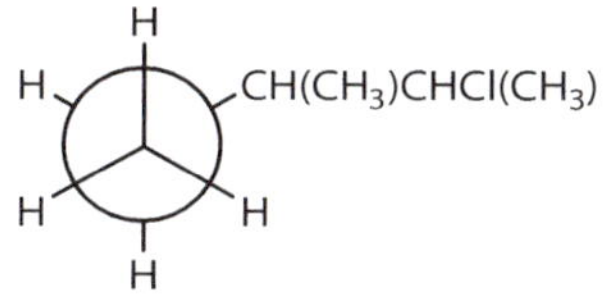

B. L'éthanolate de potassium est une base forte mais n'est pas nucléophile. ❑

C. Le nom IUPAC de **M** est (2*R*,3*S*)-2-chloro-3-méthylpentane. ❑

D. La vitesse de la réaction est de forme v = k [2-chloro-3-méthylpentane] [éthanolate]. ❑

E. La vitesse de la réaction est de forme v = k [2-chloro-3-méthylpentane]. ❑

F. La vitesse de la réaction est de forme v = k [éthanolate]. ❑

G. La conformation dans laquelle la molécule réagit est celle représentée ci-dessus. ❑

H. La réaction est une élimination d'ordre 1. ❑

I. Le produit **P** formé est le *trans*-3-méthylpent-2-ène. ❑

J. A partir du (2*R*,3*R*)-2-chloro-3-méthylpentane, on obtiendrait l'isomère de configuration de **P**. ❑

K. La réaction est stéréospécifique. ❑

L. La réaction n'est pas stéréosélective. ❑

8. Dans chaque cas, choisir deux séquences de réactions qui permettent de réaliser les transformations suivantes :

I.

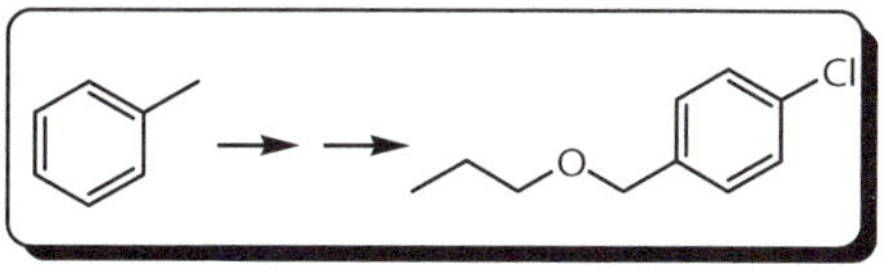

A. 1) Cl_2 (1 *équi*) /hν; 2) $CH_3CH_2CH_2ONa$; 3) $Cl_2/FeCl_3$

B. 1) Cl_2 (1 *équi*) /hν; 2) CH_3CH_2ONa; 3) Cl_2 / $FeCl_3$

C. 1) Cl_2 (1 *équi*) /hν; 2) CH_3CH_2CHO; 3) Cl_2 / $FeCl_3$

D. 1) Cl_2/ $FeCl_3$; 2) Cl_2 (1 *équi*) /hν; 3) $CH_3CH_2CH_2ONa$

II.

A. 1) Cl_2 (1 *équi*) / hν; 2) $(CH_3)_3COK$; 3) H_2O/H^+; 4) Na; 5) $CH_3(CH_2)_3CH_2OTs$
Ts = Tosyle

B. 1) Cl_2 (1 *équi*) / hν; 2) CH_3CH_2ONa; 3) $CH_3(CH_2)_3CH_2OH$

C. 1) Cl_2 (1 *équi*) / hν; 2) $(CH_3)_3COK$; 3) $CH_3(CH_2)_3CH_2OH$ / H^+

D. 1) Cl_2 (1 *équi*) / hν; 2) $(CH_3)_3COK$; 3) $CH_3(CH_2)_3CH_2OH$

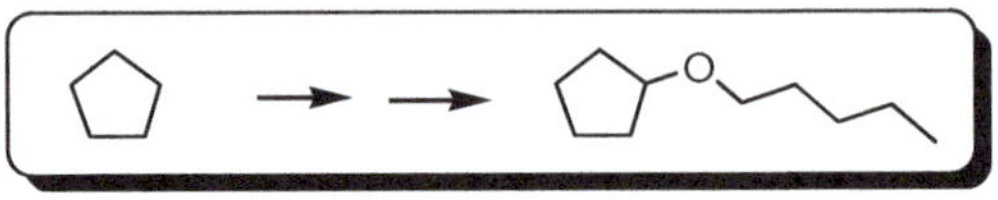

9. Sans tenir compte de la stéréochimie, quel est le produit synthétisé dans les réactions suivantes ?

I. 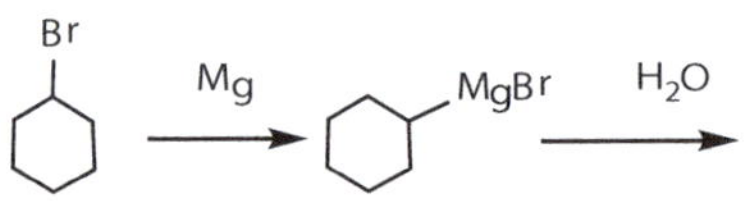

A. 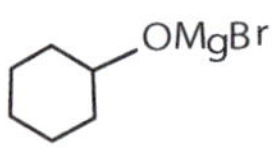

B. 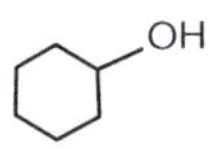

C. 

II. 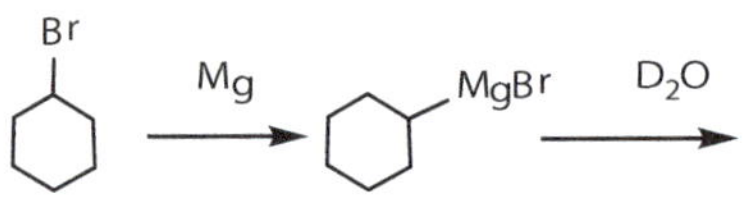

A. 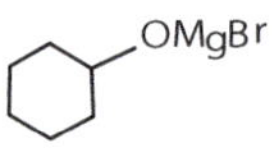

B. 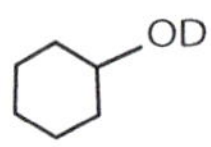

C. 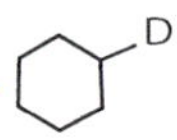

III. 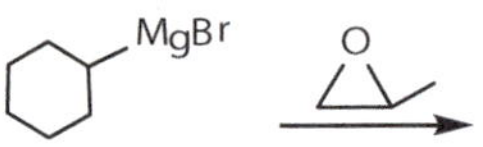

A. 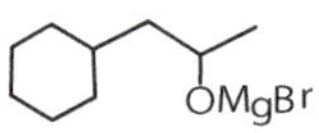

B. 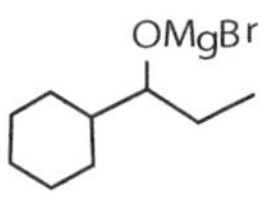

C. 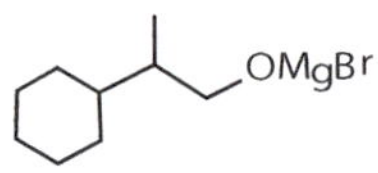

IV. 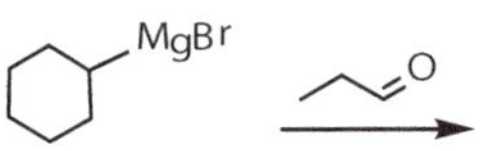

A. 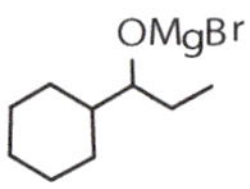

B. 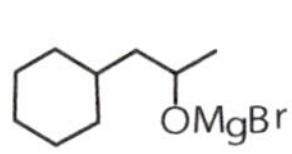

C. 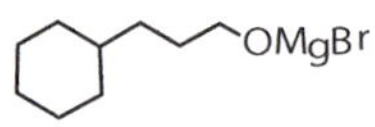

V. 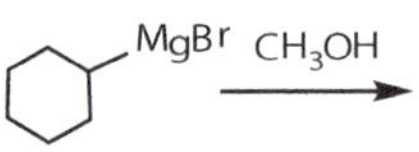

A. 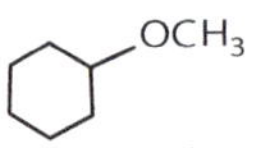

B. 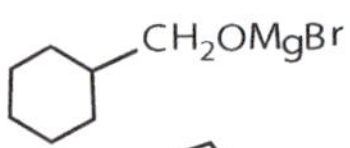

C. 

VI. 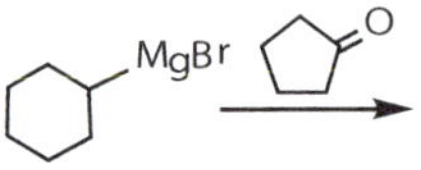

A. 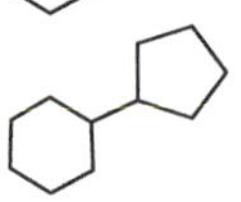
B. 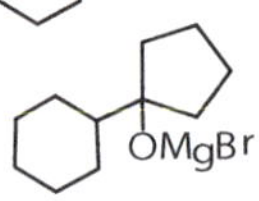

C. 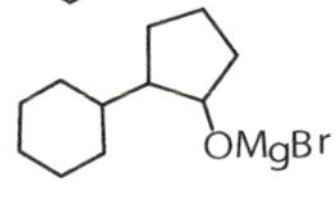

VII. 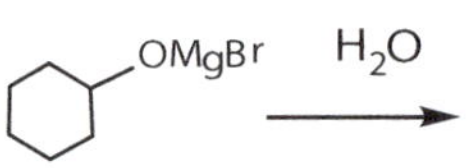

A. 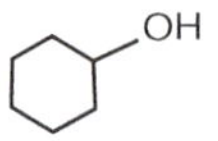

B. 
C. 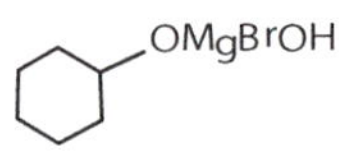

10. Proposer une suite de réactions pour effectuer les transformations suivantes :

I.

A. 1) HCl; 2) CH_3CH_2ONa/Δ; 3) HBr/H_2O; 4) Mg; 5) D_2O

B. 1) HCl; 2) CH_3CH_2ONa/Δ; 3) HBr/H_2O_2; 4) Mg; 5) D_2O

C. 1) HCl; 2) CH_3CH_2ONa/Δ; 3) HBr/H_2O_2; 4) Mg; 5) CD_3OH

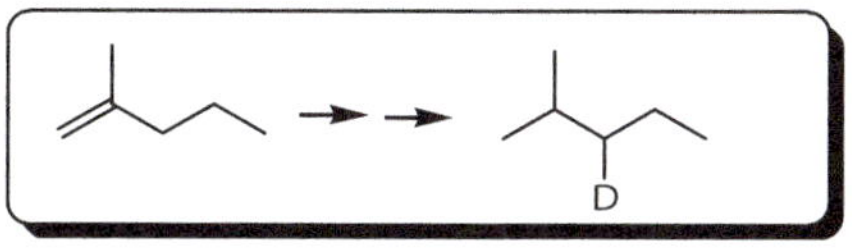

II.

A. 1) HCl; 2) Mg; 3) D_2O

B. 1) HBr/peroxyde; 2) Mg; 3) D_2O

C. 1) Mg; 2) H_2O; 3) HBr/H_2O_2; 4) Mg; 5) D_2O

D. 1) Mg; 2) H_2O; 3) HBr; 4) Mg; 5) D_2O

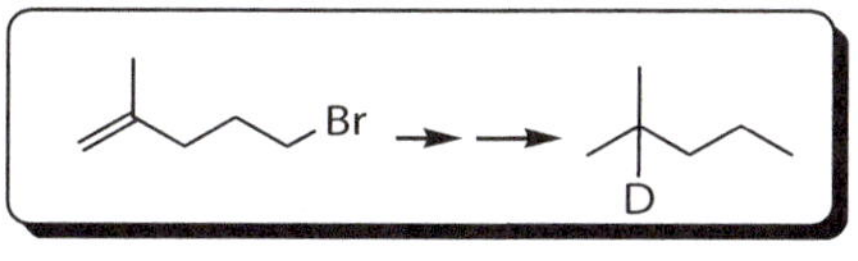

11. Choisir une séquence de réactions qui permet de réaliser la transformation ci-dessous :

A. 1) NH_3; 2) $PhCH_2Cl$; 3) H_2/Pd-C, $BaSO_4$

B. 1) $NaNH_2$; 2) $PhCH_2Cl$; 3) H_2/Pd-C

C. 1) $NaNH_2$; 2) $PhCH_2CH_2Cl$; 3) H_2/Pd-C $BaSO_4$

D. 1) $NaNH_2$; 2) $PhCH_2Cl$; 3) H_2/Pd-C $BaSO_4$

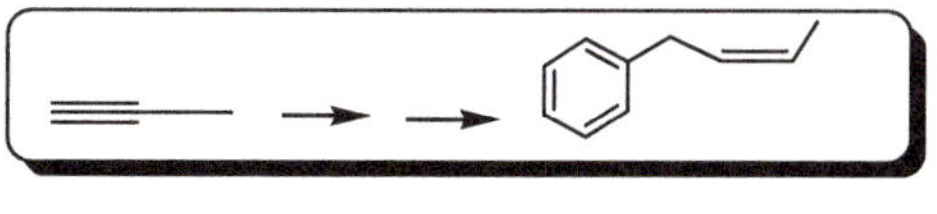

Alcools, phénols et thiols

À mémoriser

Réactions :

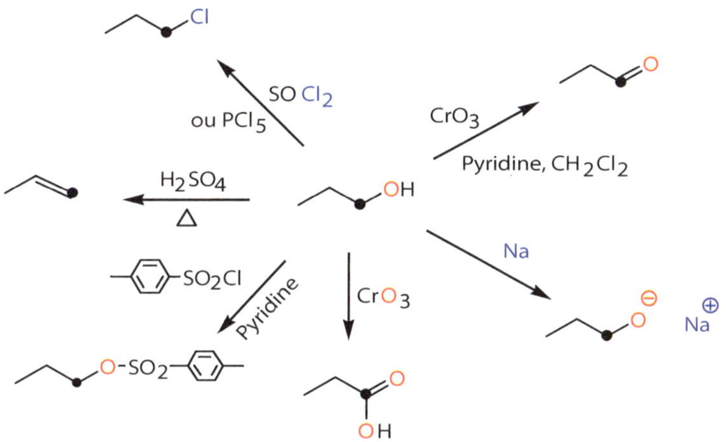

Dans la déshydratation, on travaille en milieu anhydre avec un alcool mis en présence d'une quantité catalytique d'acide non porteur de nucléophile (exemple H_2SO_4 ou H_3PO_4).

Le chlorure de tosyle est utilisé pour activer le groupe partant (OH est un très mauvais nucléofuge, car c'est un sel d'un acide faible, l'eau). Il est utilisable dans le cas des alcools primaires et secondaires (et peu utilisé pour les tertiaires qui fonctionnent en S_N1 ou E1).

Dans le cas des alcools secondaires, le risque de réarrangement est souvent plus grand à cause de la formation plus facile de carbocation (ceci arrive rarement dans le cas des primaires). Donc, dans ce cas-là, la méthode d'activation par le chlorure de tosyle (accompagné de pyridine ou de la triéthylamine pour neutraliser l'HCl) a l'avantage de ramener le mécanisme en S_N2 pure et donc d'éviter le réarrangement.

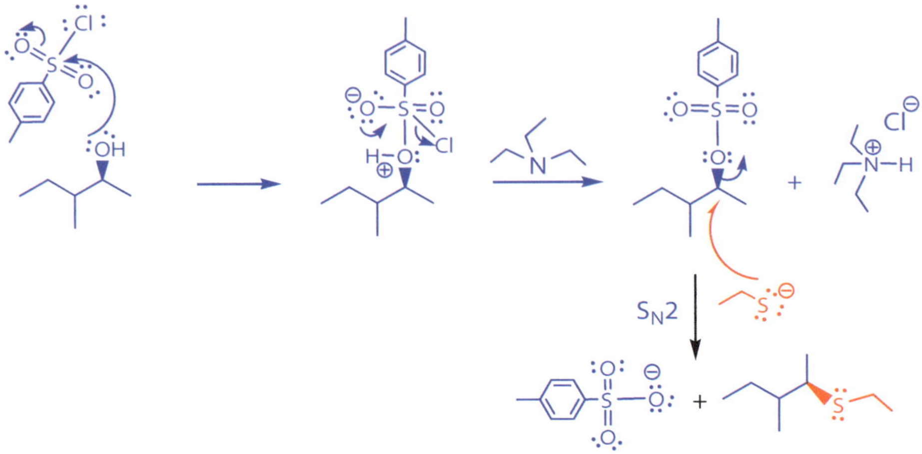

Les thiols et les phénols :

CH_3CH_2SH p*Ka* = 10,6
Éthanethiol ou éthylmércaptan

Ph—SH p*Ka* = 6,6
Thiophénol ou phénylmercaptan

CH_3CH_2OH p*Ka* = 15,97
Éthanol

Ph—OH p*Ka* = 10
Phénol

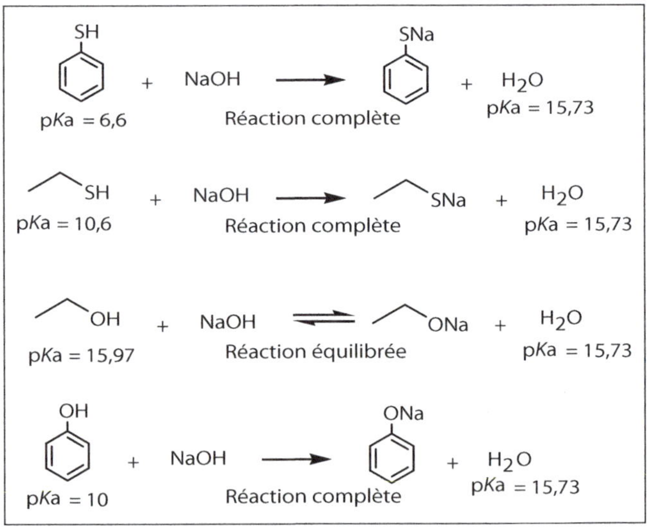

Les thiolates sont en général des nucléophiles forts.

Le groupement OH du phénol est activant. La substitution électrophile est donc réalisée en *ortho-para*.

1. I. Dans chacun des couples suivants, indiquer le composé le plus acide.

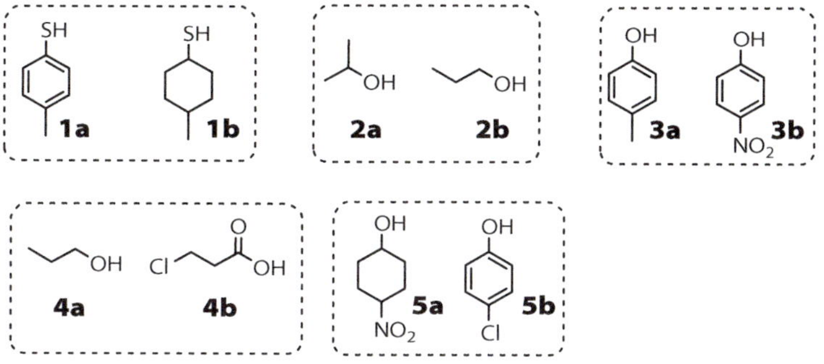

La proposition correcte est :

A. **1a, 2a, 3b, 4b, 5b**
B. **1a, 2b, 3b, 4b, 5a**
C. **1b, 2b, 3b, 4b, 5b**
D. **1a, 2b, 3b, 4b, 5b**

II. Classer les molécules suivantes par ordre décroissant d'acidité :

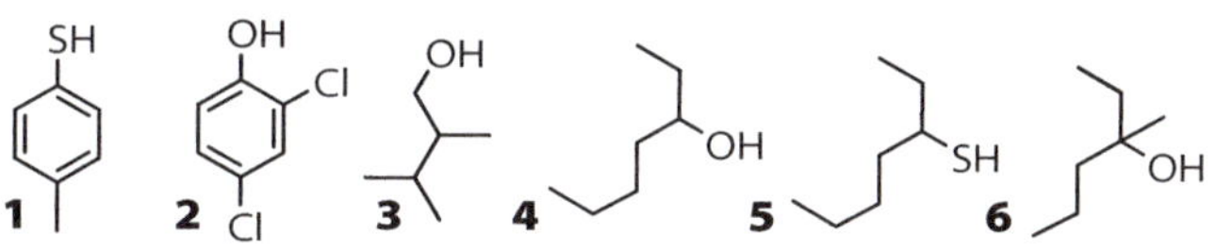

La proposition exacte est :

A. **1, 2, 3, 4, 5, 6**
B. **1, 2, 5, 3, 4, 6**
C. **1, 2, 5, 4, 3, 6**
D. **6, 4, 3, 5, 2, 1**
E. **6, 4, 3, 5, 1, 2**

2. Classer les molécules suivantes par ordre décroissant de p*K*a :

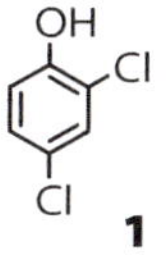

1

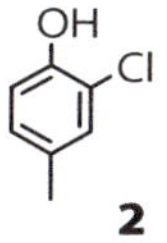

2

$CHCl_2CH_2OH$ **3**

$BrCH_2COOH$ **4**

$CH_2ClCH_2CH_2COOH$ **5**

La proposition correcte est :

A. **1, 2, 3, 5, 4**
B. **1, 2, 3, 4, 5**
C. **1, 2, 5, 4, 3**
D. **1, 4, 3, 5, 2**
E. **3, 2, 1, 5, 4**

3. **Quel est le produit des réactions suivantes ? Préciser la configuration absolue des carbones asymétriques lorsque c'est possible.**

A. 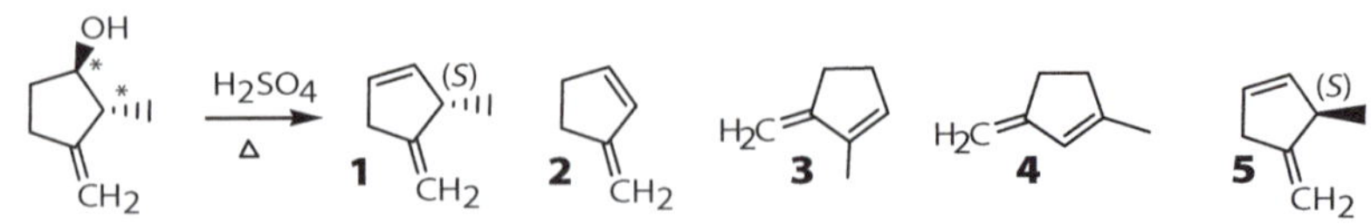

B. 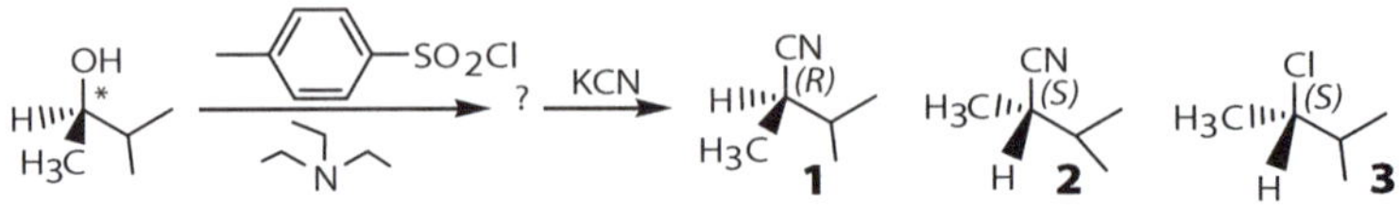

C. 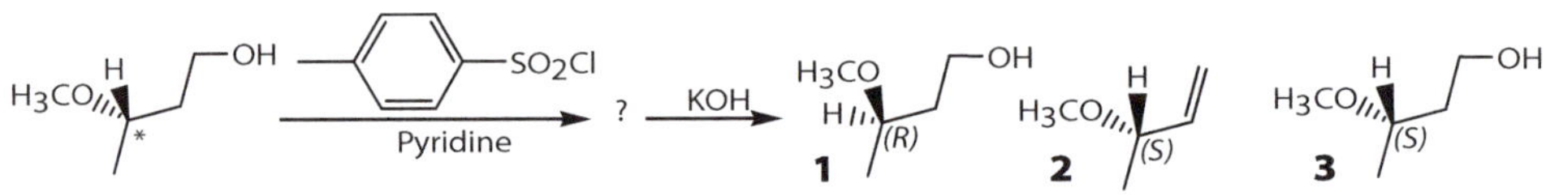

D. 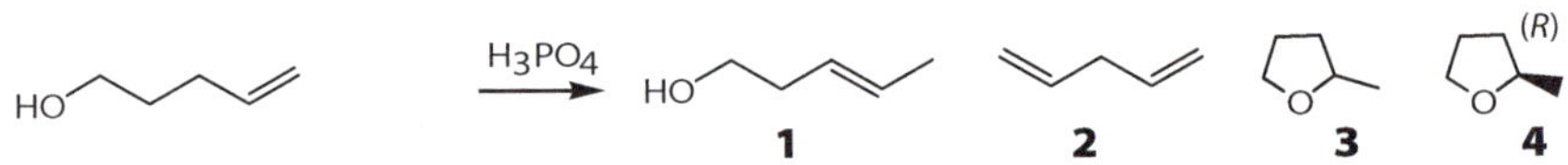

4. **Proposer une suite de réactions pour effectuer les transformations suivantes :**

I.

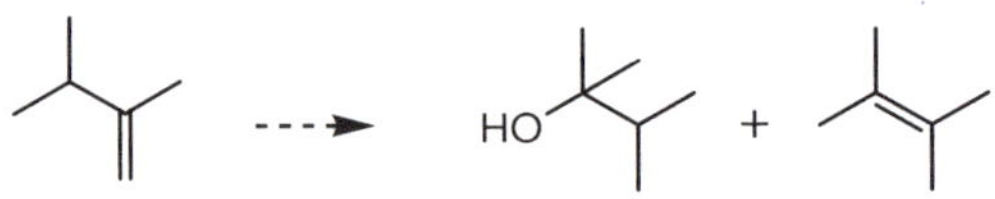

A. a) H_2O ; b) H_2SO_4, chauffage
B. a) H_2O
C. H_3PO_4, H_2O

II.

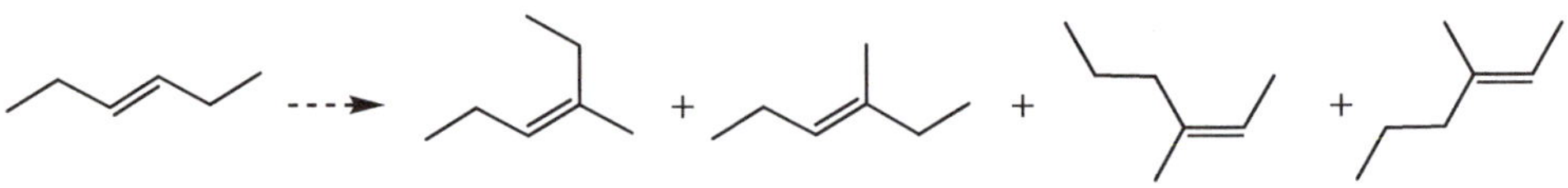

A. a) H_2O/H^+ ; b) CrO_3 ; c) CH_3CH_2MgBr ; d) H_2O ; e) H_2SO_4 / Δ
B. a) H_2O/H^+ ; b) CrO_3 ; c) CH_3MgBr ; d) H_2O ; e) H_2SO_4 / Δ
C. a) BH_3 ; b) H_2O_2/NaOH ; c) CrO_3 ; d) CH_3CH_2MgBr ; e) H_2O ; f) H_2SO_4/Δ

III.

A. a) $Cl_2/FeCl_3$; b) NaHS ; c) NaOH ; d) $PhCH_2Cl$

B. a) Cl_2 (1 *équi*) / hν ; b) NaHS ; c) NaOH ; d) $PhCH_3$

C. a) Cl_2 (1 *équi*) / hν ; b) NaHS ; c) NaOH ; d) $PhCH_2Cl$

IV.

A. Br_2 (*3 équi*)

B. Br_2 (*1 équi*) / $FeBr_3$

C. a) Br_2 (*2 équi*) / $FeBr_3$

Ethers, époxydes et thioéthers

À mémoriser

Réactions :

Addition de nucléophile sur l'époxyde

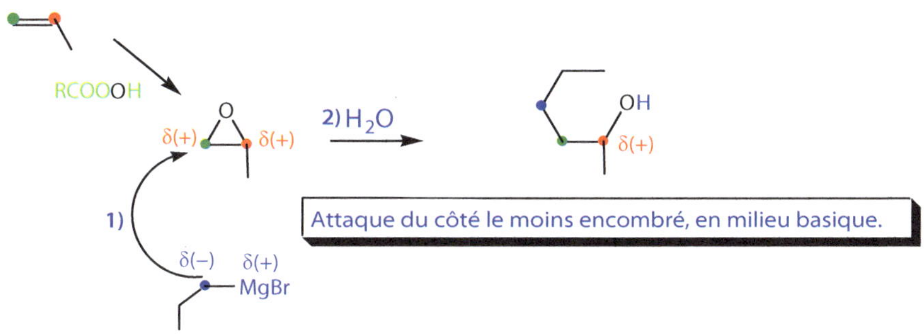

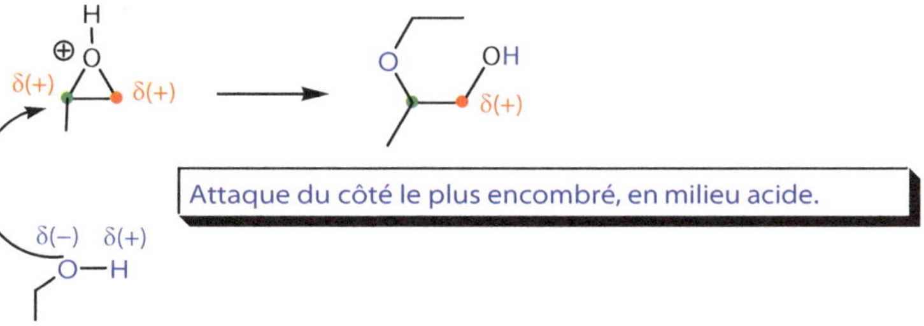

Formation d'éther et de thioéther

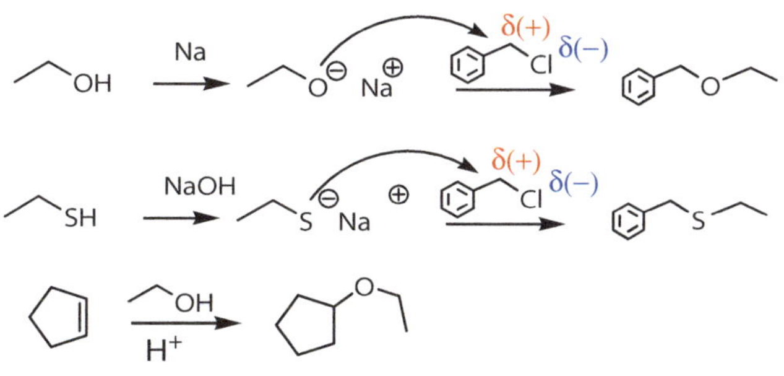

Clivage d'éther

1. via S_N1

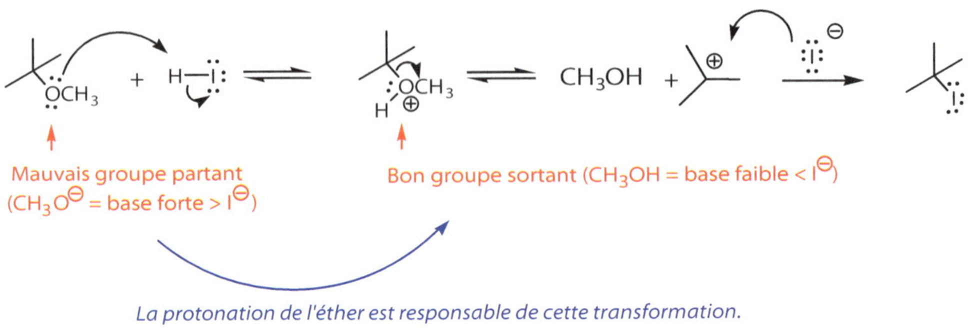

En règle générale : Y est un bon groupe sortant si après son éjection dans le milieu réactionnel, il est sous forme d'une base faible (stable). Son acide conjugué HY^+ est donc fort. C'est grâce à cette dernière propriété qu'on peut facilement classer les mauvais et les bons groupes sortants :

$CH_3CH_2OH_2^{\oplus}$ > CH_3CH_2F > $RCH_2NH_3^{\oplus}$ > CH_3CH_2OH > $CH_3CH_2NH_2$

Bon groupe sortant ← $CH_3CH_2OH_2^{\oplus}$; $CH_3CH_2NH_2$ → mauvais groupe sortant

⇓

Acides conjugués des groupes sortants

⇓

$H_3O^{\oplus}$	HF	$NH_4^{\oplus}$	H_2O	NH_3
p*Ka* = - 2,4	p*Ka* = 3,2	p*Ka* = 11,2	p*Ka* = 15,7	p*Ka* = 36

2. via S_N2

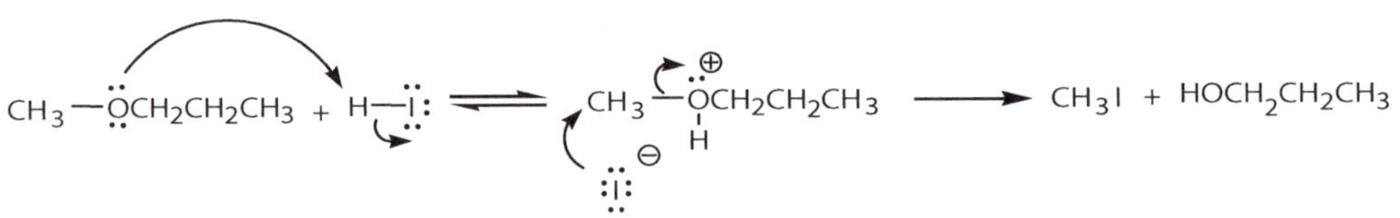

1. Quel est le produit formé dans chacune des réactions suivantes ?

I.

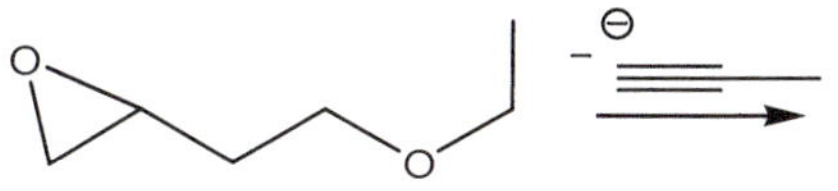

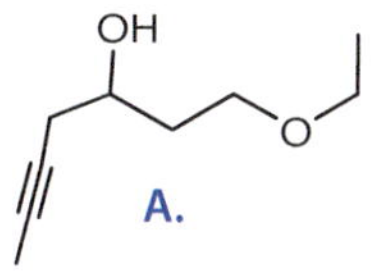

A.

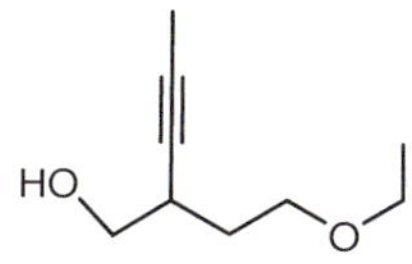

B.

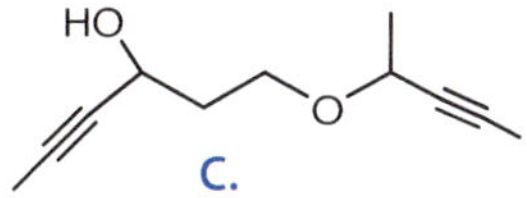

C.

II.

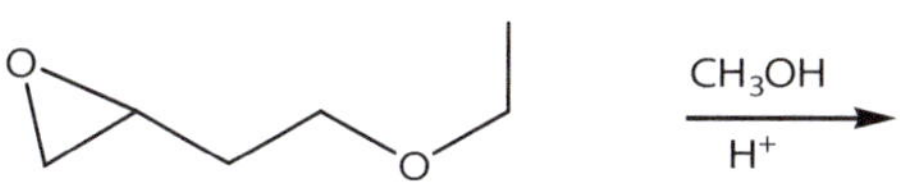

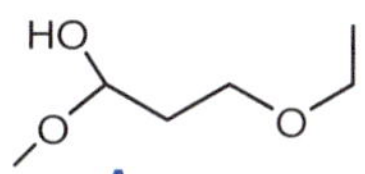

A.

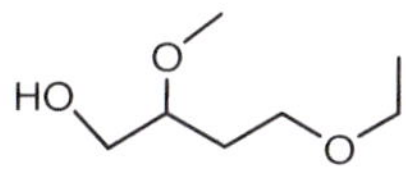

B.

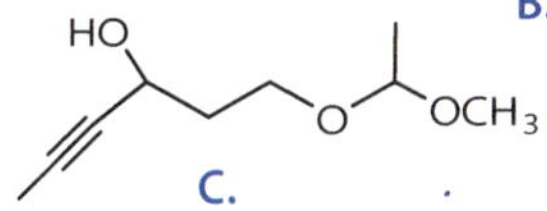

C.

III.

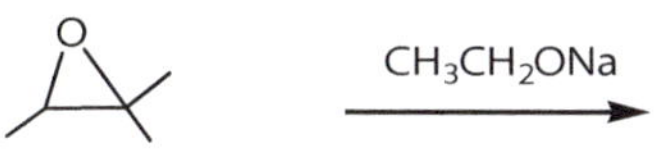

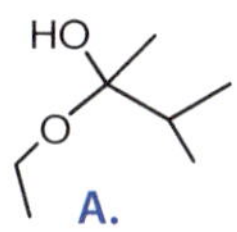

A.

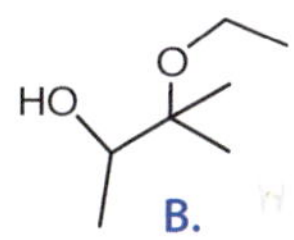

B.

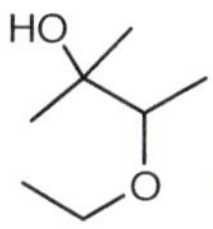

C.

2. Parmi les propositions ci-dessous, indiquer la(es) suite(s) des réactions appropriée(s) pour synthétiser uniquement les éthers et les thioéthers suivants :

I.

A. a) H_2O ; b) Na ; c) CH_3I

B. a) EtONa / Δ ; b) CH_3OH / H_3PO_4

C. a) CH_3OH / H_3PO_4

II.

A. a) H_2O ; b) Na

B. a) HCl ; b) CH_3OH

C. a) H_3PO_4

III.

A. a) Br_2(1 *équi*)/$CH_3CHOHCH_2CH_3$
B. a) Br_2; b) Butan-2-ol
C. a) HBr; b) Butan-2-ol

IV.

A. a) H_2SO_4/Δ; b) m-CPBA; c) CH_3CH_2SNa
B. a) $SOCl_2$; b) CH_3CH_2SNa
C. a) HBr; b) CH_3CH_2SNa

3. Pour chacune des réactions suivantes, indiquer, le cas échéant, la nature du mélange de produits formés.

I.

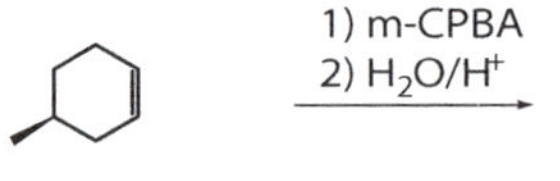

A. un mélange racémique
B. deux diastéréoisomères
C. deux énantiomères
D. quatre stéréoisomères
E. aucune de ces 4 réponses

II.

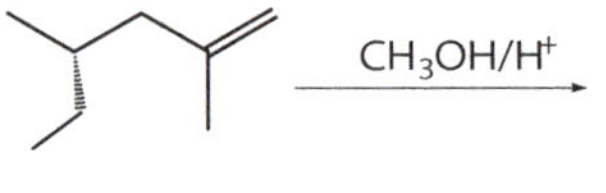

A. un mélange racémique
B. deux diastéréoisomères
C. deux énantiomères
D. quatre stéréoisomères
E. aucune de ces 4 réponses

III.

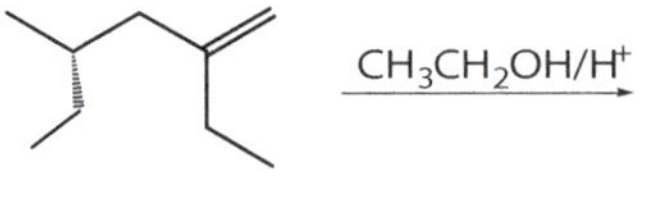

A. un mélange racémique
B. deux diastéréoisomères
C. deux énantiomères
D. quatre stéréoisomères
E. aucune de ces 4 réponses

Aldéhydes et cétones

À mémoriser

Nomenclature :

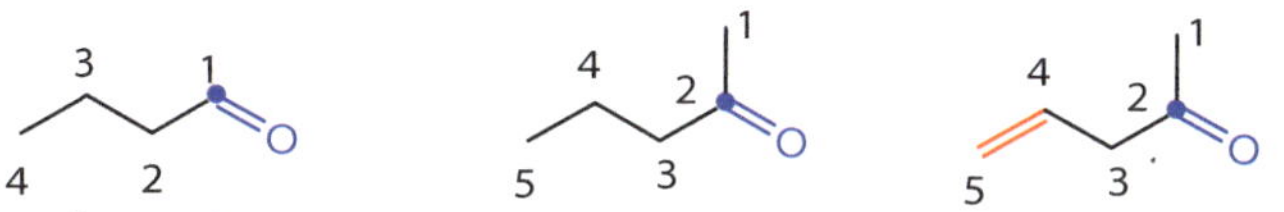

Butanal   Pentan-2-one   Pent-4-èn-2-one

Fonction principale : al > one > ène

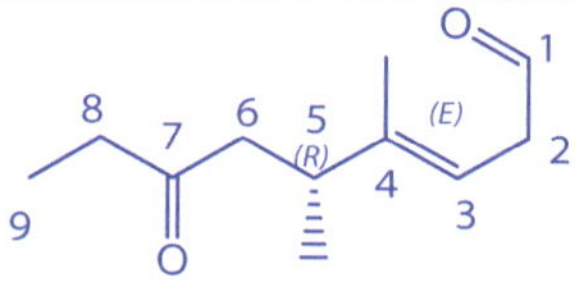

(5*R*, 3*E*)-4,5-diméthyl-7-oxonon-3-èn-1-al

Tautomérie :

La tautomérie est un équilibre réversible entre deux groupements fonctionnels (cétone ⇌ énol, par exemple). Cette transformation se produit par migration d'un H suivie d'un changement de position d'une double liaison.

C adjacent au groupement carbonyl est appelé **Cα**

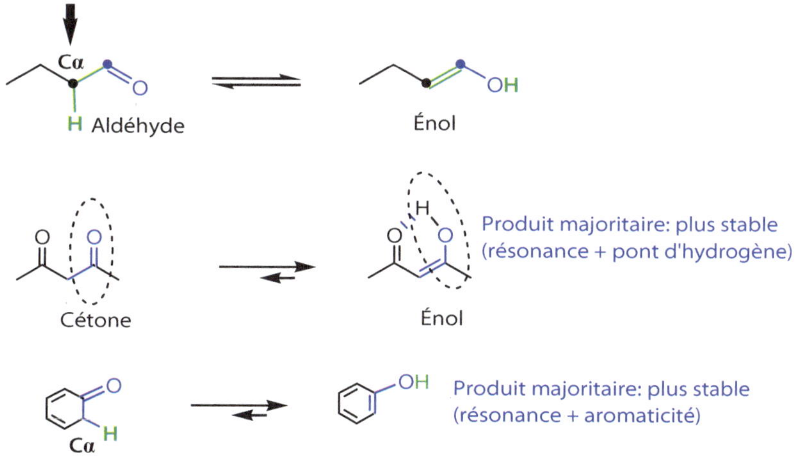

Réactions :

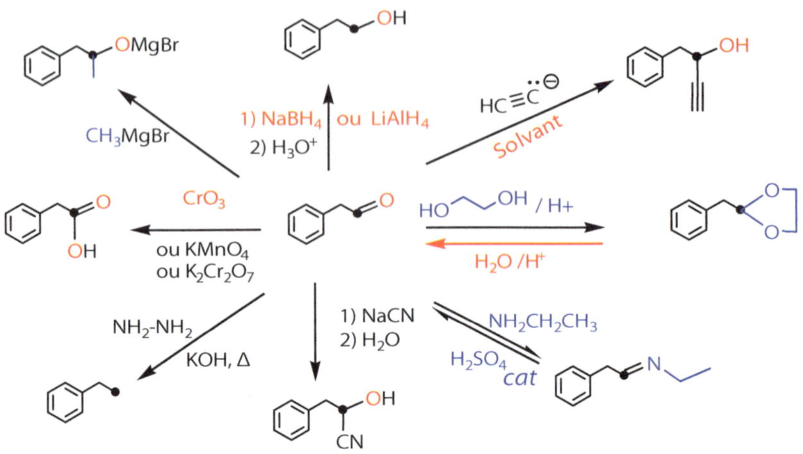

A l'exception de l'oxydation, ces réactions restent aussi valables si le réactif est une cétone!

Aldolisation et cétolisation

- ***Intermoléculaire :***

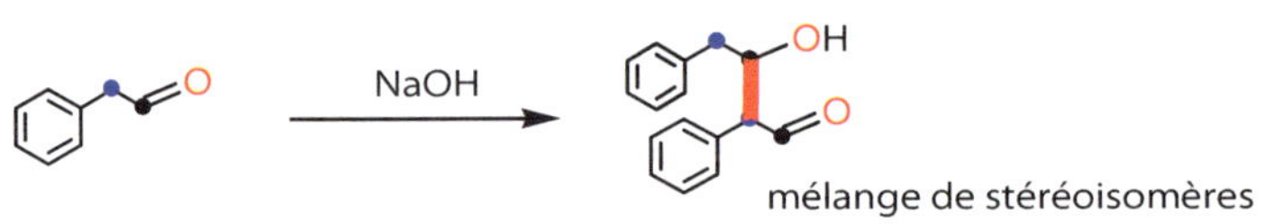

- ***Intramoléculaire :***

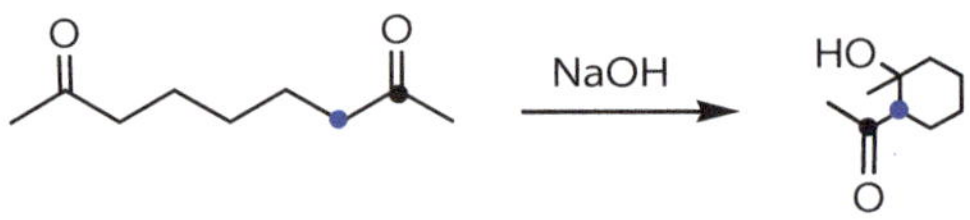

- ***Aldolisation mixte :***

Cette condensation est dite mixte seulement si on fait réagir un aldéhyde dépourvu d'un H en α du C=O (benzaldéhyde) avec un autre aldéhyde (ou cétone) contenant un H en α du C=O, en présence d'une base forte. Prenons à titre d'exemple, le benzaldéhyde avec l'acétophénone, le produit formé est dit chalcone (antimitotique utilisé dans le traitement des tumeurs) :

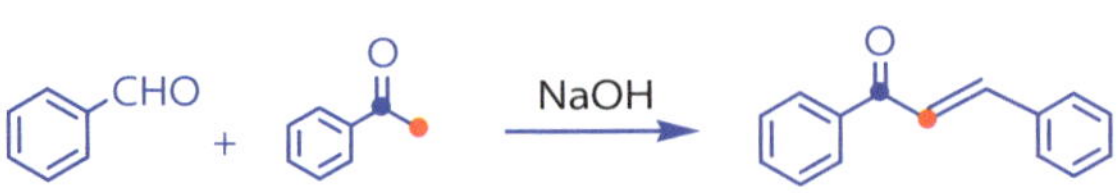

Réaction de Cannizaro

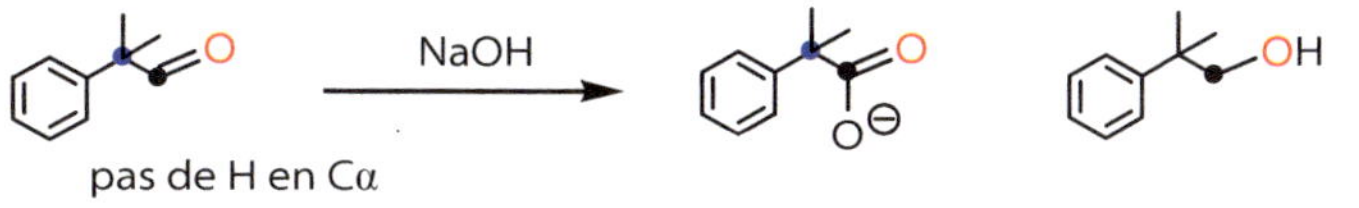

Halogénation en milieu acide

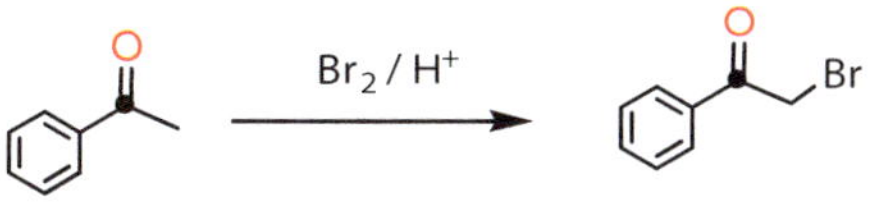

Réactivité vis-à-vis d'un nucléophile

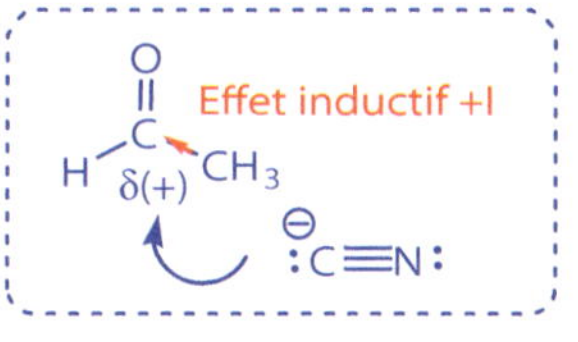

La réactivité dépend de

i) l'effet inductif (+I) stabilisant la charge partielle positive du C de la fonction carbonyle
ii) l'effet stérique dû aux groupements liés à la fonction carbonyle

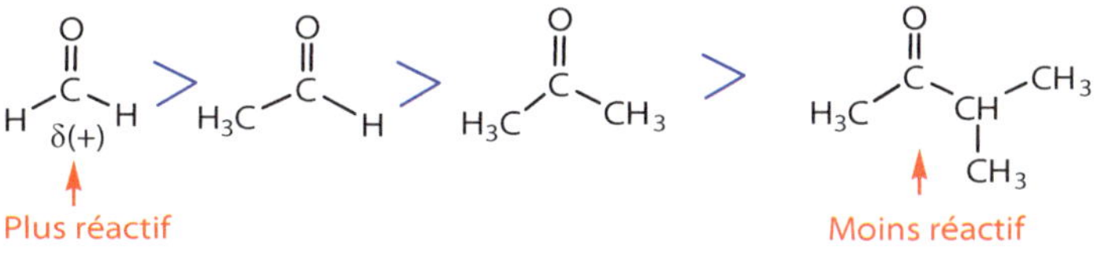

1. Associer chaque composé cétonique (1′, 2′ et 3′) à la structure tautomérique (forme énolique) la plus stable (1, 2, 3, 4, 5 ou 6) qui lui correspond.

Acétophénone **1′**

5,5-diméthylcyclohexane-1,3-dione **2′**

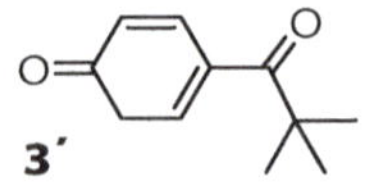

3′

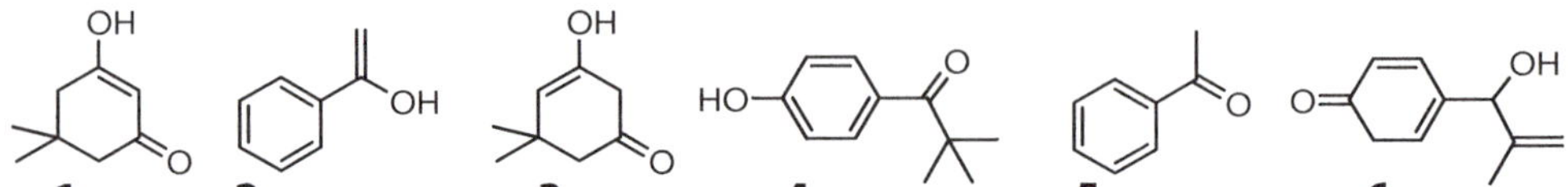

1 **2** **3** **4** **5** **6**

A. **1′** = **1**, **2**, **3**, **4**, **5** ou **6**

B. **2′** = **1**, **2**, **3**, **4**, **5** ou **6**

C. **3′** = **1**, **2**, **3**, **4**, **5** ou **6**

2. Identifier par les composés (1, 2, 3, …, 16) indiqués ci-dessous, la structure décrivant chacun des termes A, B, C, … suivants :

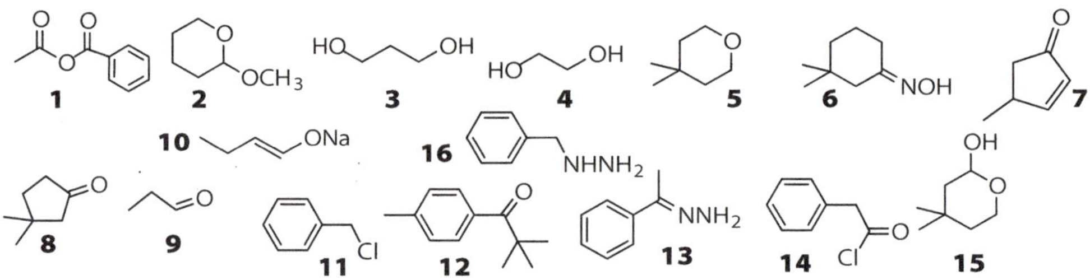

A. benzylhydrazine : **1, 2, 3, 4, 5, 6, 7, 8, 9, 10, 11, 12, 13,14, 15,16**

B. éthylène glycol : **1, 2, 3, 4, 5, 6, 7, 8, 9, 10, 11, 12, 13, 14, 15, 16**

C. oxime : **1, 2, 3, 4, 5, 6, 7, 8, 9, 10, 11, 12, 13,14, 15, 16**

D. énone : **1, 2, 3, 4, 5, 6, 7, 8, 9, 10, 11, 12, 13,14, 15, 16**

E. énolate : **1, 2, 3, 4, 5, 6, 7, 8, 9, 10, 11, 12, 13,14, 15, 16**

F. acétal : **1, 2, 3, 4, 5, 6, 7, 8, 9, 10, 11, 12, 13,14, 15, 16**

G. hémiacétal : **1, 2, 3, 4, 5, 6, 7, 8, 9, 10, 11, 12, 13,14, 15, 16**

H. cétone n'ayant pas d'atome d'H en position α : **1, 2, 3, 4, 5, 6, 7, 8, 9, 10, 11, 12, 13,14, 15, 16**

I. hydrazone : **1, 2, 3, 4, 5, 6, 7, 8, 9, 10, 11, 12, 13,14, 15, 16**

J. aldéhyde ayant un atome d'hydrogène en position α : **1, 2, 3, 4, 5, 6, 7, 8, 9, 10, 11, 12, 13, 14, 15, 16**

K. éther : **1, 2, 3, 4, 5, 6, 7, 8, 9, 10, 11, 12, 13,14, 15, 16**

L. anhydride : **1, 2, 3, 4, 5, 6, 7, 8, 9, 10, 11, 12, 13,14, 15, 16**

M. chlorure d'acide : **1, 2, 3, 4, 5, 6, 7, 8, 9, 10, 11, 12, 13,14, 15, 16**

N. chlorure benzylique : **1, 2, 3, 4, 5, 6, 7, 8, 9, 10, 11, 12, 13,14, 15, 16**

3. **Compléter les réactions suivantes.**
Indiquer pour chaque étape le produit principal formé.

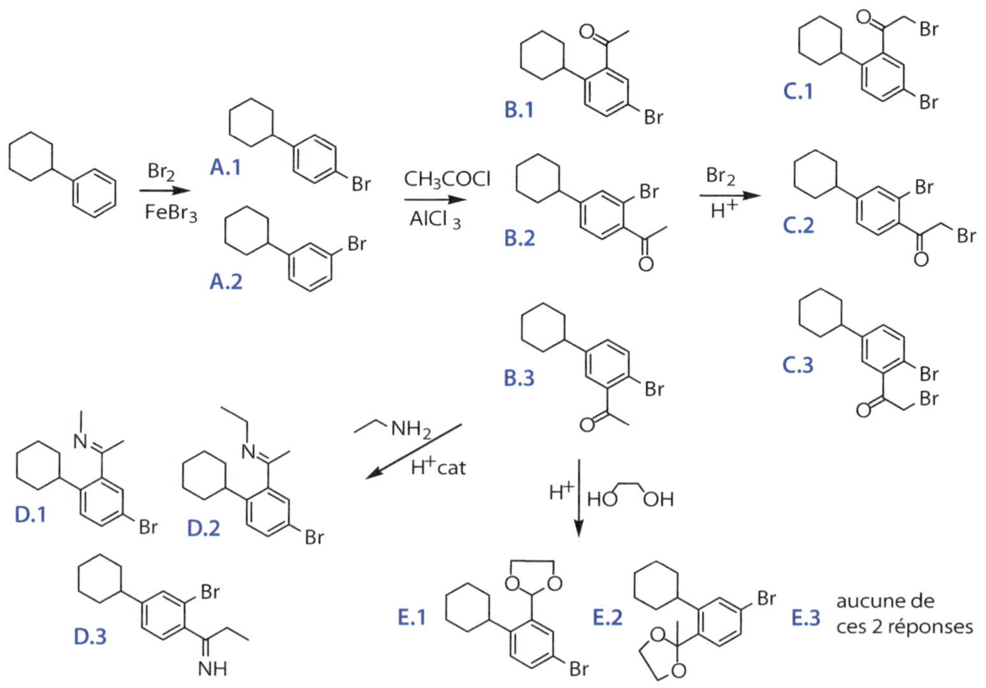

4. **Proposer la suite de réactions permettant chacune des transformations suivantes :**

I.

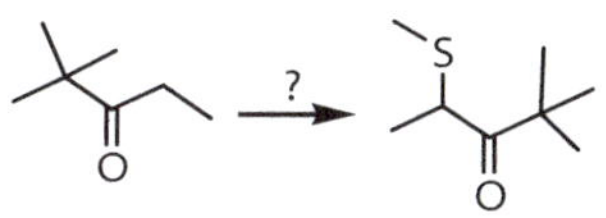

A. 1) Br_2/H^+; 2) CH_3SNa;
B. 1) Br_2/H^+; 2) CH_3CH_2OH/H^+; 3) CH_3SNa
C. 1) Br_2/H^+; 2) CH_3CH_2OH/H^+; 3) CH_3SNa ; 4) H_2O/H^+

II.

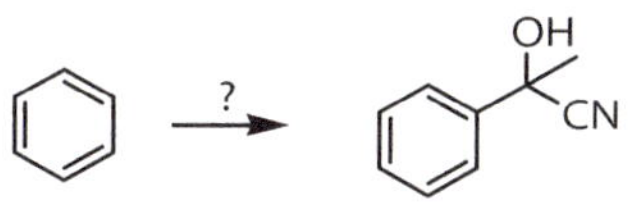

A. 1) $CH_3COCl/AlCl_3$; 2) HCN
B. 1) $Cl_2/FeCl_3$; 2) Mg ; 3) CH_3CHO ; 4) NaCN
C. 1) $CH_3CH_2COCl/AlCl_3$; 2) KCN ; 3) H_3O^+

III.

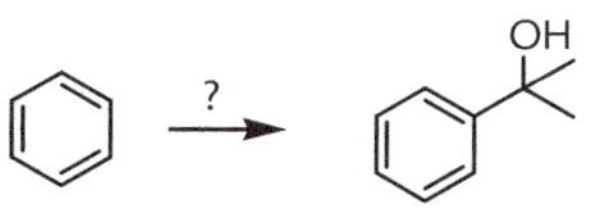

A. 1) $CH_3COCl/AlCl_3$; 2) $LiAlH_4$
B. 1) $CH_3COCl/AlCl_3$; 2) CH_3MgBr ; 3) H_2O
C. 1) $CH_3CH_2COCl/AlCl_3$; 2) $NaBH_4$

IV. 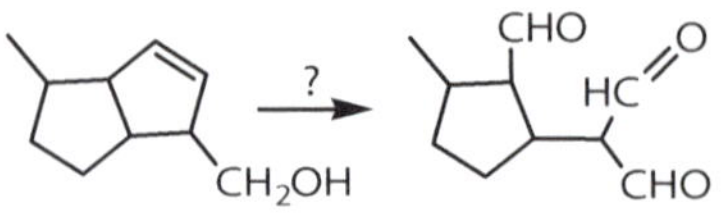

A. 1) CrO_3; 2) O_3/Zn-AcOH
B. 1) CrO_3-Pyridine/CH_2Cl_2; 2) O_3/Zn-AcOH
C. O_3/Zn-H^+

V. 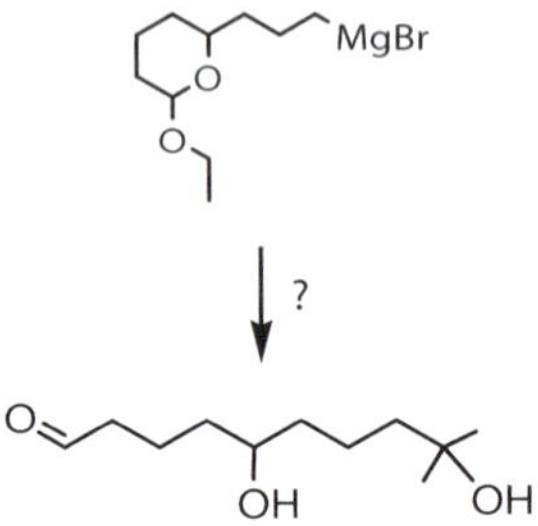

A. 1) CH_3COCl; 2) $NaBH_4$; 3)H_3O^+
B. 1) CH_3COCH_3; 2) NaOH
C. 1) CH_3COCH_3; 2) H_3O^+

5. Quel(s) est(sont) le(s) produit(s) formé(s) dans chacune des réactions suivantes ?

I. 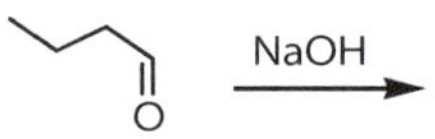

A. 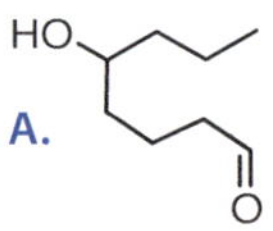
B. 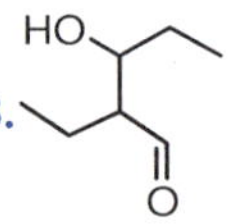
C. 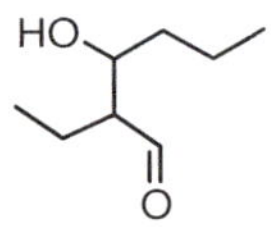

II. 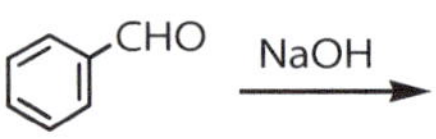

A. 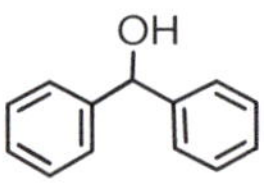
B. 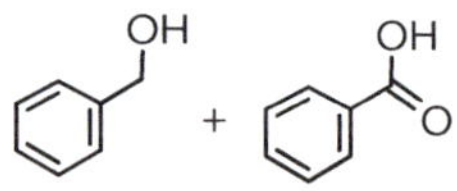
C. 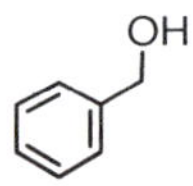

III. 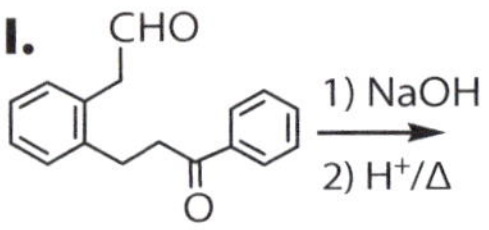

A. 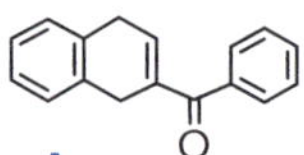
B. 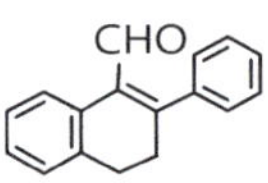
C. 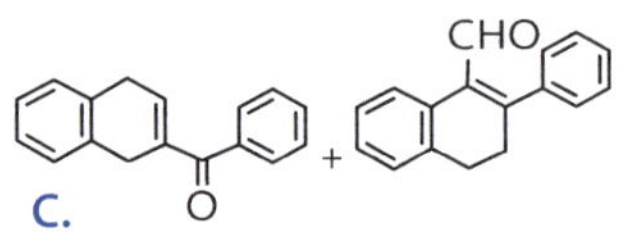

IV. 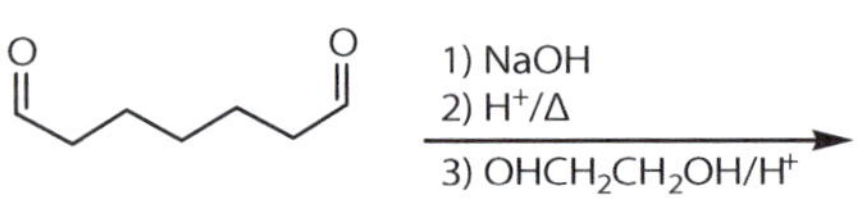

A. 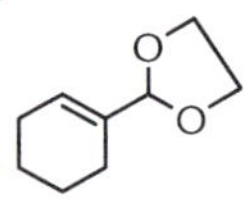
B. 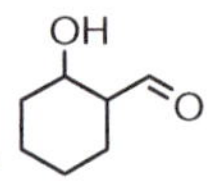
C. 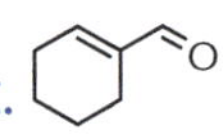

V. 

A. 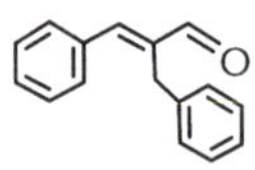
B. 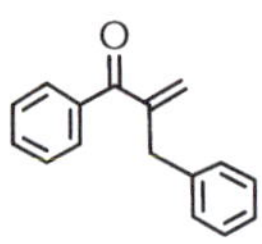
C. 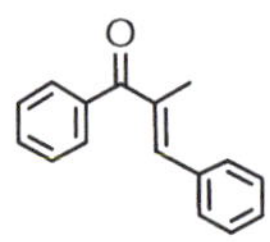

6. Trouver la séquence de réactions permettant les transformations suivantes :

I.

4-Bromo-2,2-diméthylbutanal $\xrightarrow{?}$ HOH_3N^+ 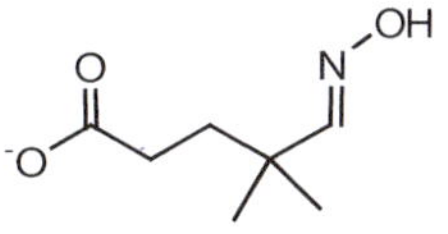

A. a) Mg ; b) CO_2 ; c) H_2O ; d) NH_2OH
B. a) Mg ; b) CH_2O ; c) H_2O ; d) CrO_3 ; NH_2OH
C. a) CH_3CH_2OH (1 *équi*)/H^+ ; b) CO_2 ; c) H_3O^+ ; d) NH_2OH
D. a) CH_3CH_2OH (excès) /H^+ ; b) Mg ; c) CO_2 ; d) H_3O^+ ; e) NH_2OH

II.

4-méthylhexanal $\longrightarrow$? 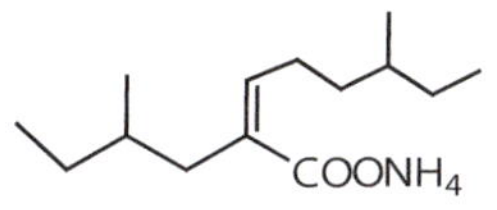

A. a) NaOH ; b) H^+ ; c) $LiAlH_4$; d) NH_2CH_3
B. a) NaOH ; b) H^+/Δ ; c) $LiAlH_4$; d) NH_3
C. a) $CH_3CH_2NH_2$ (1 *équi*) ; b) H_3O^+/Δ ; c) CrO_3 ; d) NH_3
D. a) $CH_3CH_2NH_2$ (0,1 *équi*) ; b) H^+/Δ ; c) CrO_3 ; d) NH_3

Acides carboxyliques, dérivés amines et dérivés azotés

À mémoriser

Nomenclature :

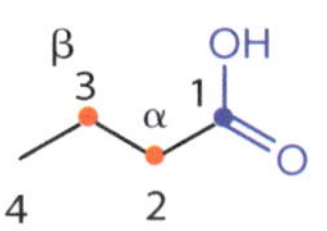

Acide butanoïque

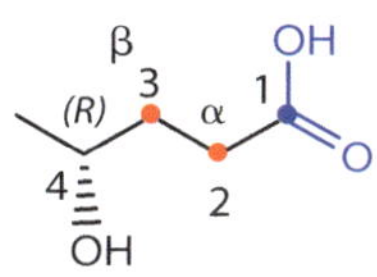

Acide (4*R*)-4-hydroxypentanoïque

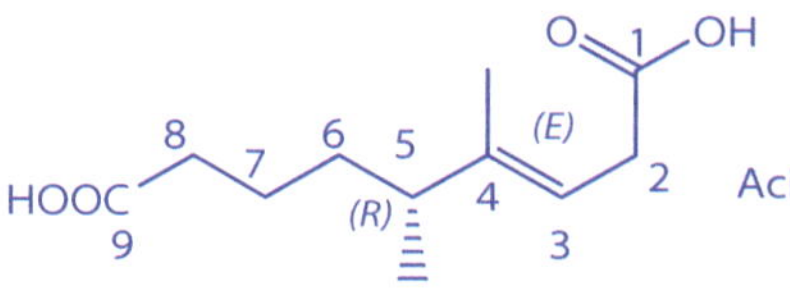

Acide (5*R*, 3*E*)-4,5-diméthylnon-3-ènedioïque

Fonction principale : oïque > al > one > ène

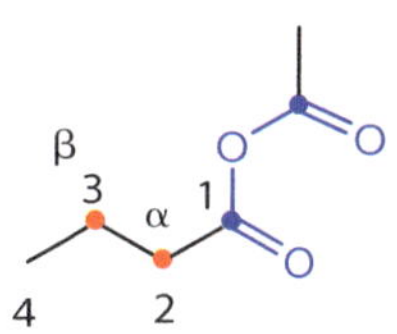

Anhydride éthanoïque-butanoïque

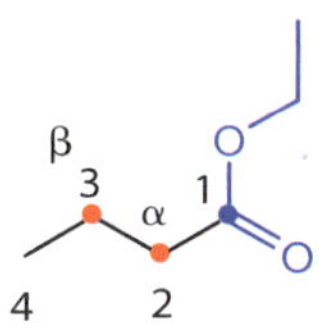

butanoate d'éthyle

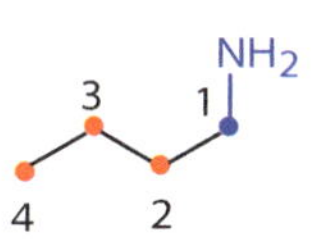

butanamine

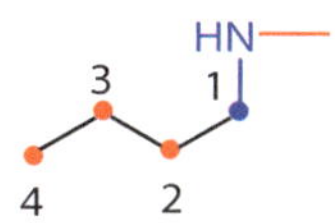

N-méthylbutanamine

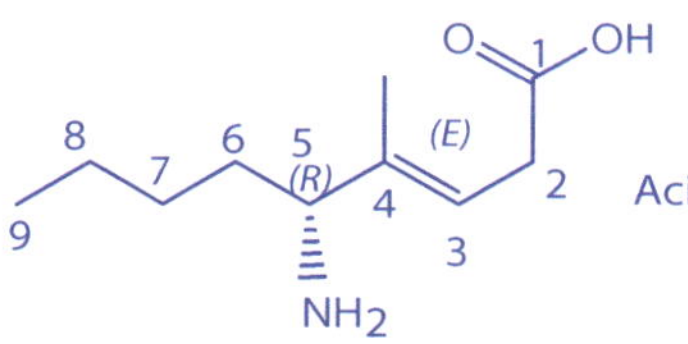

Acide (5*R*, 3*E*)-5-amino-4-méthylnon-3-énoïque

Réactions :

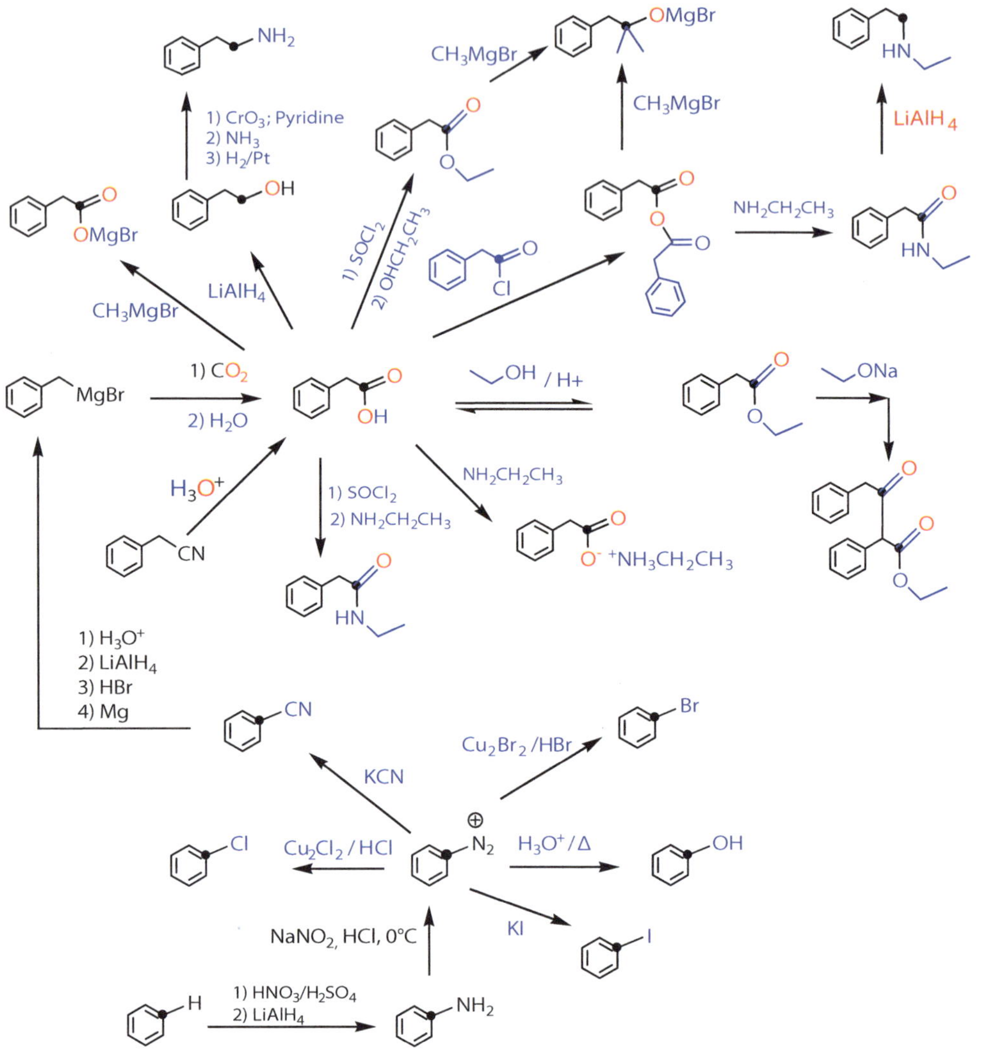

Réactivité relative des composés carbonylés vis-à-vis des nucléophiles :

Chlorure d'acide > Aldéhyde > Cétone > Ester ~ Acide carboxylique > Amide > Ion carboxylate

1. Classer par ordre décroissant d'acidité les molécules suivantes :

Eau (**1**) ; Acide acétique (**2**) ; *p*-Nitrophénol (**3**) ; Butan-2-ol (**4**) ; Tertiobutanol (**5**) ; Acide dichloroacétique (**6**)

A. **1, 2, 3, 4, 5, 6**
B. **1, 2, 5, 3, 4, 6**
C. **6, 2, 5, 4, 3, 1**
D. **6, 4, 3, 5, 2, 1**
E. **6, 2, 3, 1, 4, 5**

2. Évaluer la valeur de la constante d'équilibre pour la réaction suivante.

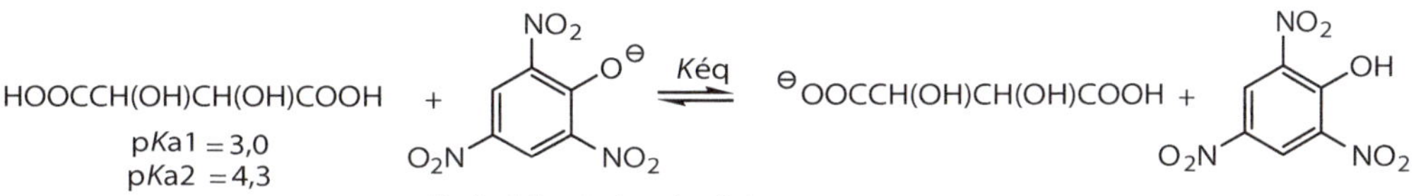

p*K*a (acide picrique) = 0,4

A. 7943
B. 398
C. $2{,}51 \times 10^{-3}$
D. $1{,}26 \times 10^{-4}$

3. Connaissant les valeurs des p*K*a de l'acide, quelle sera la forme dominante ($A^{\ominus}$ ou HA), dans une solution aqueuse de l'acide $ClCH_2CH_2CH_2COOH$ à pH = 5,2 (I) ? Que vaut le rapport [HA] / [$A^{\ominus}$] (II) ?

$ClCH_2CH_2CH_2COOH$ p*K*a = 4,5

I. La forme dominante

A. $A^{\ominus}$
B. HA

II. Que vaut le rapport [HA] / [$A^{\ominus}$] ?

A. 0,20
B. 2,12
C. 5,02
D. $4{,}47 \times 10^{9}$

4. **Parmi les produits proposés, indiquer celui qui sera le produit majoritaire, pour chacune des réactions ci-dessous.**

I.

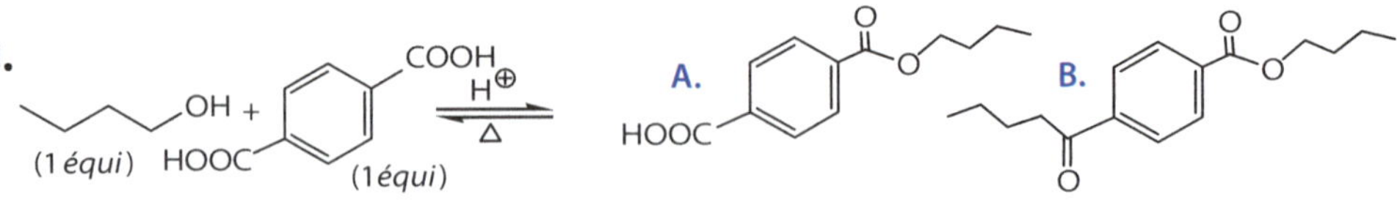

II.

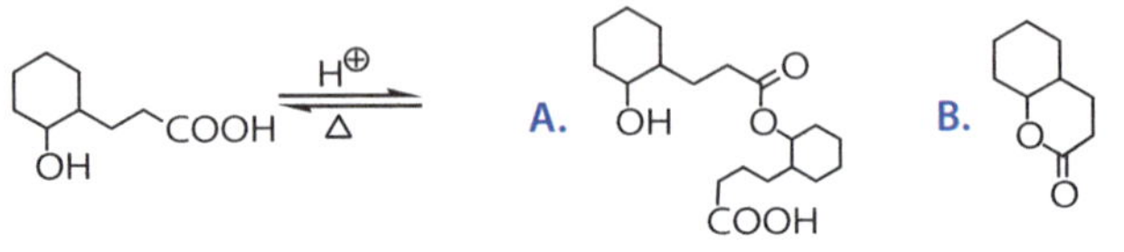

5. **Voici le mécanisme détaillé de l'estérification (de Fisher) de l'acide monochloroacétique par l'éthanol. Il s'agit d'un mécanisme dont on distingue les différentes étapes principales. Dans deux étapes, des erreurs ont été commises. Quelles sont ces deux étapes ?**

On note que les types d'erreurs pourraient concerner : sens des flèches, manque des charges, etc.

A. Activation du groupement carbonyle grâce à l'addition de H^+.

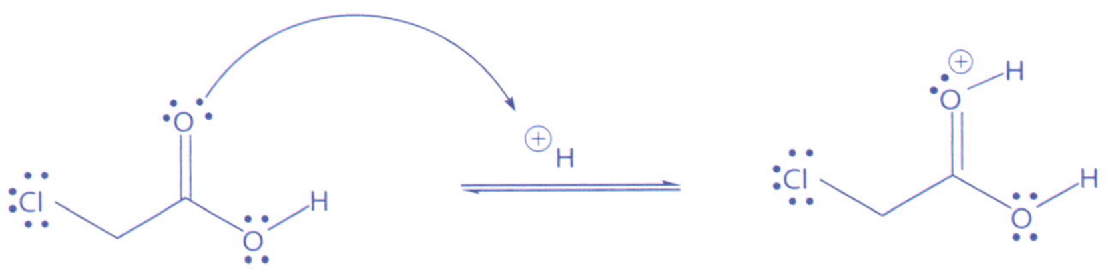

B. Attaque de l'alcool sur le carbonyle activé et formation d'un intermédiaire tétraédrique.

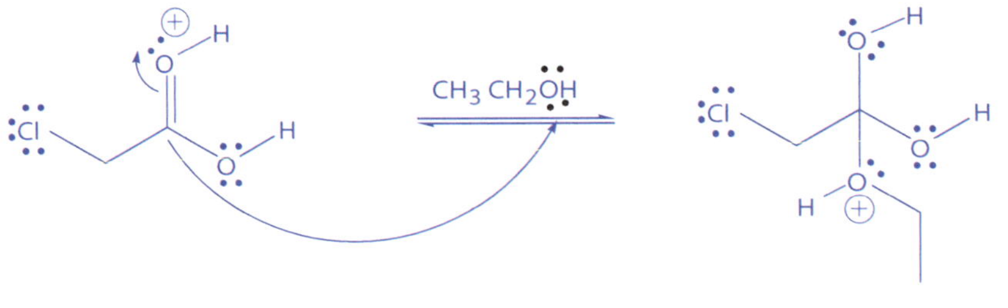

C. Migration de $H^{\oplus}$ afin d'améliorer le caractère nucléofuge de –OH.

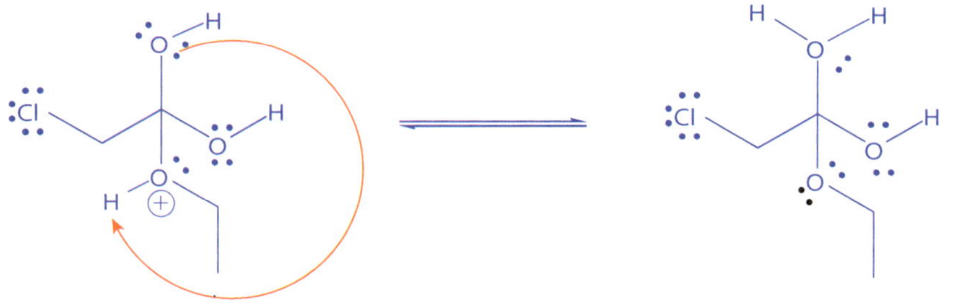

D. Départ du nucléofuge H_2O.

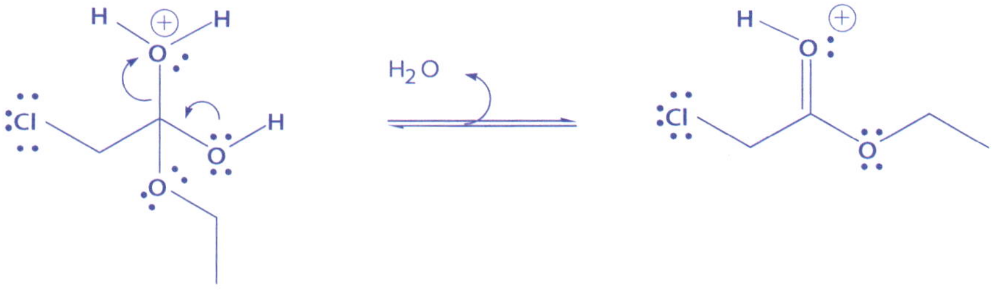

E. Déprotonation du carbonyle et régénération du catalyseur.

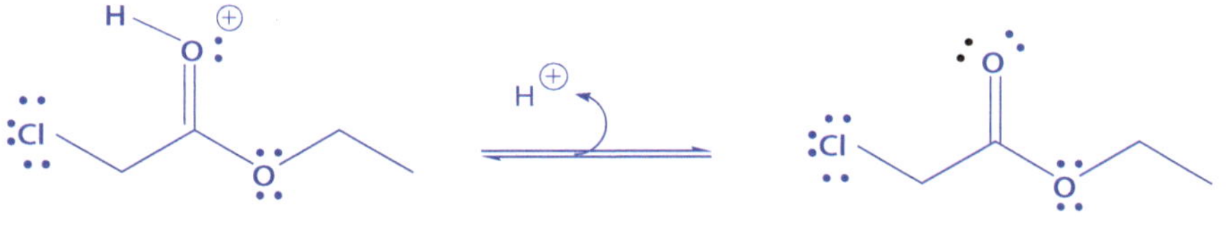

Notons que la concentration en $H^{\oplus}$ ne doit pas être trop grande afin de ne pas protoner l'oxygène de l'alcool ce qui bloquerait son pouvoir nucléophile.

6. Quel sera le résultat obtenu en faisant réagir mole pour mole les réactifs suivants ?

I.

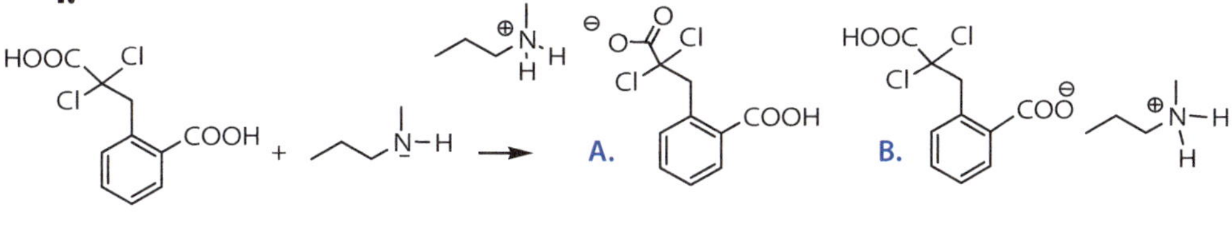

II.

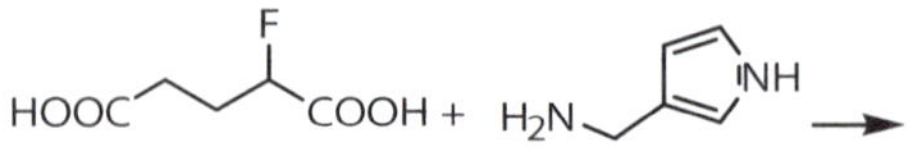

A. 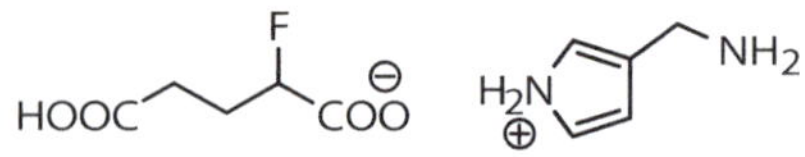

B. 

7. **Compléter le schéma réactionnel suivant en donnant seulement le produit majoritaire dans chaque cas. Les structures des produits formés sont numérotées de 1 à 14. Associer chaque lettre au composé (1,2, …, 14) qui lui correspond.**

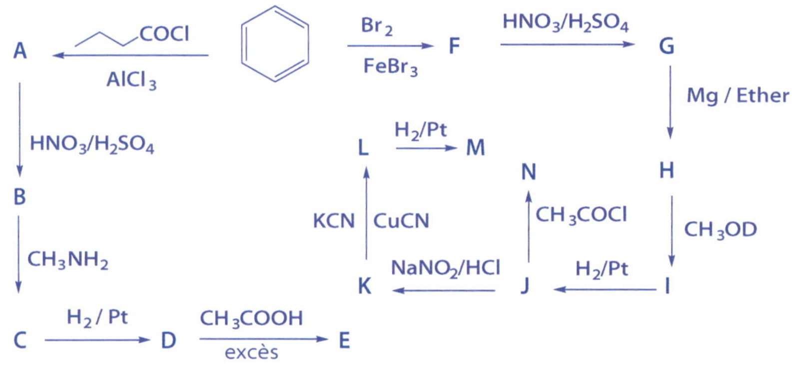

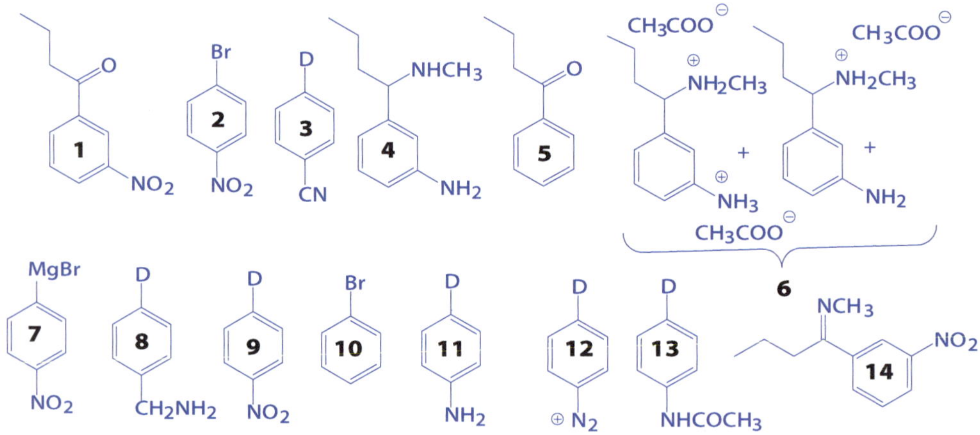

A. **1, 2, 3, 4, 5, 6, 7, 8, 9, 10, 11, 12, 13, 14**
B. **1, 2, 3, 4, 5, 6, 7, 8, 9, 10, 11, 12, 13, 14**
C. **1, 2, 3, 4, 5, 6, 7, 8, 9, 10, 11, 12, 13, 14**
D. **1, 2, 3, 4, 5, 6, 7, 8, 9, 10, 11, 12, 13, 14**
E. **1, 2, 3, 4, 5, 6, 7, 8, 9, 10, 11, 12, 13, 14**
F. **1, 2, 3, 4, 5, 6, 7, 8, 9, 10, 11, 12, 13, 14**

G. **1, 2, 3, 4, 5, 6, 7, 8, 9, 10, 11, 12, 13, 14**
H. **1, 2, 3, 4, 5, 6, 7, 8, 9, 10, 11, 12, 13, 14**
I. **1, 2, 3, 4, 5, 6, 7, 8, 9, 10, 11, 12, 13, 14**
J. **1, 2, 3, 4, 5, 6, 7, 8, 9, 10, 11, 12, 13, 14**
K. **1, 2, 3, 4, 5, 6, 7, 8, 9, 10, 11, 12, 13, 14**
L. **1, 2, 3, 4, 5, 6, 7, 8, 9, 10, 11, 12, 13, 14**
M. **1, 2, 3, 4, 5, 6, 7, 8, 9, 10, 11, 12, 13, 14**
N. **1, 2, 3, 4, 5, 6, 7, 8, 9, 10, 11, 12, 13, 14**

8. Compléter le schéma réactionnel suivant en donnant seulement le produit majoritaire dans chaque cas. Les structures des produits formés sont numérotées de 1 à 6. Associer chaque lettre au composé (1,2, …, 6) qui lui correspond.

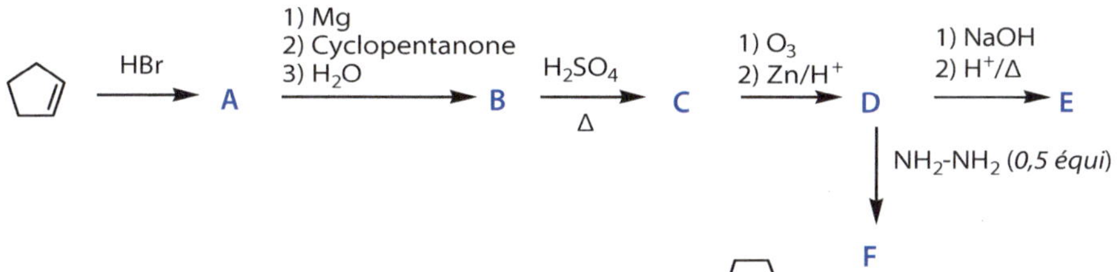

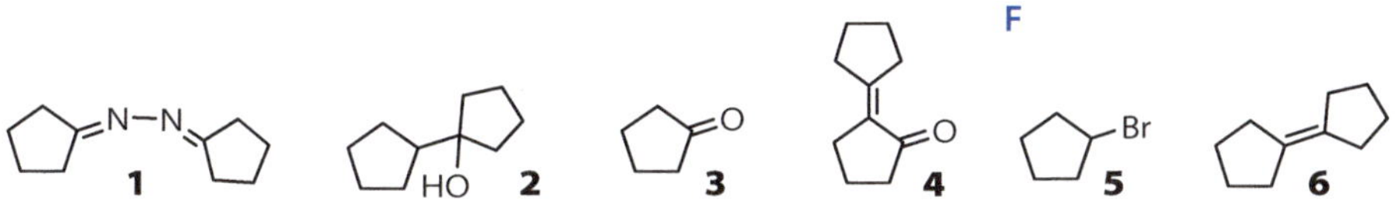

A. **1, 2, 3, 4, 5, 6**
B. **1, 2, 3, 4, 5, 6**
C. **1, 2, 3, 4, 5, 6**
D. **1, 2, 3, 4, 5, 6**
E. **1, 2, 3, 4, 5, 6**
F. **1, 2, 3, 4, 5, 6**

9. Comment réaliser les transformations I et II suivantes ?

I.

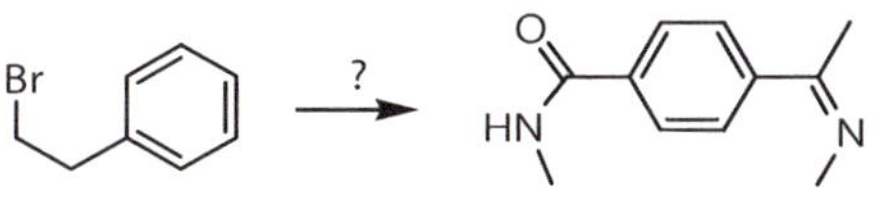

A. a) $(CH_3)_3CONa/\Delta$; b) $CH_3COCl/AlCl_3$; c) $O_3/Zn\text{-}H^+$; d) CrO_3 ; e) CH_3NH_2
B. a) $(CH_3)_3CONa/\Delta$; b) $CH_3COCl/AlCl_3$; c) $O_3/Zn\text{-}H^+$; d) CrO_3 ; e) $SOCl_2$; f) CH_3NH_2
C. a) $(CH_3)_3CONa/\Delta$; b) H_3O^+ ; c) CrO_3 ; d) $SOCl_2$; e) CH_3NH_2

La proposition correcte est :

I. A. **I. B.** **I. C.**

II.

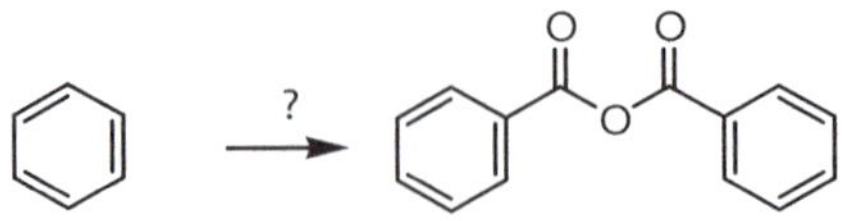

A. a) $Br_2/FeBr_3$; b) Mg ; c) CO_2 ; d) $SOCl_2$; e) Ph-CHO
B. a) $Br_2/FeBr_3$; b) Mg ; c) CO_2 ; d) H_2O ; e) $SOCl_2$; f) Ph-COOH
C. a) $Cl_2/FeCl_3$; b) Mg ; c) CO_2 ; d) H_2O ; e) $SOCl_2$; f) Ph-COOH

La proposition correcte est :

II. A. **II. B.** **II. C.**

10. Quel(s) est(sont) le(s) réactif(s) utilisé(s) pour la formation des produits dans les deux réactions suivantes ?

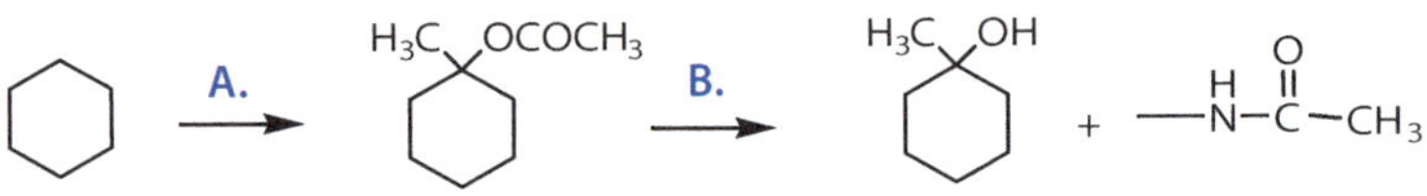

1. a) Cl_2 (*1 équi*)/hv ; b) tertio-butanolate/Δ ; c) H_3O^+ ; d) CrO_3 ; e) CH_3MgBr ; f) CH_3COCl
2. a) CH_3NH_2 ; b) H^+/Δ
3. a) Cl_2 (*1 équi*)/hv ; b) Mg ; c) $ClCOCH_3$; d) CrO_3 ; e) CH_3MgBr ; f) H_2O
4. a) CH_3NH_2

A. **1, 2, 3, 4**
B. **1, 2, 3, 4**

11. Compléter les réactions ci-dessous en identifiant le(s) produit(s) formé(s) :

I.

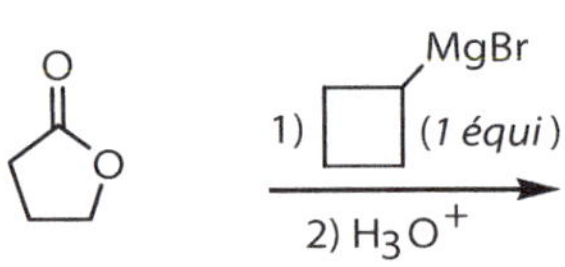

A.

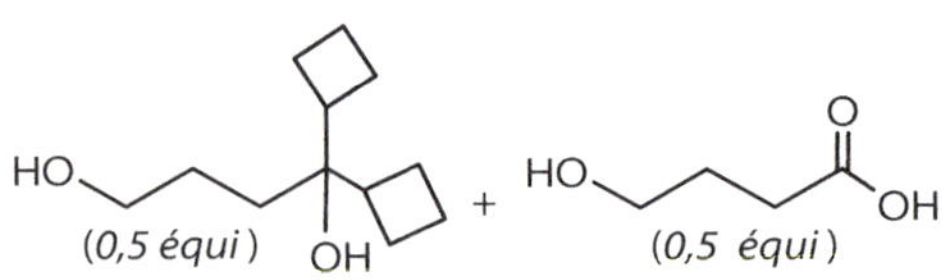

B.

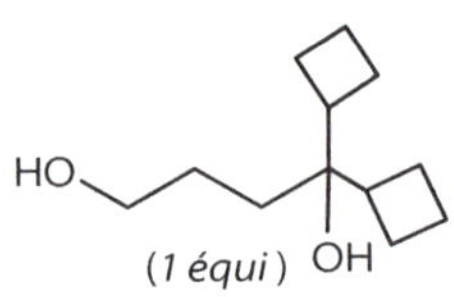

C.

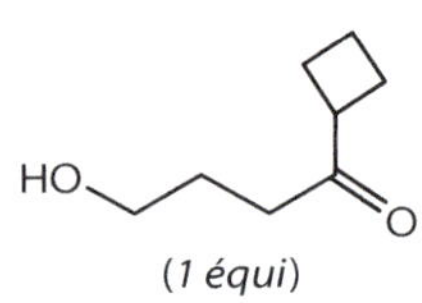

II.

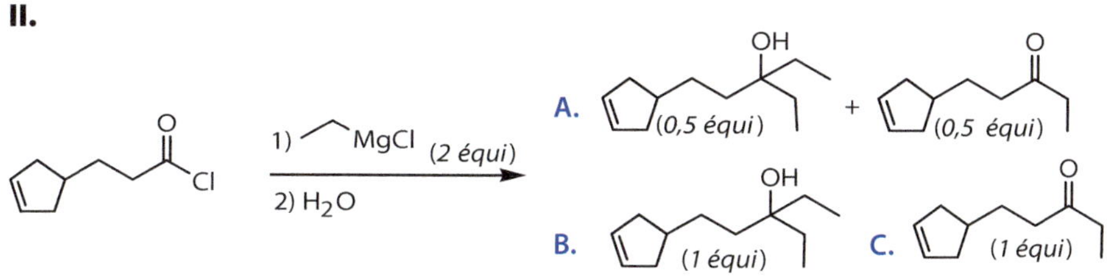
1) MgCl (2 équi)
2) H_2O
A.
(0,5 équi)
+
(0,5 équi)
B.
(1 équi)
C.
(1 équi)

III.

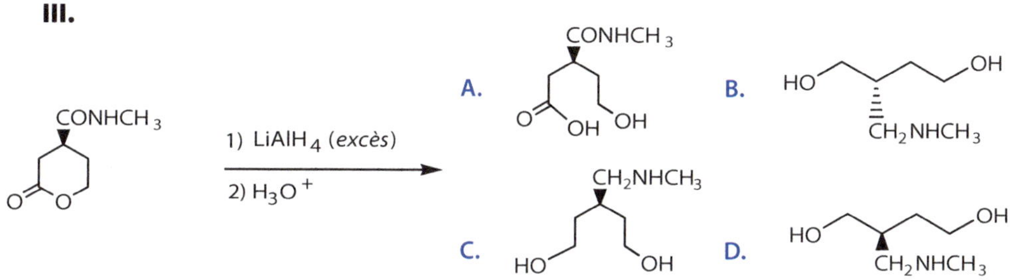
CONHCH$_3$
1) LiAlH$_4$ (excès)
2) H_3O^+
A.
B.
C.
D.
CH$_2$NHCH$_3$

IV.

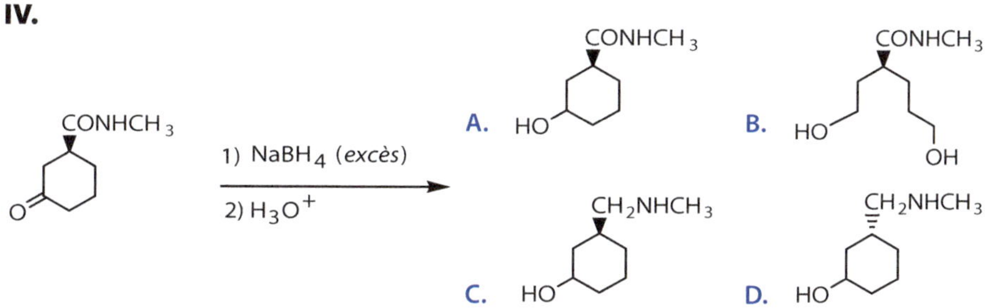
CONHCH$_3$
1) NaBH$_4$ (excès)
2) H_3O^+
A.
B.
C.
D.
CH$_2$NHCH$_3$

12. **Indiquer pour chacune des synthèses suivantes la série de réactions appropriées :**

A. 

B. 

C. 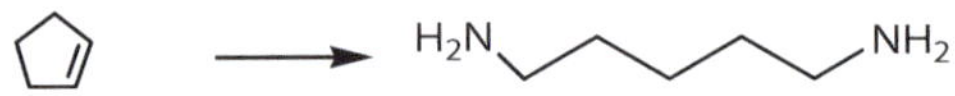

D. 

1. a) HCl ; b) Mg ; c) éthanal ; d) H_2O ; e) CrO_3 ; f) NH_3 ; H_2/Pt
2. a) O_3/Zn-H^+ ; b) NH_3 ; c) H_2/Pt
3. a) O_3/Zn-H^+ ; b) NH_3 ; c) H_2/Pt ; d) éthanal ; e) H_2/Pt
4. a) H_2O/H^+ ; b) CrO_3 ; c) NH_3 ; d) H_2/Pt

A. **1**, **2**, **3**, **4**
B. **1**, **2**, **3**, **4**
C. **1**, **2**, **3**, **4**
D. **1**, **2**, **3**, **4**

13. **Identifier la substance organique désignée comme produit principal des réactions suivantes :**

I. 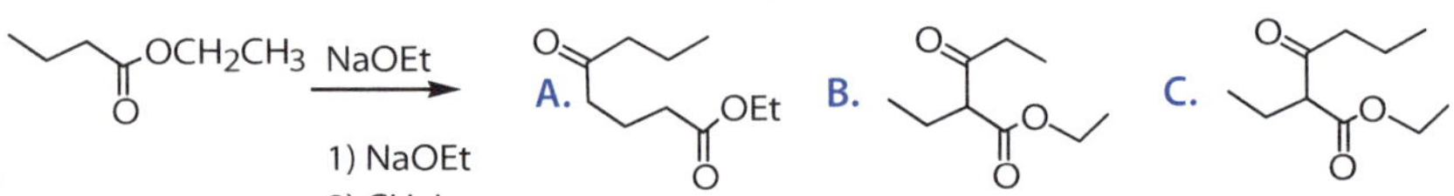

II. 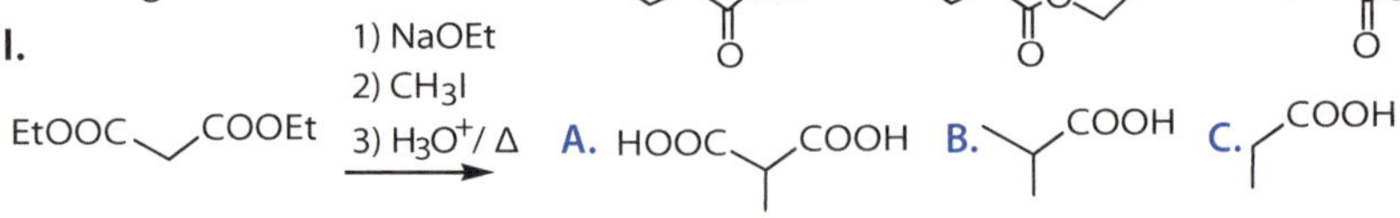

III. 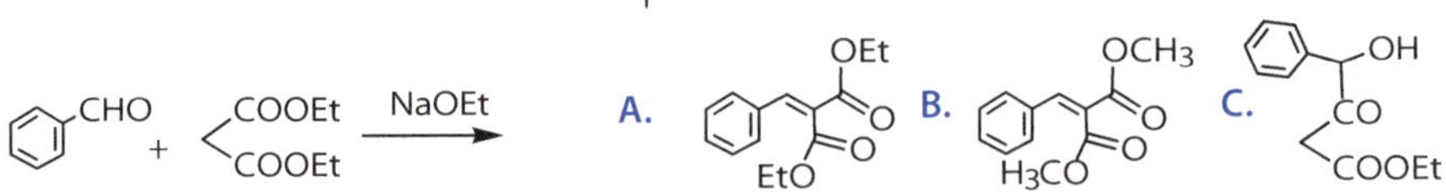

IV. 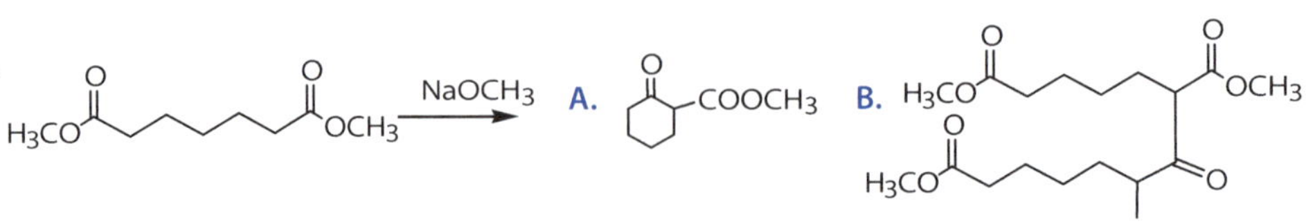

14. **Comment préparer les dérivés suivants en utilisant le sel de diazonium ? Indiquer la(es) séquence(s) appropriée(s) pour chacune des réactions ?**

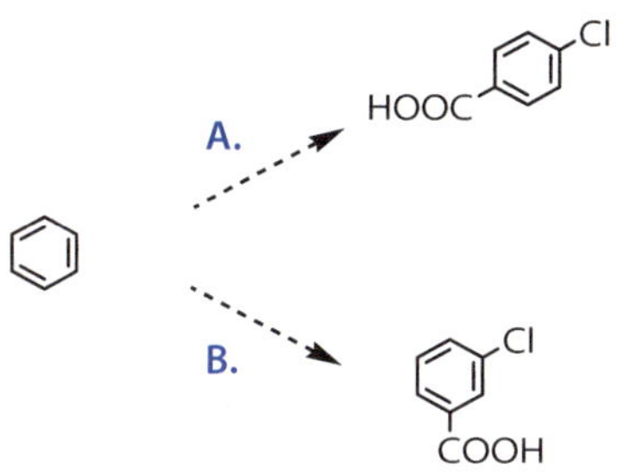

1. a) HNO_3/H_2SO_4
b) $Cl_2/FeCl_3$
c) Zn/HCl
d) $NaNO_2$/HCl
e) $Cu(CN)_2$/KCN
f) H_3O^+

2. a) $Cl_2/FeCl_3$
b) HNO_3/H_2SO_4
c) $LiAlH_4$
d) $NaNO_2$/HCl
e) $Cu(CN)_2$/KCN
f) H_3O^+

3. a) $Cl_2/FeCl_3$
b) $Br_2/FeBr_3$
c) Mg
d) CO_2
e) H_3O^+

A. **1, 2, 3**
B. **1, 2, 3**

15. **Comment préparer les dérivés suivants en partant du benzène ? Indiquer la(es) séquence(s) appropriée(s) pour chaque produit ?**

A. 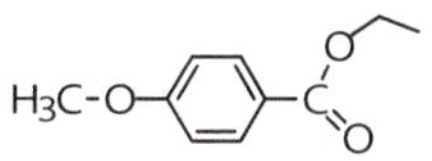

B. 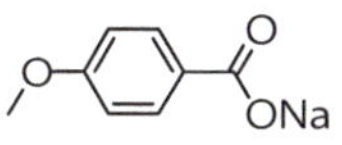

C. 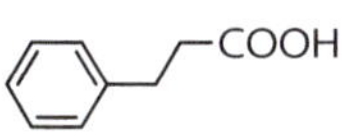

D. 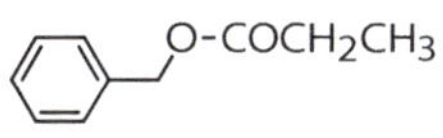

1. a) $Br_2/FeBr_3$
b) Mg
c) Méthanal
d) H_2O
e) $SOCl_2$
f) CH_3CH_2COONa

2. a) $Br_2/FeBr_3$
b) Mg
c) Oxyde d'éthylène
d) H_2O
e) $SOCl_2$
f) Mg
g) CO_2
h) H_2O

3. a) HNO_3/H_2SO_4
b) $LiAlH_4$
c) $NaNO_2$/HCl
d) H_2O/Δ
e) NaOH
f) CH_3I
g) $Br_2/FeBr_3$
h) Mg
i) CO_2
j) H_2O
k) $SOCl_2$
l) EtOH

4. a) HNO_3/H_2SO_4
b) $LiAlH_4$
c) $NaNO_2$/HCl
d) KCN
e) H_3O^+
f) $LiAlH_4$
g) CH_3CH_2COOH/H^+

5. a) HNO_3/H_2SO_4
b) $LiAlH_4$
c) $NaNO_2$/HCl
d) H_2O/Δ
e) NaOH
f) CH_3I
g) $Br_2/FeBr_3$
h) Mg
i) CO_2
j) H_2O
k) NaOH

A. **1, 2, 3, 4, 5**
B. **1, 2, 3, 4, 5**
C. **1, 2, 3, 4, 5**
D. **1, 2, 3, 4, 5**

Hydrates de carbone

À mémoriser

Lorsque l'on dissout le D-glucose dans l'eau, on obtient trois formes de proportion différente en équilibre :

Forme cyclique α	⇌	*Forme ouverte*	⇌	*Forme cyclique β*
α-D-glucose				β-D-glucose
36 %		0,005 %		64 %

Les représentations connues de la structure de ces trois formes sont :

1) la projection de Fischer

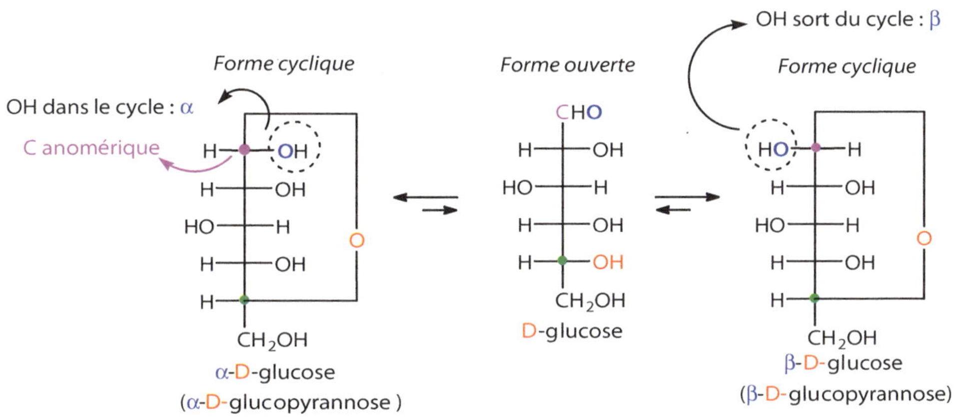

Les deux formes α et β sont deux diastéréoisomères appelés anomères. Un seul carbone asymétrique est inversé : C anomérique.

Deux sucres ne se différenciant l'un de l'autre que par l'inversion d'un seul centre chiral (pas le Carbone 1) sont appelés épimères.

Ce sucre, représenté en projection de Fischer, est de la série D, car le groupement hydroxyle lié au dernier carbone chiral est à droite. Par contre, si le –OH est à gauche, le sucre est un membre de la série L.

Aucune relation n'existe entre la configuration absolue et le sens de déviation polarimétrique.

L'anomère α(β) est celui dont le groupement –OH est à l'intérieur(extérieur) du cycle.

De la projection de Fischer aux deux autres représentations :

Le groupement –OH à droite dans la représentation de Fischer correspond à une liaison qui pointe vers le bas dans les deux autres modèles.
Le groupement –OH qui apparait à gauche dans la projection de Fischer correspond à une liaison qui pointe vers le haut dans les deux autres représentations.

2) la projection de Reeves (forme chaise)

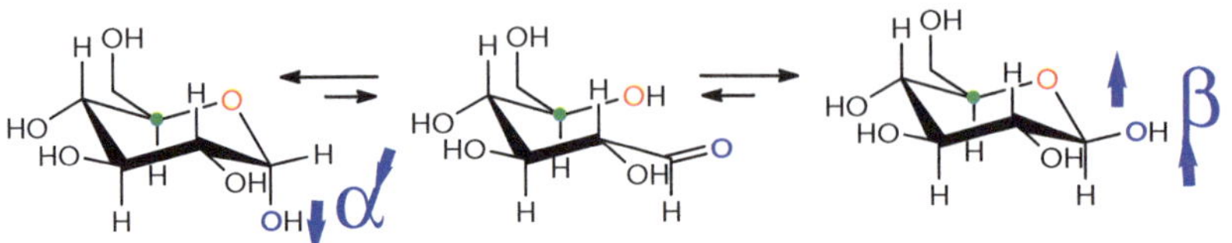

α-D-glucopyrannose D-glucose β-D-glucopyrannose

Tous les groupements OH sont en position équatoriale: stabilité maximale

3) la projection de Haworth

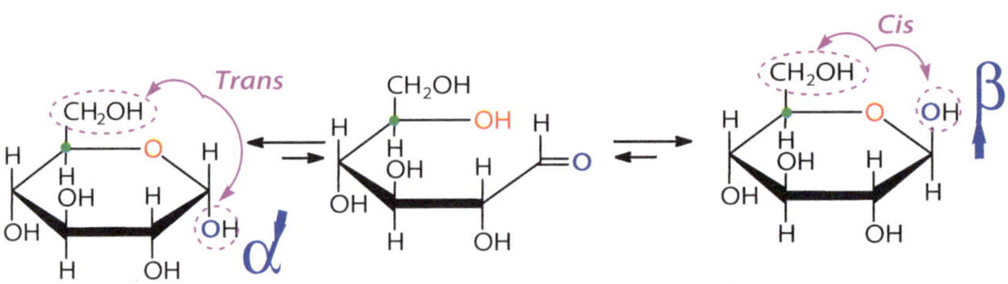

α-D-glucopyrannose D-glucose β-D-glucopyrannose

Tous les groupements OH sont alternés.

L'anomère β est celui dont le groupement –OH du carbone anomérique est du même côté (*cis*) que le groupement $-CH_2OH$ lié au C5 par rapport au cycle. Pour l'anomère α, les deux groupements sont situés du côté opposé (*trans*).

Les deux cycles sont en équilibre avec la forme ouverte : phénomène de mutarotation. Le sucre est réducteur.

L'image spéculaire d'une forme D est L, celle d'une forme (+) est (–), mais celle de la forme α est encore une forme α et non β.

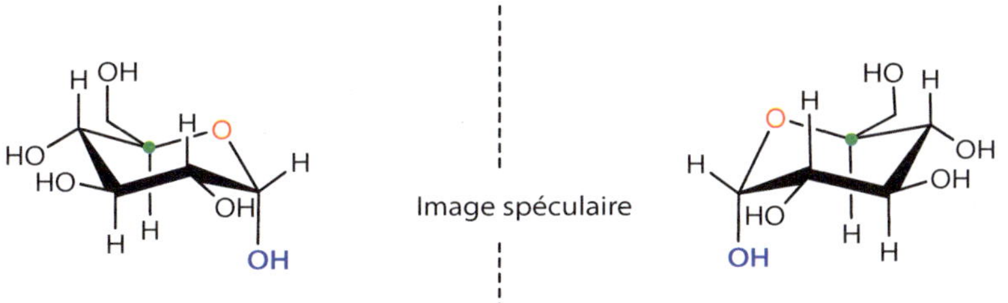

α-D-glucopyrannose α-L-glucopyrannose

Glycosides, acétals, cétals, disaccharides :

Voici une réaction d'acétalisation du α-D-glucopyrannose par du méthanol en présence d'une catalyse acide :

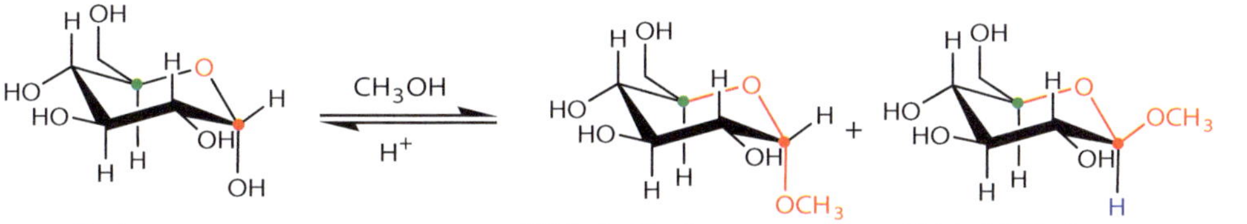

α-D-glucopyrannose Méthyl-α-D-glucopyrannose Méthyl-β-D-glucopyrannose

Pour les deux glycosides formés, la mutarotation ne peut être observée que dans un milieu acide. Si le méthanol est remplacé par le D-fructose et si l'acétalisation du glucose se fait par l'alcool du carbone anomérique du fructose, la molécule obtenue est appelée saccharose, il s'agit d'un disaccharide.

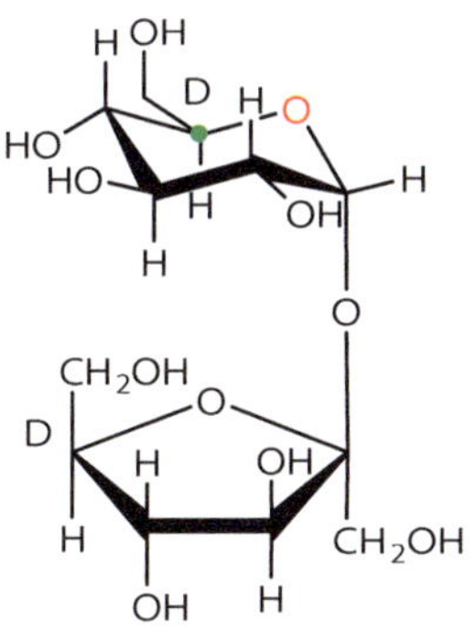

α-D-glucopyrannosyl-β-D-fructofurranoside
ou β-D-fructofurannosyl-α-D-glucopyrannoside

Ce disaccharide ne présente pas de mutarotation car les carbones anomériques sont acétalisés. Par ailleurs, son hydrolyse en milieu acide donne un mélange de deux sucres : le D-glucose et le D-fructose.

Réactions :

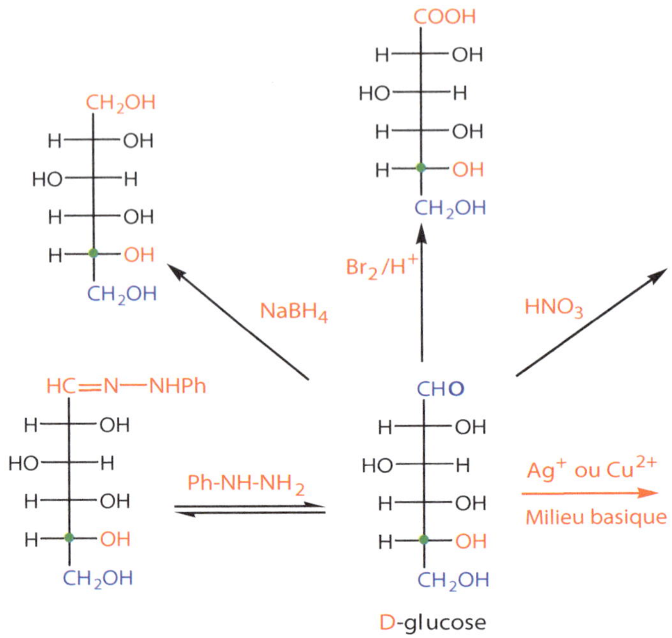
COOH
CH2OH
NaBH4
Br2/H+
HNO3
HC=N—NHPh
Ph-NH-NH2
CHO
Ag+ ou Cu2+
Milieu basique
D-glucose

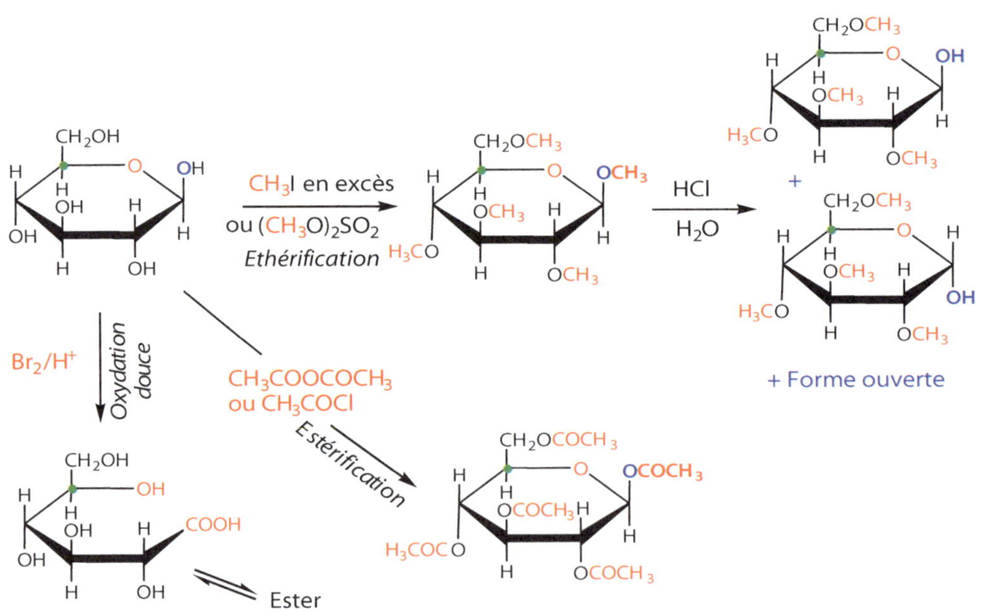
CH3I en excès
ou (CH3O)2SO2
Ethérification
HCl
H2O
+ Forme ouverte
Br2/H+
Oxydation douce
CH3COOCOCH3
ou CH3COCl
Estérification
Ester

De la projection de Fischer à la représentation de Newman :

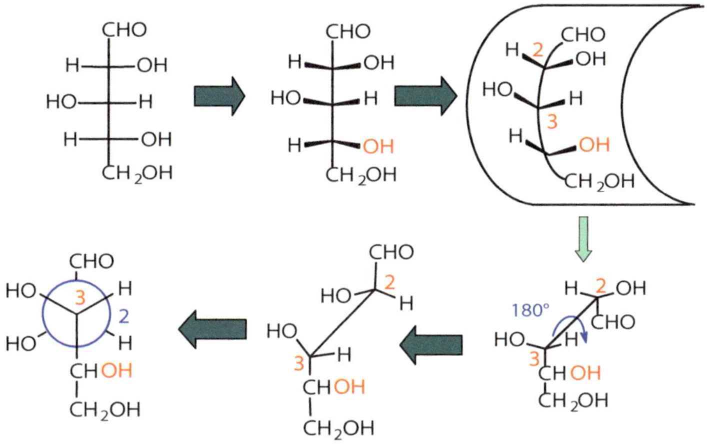

Toutes les formules présentées ci dessus sont identiques. La notion *cis-trans* n'existe pas dans une formule de Fischer correspondant à un sucre en forme ouverte non cyclique : il y a rotation libre autour de chaque liaison. Ce n'est que dans la formule cyclisée que les groupes prennent des positions qui deviennent *cis-trans*.

1. Pour le cétose ci-dessous,

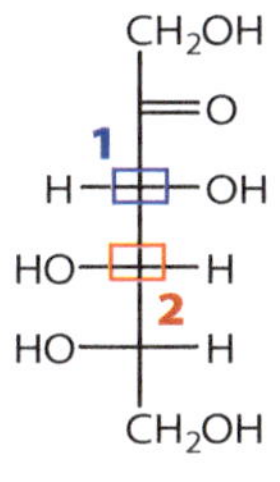

I. Quels sont les descripteurs de la configuration absolue respectifs des carbones encadrés 1 et 2 ?

A. *R* et *S*
B. *S* et *S*
C. *S* et *R*
D. *R* et *R*

II. **Parmi les trois propositions suivantes, quelle est la projection de Newman qui visualise la molécule en ayant, à l'avant, le carbone 4 et à l'arrière, le carbone 5 ?**

A.

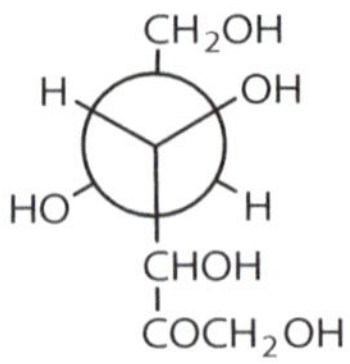

B.

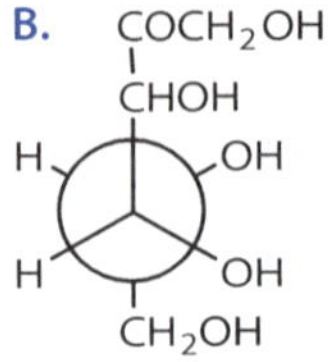

C.

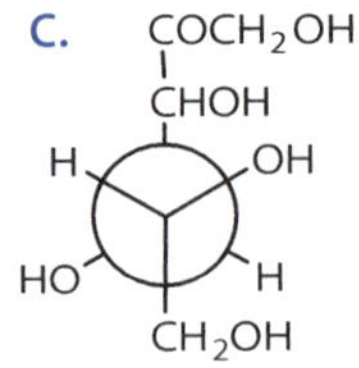

2. Soit la structure du galactose en projection de Fischer (forme ouverte) :

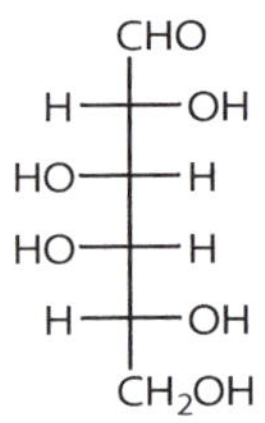

I. **Indiquer en projection de Haworth la structure du β-D-galactose. La proposition correcte est :**

A.

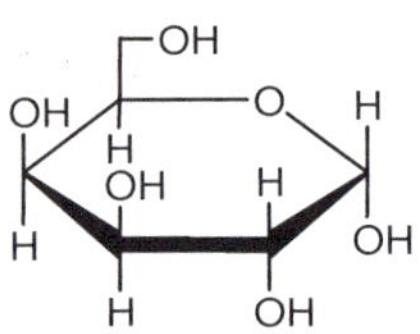

B.

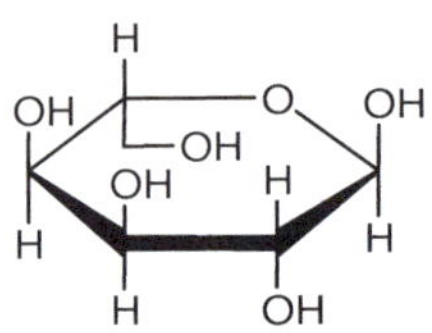

C.

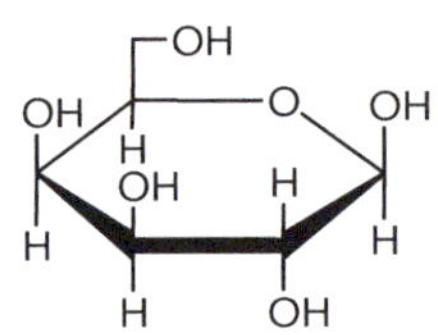

II. **Parmi les 3 propositions suivantes, quelle est la forme chaise du β-D-galactose ?**

A.

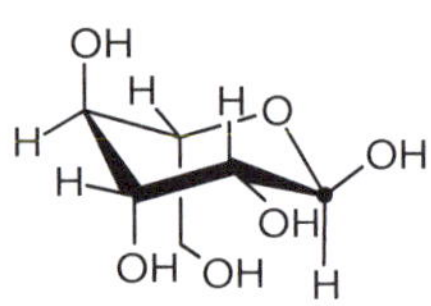

B.

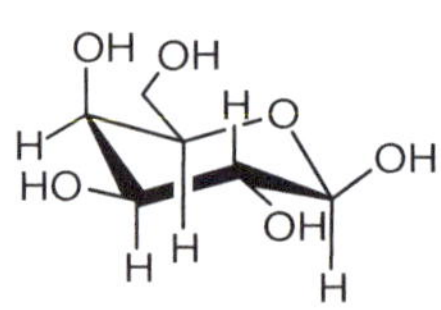

C.

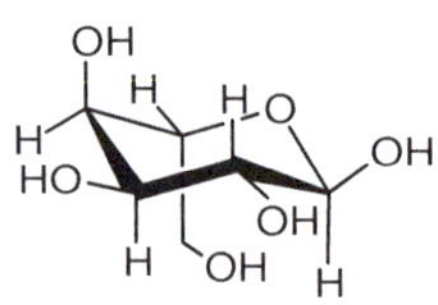

III. Quelle est la projection de Fischer (forme ouverte) de l'épimère du β-D-galactose en carbone 3 ?
La proposition exacte est :

A. 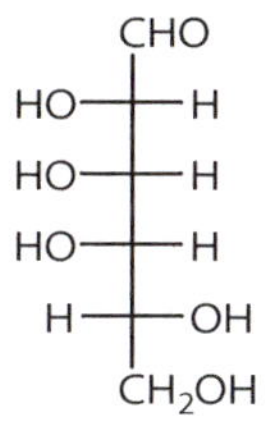

B. 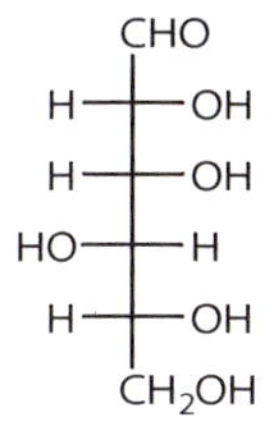

C. 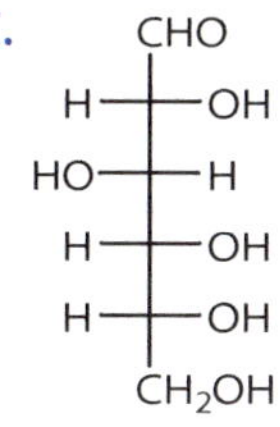

3. **Construire la formule cyclique en projection de Haworth du β-D-mannose.**
Le mannose diffère du glucose par la configuration absolue du carbone 2.

A. 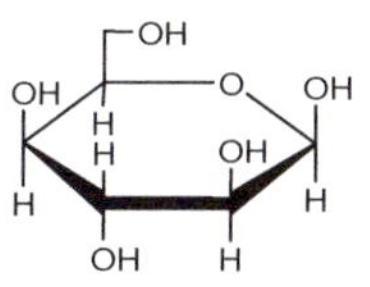

B. 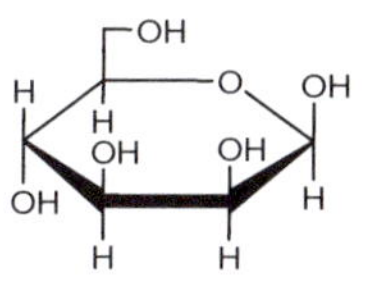

C. 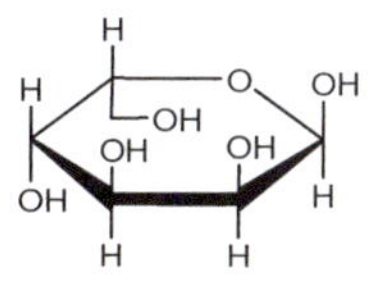

4. **Indiquer le modèle de Haworth du disaccharide qui résulte de l'acétalisation du β-D-allose (allose = épimère du glucose en carbone 3) par l'hydroxyle anomérique du α-D-galactose (galactose = épimère du glucose en carbone 4).**
Une proposition parmi les trois suivantes est correcte. Laquelle ?

A. 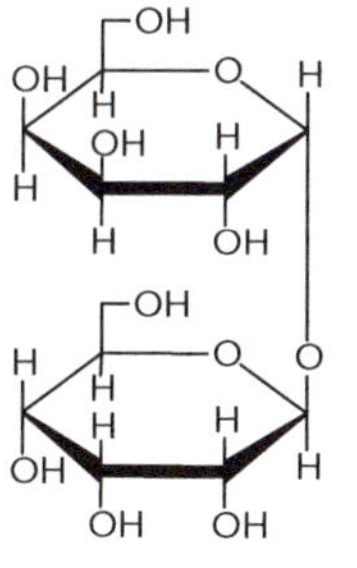

B. 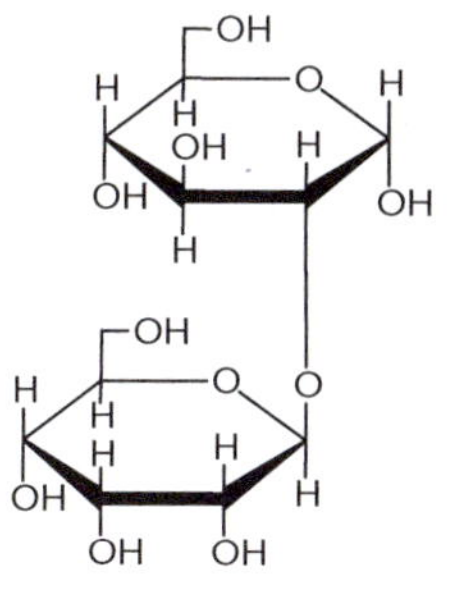

C. 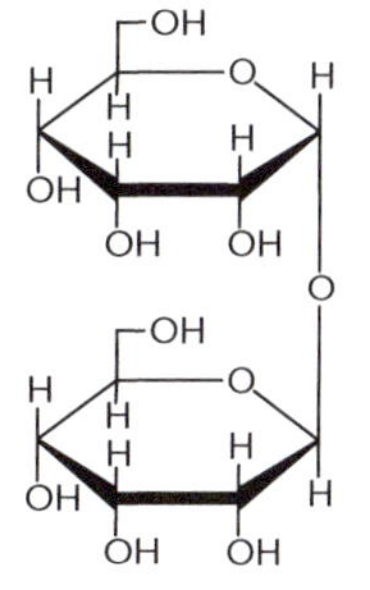

5. Lorsqu'on ajoute une quantité de la substance ci-dessous dans l'eau, on constate que le pouvoir rotatoire ([α]) du mélange varie au fur et à mesure que le temps passe. Une réaction chimique a eu lieu. Quels sont les produits formés ?

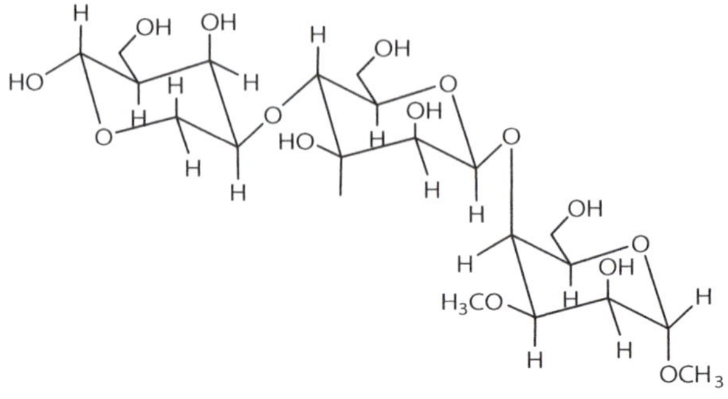

La réponse correcte est :

A.

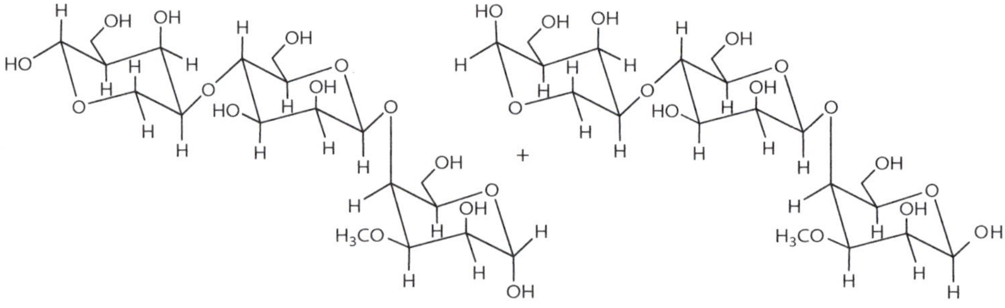

B.

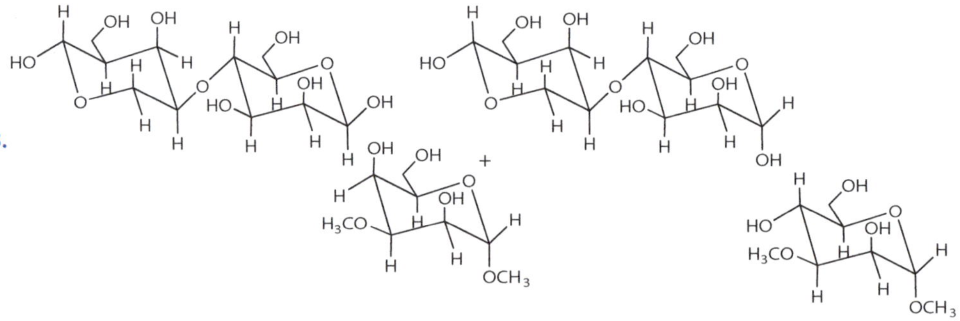

C.

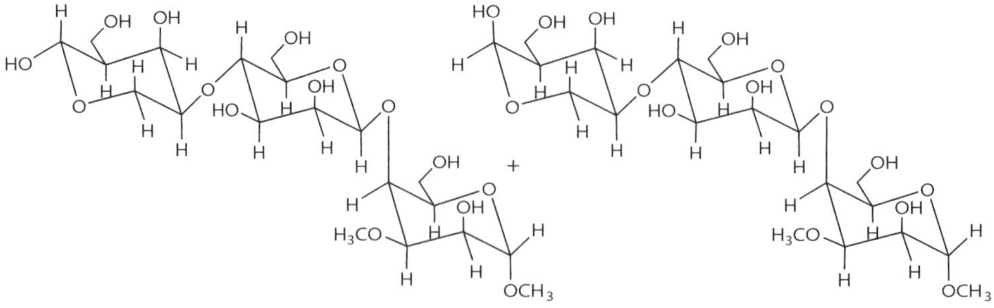

6. Voici une suite de réactions à partir du β-D-lactose. Trois erreurs ont été commises, trouvez-les.

Les trois faux produits sont :

A. **3, 1, 4**
B. **5, 1, 6**
C. **7, 8, 9**
D. **3, 11, 12**
E. **9, 11, 3**

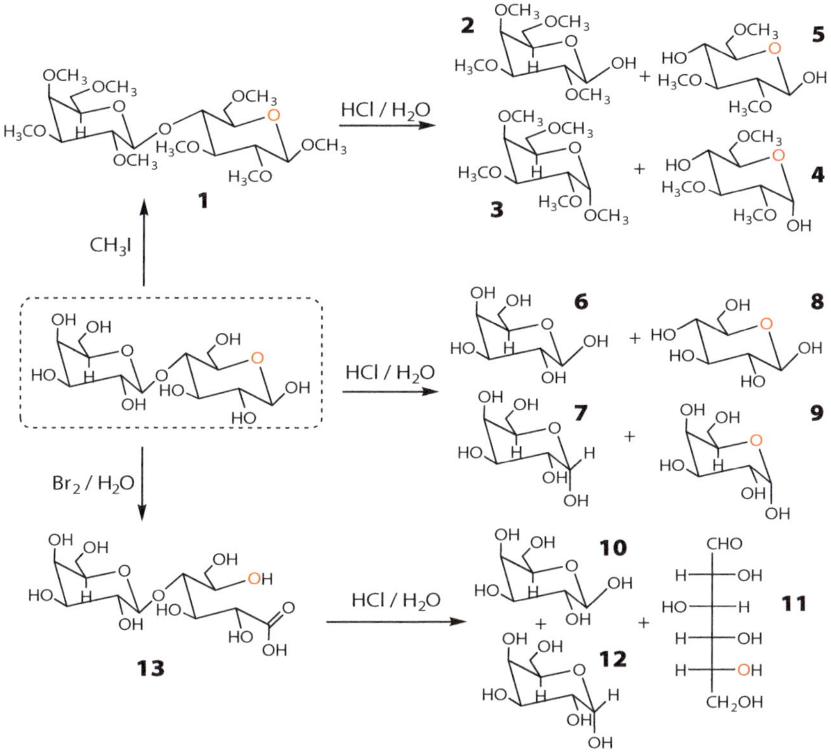

Acides aminés, peptides et protéines

À mémoriser

Un acide α-aminé, constituant principal des protéines, est un composé qui possède une fonction amine et une fonction carboxylique, liées au même carbone.
Les acides α-aminés naturels ont la configuration qui correspond à l'isomère L : le groupement amino est à gauche dans la projection de Fischer.

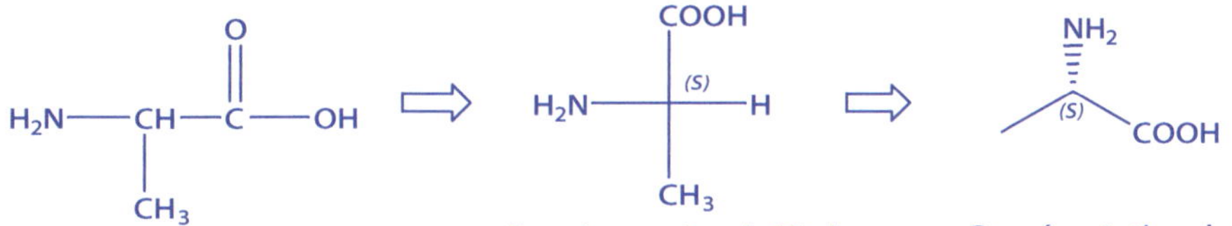

Représentation de Fischer — Représentation de Cram

Les différentes formes de la glycine en fonction du pH de la solution :

L'acide aminé glycine se comporte comme un acide bifonctionnel.

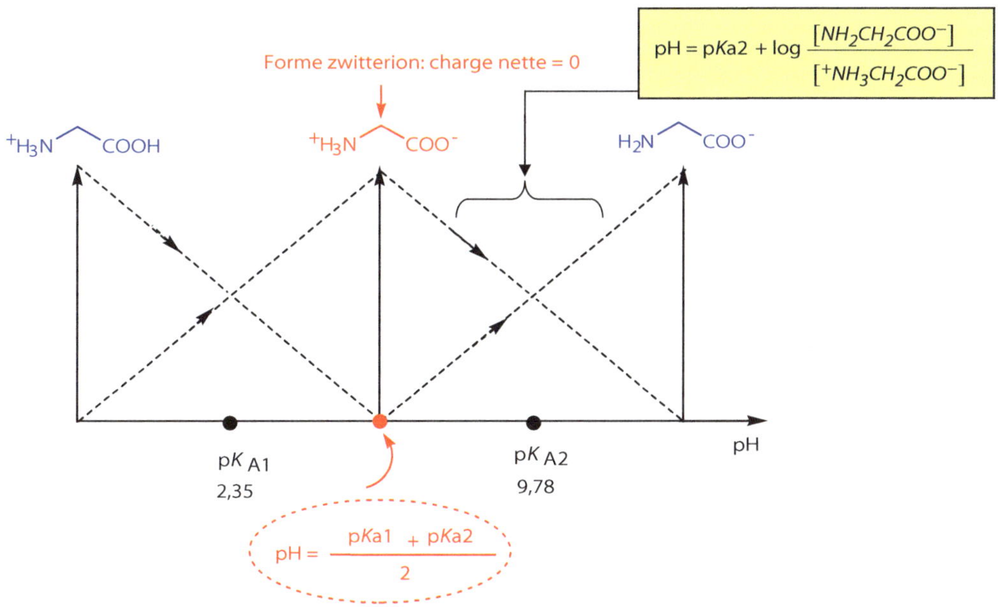

La forme cationique est prépondérante aux pH inférieurs à 2,35.
La forme anionique est prépondérante aux pH supérieurs à 9,78.

La condensation de trois acides aminés conduit à la formation d'un tripéptide.

Structure d'un tripeptide et identification du N-terminal :

Ala-Trp-Cys =

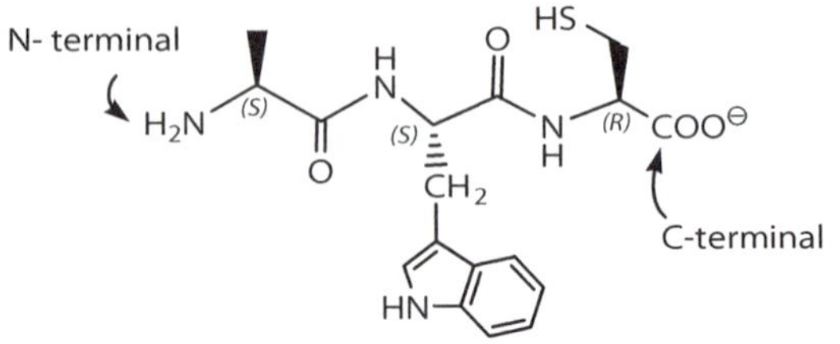

L'acide N-terminal est identifié par la réaction de Sanger :

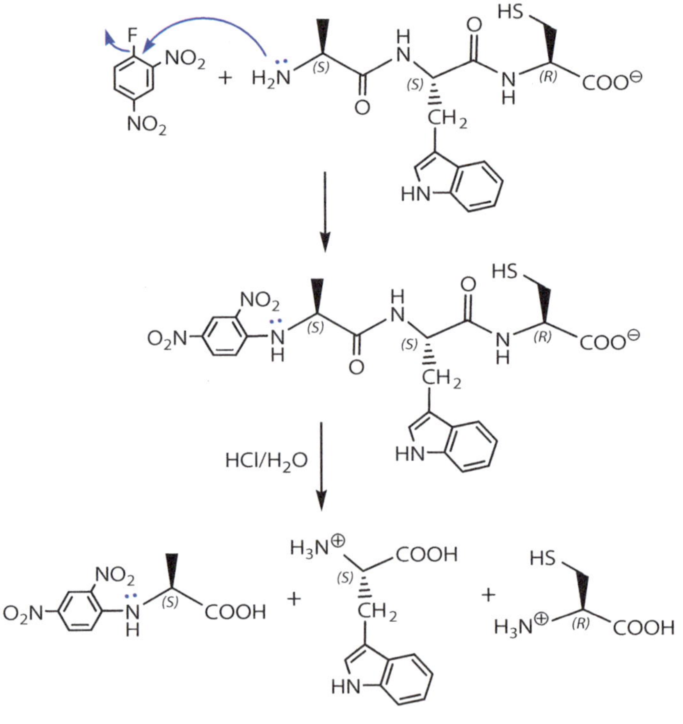

L'ensemble des produits sont analysés par chromatographie.

Détermination des séquences de peptides courts :

Dans ce cas, une des méthodes utilisées est appelée dégradation d'Edman :

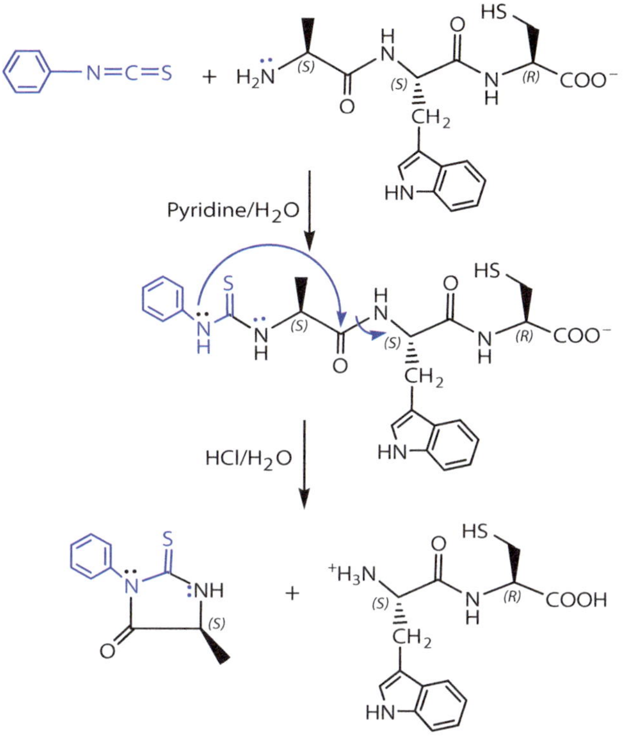

Le dipeptide formé précipite dans le milieu ; après l'avoir séparé, on recommence la réaction avec une nouvelle molécule d'isothionate de phényle.

Points de rupture :

- la chymotrypsine coupe les liaisons peptidiques à droite des résidus de Tyr, Phe et Trp
- la trypsine coupe les liaisons peptidiques à droite des résidus de Lys et Arg
- le bromure de cyanogène (BrCN) coupe les liaisons peptidiques à droite de l'acide aminé Met

1. Soit la structure chimique de la lysine :

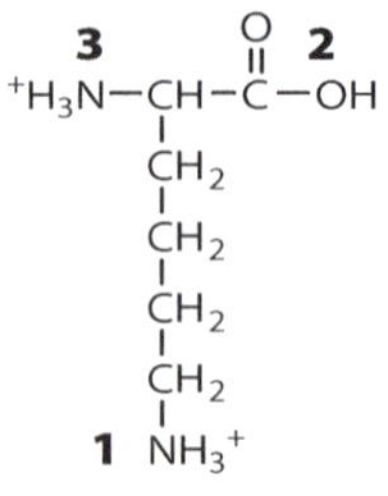

I. Restituer aux fonctions 1, 2 et 3 de l'acide aminé (lysine), les pK_A respectifs adéquats.

A. 1,2 ; 2,2 ; 8,9
B. 2,2 ; 8,9 et 11
C. 11 ; 2,2 et 8,9
D. 8,9 ; 2,2 ; 11

II. Quelle est la valeur du point isoélectrique ?

A. 1,7
B. 5,55
C. 9,95
D. autre

III. Parmi les structures suivantes, quelle(s) espèce(s) trouve-t-on en solution à pH = 9 ?

1 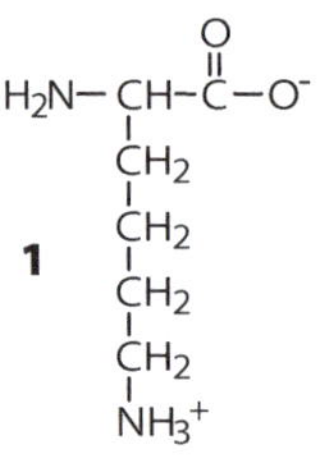

2 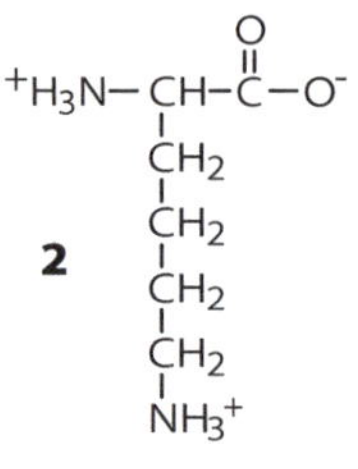

3 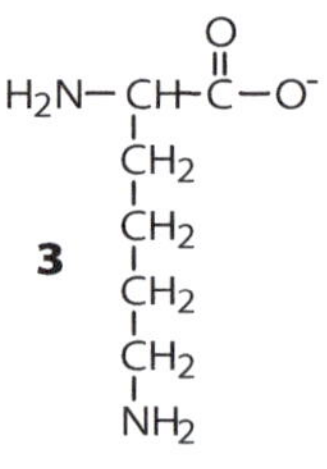

4 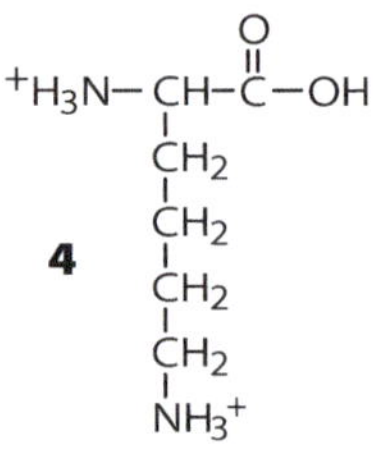

A. **1** et **2**
B. **2**
C. **3** et **4**
D. **2** et **1**
E. **4**

2. **Quelle est la charge moyenne (1 = charge positive ; 2 = charge nulle ; 3 = charge négative) des acides aminés suivants ?**

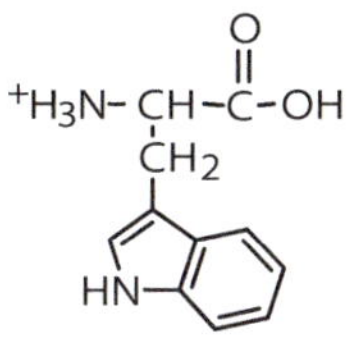

p*K*a's = 2,43 et 9,44
à pH = 5,94
A. = **1**, **2** ou **3** ?

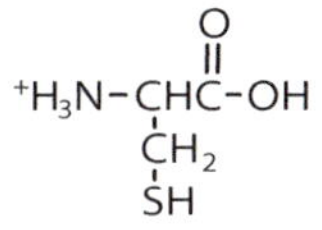

p*K*a's = 1,92 ; 8,35 et 10,46
à pH = 9,41
B. = **1**, **2** ou **3** ?

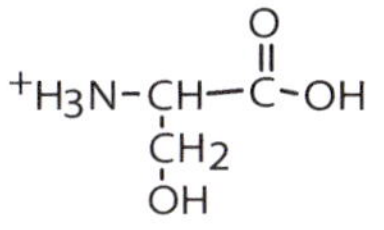

p*K*a's = 2,19 et 9,21
à pH = 11,11
C. = **1**, **2** ou **3** ?

3. **Compléter les réactions suivantes en choisissant le produit approprié de la liste ci-après.**

éthanal
1

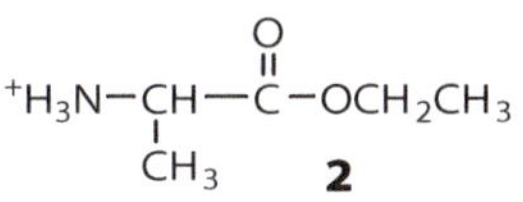
2

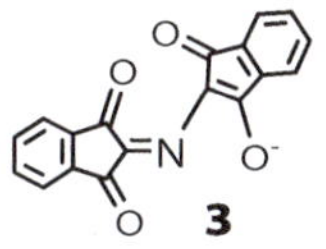
3

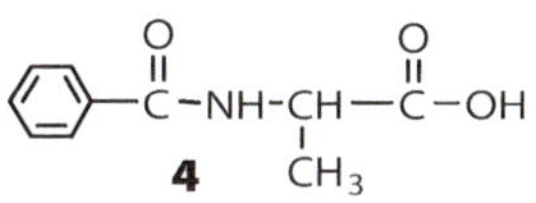
4

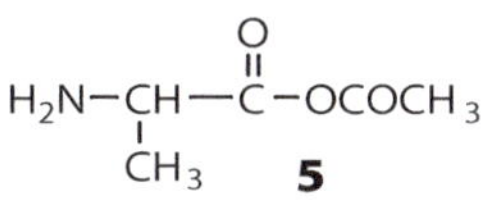
5

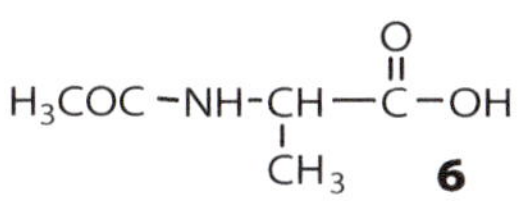
6

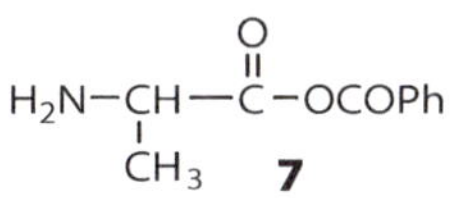
7

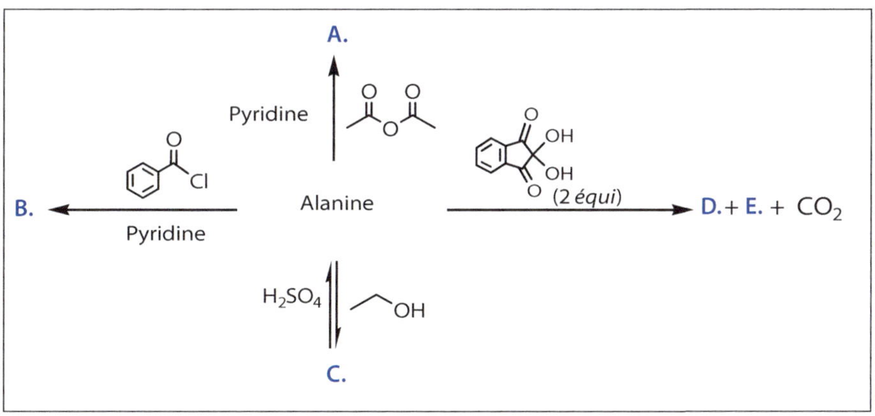

A. = **1**, **2**, **3**, **4**, **5**, **6** ou **7** ?
B. = **1**, **2**, **3**, **4**, **5**, **6** ou **7** ?
C. = **1**, **2**, **3**, **4**, **5**, **6** ou **7** ?
D. = **2**, **3**, **4**, **5**, **6** ou **7** ?
E. = **1**, **2**, **4**, **5**, **6** ou **7** ?

4. **Lors de la condensation de l'alanine racémique avec l'anhydride acétique dans un milieu légèrement basique, le produit (acide) formé est mis en solution avec la (–)-cinchonidine (1 équivalent) :**

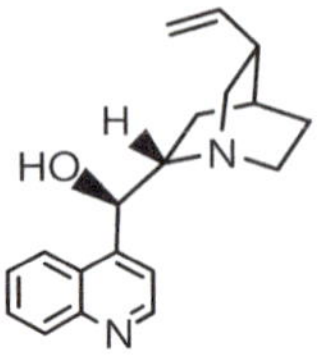

Un mélange de deux produits s'est formé. Quel est le lien stéréochimique entre ces deux produits ?

La proposition exacte est :

A. énantiomères
B. diastéréoisomères
C. conformations
D. aucun lien : il s'agit de deux structures différentes

5. **Soit le peptide suivant :**

Ala-Gly-Gly-Lys-Leu-Trp-Tyr-Met-Gly-Ala-Arg

I. Quel est le nom de l'acide aminé *N*-terminal ?

La proposition correcte est :

A. Arg
B. Ala
C. Gly

II. Quels seront les fragments obtenus par clivage avec la trypsine ?

La proposition exacte est :

A. Ala-Gly-Gly-Lys ; Leu-Trp-Tyr-Met-Gly-Ala-Arg
B. Ala-Gly-Gly ; Lys-Leu-Trp-Tyr-Met-Gly-Ala-Arg
C. Ala-Gly-Gly ; Lys ; Leu-Trp-Tyr-Met-Gly-Ala-Arg

III. Parmi les fragments suivants, quels seront ceux obtenus par clivage avec le bromure de cyanogène ?

A. Ala-Gly-Gly-Lys-Leu-Trp ; Tyr-Met ; Gly-Ala-Arg
B. Ala-Gly-Gly-Lys-Leu-Trp ; Tyr ; Met-Gly-Ala-Arg
C. Ala-Gly-Gly-Lys-Leu-Trp-Tyr-Met ; Gly-Ala-Arg

IV. Les fragments obtenus par clivage avec le carboxypeptidase sont :

A. Ala ; Gly-Gly-Lys-Leu-Trp-Tyr-Met-Gly-Ala-Arg
B. Arg ; Ala-Gly-Gly-Lys-Leu-Trp-Tyr-Met-Gly-Ala
C. Arg ; Ala-Gly-Gly-Lys-Leu-Trp-Tyr-Met-Gly-Arg

V. Quel composé peut-on identifier en hydrolysant le peptide après l'avoir traité par le réactif de *Sanger* ?

La proposition correcte est :

A. Arg
B. Ala
C. Gly

VI. Combien de types d'acides aminés (sans tenir compte de la stéréochimie) obtient-on en hydrolysant le peptide par HCl (6 M) pendant 24 heures ?

A. **8**
B. **9**
C. **10**
D. **11**

VII. Dénombrer les stéréoisomères du peptide s'il était formé à partir d'acides aminés racémiques.

Le nombre de stéréoisomères formés est :

A. **64**
B. **128**
C. **256**
D. **512**

6. Combien de tripeptides différents sont possibles s'ils sont formés, sans répétition, à partir d'acides aminés racémiques de glycine, d'alanine et de leucine ?

Le nombre de tripeptides différents formés est :

A. **6**
B. **12**
C. **24**
D. **48**

7. Combien de tétrapeptides différents sont possibles s'il sont formés à partir d'acides aminés racémiques de deux unités de glycine et deux unités d'alanine (I) ? Combien observe-t-on de *spots* sur une chromatographie sur couche mince (II) ?

I. Le nombre de tétrapeptides différents formés est :

A. **12**
B. **24**
C. **48**
D. **96**

II. Le nombre de taches observées est :

A. **6**
B. **12**
C. **24**
D. **48**

8. Si on traite un polypeptide par le réactif de *Sanger*, après hydrolyse, on isole le composé suivant :

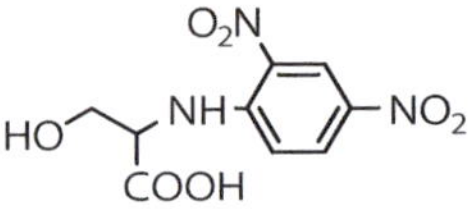

Si on traite le même polypeptide par HCl (6 M) pendant 24 heures, on trouve 7 acides aminés en proportions différentes :

Ala : 1 Arg : 2 Gly : 2 Leu : 1	Lys : 1 Met : 2 Ser : 1

Si on traite le polypeptide par le carboxypeptidase, on isole la glycine (Gly).
Le traitement du polypeptide par la trypsine donne quatre fragments A, B, C et D.
Ces quatre fragments sont *séquencés* par la méthode d'Edman et on trouve :

A = Met-Lys
B = Ser-Ala-Arg
C = Gly-Gly
D = Met-Leu-Arg

Le traitement du polypeptide par le bromure de cyanogène donne trois fragments E, F et G :
E = Leu-Arg-Met
F = Ser-Ala-Arg-Met
G = Lys-Gly-Gly

Quelle est la séquence complète du polypeptide ?

A. Ser–Ala–Arg–Met– Lys–Gly–Gly–Leu–Arg–Met
B. Ser–Ala–Arg–Met–Met–Lys –Leu–Arg–Gly–Gly
C. Ser–Ala–Arg–Met–Leu–Arg–Met–Lys–Gly–Gly

9. Si on traite un polypeptide par le réactif de *Sanger* suivi d'hydrolyse, on isole le composé suivant :

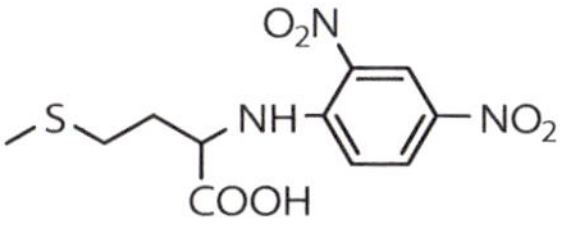

Si on traite le même polypeptide par HCl (6 M) pendant 24 heures, on trouve 15 acides aminés en proportions différentes :

Ala : 1 Arg : 1 Asp : 1 Cys : 1	Gly : 2 His : 1 Ile : 1 Leu : 1	Lys : 3 Met : 1 Phe : 1 Ser : 3	Trp : 1 Tyr : 1 Val : 2

Si on traite le polypeptide par le carboxypeptidase, on isole l'Arginine (Arg).

Le traitement du polypeptide par la trypsine donne quatre fragments A, B, C et D. Ces quatre fragments sont *séquencés* par la méthode d'Edman et on trouve :

A = Met-Ser-Ser-Gly-Gly-Ala-Ile-Lys
B = Ser-Arg
C = Val-Val-Phe-His-Asp-Tyr-Lys
D = Cys-Trp-Leu-Lys

Le traitement du polypeptide par la chymotrypsine donne quatre fragments E, F, G et H parmi lesquels on obtient (grâce à la méthode d'Edman) la séquence F :

F = Met-Ser-Ser-Gly-Gly-Ala-Ile-Lys-Cys-Trp

Quelle est la séquence complète du polypeptide ?

A. Met-Ser-Ser-Gly-Gly-Ala-Ile-Lys-Val-Val-Phe-His-Asp-Tyr-Lys-Cys-Trp-Leu-Lys-Ser-Arg
B. Met-Ser-Ser-Gly-Gly-Ala-Ile-Lys-Cys-Trp-Leu-Lys-Val-Val-Phe-His-Asp-Tyr-Lys-Arg -Ser
C. Met-Ser-Ser-Gly-Gly-Ala-Ile-Lys-Cys-Trp-Leu-Lys-Val-Val-Phe-His-Asp-Tyr-Lys-Ser-Arg

10. **Si on traite un polypeptide par le réactif de Sanger, on isole, après hydrolyse, le composé suivant :**

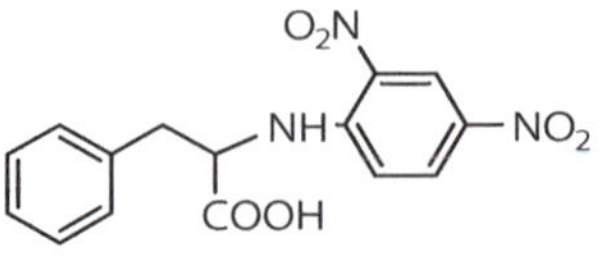

Si on traite le même polypeptide par HCl (6 M) pendant 24 heures, on trouve 18 acides aminés en proportions différentes :

Ala : 2 Arg : 1 Asp : 1 Cys : 1	Glu : 1 Gly : 2 His : 2 Ile : 1	Leu : 1 Lys : 2 Met : 3 Phe : 1	Pro : 1 Ser : 2 Thr : 1 Trp : 1	Tyr : 2 Val : 4

Le traitement du polypeptide par BrCN donne 4 fragments A, B, C et D, parmi lesquels on obtient (grâce à la méthode d'Edman) les séquences A et B.

A : Leu-Trp-His-Ala-Val-Val-Lys
B : Phe-Met

Le traitement du polypeptide par la trypsine donne trois fragments E, F et G, dont 2 sont séquencés par la méthode d'Edman.

E : His-Thr-Ser-Val-Val-Lys
F : Tyr-Met-Leu-Trp-His-Ala-Val-Val-Lys
G : 14 unités d'acides aminés.

Le fragment G est clivé par la chymotrypsine et donne Phe et deux fragments H et I, de 4 et 9 unités d'acides aminés. Ces deux fragments sont séquencés par la méthode d'Edman et on trouve :

H : Pro-Asp-Glu-Arg
I : Met-Gly-Ala-Ser-Met-Cys-Gly-Ile-Tyr

Quelle est la séquence complète du polypeptide ?

A. Phe-Met-Leu-Trp-His-Ala-Val-Val-Lys-Met-Gly-Ala-Ser-Met-Cys-Gly-Ile-Tyr-Pro-Asp-Glu-Arg-His-Thr-Ser-Val-Val-Lys – Tyr-Met

B. Phe-Met-Gly-Ala-Ser-Met-Cys-Gly-Ile-Tyr-Pro-Asp-Glu-Arg-Tyr-Met-Leu-Trp-His-Ala-Val-Val-Lys-His-Thr-Ser-Val-Val-Lys

C. Phe-Met-Gly-Ala-Ser-Met-Cys-Gly-Ile-Tyr-Pro-Asp-Glu-Arg-His-Thr-Ser-Val-Val-Lys-Tyr-Met-Leu-Trp-His-Ala-Val-Val-Lys

11. **Si on traite un polypeptide par HCl (6 M) pendant 24 h, on trouve 8 acides aminés en proportions différentes :**

Arg : 2 Asp : 2	Met : 2 Phe : 1	Gly : 1

Si on traite le même polypeptide par du bromure de cyanogène, suivi d'une séparation des fragments obtenus par chromatographie en couche mince : on observe la présence de 2 taches correspondant à 1 dipeptide et à 1 tripeptide.
On traite le polypeptide par la trypsine. Après chromatographie, on observe 1 dipeptide et 2 tripeptides.
On traite le polypeptide par la chymotrypsine. Après chromatographie, on observe 1 acide aminé et 1 peptide.

Quelle est la séquence des acides aminés du polypeptide en question ?

A. Asp-Arg-Met-Asp-Arg-Met-Phe-Gly
B. Arg-Asp-Met-Arg-Asp-Met-Phe-Gly
C. Phe-Gly-Asp-Arg-Met-Asp-Arg-Met
D. autre

Corrections des QCM

LIAISONS–ISOMÉRIES, POLARITÉ–SOLUBILITE et ACIDES–BASES

1. A.4 ; B.4 ; C.2 ; D.1
2. C
3. I : 1.a ; 2.b ; 4.b ; 5.a ; II.C
4. A = 1 ; B et C = 1 et 3 ; D = 3 ; E = 2
5. A = 1 ; B = 3 ; C = 2
6. D
7. A ; C
8. I.C ; II.D
9. A ; E ; F ; G
10. D
11. A ; C ; D
12. F
13. E
14. B
15. D
16. C
17. B
18. I.B ; II.D
19. A
20. I.A ; II.D ; III.C
21. A
22. D
23. B
24. C

ALCANES ET CYCLOALCANES

1. D
2. D
3. C
4. B
5. A
6. D
7. C
8. D
9. I.D ; II.B ; III.A
10. I.C ; II.A
11. B
12. 1 = c et d ; 2 = b et c
13. I.C ; II.A
14. D
15. I.A ; II.D
16. C
17. B
18. D
19. A

ALCÈNES ET ALCYNES

1. 1 = D ; 2 = C ; 3 = C ; 4 = B ; 5 = D
2. B
3. A
4. I.B ; II.B ; III.A ; IV.A
5. I.C ; II.A ; III.A ; IV.A ; V.D ; VI.C
6. I.C ; II.B ; III.A
7. I.B ; II.D ; III.B ; IV.B et C
8. I.B et D ; II.D ; III.C ; IV.A ; V.D ; VI.A ; VII.B
9. I.A ; II.B ; III.D ; IV.A ; V.D
10. I.C ; II.A ; III.C ; IV.D ; V.C ; VI.C
11. C

COMPOSÉS AROMATIQUES

1. A.1 ; B.5 ; C.6 ; D.3 ; E.4 ; F.8 ; G.2
2. 1 = A et C ; 2 = B
3. A.1 ; B.2 ; C.1 ; D.1 ; E.2 ; F.1
4. C
5. I.B ; II.A ; III.C ; IV.A et C
6. A
7. C
8. A = 7 ; B = 6 ; C = 4 ; D = 8 ; E = 3

STÉRÉOISOMÉRIE ET ACTIVITÉ OPTIQUE

1. A.128 ; B.1 (c'est la molécule elle-même !) ; C.4 ; D.8
2. A.*S-S* ; B.*R* ; C.*2S-3R* ; D.*R* ; E.*R*
3. I.C ; II.C ; III.A ; IV.A ; V.B ; VI.C ; VII.D ; VIII.B
4. A.a.2-b.3 ; B.a.1-b.2 ; C.a.2-b.2 ; D.a.1-b.1
5. D
6. C

COMPOSÉS HALOGÉNÉS ET ORGANOMÉTALLIQUE – SUBSTITUTION ET ÉLIMINATION

1. A.S_N2 ; B.E2 ; C.E2 ; D.S_N1 ; E.E2 ; F.S_N2 ; G.S_N2 ; H.S_N2
2. I.A ; II.A ; III.B
3. I.A. ; II.D. ; III.C
4. I.A ; II.B ($K_{B.} >> K_{A.}$)
5. B
6. I.C ; II.A ; III.A ; IV.B
7. A. Vrai ; B. Faux ; C. Faux ; D. Vrai ; E. Faux ; F. Faux ; G. Faux ; H. Faux ; I. Vrai ; J. Faux ; K. Vrai ; L. Faux.
8. I.A et D ; II.A et C
9. I.C ; II.C ; III.A ; IV.A ; V.C ; VI.B ; VII.A
10. I.B ; II.D
11. D

ALCOOLS, PHÉNOLS ET THIOLS

1. I.D ; II.B
2. E
3. A.3 ; B.2 ; C.3 ; D.3
4. I.C ; II.B ; III.C ; IV.A

ÉTHERS, ÉPOXYDES ET THIOÉTHERS

1. I.A ; II.B ; III.C
2. I.B ; II.C ; III.A ; IV.B
3. I.B ; II.E (un seul produit formé) ; III.B

ALDÉHYDES ET CÉTONES

1. A.2 ; B.1 ; C.4
2. A.16 ; B.4 ; C.6 ; D.7 ; E.10 ; F.2 ; G.15 ; H.12 ; I.13 ; J.9 ; K.5 ; L.1 ; M.14 ; N.11
3. A.1 ; B.1 ; C.1 ; D.2 ; E.3
4. I.C ; II.A ; III.B ; IV.B ; V.C
5. I.C ; II.B ; III.C ; IV.A ; V.C
6. I.D ; II.D

ACIDES CARBOXYLIQUES, DÉRIVÉS AMINES ET DÉRIVÉS AZOTÉS

1. E
2. C
3. I.A ; II.A
4. I.A ; II.B
5. B et C
6. I.A ; II.B
7. A.5 ; B.1 ; C.14 ; D.4 ; E.6 ; F.10 ; G.2 ; H.7 ; I.9 ; J.11 ; K.12 ; L.3 ; M.8 ; N.13
8. A.5 ; B.2 ; C.6 ; D.3 ; E.4 ; F.1
9. I.B ; II.B
10. A.1 ; B.4
11. I.A ; II.B ; III.C ; IV.A
12. A.3 ; B.4 ; C.2 ; D.1
13. I.C ; II.C ; III.A ; IV.A
14. A.2 et 3 ; B.1
15. A.3 ; B.5 ; C.2 ; D.1 et 4

HYDRATES DE CARBONE

1. I.A ; II.A
2. I.C ; II.B ; III.B
3. B
4. A
5. C
6. E

ACIDES AMINÉS, PEPTIDES ET PROTÉINES

1. I.C ; II.C ; III.A
2. A.2 ; B.3 ; C.3
3. A.6 ; B.4 ; C.2 ; D.3 ; E.1
4. B
5. I.B ; II.A ; III.C ; IV.B ; V.B ; VI.A ; VII.C
6. C
7. I.B ; II.B
8. C
9. C
10. C
11. A

Aide dirigée. . .

Liaisons-isoméries, polarité-solubilité et acides-bases

1. Quelle est la formule de LEWIS exacte de NH_3 (A), $FeBr_4^-$ (B), CH_3OH (C) et RCOOOH (D). Les polarités des liaisons doivent être respectées.

A.

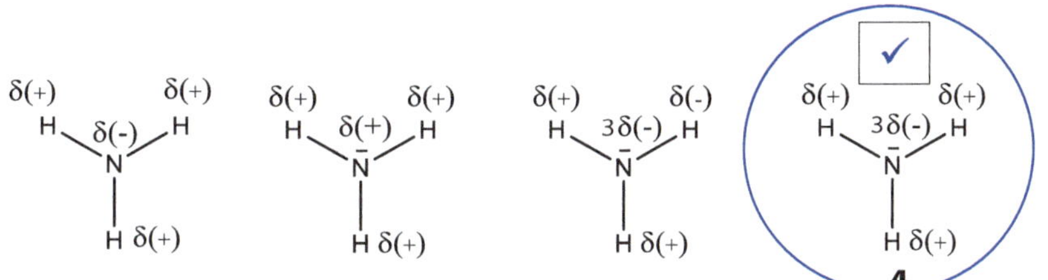

1 2 3 4

L'ammoniac NH_3 est une molécule neutre.
La structure **1** n'est pas correcte car la somme des charges partielles n'est pas égale à zéro. De plus, la règle de l'octet n'est pas respectée pour l'atome d'azote ; il lui manque une paire d'électrons libres.
Pour la structure **2**, la charge partielle de l'azote doit être négative et non positive comme c'est indiqué sur le dessin. L'atome de l'azote est plus électronégatif que l'atome d'hydrogène.
La structure **3** n'est pas exacte car la charge partielle de l'atome d'hydrogène à droite est négative.
La structure **4** représente bien l'ammoniac. En effet, l'ammoniac est neutre. La somme des charges partielles est égale à zéro. L'atome d'azote avec 3δ(-) est au centre. Étant plus électronégatif, il va attirer les paires d'électrons des liaisons. Chaque atome de H porte une δ(+).

Ainsi, c'est la réponse 4 qui est correcte.

B.

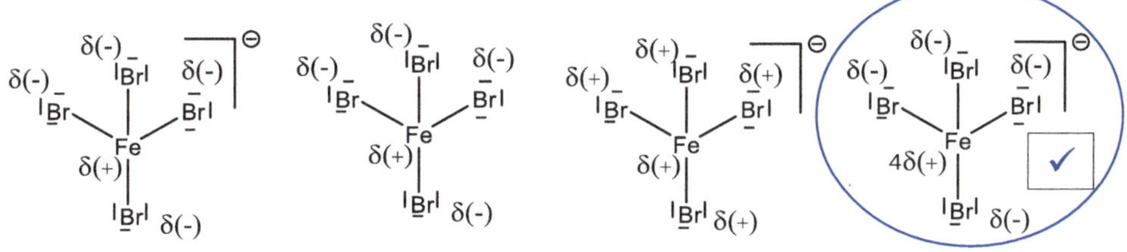

1 2 3 4

$FeBr_4^-$ est une molécule chargée négativement.
La structure **1** n'est pas juste car la somme des charges partielles n'est pas égale à 0.
La structure **2** n'est pas juste car la molécule représentée est neutre.

La structure **3** n'est pas correcte car la charge partielle de Br doit être négative et non positive comme cela est représenté.
La représentation **4** est correcte car la somme des charges partielles de tous les atomes est égale à 0 et la molécule porte une charge négative complète.

La bonne réponse est 4.

C.

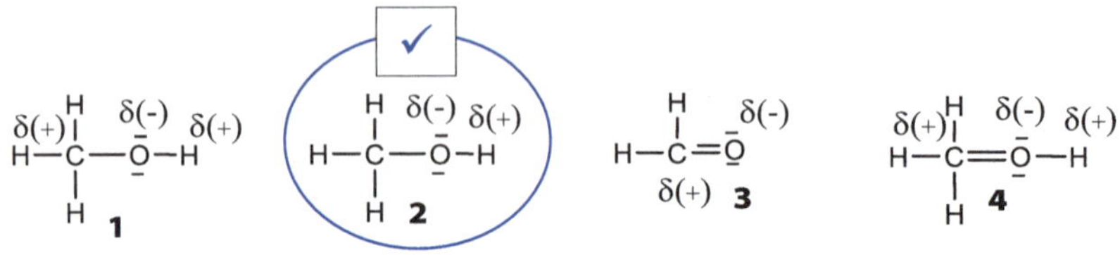

La structure de Lewis **3** n'est pas correcte car elle présente la structure de CH_2O (formaldéhyde) et pas celle de CH_3OH (méthanol) comme demandé.
La structure **4** n'est pas correcte car l'oxygène, non chargé, n'est pas bivalent. La règle de l'octet n'est pas respectée.
La structure **1** n'est pas juste. En effet, la somme des charges partielles présentées sur la structure n'est pas égale à zéro.

Ainsi, c'est **la proposition 2 qui est correcte.**

D.

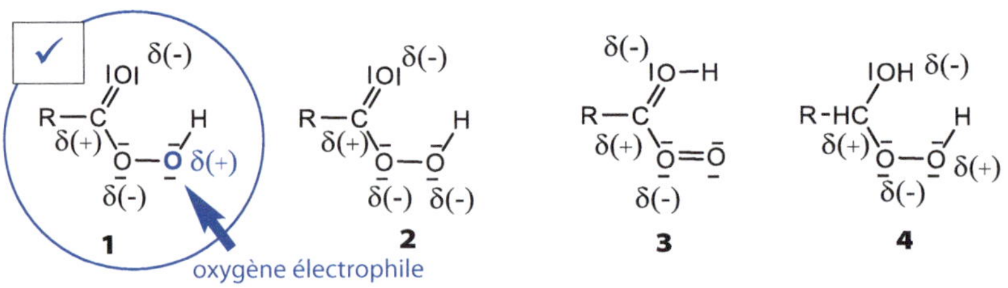

Cette molécule (peracide) est couramment utilisée comme agent oxydant en chimie organique telles que les réactions d'époxydation des alcènes ainsi que dans la transformation des cétones en esters (réaction de Baeyer-Villiger). Cela est dû essentiellement à la présence d'un atome d'oxygène portant une charge partielle positive (oxygène électrophile). Il **s'agit de la structure 1**. Cet oxygène est situé à droite du dessin.

2. Parmi les structures de LEWIS suivantes, indiquer (sans répétition) celle(s) qui correspond(ent) au C_4H_5Cl.

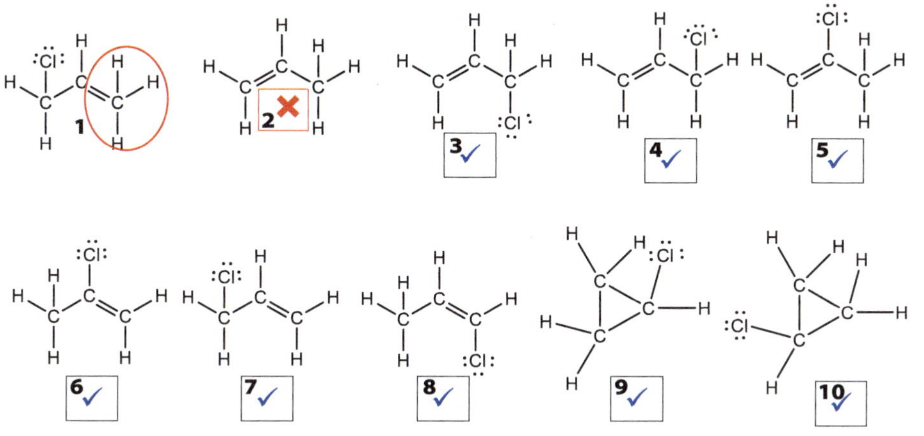

La structure **1** n'est pas correcte car le carbone à droite porte **5** liaisons au lieu de **4** (Attention, une double liaison compte pour deux liaisons).
La structure **2** est exemptée de l'atome de Cl. Elle n'est donc pas juste.
Les structures **3**, **4** et **7** sont identiques, elles portent le même nom : 3-chloroprop-1-ène. De même pour les structures **5** et **6** d'une part (2-chloropropène) et les structures **9** et **10** d'autre part (1-chlorocyclopropane).

La bonne proposition est C.

3.

I. Voici les formules développées et simplifiées de tous les isomères de $C_4H_{10}O$.

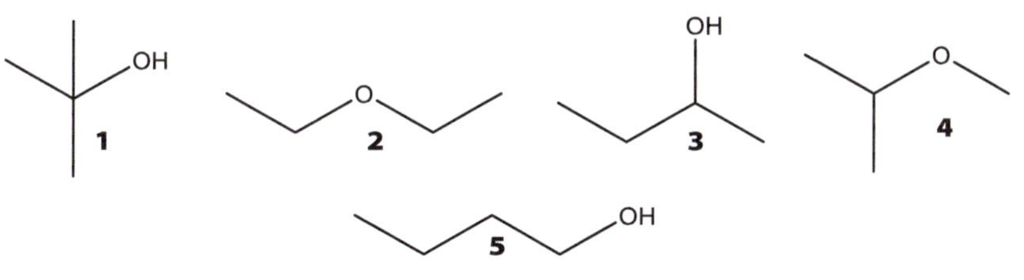

Classer les en 2 catégories : solubles (a) et insolubles (b) dans l'eau.

Les éthers sont très peu solubles dans l'eau : **2 = b** et **4 = b**
Les alcools à courtes chaînes carbonées (moins de 5 C) sont souvent solubles dans l'eau : **1 = a**, **3 = a** et **5 = a**. Cette solubilité est due au fait que le groupement –OH forme des ponts hydrogène avec les molécules d'eau.

II. Classer les alcools 1, 3 et 5 par ordre croissant de solubilité dans l'eau.

Dans les trois structures, le nombre d'atomes de carbone est le même et égal à 4. Ce sont donc des isomères de position.
Plus ces molécules (**1**, **3** et **5**) peuvent donner d'interactions avec de l'eau et plus grande sera la solubilité dans ce solvant. La solubilité dépend à la fois des interactions entre les chaînes carbonées (interaction van der Wals) et celles des groupements alcools avec l'eau (ponts hydrogène). Les chaînes carbonées, hydrophobes, tendent donc à rendre la molécule peu soluble dans l'eau. En outre, l'aspect linéaire de la chaîne carbonée de **5** peut créer des interactions hydrophobiques beaucoup plus importantes que dans le cas de **1** à aspect plutôt sphérique.
On peut conclure donc que le composé **5** est moins soluble dans l'eau que le composé **3** qui est lui-même moins soluble que le composé **1**.

La proposition correcte est II.C.

4. On passe sur une colonne chromatographique contenant de la silice (polaire) un mélange de 1, 2 et 3.

1

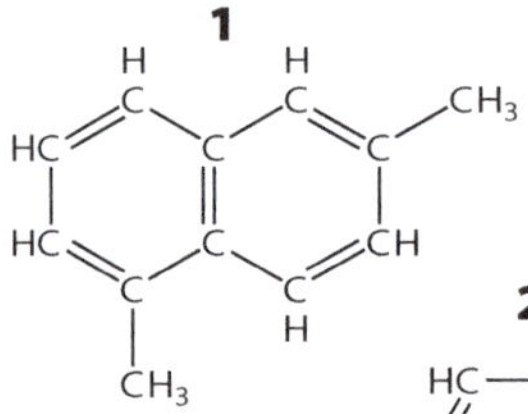

3

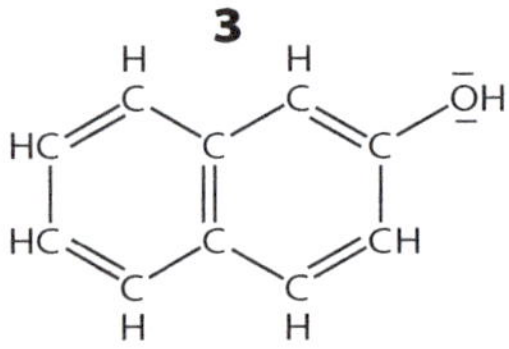

2

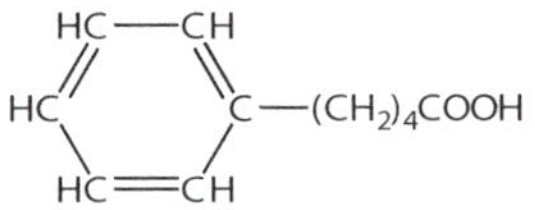

On recueille ces produits dans une série de tubes à essais marqués de 1 à 51.

- **Dans les tubes 4 à 14 se trouve un produit (A).**
- **Dans les tubes 15 à 21 se trouvent deux produits (B et C).**
- **Dans les tubes 22 à 37 se trouve un produit (D).**
- **Un des produits est resté sur la colonne (E).**

Identifier les trois produits?

La chromatographie sur couche mince ou sur colonne est une des techniques couramment utilisée pour la séparation et la purification des produits organiques. Cette séparation est basée sur un phénomène physique, l'adsorption. Il s'agit des interactions d'un composé à la surface qui sépare deux phases, solide (silice) et liquide (l'éluant). Pour ce faire, on utilise une colonne remplie d'un gel de silice de surface spécifique très grande, supérieure à 600 m^2/g. Les propriétés de cette silice résultent de la nature des groupements présents à leur surface. Cette dernière est caractérisée par des atomes de silicium (Si) tétraédriquement coordonnées avec les atomes d'oxygène eux-mêmes entourés, à l'intérieur du solide, par des atomes de silicium. A l'interface, la situation est différente, les atomes d'O sont simplement coordonnés au Si et la valence libre dirigée vers la solution est saturée par des atomes d'hydrogène, formant ainsi des groupements de types Si–OH, les silanols. Ces groupements silanoliques existent sous différentes formes :

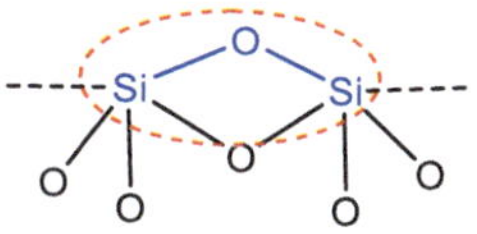

siloxane

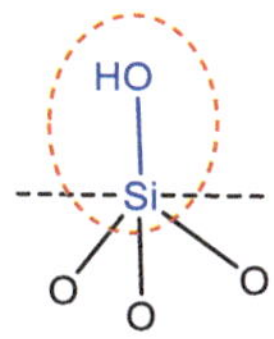

silanol isolé

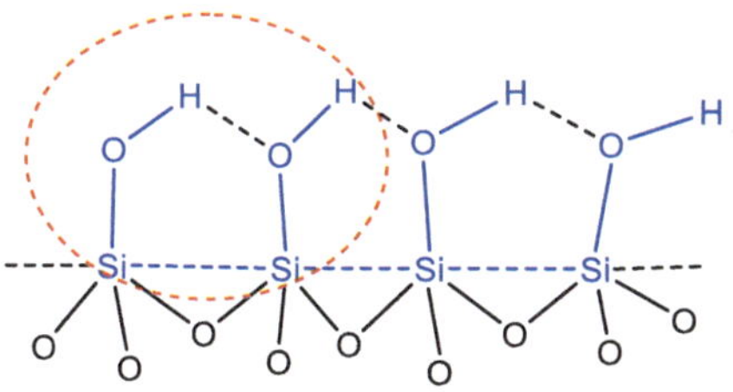

silanol vicinal

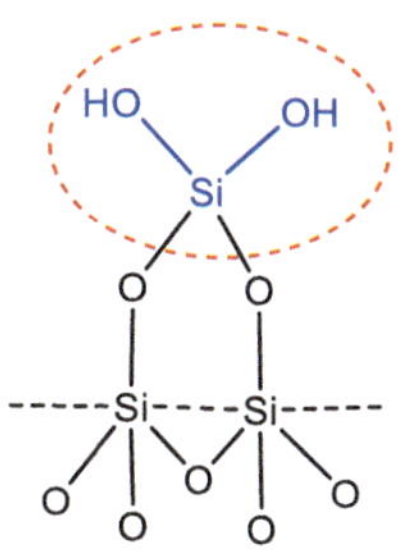

silanol géminal

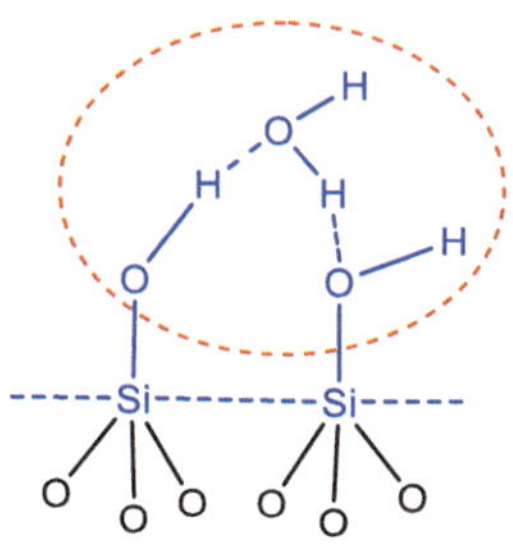

silanol hydraté

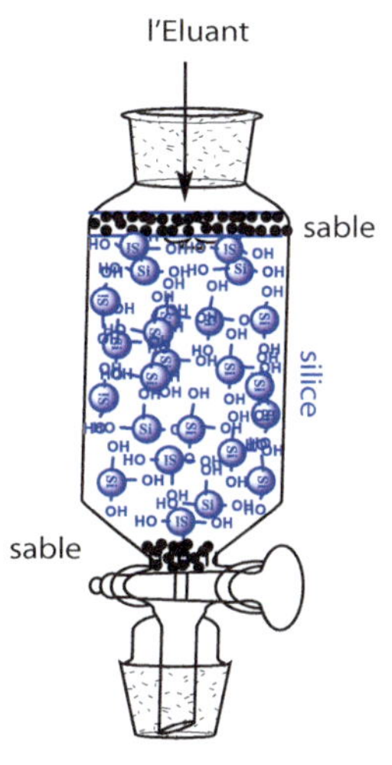

colonne chromatographique

Dans cette colonne, lorsque l'éluant est établi, les molécules polaires (par exemple, des molécules contenant des fonctions alcool ou acide) se lient de manière très spécifique grâce à des ponts hydrogène. Les molécules les moins polaires sont donc les moins fortement adsorbées. Par conséquent, le temps de rétention des substances polaires est plus long que celui des molécules apolaires.

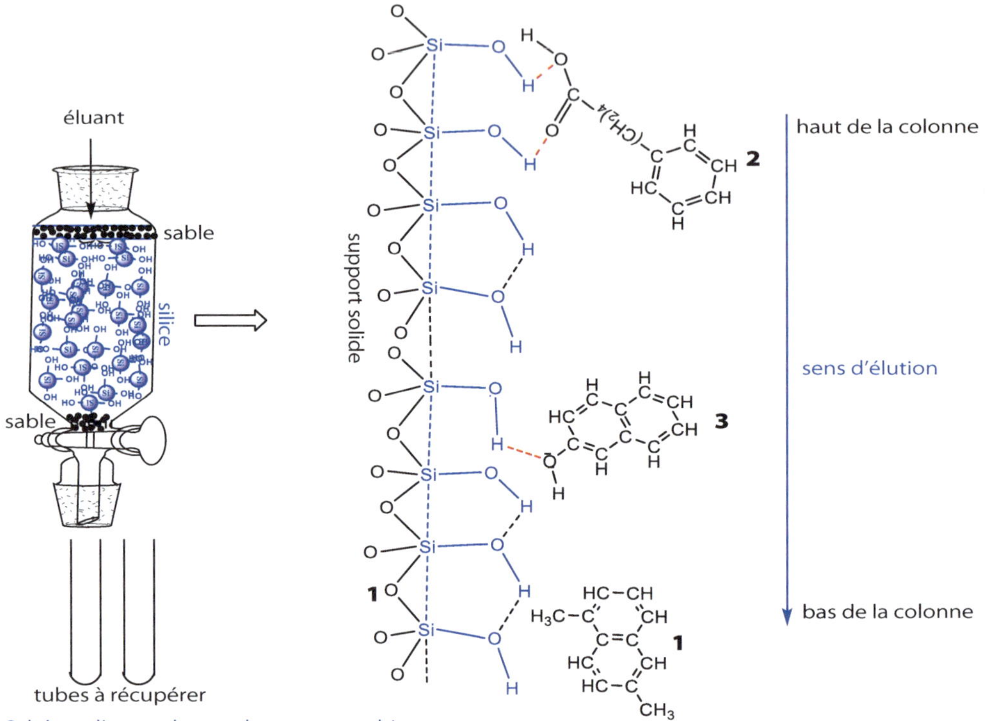

Schéma d'une colonne chromatographique

Dans notre cas, la molécule la plus polaire est la **2** car sa fonction acide carboxylique peut créer plus qu'un pont hydrogène, son temps de rétention étant le plus élevé. Par conséquent, le produit qui n'est pas sorti de la colonne correspond à cette molécule, **E = 2.**
Le produit le moins polaire est la molécule **1**. Il sort le premier, il est le moins adsorbé, il migre donc à une vitesse plus élevée que les autres : **A =1.**
À l'arrivée de la molécule **3** en bas de la colonne, il reste une quantité de la molécule **1** qui traînait sur la colonne : **B** et **C = 1 et 3**
Enfin, dans les tubes 22 à 37 se trouve un seul produit **D** qui est la molécule **3**.

5. **On passe sur une colonne chromatographique contenant de la silice un mélange de 1, 2 et 3.**

2 = Acide cyclopentylcarboxylique

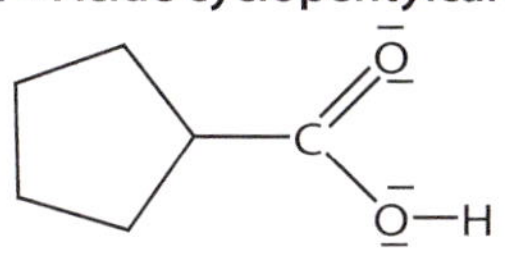

1 = Tétradécane

$H_3C—(CH_2)_{12}—CH_3$

3 = Undécan-6-one

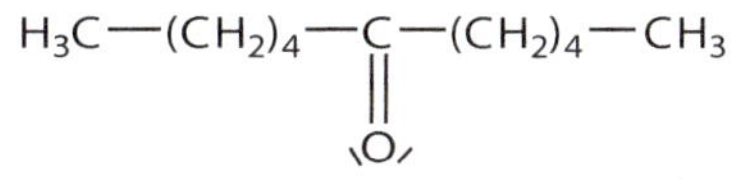

On recueille ces produits dans une série de tubes à essais marqués de 1 à 80.

- **Dans les tubes 20 à 48 se trouve un produit (A).**
- **Dans les tubes 60 à 70 se trouve un autre produit (B).**
- **Un des produits est resté sur la colonne (C).**

Où sont les trois produits?

Comme expliqué précédement, le composé le plus polaire est l'acide cyclopentylcarboxylique (**2**). Celui-ci doit donc rester fixer sur la colonne, d'après les données expérimentales: **C** = **2**.
Le produit le moins polaire est le tétradécane, il sort en premier: **A** = **1**.

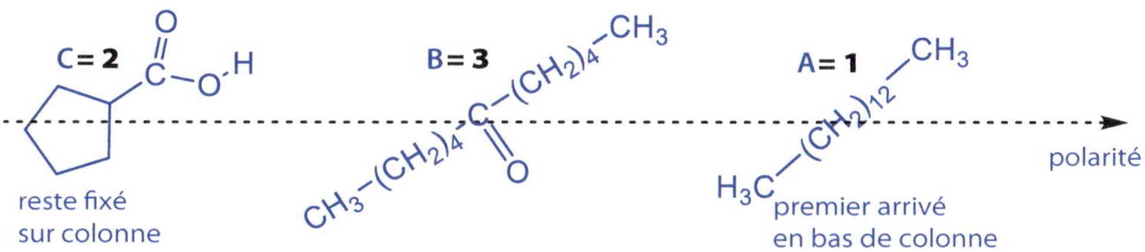

L'undécan-6-one est une molécule moins adsorbée par la silice que le composé **2**, il doit se retrouver dans les tubes 60 à 70: **B** = **3**.

6. En chromatographie sur couche mince, après migration du solvant, l'échantillon déposé en 2 donne une seule tâche sur la plaque de chromatographie.

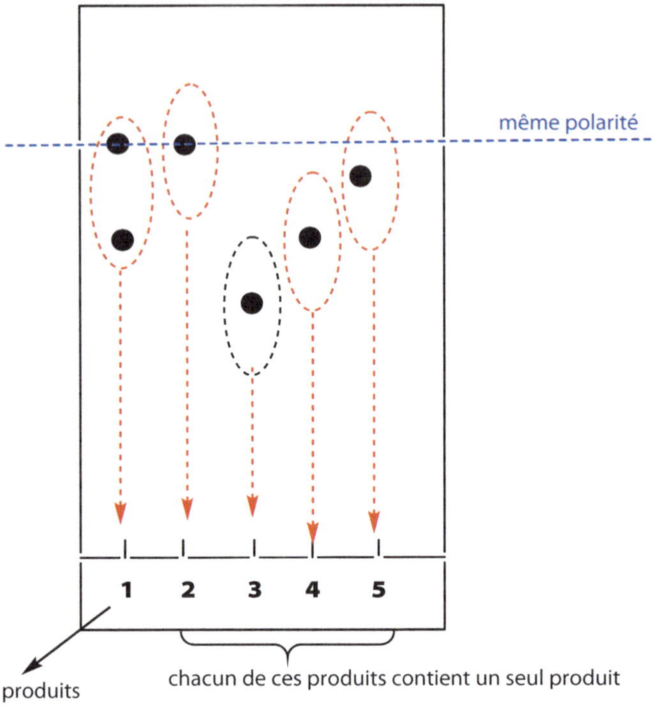

Le produit déposé en **2** est un composé pur. C'est le moins polaire. Il se retrouve aussi dans le mélange déposé en **1.** **La bonne réponse est la D.**

7. Sur la ligne A de la plaque chromatographique ci-dessous, on dispose des gouttes de citral (C), de menthol (M), d'eucalyptol (E), de limonène (L) et du produit à analyser (P). Après élution et révélation, on obtient l'aspect de la plaque de droite.

Parmi les propositions suivantes, laquelle(lesquelles) est(sont) correcte(s) ?

A. il faut que le niveau de l'éluant dans le récipient utilisé soit moins élevé que la ligne A sur laquelle on a disposé les composés chimiques.
B. le produit contient du citral.
C. le produit est un mélange d'au moins 5 corps différents.
D. le rapport frontal du limonène est voisin de 0,4

A. Vrai. Le niveau de l'éluant dans le récipient utilisé doit être moins élevé que la ligne de départ A sur laquelle on a déposé les composés chimiques. Sinon, les produits déposés partent dans l'éluant et laisser le solvant monter par capillarité n'aura aucun sens.

B. **Faux.** Au même niveau du citral, nous n'observons aucune tache dans le mélange des produits déposés en P.

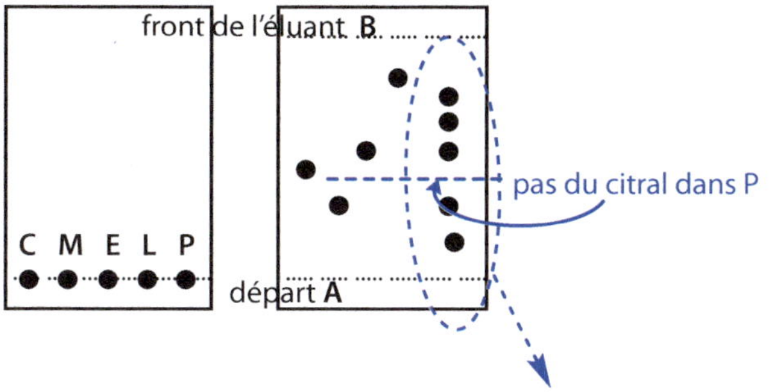

C. **Vrai :** voir les plaques en **B.**

D. **Faux.** Lors d'une chromatographie sur couche mince, on prépare une cuve avec l'éluant sur une hauteur de **4** mm. Les produits **C**, **M**, etc. sont déposés en microgoutte sur une hauteur de **8** à **10** mm de la plaque en touchant très légèrement l'adsorbant avec l'extrémité du capillaire. La plaque est introduite dans la cuve et l'éluant monte par capillarité. Elle est retirée lorsque l'éluant est à **1** cm du bord supérieur. On laisse le solvant s'évaporer et les spots sont révélés à l'UV.

Une tache ou un composé est caractérisé par son rapport frontal R_f :

$$R_f = \frac{\textit{distance parcourue par le produit}}{\textit{distance parcourue par l'éluant}}$$

Selon les données extraites de la plaque, le rapport frontal de limonène est supérieur à 0,4.

8. Les dentifrices à la menthe sont parfumés à l'aide d'huile essentielle de menthe poivrée. Cette huile contient de menthol, de menthone, d'eucalyptol, de menthofuranne et un autre constituant P.

L'analyse par chromatographie sur couche mince permet de rassembler les données ci-dessous :

Constituant	Rapport frontal*
P	0,5
Eucalyptol	0,4
Menthofuranne	0,9
Menthol	0,3
Menthone	0,6

* Chromatographie sur silice avec le dichlorométhane comme éluant.

Si on traite l'huile essentielle par du borohydrure de sodium, la menthone est transformée quantitativement en menthol.

I. Quel est, parmi les constituants de l'huile de menthe poivrée, le composé le moins polaire ?

Le composé le moins polaire est le composé qui migre à une vitesse plus élevée que les autres. Son R_f doit donc être le plus élevé. Il s'agit du menthofuranne. **La bonne réponse est I.C.**

II. Indiquer le dessin exact de la plaque tel que 1 = menthol pur, 2 = eucalyptol pur, 3 = huile essentielle avant le traitement au $NaBH_4$ et 4 = huile essentielle après le traitement au $NaBH_4$.

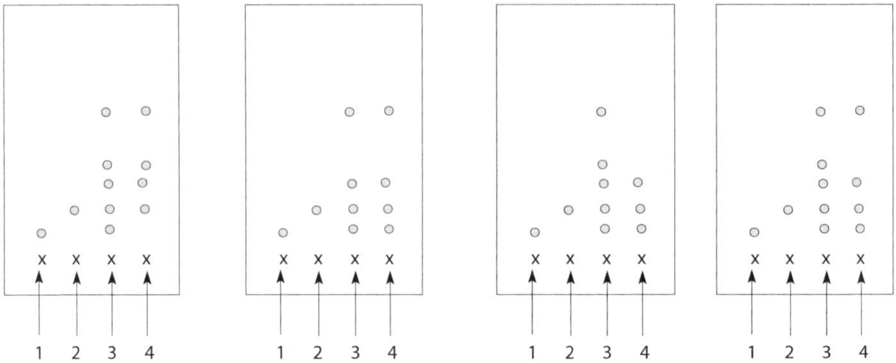

Plaque **1** Plaque **2** Plaque **3** Plaque **4**

Pour répondre à cette question, il faut rassembler les deux données principales :

1) les rapports frontaux de chacune des substances
2) l'huile essentielle déposée en 4 ne doit pas contenir de menthone. En effet, après le traitement au $NaBH_4$, toute la menthone est transformée en menthol.

La plaque qui tient compte de ces deux conditions est la plaque **4** :

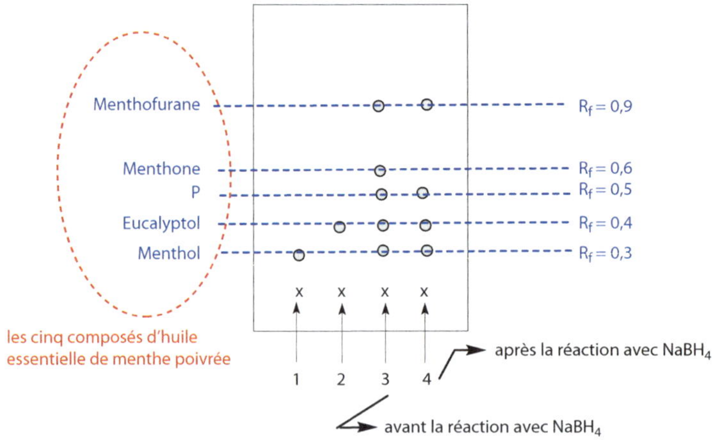

Plaque **4**

La bonne proposition est II.D.

9. Parmi les propositions suivantes, laquelle(lesquelles) est(sont) correcte(s)?

Le point de fusion du mélange de deux solides différents (en quantité égale) est inférieur au point de fusion de l'un et l'autre solide. Par conséquent:

A. Vrai

B. Faux

C. Faux

D. Faux

E. Vrai. Un produit hydraté est considéré comme un composé impur. L'impureté est l'eau. Le point de fusion d'un solide tri-hydraté est donc inférieur au point de fusion du même solide pur, non hydraté.

F. Vrai. La quantité de substance contenue dans le tube capillaire n'influence pas la température de fusion.

G. Vrai. L'extraction liquide-liquide est une technique qui consiste en un transfert de substances entre deux phases liquides non miscibles: exemple l'eau et l'éther.

10. Soit un mélange d'acide benzoïque et de l'aniline (liquide) que l'on veut séparer à l'aide d'une extraction liquide –liquide (éther-eau). Quelle est la bonne procédure parmi les suivantes?

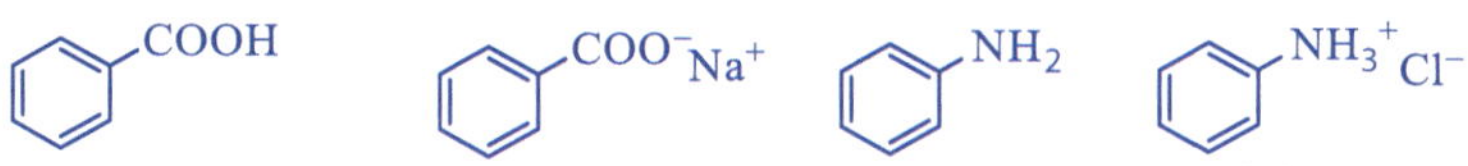

acide benzoïque — benzoate de sodium — aniline — chlorure d'aluminium

A. Faux. Car il faut sécher aussi la phase organique avant d'évaporer le solvant.

B. Faux. Car il n'y aura aucune réaction lorsque l'on ajoute une solution d'acide à la phase aqueuse contenant principalement de l'anilinium: voir l'explication donnée en **D.**

C. Faux. Car l'aniline reformée après avoir ajouté de la soude à la phase aqueuse est un liquide, on ne peut donc pas l'isoler par filtration sur Büchner.

D. Vrai.

❖ Avant de commencer à vous décrire le mode opératoire de cette extraction *liquide-liquide,* on tient à préciser que les deux solvants choisis ne doivent pas être miscibles.

L'acide benzoïque est très peu soluble dans l'eau mais très soluble dans l'éther, solvant organique. L'aniline est très soluble dans l'éther mais son acide conjugué l'anilinium n'est soluble que dans l'eau.

Dans une ampoule à décanter, on introduit un volume de la solution aqueuse de soude au mélange. On ferme l'ampoule par un bouchon, on l'agite et on la retourne et cela se répète plusieurs fois. On fixe l'ampoule sur un support et on retire le bouchon. La phase aqueuse en bas (**plus dense**) contient la majorité de benzoate de sodium. La phase organique (**légère**) qui occupe la partie supérieure contient l'aniline.

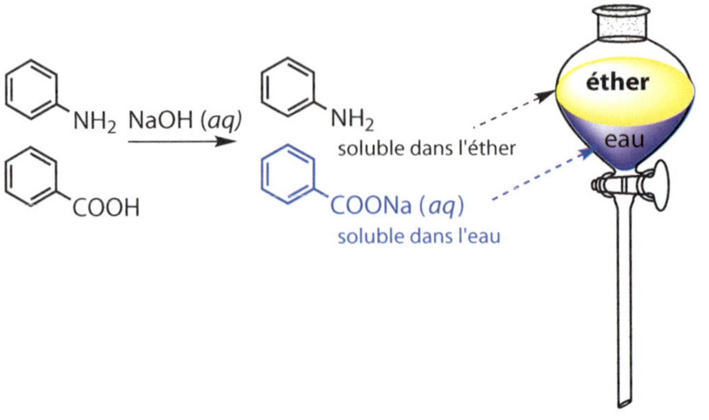

Après décantation, on sépare la phase aqueuse de la phase organique. Ensuite, afin de précipiter l'acide benzoïque, on ajoute une solution d'acide (HCl(*aq*) par exemple) à la phase aqueuse obtenue et on refroidit. Le pH acide est vérifié afin d'assurer que tout l'acide organique est précipité.

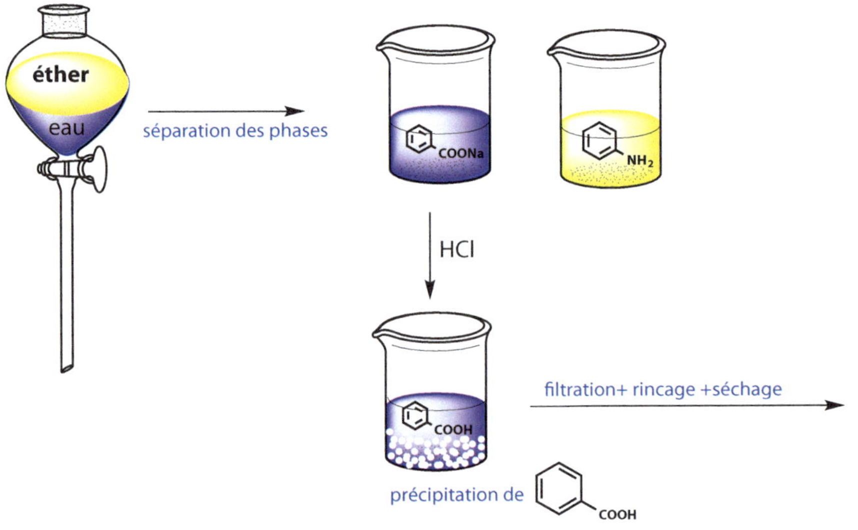

Enfin, le précipité est filtré sur un entonnoir Buchner puis rincé et séché.
Quant à la phase organique, le solvant éther est séché avec un desséchant anhydre (par ex. $CaCl_2$ solide). Le sel anhydre-hydraté solide obtenu est filtré et le solvant est évaporé.

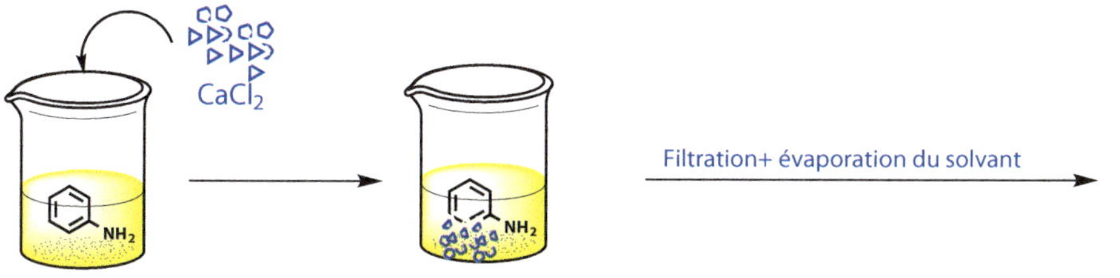

Remarque :
Le sel rentre en contact avec la phase organique mouillée et que l'on agite pendant quelques minutes. L'eau va être fixée par $CaCl_2$ anhydre en donnant un sel hydraté solide.

$$CaCl_2 \text{ anhydre (solide)} + nH_2O \rightarrow CaCl_2 \cdot nH_2O \text{ (solide)}$$

11. Parmi les propositions suivantes, laquelle(lesquelles) est(sont) correcte(s)?

On a une conjugaison quand une liaison π est séparée par une seule liaison σ d'une autre liaison π, d'un atome chargé ou non chargé négativement mais à doublets d'électrons libres, ou d'un atome possédant un électron célibataire.
En voici quelques exemples :

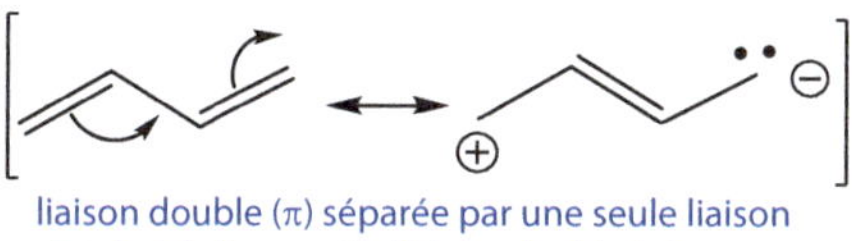
liaison double (π) séparée par une seule liaison simple (σ) d'une autre liaison double (π)

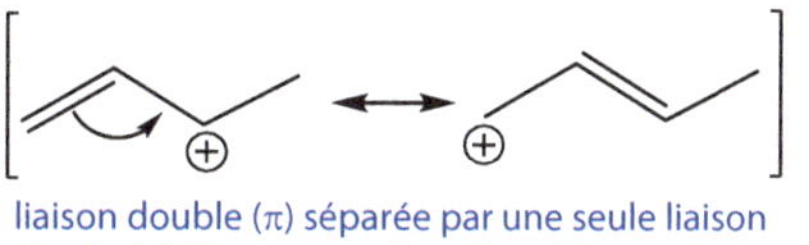
liaison double (π) séparée par une seule liaison simple (σ) d'un atome chargé positivement

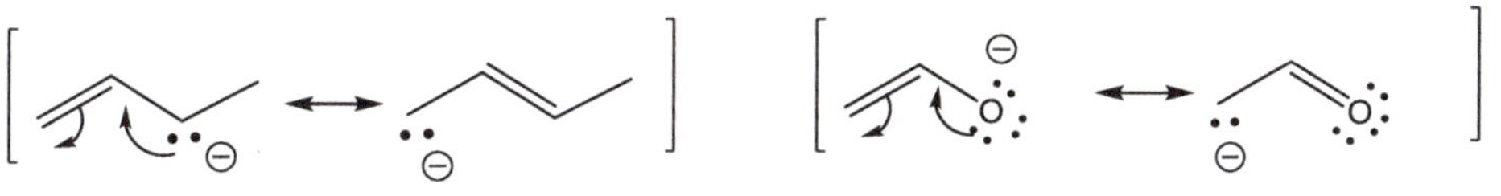
liaison double (π) séparée par une seule liaison simple (σ) d'un atome chargé négativement

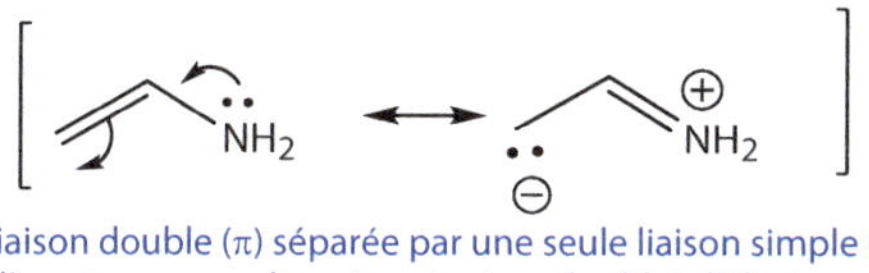

liaison double (π) séparée par une seule liaison simple (σ) d'un atome non chargé portant un doublet d'électrons libres

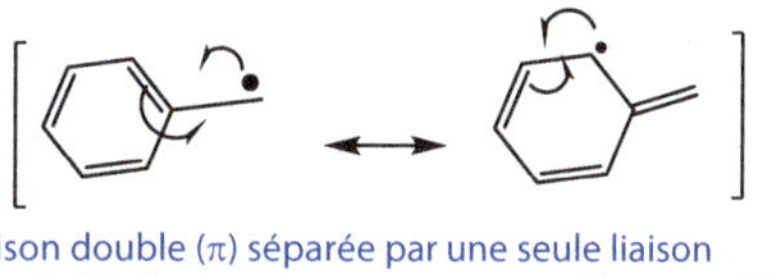
liaison double (π) séparée par une seule liaison simple (σ) d'un atome comportant un électron célibataire

Les bonnes propositions sont donc A., C. et D.

12. Quelles sont les molécules qui peuvent subir une résonance ?

En prenant en considération les 3 critères cités dans l'exercice 11, les seules molécules pouvant subir une résonance sont **3**, **5**, **6**, **7** et **8**.

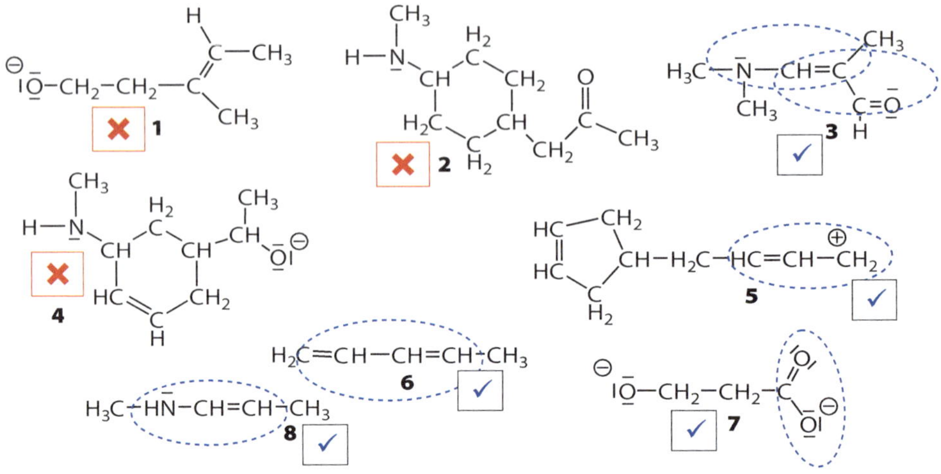

Ci-dessous, on décrit la délocalisation des électrons π au sein des chaînes des deux structures parmi les cinq sélectionnées.

Structure 3 :

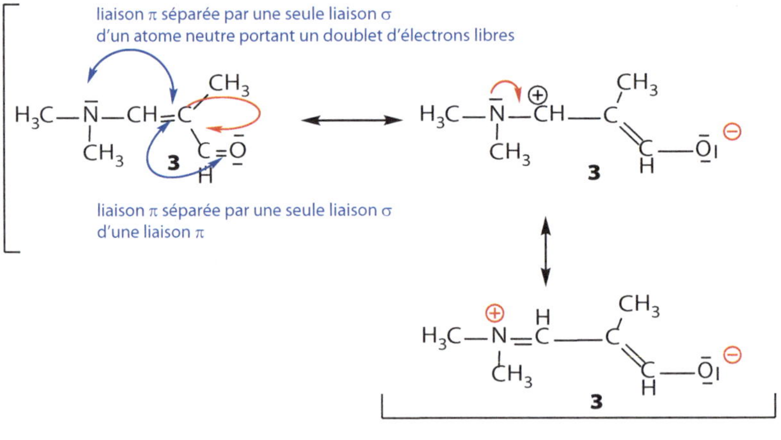

Structure 7 :

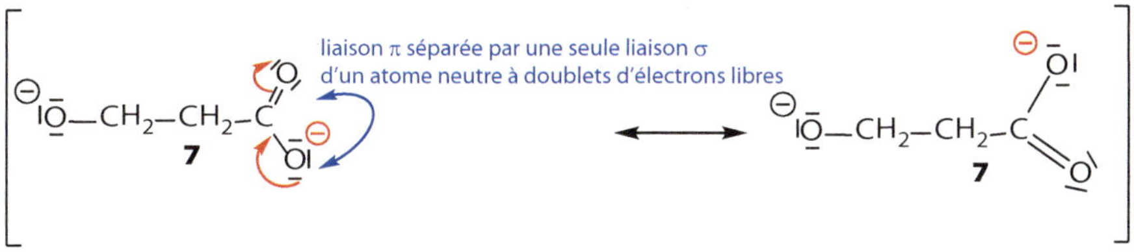

13. Voici les formules de résonance de la structure 1. Une de ces formules de résonance n'est pas correcte. Laquelle ?

Pour résoudre cette situation, il faut vérifier si les 3 critères cités dans l'exercice 11 ont été correctement appliqués. Les charges formelles, le sens des flèches et les doublets d'électrons non liants doivent tous être respectés. Pour cela, il suffit de contrôler en suivant les formules de résonance une après une.

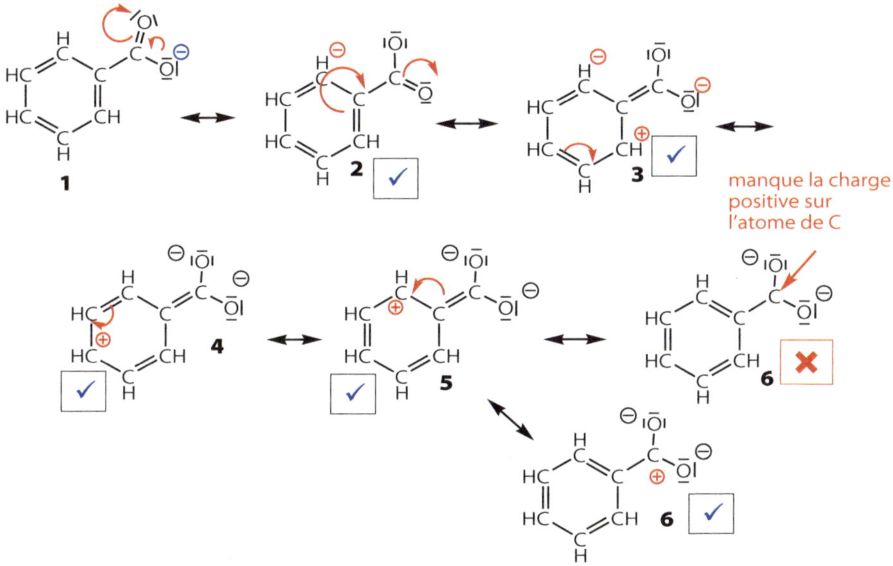

La proposition E. est correcte.

14. **Voici les formules de résonance de la structure A. Deux de ces formules ne sont pas correctes. Lesquelles ?**

Comme à l'exercice **12**, il faut développer toutes les formules de résonance afin de repérer celles qui sont fausses.

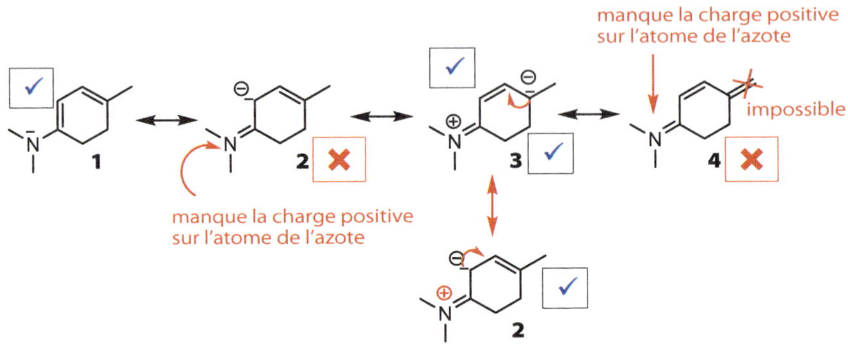

La bonne réponse est B.

15. **Pour les structures de résonance des molécules suivantes, indiquer celle(s) où toutes les formes limites proposées sont correctes :**

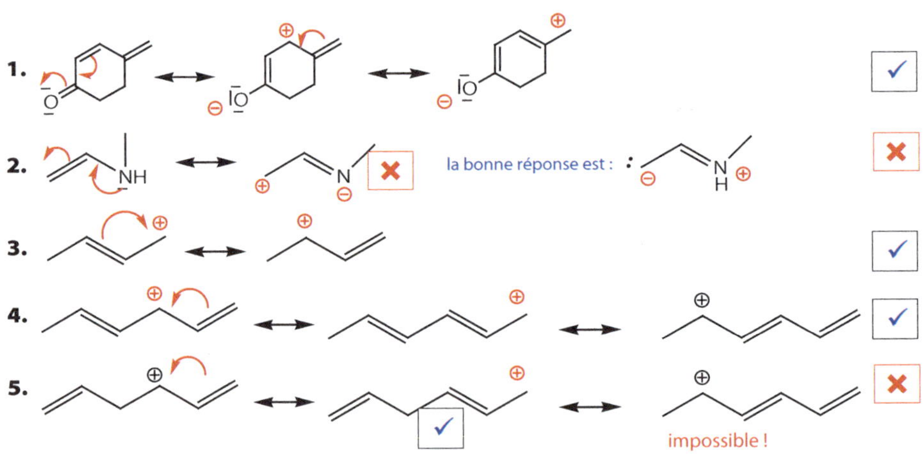

La proposition D convient.

16. **Pour la molécule suivante, quels sont les atomes sur lesquels on peut prédire un certain pourcentage de charge négative ?**

En général, le développement des formules de résonance est la meilleure technique pour estimer un certain pourcentage de charge positive ou négative des atomes de la molécule.

Ici, le C4 possède la densité électronique la plus élevée.

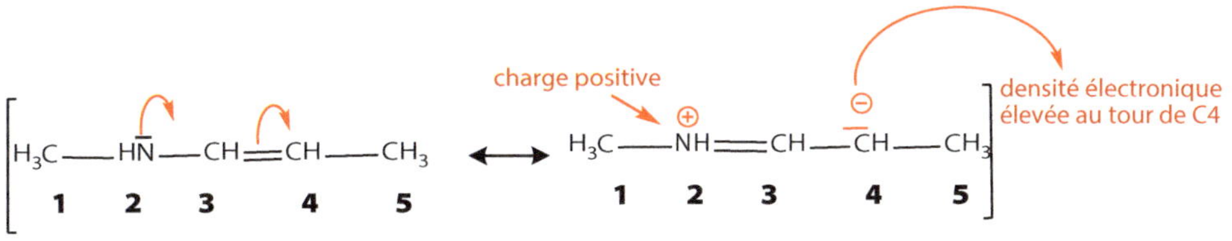

La bonne réponse est C.

17. Pour la molécule suivante, quels sont les atomes sur lesquels on peut prédire un certain pourcentage de charge positive ?

En développant les formules de résonance de cette molécule, on constate que les atomes chargés positivement sont C4, C6 et C8.

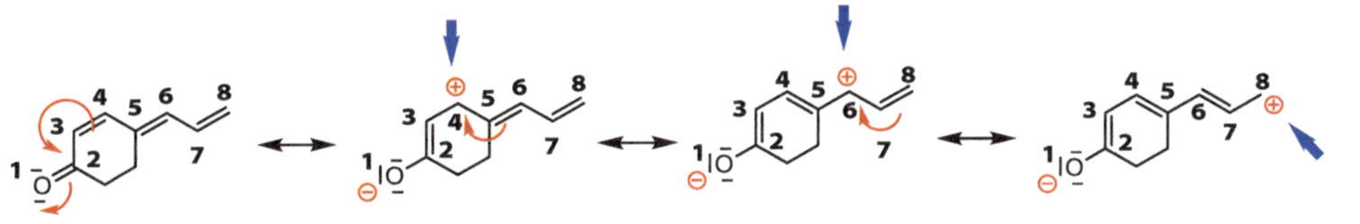

La proposition B est exacte.

18. Dans la molécule ci-dessous :

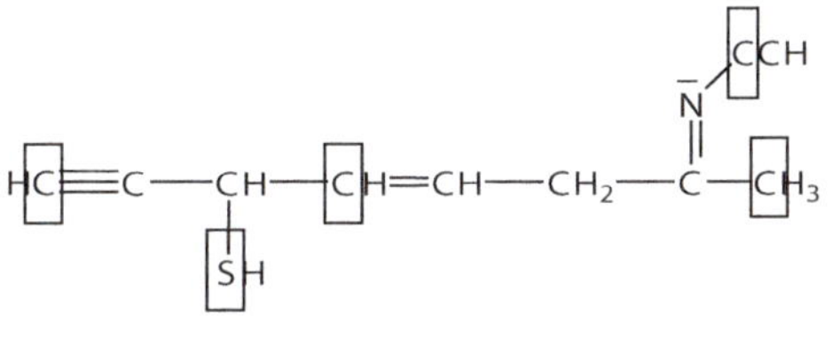

I. Quelle est l'hybridation des atomes encadrés ?

En général, pour des molécules simples, chaque paire libre ou liante d'électrons, forme une densité de charges négatives importante autour de l'atome. Ces paires d'électrons se repoussent entre elles ; on parle des sites de répulsion. En écrivant la structure développée de la molécule, on peut prédire facilement le nombre de ces sites ainsi l'hybridation. Par exemple :

- pour 2 sites de répulsion ⇒ la géométrie est linéaire ⇒ et l'hybridation est *sp*
- pour 3 sites de répulsion ⇒ la géométrie est triangulaire ⇒ et l'hybridation est sp^2
- pour 4 sites de répulsion ⇒ la géométrie est tétraédrique ⇒ et l'hybridation est sp^3

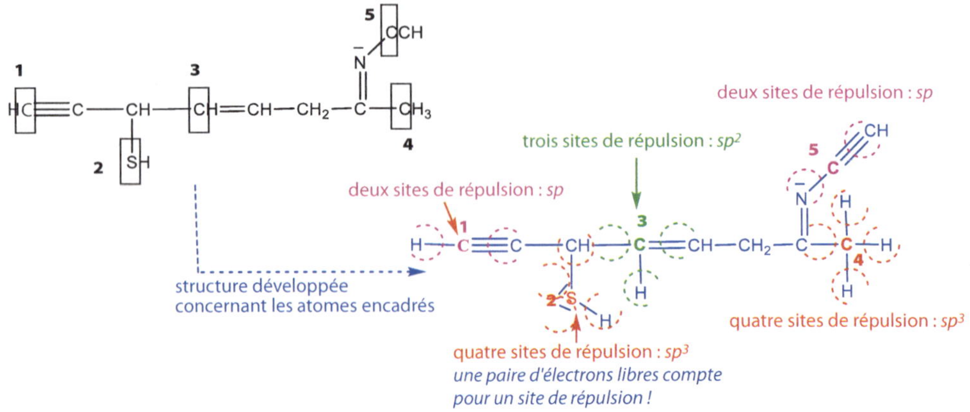

La bonne réponse est I. B.

II. Combien y a-t-il d'électrons π dans cette molécule ?

Cette molécule contient 6 orbitales moléculaires (OM) π.
Vu qu'une OM est formée suite au recouvrement latéral de deux électrons p, le nombre total des électrons π est égal à 12.

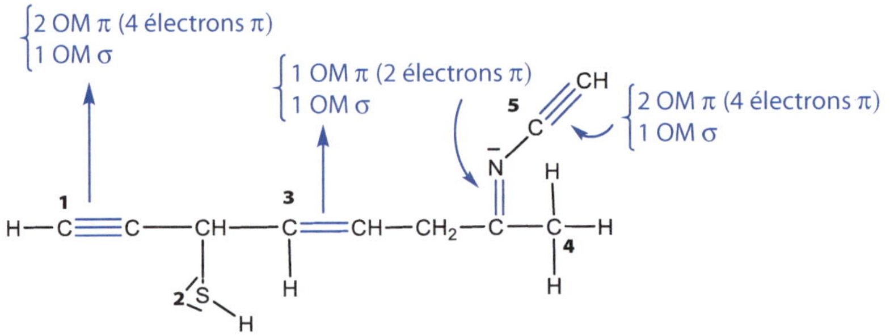

La proposition II.D. est vraie.

Remarque : *si on tient compte de la mésomérie, on peut aussi considérer la paire libre d'électrons de l'azote comme deux électrons π.*

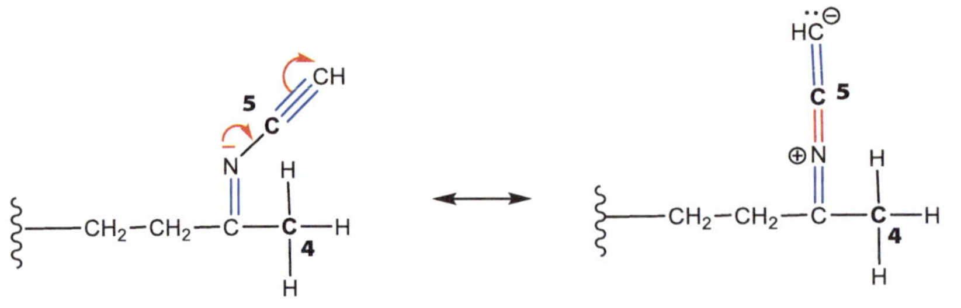

Dans ce cas, le nombre total des électrons π est égal à 14.

19. **Soit une molécule organique composée de trois atomes de carbone, dans laquelle un atome de carbone est lié à chacun de ses deux voisins par une liaison σ et une liaison π. Quelle doit être l'hybridation du carbone médian ?**

Selon l'énoncé, la structure peut être décrite comme suit :

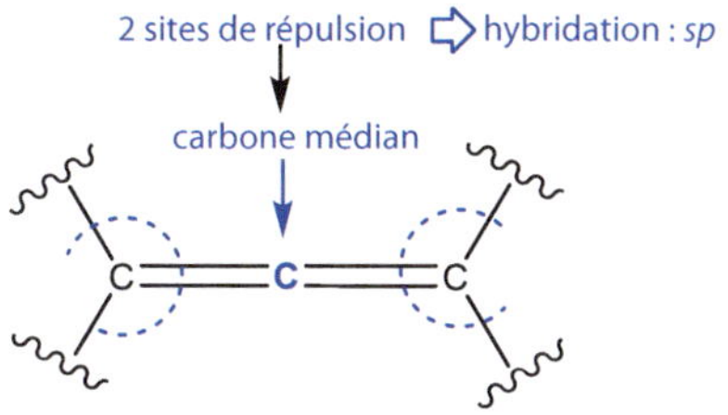

Le carbone médian admet deux sites de répulsion, sa géométrie moléculaire est linéaire et son hybridation est *sp*.

La bonne proposition est donc A.

20. **En se basant sur la table des p*Ka* suivant, indiquer pour chacune des réactions acide base ci-dessous, la valeur de la constante d'équilibre. En déduire si la réaction considérée est complète, impossible ou en équilibre.**

Avant de répondre aux questions suivantes, il est important de mettre au clair les conditions pour qu'un acide puisse réagir complètement avec une base en milieu aqueux. En effet :
Soit une solution aqueuse composée d'un acide HA et d'une base B^- :
HA est un acide donc une espèce chimique capable de céder son H^+ à une molécule d'eau selon l'équation :

$$HA + H_2O \rightleftarrows H_3O^+ + A^- \qquad (I)$$

Cette réaction libère des ions H_3O^+. Et, elle est caractérisée par une constante d'équilibre qui est la constante d'acidité de HA :

$$Ka(AH) = \frac{[H_3O^+] \times [A^-]}{[AH]}$$

La base B^- est une espèce chimique capable de capter un H^+ de la molécule hydronium selon l'équation :

$$B^- + H_3O^+ \rightleftarrows H_2O + BH \qquad (II)$$

Cette réaction forme BH, l'acide conjugué de B^-. La constante d'équilibre est exactement l'inverse de la constante d'acidité de BH.

$$\frac{1}{Ka(BH)} = \frac{[B^-] \times [H_3O^+]}{[BH]}$$

Si l'on additionne les deux réactions (I) et (II), la réaction globale est :

$$HA \quad + \quad B^- \rightleftarrows BH \quad + \quad A^-$$

Et la constante d'équilibre est : $K_{équi} = \dfrac{[BH] \times [A^-]}{[HA] \times [B^-]}$

Si l'on multiple le numérateur et le dénominateur par la concentration de H_3O^+ dans le milieu, on obtient :

$= Ka$ (HA)

$$K_{équi} = \frac{[H_3O^+] \times [A^-] \times [BH]}{[AH] \times [B^-] \times [H_3O^+]}$$

$= 1/Ka$ (HB)

$$K_{équi} = \frac{Ka_{(HA)}}{Ka_{(HB)}} = \frac{10^{-pKa(HA)}}{10^{-pKa(HB)}}$$

$$K_{équi} = 10^{pKa(HB) - pKa(HA)}$$

$$K_{équi} = 10^{pKa(HB) - pKa(HA)}$$

$$K_{équi} = 10^{\Delta pKa}$$

On constate que la constante d'équilibre dépend uniquement de la variation de p*K*a entre l'acide formé et l'acide réactif :

- si Δp*K*a est strictement supérieure à 2, la réaction est supposée complète, soit $K_{équi} > 10^2$.
- si Δp*K*a est comprise entre 0 et 2, la réaction est équilibrée.
- la réaction acide-base est impossible lorsque la différence de p*K*a de l'acide « formé » et de l'acide « réactif » est strictement inférieure à – 2.

I. $C_6H_5O^{\ominus} + H_2CO_3 \rightarrow C_6H_5OH + HCO_3^-$

p*K*a = 6,4   p*K*a = 10

Δp*K*a = 10 – 6,4 = 3,6 > 2, le transfert de proton est complet.
On déduit donc que $K_{équi} = 10^{3,6} = 3981$.

La bonne réponse est I.A.

II. $C_6H_5\text{-}NH_3^{\oplus}$ + $HOOC\text{-}COO^{\ominus}$ → $C_6H_5\text{-}NH_2$ + $HOOC\text{-}COOH$

p*K*a = 4,6 p*K*a = 1,2

Δp*K*a = 1,2 – 4,6 = – 3,4 < – 2, le transfert de proton est impossible

On en déduit que $K_{\text{équi}} = 10^{-3,4} = 3{,}98 \times 10^{-4}$

La réponse exacte est II.D.

III. C_6H_5OH + $CH_3S^{\ominus}$ → $C_6H_5O^{\ominus}$ + CH_3SH

p*K*a = 10 p*K*a = 11

Δp*K*a = 11 – 10 = 1 > 0 et < 2, la réaction de transfert de proton est en équilibre, déplacée à droite.

On en déduit que $K_{\text{équi}} = 10^1 = 10$

La proposition III.C convient.

21. **On dissout dans un ballon jaugé de 250 mL, 4,6 g d'acide formique (HCOOH) et on porte au trait de jauge avec de l'eau pure. À 10 mL de cette solution on ajoute 100 mL d'une solution de NaOH 0,02 M. Quel est le pH du mélange ? (Pour les p*K*a : voir le QCM 20).**

La réaction en jeu est une réaction acide-base :

$$HCOOH + OH^- \longrightarrow HCOO^- + H_2O$$

p*K*a = 3,81 p*K*a = 15,73

Δp*K*a = 15,73 – 3,81 = 11,92 >> 2, ce qui fait que la réaction de transfert de proton est totale.

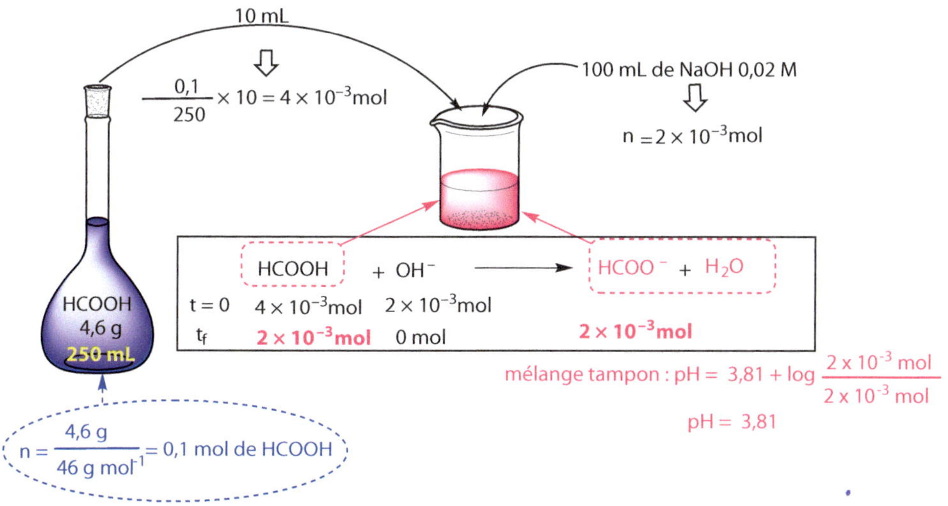

Le réactif limitant est NaOH(*aq*). Après la réaction, 2×10^{-3} mol de $HCOO^-$ est produit et 2×10^{-3} mol de HCOOH est resté non réagi. Ces deux espèces présentes dans le milieu (acide faible/base conjuguée) forme un mélange tampon. Le pH est égal à :

$$pH = 3{,}81 + \log \frac{n(HCOO^-)}{n(HCOOH)}$$

D'où,

$$pH = 3{,}81 + \log \frac{2 \times 10^{-3}}{2 \times 10^{-3}} = 3{,}81$$

La proposition A. est vraie.

22. On mélange 10 mL de solution 0,1 M en méthanethiol (CH_3SH) avec 20 mL de soude caustique (NaOH) 0,2 M. Que vaut le pH du mélange? (Pour les p*Ka* : voir le QCM 20).

C'est une réaction acide-base :

$$\underset{pKa = 11}{CH_3SH} + OH^- \longrightarrow CH_3S^- + \underset{pKa = 15{,}73}{H_2O}$$

$\Delta pKa = 15{,}73 - 11 = 4{,}73 >> 2$, ce qui fait que la réaction de transfert de proton est totale.
Si l'on fait le bilan, au temps final, on a 3×10^{-3} mol de OH^- non réagi et 1×10^{-3} mol de CH_3S^- formé :

	CH_3SH		OH^-		→	CH_3S^- + H_2O
t = 0	10 mL 0,1 M	} 1×10^{-3} mol	20 mL 0,2 M	} 4×10^{-3} mol		0 mol
t_f	0 mol		3×10^{-3} mol			1×10^{-3} mol

Donc, un milieu composé d'une base forte (OH^-) et d'une base faible (CH_3S^-), le pH est celui de la base forte.

On en déduit donc : $pH = 14 + \log \dfrac{n(HO^-)}{V_T}$

D'où,

$$pH = 14 + \log \frac{3 \times 10^{-3}}{30 \times 10^{-3}} = 13$$

La proposition juste est D.

23. **À 20 mL d'une solution 0,01 M en méthanamine (CH_3NH_2) on ajoute 30 mL d'une solution 0,5 M d'acide chlorhydrique, quel est le pH du mélange ? (Pour les p*Ka* : voir le QCM 20)**

Il s'agit d'une réaction acide-base :

$$CH_3NH_2 \quad + \quad H_3O^+ \longrightarrow CH_3NH_3^+ \quad + \quad H_2O$$

p*Ka* = −1,73 (pour H_3O^+) ; p*Ka* = 9,6 (pour $CH_3NH_3^+$)

$\Delta pKa = 9{,}6 - (-1{,}73) = 11{,}3 >> 2$, la réaction est complète.

Par rapport aux quantités engagées ($0{,}2 \times 10^{-3}$ mol de CH_3NH_2 et 15×10^{-3} mol de HCl (*aq*), si l'on fait le bilan, l'amine réagit complètement avec HCl (*aq*) en excès pour être transformée en méthylamonium ($0{,}2 \times 10^{-3}$ mol de $CH_3NH_3^+$), acide faible.

	CH_3NH_2		H_3O^+		→	$CH_3NH_3^+$ + H_2O
t = 0	20 mL, 0,01 M	$0{,}2 \times 10^{-3}$ mol	30 mL, 0,5 M	15×10^{-3} mol		0 mol
t_f	0 mol		$14{,}8 \times 10^{-3}$ mol			$0{,}2 \times 10^{-3}$ mol

On se retrouve alors en présence de deux acides, un faible et l'autre fort. Le pH de la solution sera celui du fort :

$$pH = -\log \frac{n(H_3O^+)}{V_T}$$

Application numérique : $pH = -\log \dfrac{14{,}8 \times 10^{-3}}{50 \times 10^{-3}} = +0{,}528$

La proposition B. est exacte.

24. **Dans un mélange tampon d'acide acétique/acétate de sodium de pH = 4,75, la concentration en acétate de sodium est 0,10 M. Si à un litre de ce mélange tampon on ajoute 100 mL d'une solution d'hydroxyde de baryum 0,10 M, déterminer le pH final. p*Ka*(CH_3COOH) = 4,75.**

Départ : Volume = 1 L

CH_3COOH : 1 L × 0,10 M = 0,100 mol
CH_3COO^- : 1 L × 0,10 M = 0,100 mol
} Mélange tampon

Le pH de la solution est :

$$pH = 4{,}75 + \log \frac{n(CH_3COO^-)}{n(CH_3COOH)} = 4{,}75 + \log \frac{0{,}100}{0{,}100} = 4{,}75$$

Ajout de OH^- :

OH^- : 0,1 L × 0,10 M × 2 = 0,020 mol (1 mole de $Ba(OH)_2$ donne 2 moles de OH^-)

Formation et reste :

Etant donné que la quantité de OH^- ajoutée est inférieure à celle de CH_3COOH, le mélange final après la réaction est un mélange d'un acide et de sa base conjuguée. Le pH est :

$$pH = 4{,}75 + \log \frac{n\,(CH_3COO^-)}{n\,(CH_3COOH)} = 4{,}75 + \log \frac{0{,}100 + 0{,}020}{0{,}100 - 0{,}020} = 4{,}926$$

La proposition juste est C.

Aide dirigée . . .

Alcanes et cycloalcanes

1. Soit la molécule dont la structure est :

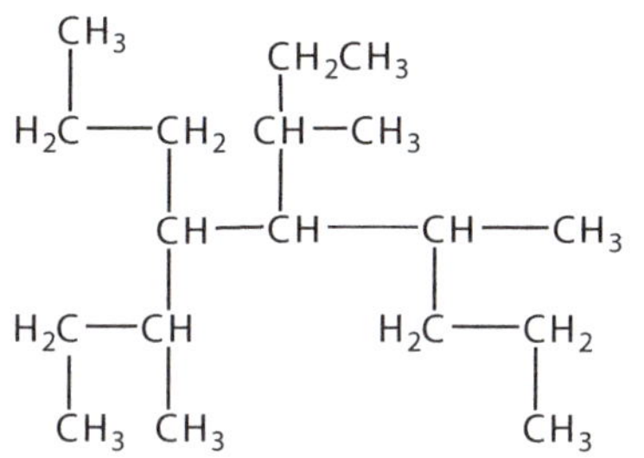

Quel est le nom que l'on peut attribuer à cette molécule ?

Pour nommer un alcane, on désigne tout d'abord la chaîne la plus longue et la plus ramifiée (dite chaîne principale) puis les substituants alkyles ou les groupements non prioritaires. Ces derniers sont classés par ordre alphabétique et précédés d'un chiffre indiquant leur position sur la chaîne principale. Ces substituants sont précédés par des préfixes di, tri, tétra, etc. lorsqu'ils sont respectivement répétés deux, trois, quatre fois etc. au sein de la chaîne principale.

Par convention, on numérote les groupements du côté où la première ramification est la plus proche (indice minimal). En cas d'égalité d'indice, on tranche à la première différence qui apparait lorsque l'on compare la suite des ramifications dans les deux sens :

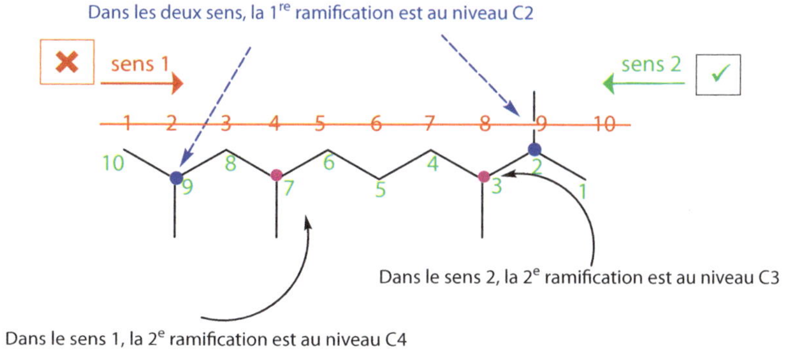

La chaîne principale est donc numérotée dans le sens 2 vu que la 2e ramification apparait plus proche de l'extrémité droite (C3) que de l'extrémité gauche (C4) dans le sens 1.
Le nom du composé est donné par le nom de la ramification suivi du nom de l'alcane de la chaîne principale. Le nom attribué aux substituants dérive de l'alcane linéaire :

$-CH_3$: méthyl
$-CH_2CH_3$: éthyl
$-CH_2CH_2CH_3$: *n*-propyl
$-CH_2CH_2CH_2CH_3$: *n*-butyl
$-CH(CH_3)_2$: isopropyl
$-CH_2CH(CH_3)_2$: isobutyl
$-CH(CH_3)(CH_2CH_3)$: *sec*-butyl
$-C(CH_3)_3$: *tert*-butyl

Dans notre cas, la chaîne principale contenant le maximum de carbones et la plus ramifiée est :

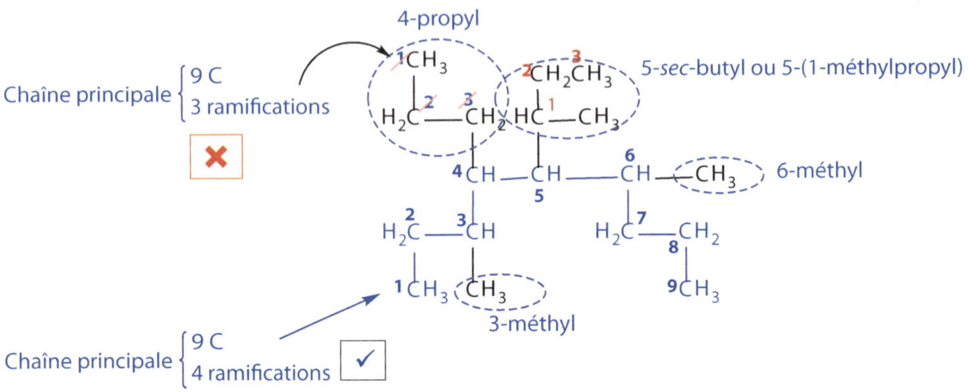

Le nom systématique est 3,6-diméthyl-5-(1-méthylpropyl)-4-propylnonane.

La proposition correcte est D.

Remarque : *Ce composé contient 6 centres chiraux, mais sans indication de la représentation de Cram, on ne peut pas lui attribuer les descripteurs de la configuration absolue R ou S.*

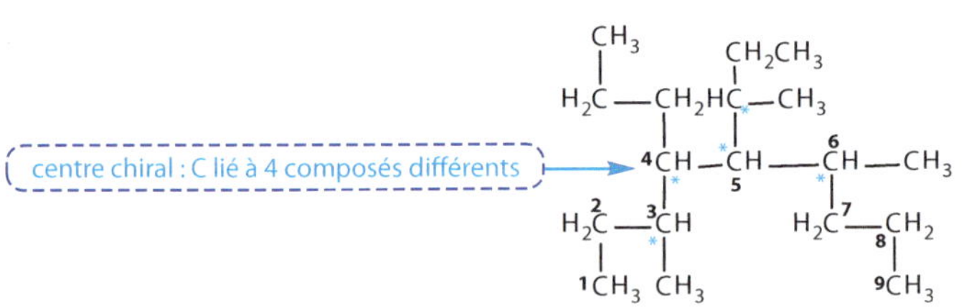

2. Soit la molécule dont la structure est:

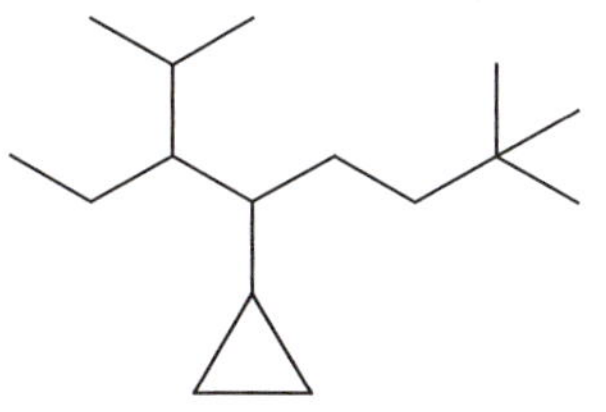

Quel est le nom IUPAC que l'on peut lui attribuer ?

Après avoir repéré et numéroté la chaîne principale composée de 9 carbones et des 5 substituants, le nom IUPAC de cette molécule est 5-cyclopropyl-6-éthyl-2,2,7-triméthyloctane

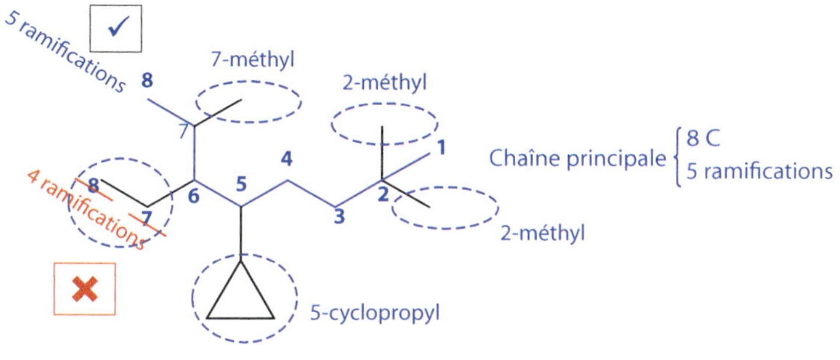

La bonne réponse est D.

Remarque : *Ce composé contient 2 centres chiraux, mais sans indication de la représentation de Cram, on ne peut pas lui attribuer les descripteurs de la configuration absolue R ou S.*

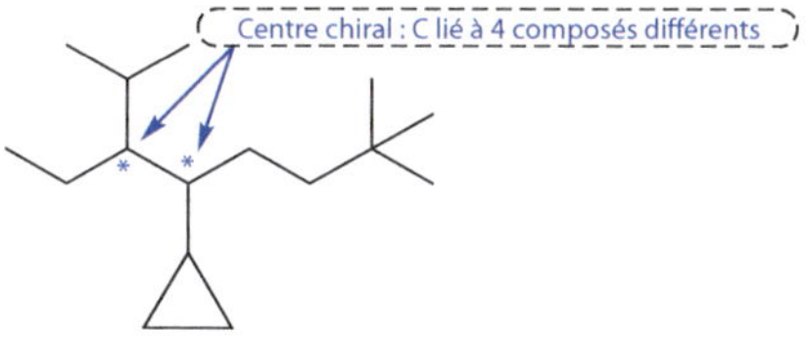

3. Quel est le nom IUPAC que l'on peut attribuer à cette molécule?

$CH_3C(CH_2CH_2Br)_2CH_3$

Avant de donner le nom IUPAC, il est conseillé de décrire, tout d'abord, la structure développée de cette molécule :

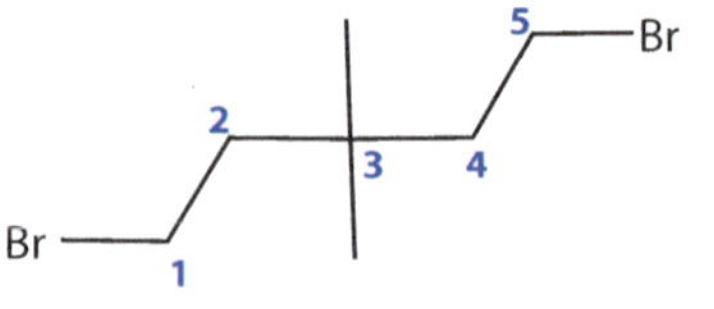

On obtient une chaîne principale composée de 5 carbones. Les substituants sont deux –Br et deux groupes méthyles. Le nom IUPAC à cette structure est 1,5-dibromo-3,3-diméthylpentane.

La proposition C. est vraie.

Remarque : *La molécule décrite ci-dessus ne contient aucun centre chiral.*

4. Nommer la molécule suivante :

La nomenclature *cis-trans* est fort appliquée pour les composés cycliques disubstitués. Pour déterminer si la configuration est *cis* ou *trans*, il suffit de comparer la position des substituants par rapport au plan du cycle :

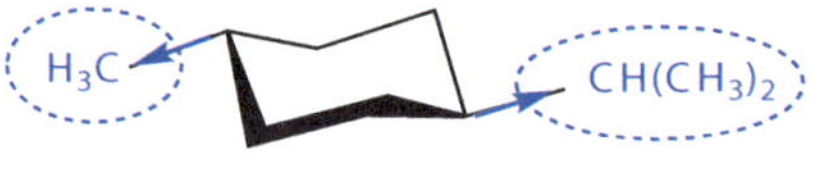

Les deux groupements méthyle et isopropyle pointent sur des côtés opposés du cycle : le méthyle pointe vers le bas et l'isopropyle vers le haut. La configuration est dite *trans*.

Le nom que l'on peut attribuer à la molécule est *trans*-1-isopropyl-4-méthylcyclohexane.

La proposition B. est correcte.

Remarque :
- *Dans la molécule ci-dessus, on observe les deux substituants méthyle et isopropyle occupent des positions équatoriales.*
- *Selon le dessin, la molécule possède un plan de symétrie, il n'y a pas de carbones chiraux.*
- *La configuration du composé est dite cis quand les deux groupes se pointent du même côté du cycle.*

5. Quel est le nom IUPAC à cette structure (sans tenir compte de la configuration *R-S*)?

Le cycle est constitué de 9 carbones, il s'agit d'un cyclononane. Les deux groupes méthyles sont positionnés du côté opposé par rapport au plan moyen du cycle. On nomme la molécule: *trans*-1,2-diméthylcyclononane.

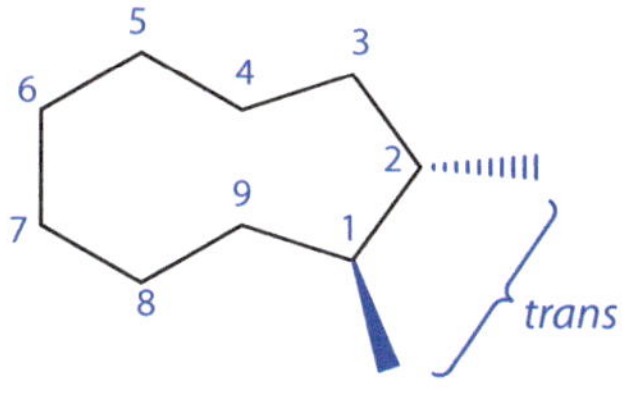

La proposition A. est correcte.

6. Indiquer les noms aux trois substituants (préfixes) 1, 2 et 3 suivants:

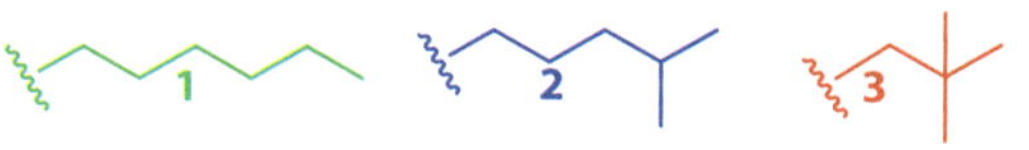

Pour vous familiariser avec la nomenclature usuelle utilisée pour les divers groupements butyle, on trouve qu'il existe sous 4 formes:

Souvent on parle aussi du groupement néopentyle**: dessin 3.**

Par comparaison aux groupements butyle, le **dessin 1** est *n*-hexane car sa chaîne est linéaire. Quant au **dessin 2**, il s'agit en fait d'**isohexyle.**

La bonne réponse est D.

7. Donner les noms aux quatre bicycloalcanes suivants:

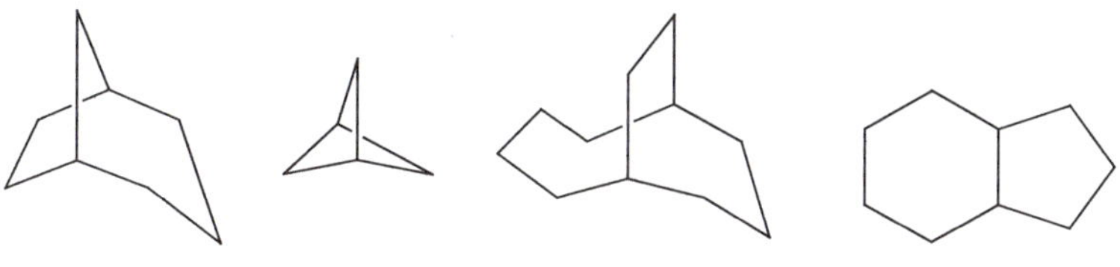

- Les alcanes bicycliques sont souvent nommés bicycloalcanes. Le nom exact de l'alcane correspond au nombre de carbone de l'ensemble de la molécule. Par exemple, pour le dessin **1**, il s'agit d'un bicyclooctane (8C) et pour le dessin **2**, d'un bicyclopentane (5C).

Les deux carbones communs aux deux cycles sont nommés les têtes de pont :

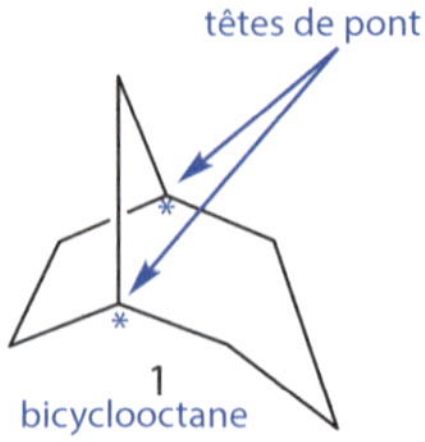

1
bicyclooctane

Le nom de cette molécule n'est complet que si le nombre de carbones rencontrés pour passer d'une tête de pont à l'autre en suivant les trois chemins est mis entre crochets par ordre décroissant.

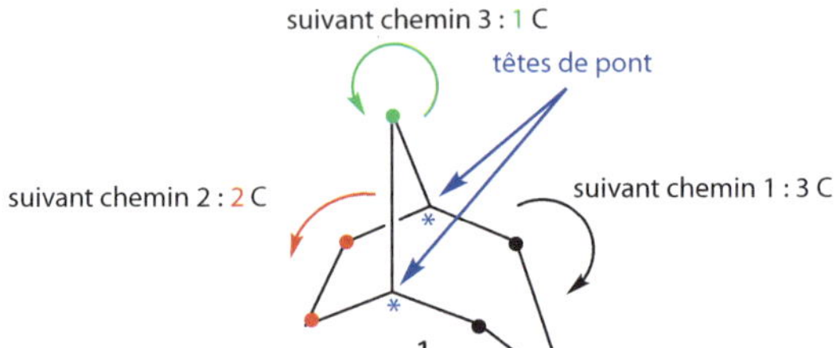

1
bicyclo [3, 2, 1] octane

❖ Pour le dessin 2:

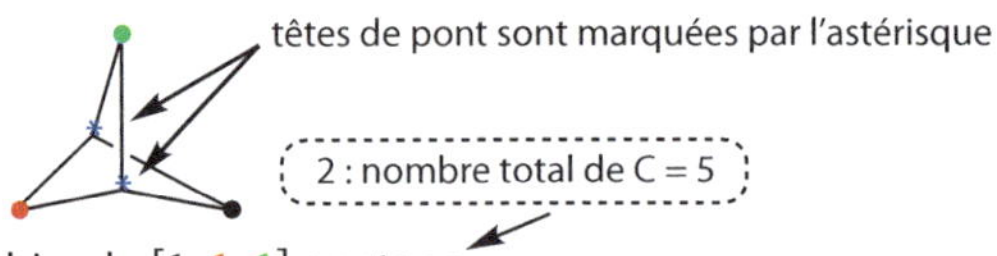

bicyclo [1, 1, 1] pentane

❖ Pour la structure 3:

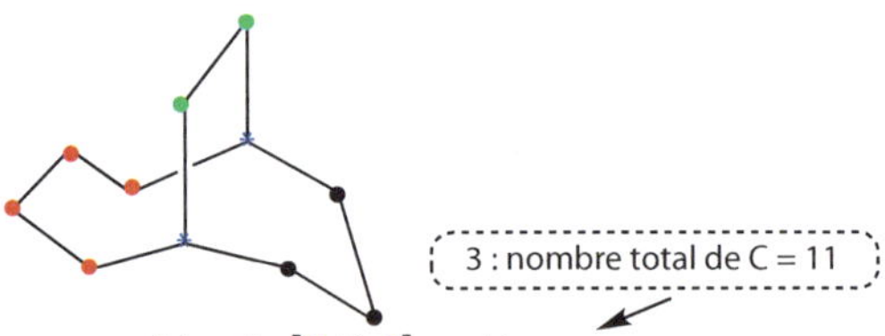

bicyclo [4, 3, 2] undécane

❖ Pour le bicycloalcane 4:

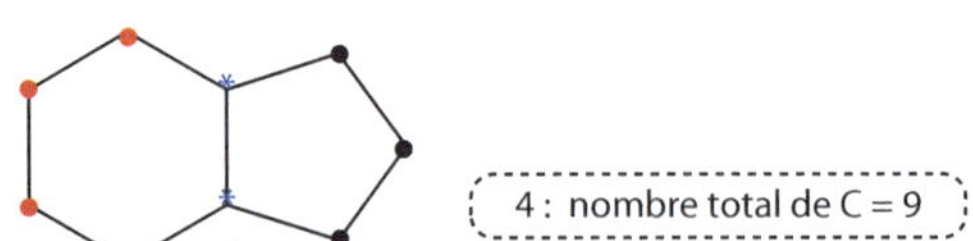

4
bicyclo [4, 3, 0] nonane

La bonne proposition est C.

8. Donner la structure chimique correcte pour :
A = *cis*-1,3-diméthylcyclohexane
B = *trans*-1-méthyl-2-(1-méthylpropyl)cyclobutane
C = 2-(bromométhyl)-1,4-dibromopentane

- En se basant sur l'aide dirigée donnée dans les exercices précédents, la structure chimique de *cis*-1,3-diméthylcyclohexane est :

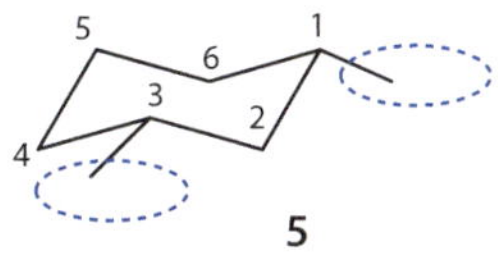

5

groupe méthyle placé en position équatoriale pointe vers le bas!

groupe méthyle placé en position équatoriale pointe vers le bas!

- les deux méthyles pointent du même côté du plan moyen du cycle : configuration *cis* ✓

- les deux méthyles sont liés aux carbones C1 et C3 ✓

- la chaîne principale correspond à un cyclohexane ✓

- Pour *trans*-1-méthyl-2-(1-méthylpropyl)cyclobutane, la structure est :

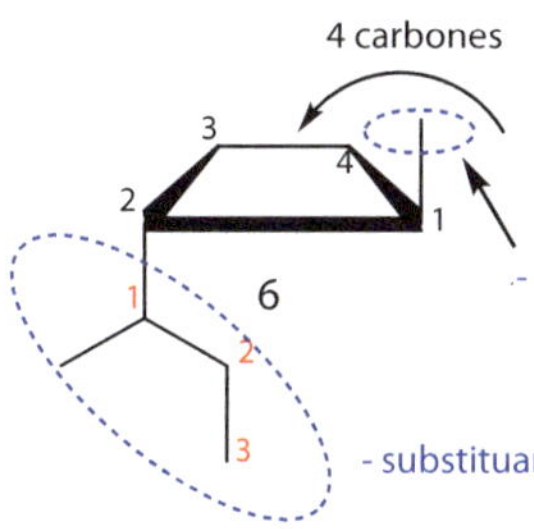

6

- chaîne principale correspond à un cyclobutane ✓

- substituant méthyle est lié au C1 ✓

- substituant (1-méthylpropyle) est lié au C2 ✓

- les deux substituants se disposent de part et d'autre du plan moyen du cycle : configuration *trans* ✓

- Enfin, la structure de 2-(bromométhyl)-1,4-dibromopentane est :

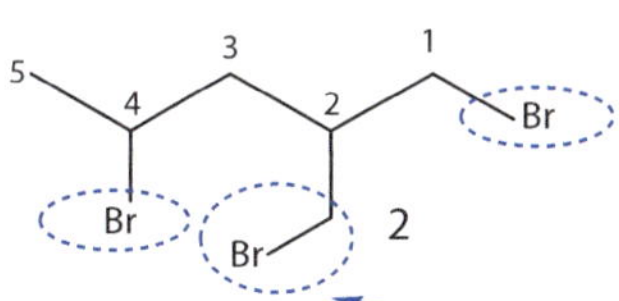

2

- la chaîne principale contient 5 C : pentane ✓

- deux substituants bromo liés aux C 1 et 4 ✓

- le substituant bromométhyle est lié au C 2 ✓

La proposition D est vraie.

Remarque : *Le carbone C4 est chiral, mais sans indication de Cram, on ne peut pas lui attribuer la configuration R ou S.*

9.

I. Quelle liaison $C_{avant} \rightarrow C_{arrière}$ (numéroter les carbones) a été utilisée pour représenter la projection de Newman ci-dessous ?

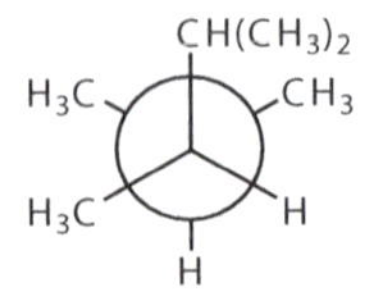

Pour répondre à cette question, il vaut mieux d'abord dessiner la structure en représentation de Cram :

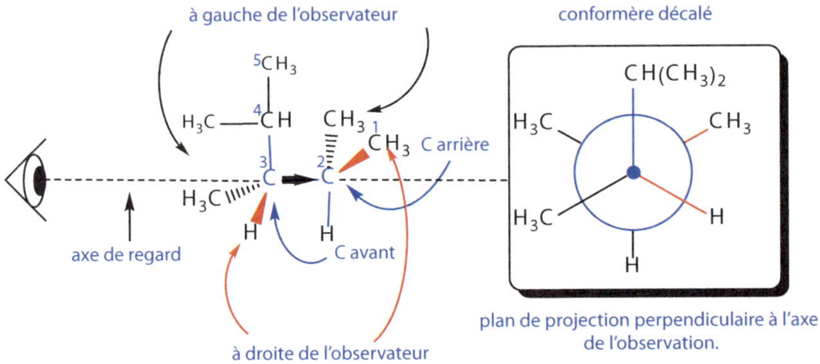

iPr = isopropyl = le groupement $CH(CH_3)_2$

On en déduit donc que le $C_{avant} = C_3$ (Carbone numéroté 3 dans la chaîne principal) et le $C_{arrière} = C_2$.

La réponse I.D. convient.

Remarque : *Si l'on commence à numéroter de l'autre extrémité, on trouve que c'est la $C_3 \rightarrow C_4$ qui a été utilisée pour représenter la projection de Newman ci-dessous. Cette réponse est aussi bonne mais elle n'a pas été citée parmi les propositions.*

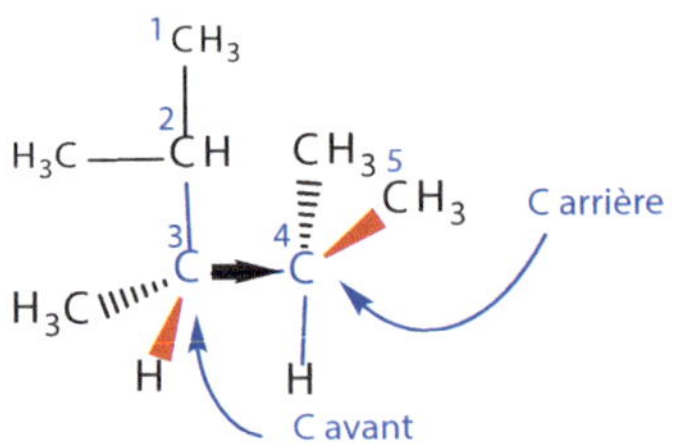

II. S'agit-il d'une conformation éclipsée ou décalée ?

D'après la représentation de Cram, les substituants ne sont pas disposés en conformation éclipsée c'est-à-dire l'un derrière l'autre. Ils sont en position décalée.

Les conformations éclipsées sont peu stables à cause de l'encombrement stérique.

La bonne réponse est II.B.

III. Parmi les trois conformations décalées 1, 2 et 3 suivantes, laquelle est plus stable ?

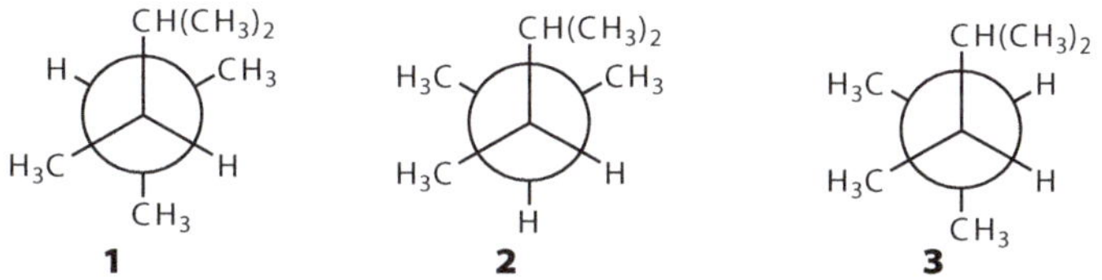

1 **2** **3**

Les trois conformations sont décalées. Elles sont plus stables que les conformations éclipsées à cause de l'encombrement stérique, leur énergie est donc plus basse.
Sur ces trois conformères décalés, c'est la **2** qui est plus instable. Cela est dû à l'encombrement stérique car le groupe isopropyle, substituant le plus encombré, est situé entre les deux groupements méthyles :

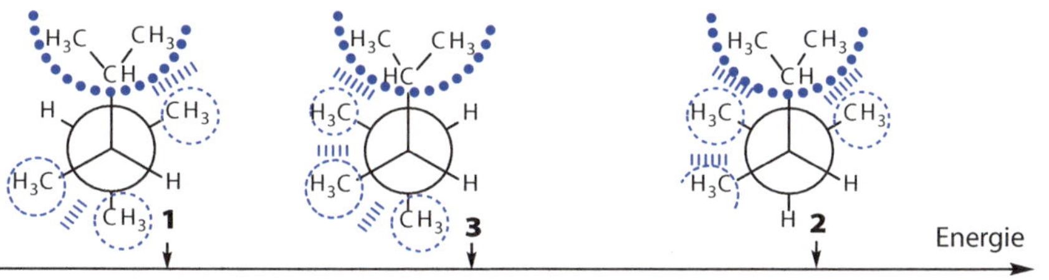

La conformation **1** est la plus stable car le groupement isopropyle n'est en interaction qu'avec un seul groupement méthyle. En outre, le conformère **3** est moins stable que le **1** à cause des trois groupes méthyles qui sont disposés l'un à côté de l'autre.

La bonne réponse est III.A.

10.

I. Pour les conformations de 1 suivantes, indiquer la conformation la plus énergétique.

Comme on vient de le voir dans l'exercice précédent, les conformères décalés sont toujours plus stables que les conformères éclipsés et donc d'énergie plus basse.

Sur les six conformères présentés, il y a trois conformations décalées (les molécules encadrées en couleur bleue) :

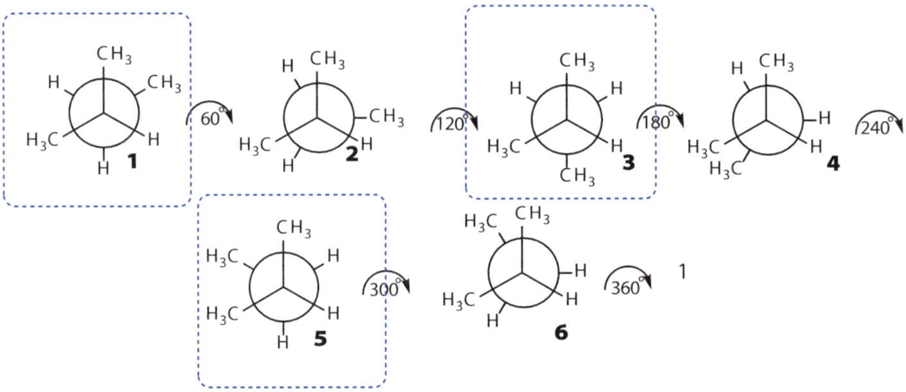

La position des substitutions dans la conformation **1** est exactement la même que celle en **3**.

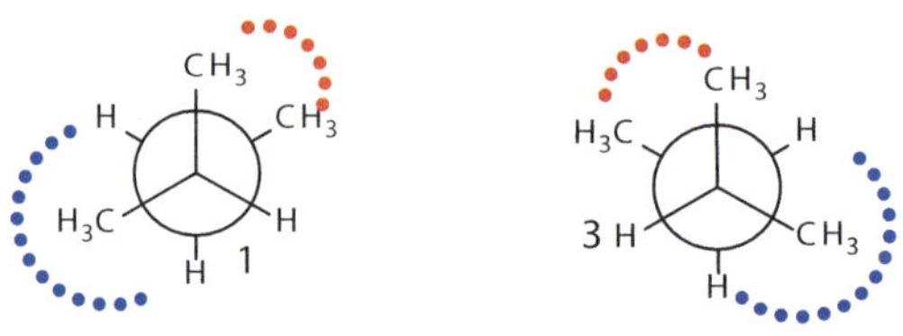

Dans chacun des deux conformères on a deux méthyles proches l'un de l'autre et un seul **méthyle situé entre deux atomes d'hydrogènes.** Les deux conformations présenteront donc le même niveau énergétique.

Par ailleurs, la conformation **5** est plus instable, car les trois groupements méthyles sont proches les uns des autres, il y a alors plus d'encombrement stérique.

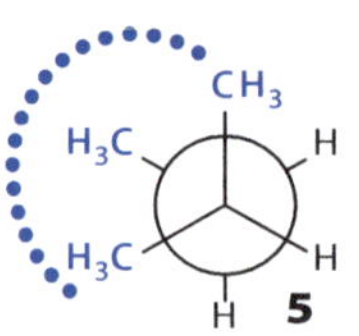

Les substitutions en position éclipsée, c'est-à-dire lorsque les groupes se retrouvent les uns derrières les autres, rendent la molécule plus énergétique que lorsqu'ils sont en position décalée. Parmi les trois conformères éclipsés, le **6** (= **4**) est le plus instable.

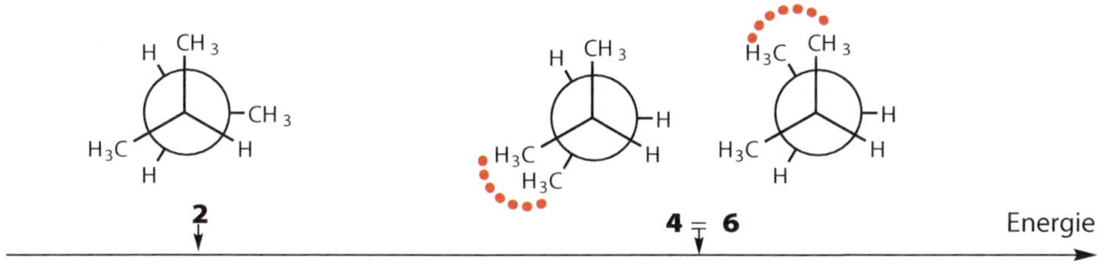

La réponse I.C est juste.

II. Quel est le diagramme énergétique le plus adéquat aux conformations de la molécule 1 représentées en projection de Newman.

Si l'on fait le bilan énergétique des six conformations discutées en **I.**, on obtient :

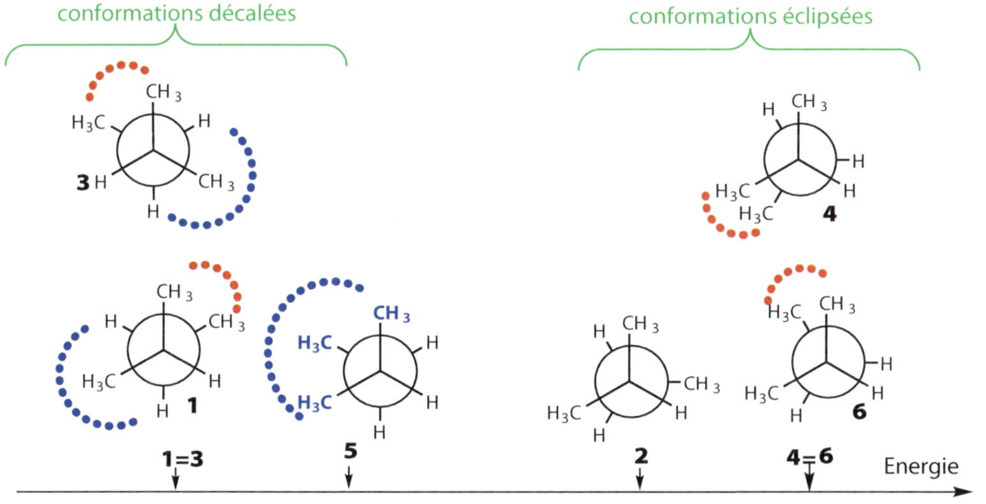

Le diagramme énergétique **II.A.** est le plus adéquat parmi les six conformations de la molécule **1** :

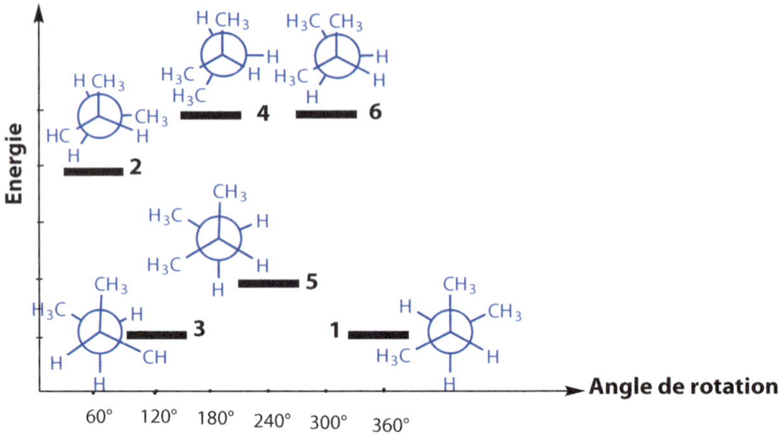

La proposition II.A est vraie.

11. Parmi les structures proposées ci-dessous, indiquer la conformation la plus stable de la molécule *trans*-1-éthyl-4-propylcyclohexane.

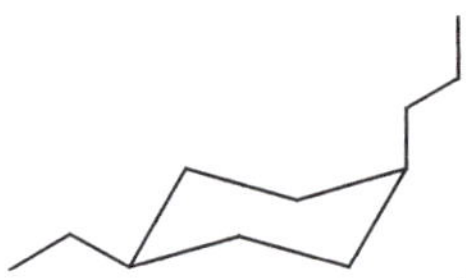
1

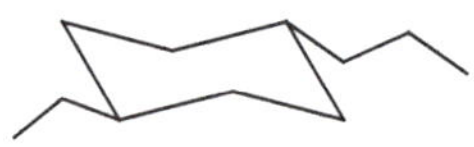
2

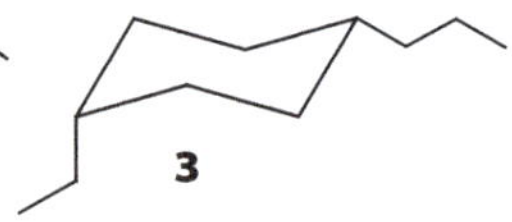
3

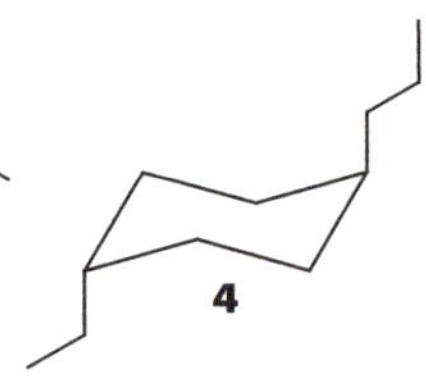
4

Pour une même molécule du cyclohexane il est possible de passer d'une conformation chaise à une autre. Le(s) substituant(s) situé(s) en position axiale dans la 1re conformation sera(seront) situé(s) en position équatoriale dans la 2e conformation.

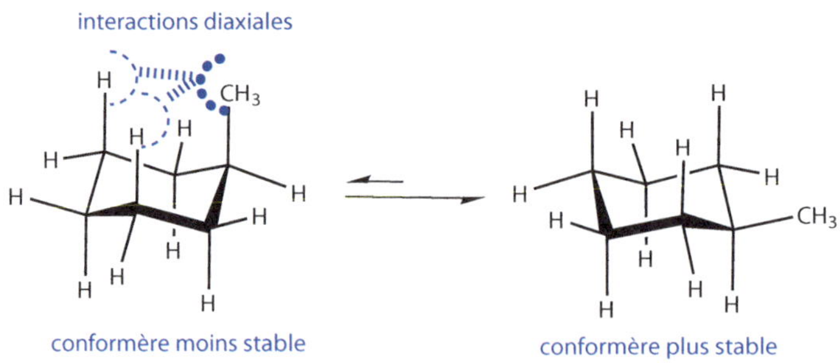

En général, la conformation la plus stable est celle pour laquelle la majorité des substituants volumineux occupent les positions équatoriales.

Pour la molécule ***trans*-1-éthyl-4-propylcyclohexane** les deux conformères en forme chaise sont :

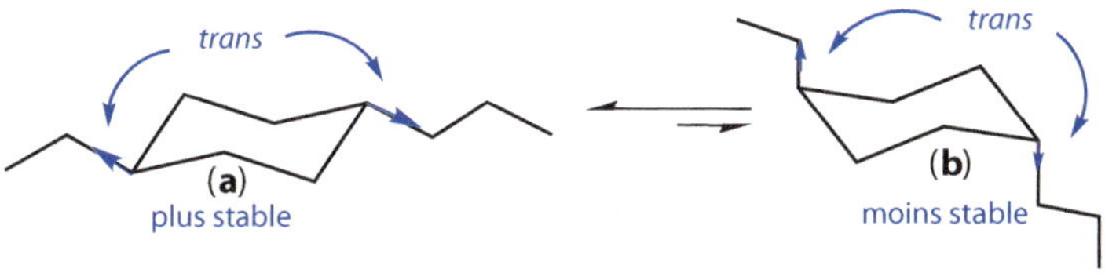

Le conformère gauche (**a**) est plus stable étant donné que les deux groupements éthyle et propyle sont placés en position équatoriale.

La proposition exacte est B.

Remarque : *La configuration cis/trans est toujours conservée lorsque le cyclohexane passe d'un conformère à l'autre.*

12. Pour les deux molécules suivantes, indiquer pour chacune d'elles les deux conformères 'chaises' principaux.

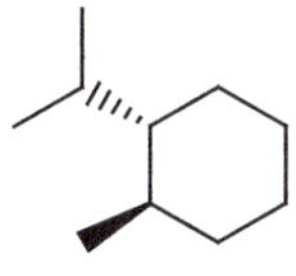

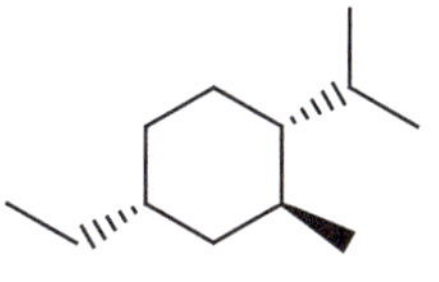

❖ Pour la molécule **1**, les deux conformères chaises en équilibre sont :

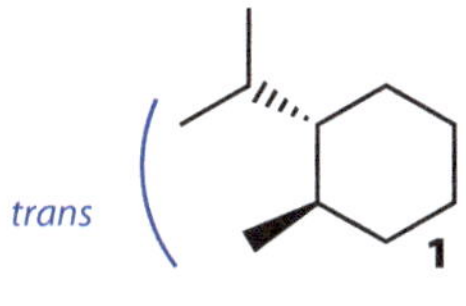

1

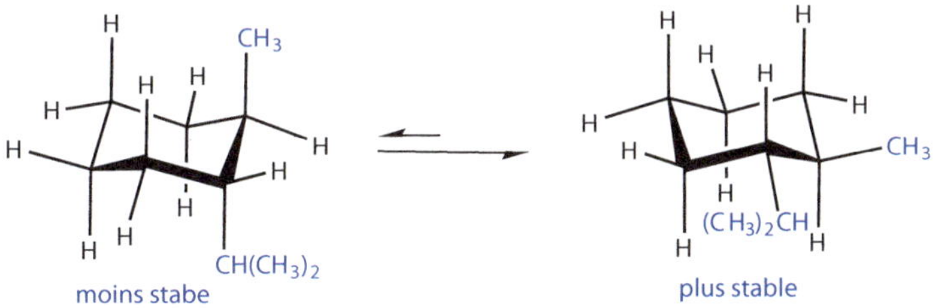

moins stabe

(**c**)

plus stable

(**d**)

❖ Pour la molécule **2**, les deux conformères chaises en équilibre sont :

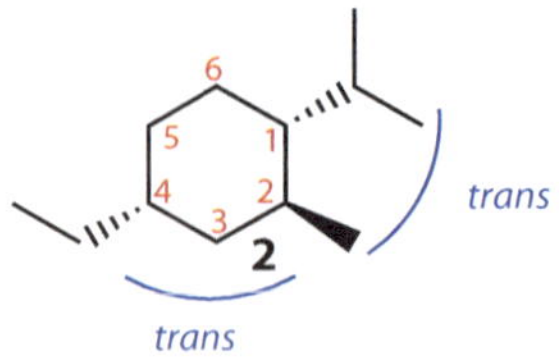

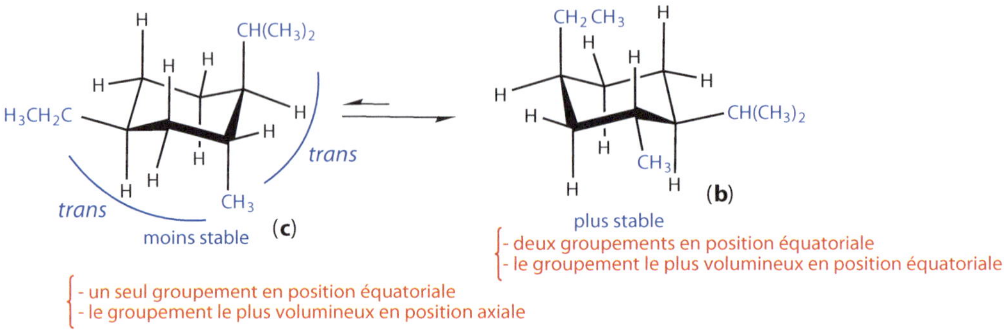

Les propositions exactes sont : A. 1 = c et d & B. 2 = b et c.

13. En utilisant des énergies de liaison de la table ci-dessous,

Liaison	**C-H**	**Cl-Cl**	**C-Cl**	**H-Cl**	**C-C**	**C=C**	**C-O**	**C=O**	**O-H**
kJ mol^{-1}	**414**	**242**	**339**	**430**	**347**	**610**	**359**	**744**	**464**

évaluer la chaleur de réaction en kJ mol^{-1} et préciser si la réaction est exo- ou endothermique.

En général, pour une réaction chimique, la chaleur absorbée ou dégagée est égale à la somme des énergies de liaisons rompues à laquelle on soustrait la somme des énergies de liaisons formées.

❖ Pour la réaction **I.** :

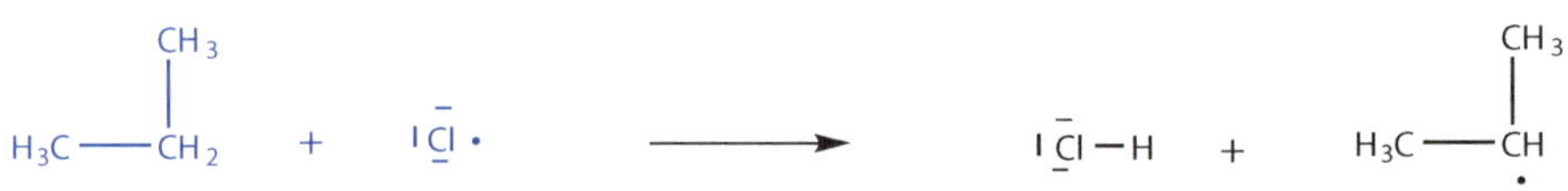

8 liaisons C-H ⇨ $8 \times 414 = 3312$ kJ mol^{-1}
2 liaison C-C ⇨ $2 \times 347 = 694$ kJ mol^{-1}

$\sum = 4006$ kJ mol^{-1}

(somme des énergies de liaisons des réactifs)

7 liaisons C-H ⇨ $7 \times 414 = 2898$ kJ mol^{-1}
2 liaison C-C ⇨ $2 \times 347 = 694$ kJ mol^{-1}
1 liaison Cl-H ⇨ $1 \times 430 = 430$ kJ mol^{-1}

$\sum = 4022$ kJ mol^{-1}

(somme des énergies de liaisons des produits)

On en déduit :

$$\Delta H_{\text{réaction}} = 4006 - 4022 = -16 \text{ kJ mol}^{-1}\text{, la réaction est donc exothermique.}$$

La proposition juste est I.C.

❖ Pour la réaction **II.** :

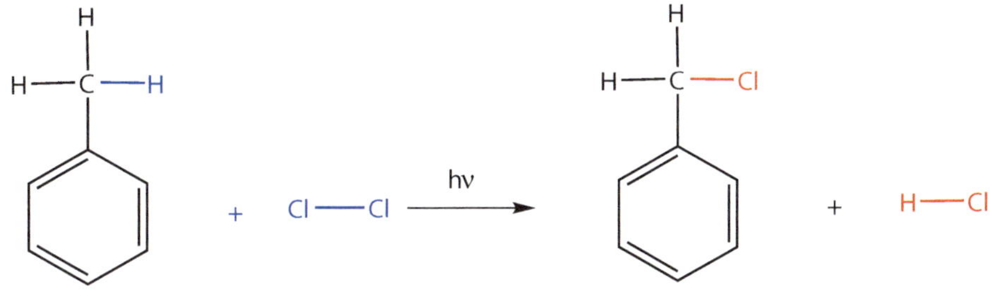

somme des énergies des liaisons rompues :

1 liaisons C-H ⇨ 414 kJ mol^{-1}

1 liaisons Cl-Cl ⇨ 242 kJ mol^{-1}

$\sum$ = 656 kJ mol^{-1}

somme des énergies des liaisons formées :

1 liaisons C-Cl ⇨ 339 kJ mol^{-1}

1 liaisons H-Cl ⇨ 430 kJ mol^{-1}

$\sum$ = 769 kJ mol^{-1}

On en déduit :

$$\Delta H_{\text{réaction}} = 656 - 769 = -113 \text{ kJ mol}^{-1}\text{, la réaction est donc exothermique.}$$

La proposition correcte est II.A.

14. Pour la formule brute C_5H_{10}, quel est le nombre total d'isomères ne contenant aucune double liaison dans leur structure ? (sans tenir compte de la configuration *cis / trans*)

En règle générale, pour une molécule de formule brute $C_nH_mN_pO_qX_r$ (ou X = Cl, Br, I ou F), le calcul du nombre d'insaturations est donné par la formule suivante :

$$NI = \frac{(2n+2)-m-p+r}{2}$$

Dans notre cas, le nombre d'insaturations de C_5H_{10} est égal :

$$NI = \frac{(10+2)-10-0+0}{2} = 1\text{, une seule insaturation !}$$

Sans tenir compte de la stéréochimie, pour la formule brute C_5H_{10}, on obtient 5 isomères ne contenant aucune double liaison à savoir le cyclopentane, le 1-méthylcyclobutane, l'éthylcyclopropane, le 1,1-diméthylcyclopropane et le 1,2-diméthylcyclopropane.

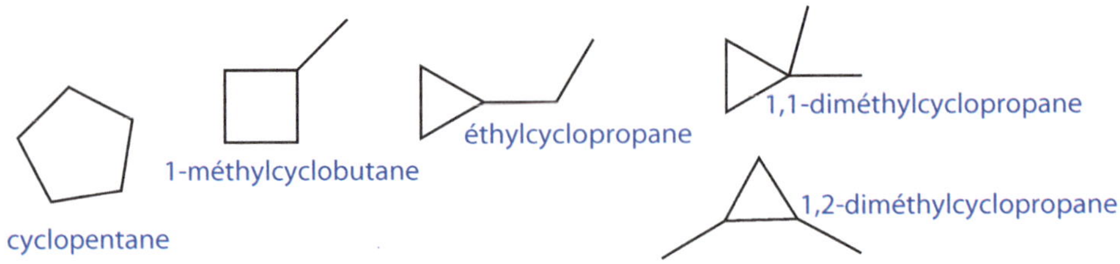

La proposition D est vraie.

Remarque :

En outre, si l'on tient compte de la stéréochimie, on obtient 7 isomères. En effet, le composé 1,2-diméthylcyclopropane est seul à avoir deux centres chiraux. Lorsque les deux groupements méthyles sont situés du même côté du cycle (en cis), le composé possède un plan de symétrie, il n'est donc pas chiral (composé méso). Lorsque les deux groupements méthyles sont situés de part et d'autre du cycle (en trans), le composé ne possède pas d'élément de symétrie, il est donc chiral. Le nombre de stéréoisomères possibles est donc égal à trois (2^2-1 = 3). Ces 3 composés peuvent ainsi exister sous forme d'un couple d'énantiomères et d'une forme méso :

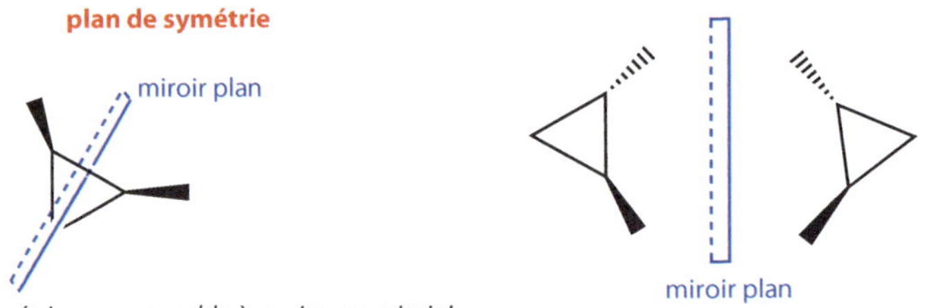

plan de symétrie : superposable à son image miroir !

forme méso

deux énantiomères : images l'un de l'autre dans un miroir plan et non superposables.

15. Quel est le nombre de composé(s) formé(s) lors d'une monochloration photochimique de

I. 2,2-diméthylpropane ?

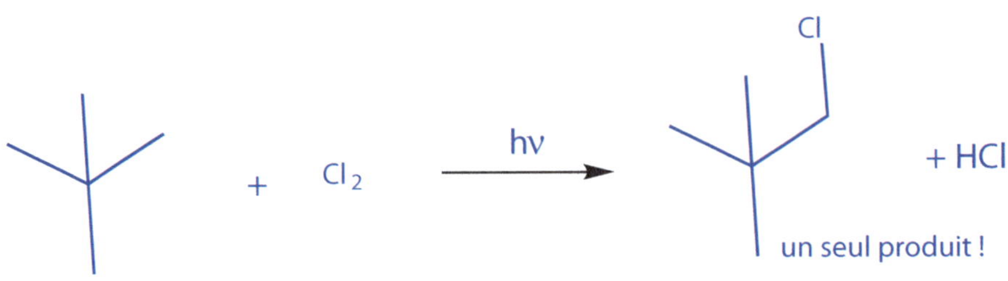

Dans le réactif aliphatique, tous les liens C–H sont énergétiquement identiques. Quel que soit l'atome d'hydrogène substitué, la monophotochloration du 2,2-diméthylpropane donne toujours le même produit. Ce produit ne possède aucun centre chiral.

La bonne proposition est I.A.

II. 1-chlorocyclobutane (tenir compte de la stéréochimie) ?

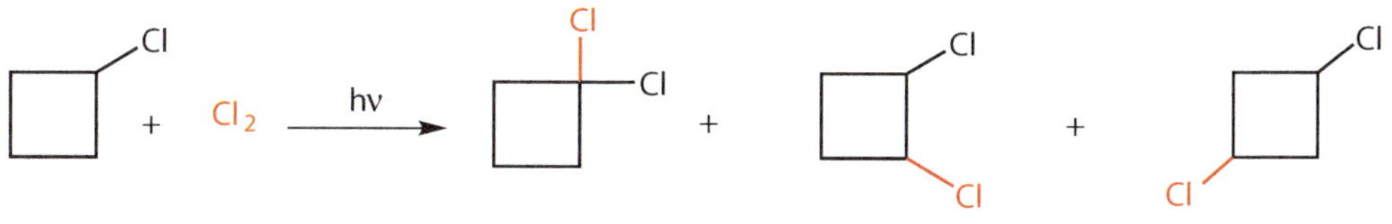

1,1-dichlorocyclobutane 1,2-dichlorocyclobutane 1,3-dichlorocyclobutane

Sans tenir compte de la stéréochimie, le nombre de produits formés est égal à 3, à savoir le 1,1-dichlorocyclobutane, 1,2-dichlorocyclobutane et 1,3-dichlorocyclobutane.

Par contre, si l'on tient compte de la stéréochimie, on obtient 6 isomères. En effet, le composé **1,2-dichlorocyclobutane** est seul à avoir deux centres chiraux. Lorsque les deux atomes de chlore sont situés du même côté de cycle (en *cis*), le composé possède un plan de symétrie, il n'est donc pas chiral (composé *méso*). Lorsque les deux atomes de chlore sont situés de part et d'autre du cycle (en *trans*), le composé ne possède pas d'élément de symétrie, il est donc chiral. Le nombre de stéréoisomères possibles est égal à trois (2^2-1 = 3). Ces 3 composés peuvent ainsi exister sous forme d'un couple d'énantiomères et d'une forme *méso* :

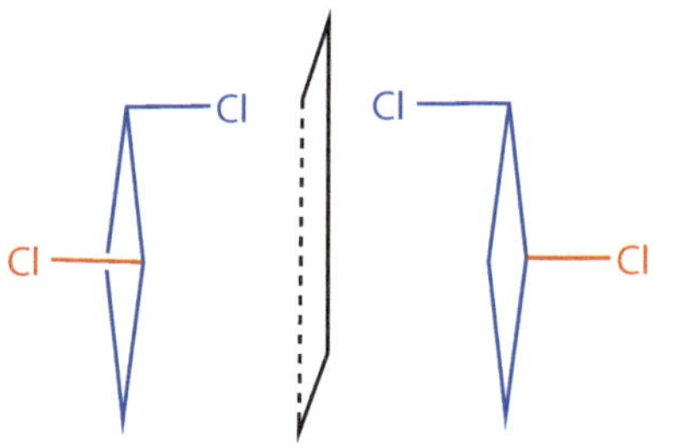

miroir plan

couple d'énantiomères : images miroir non-superposables

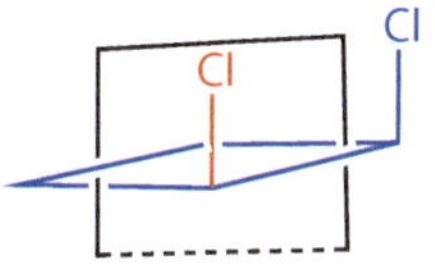

forme *méso* : superposable à son image miroir

Le composé **1,3-dichlorocyclobutane** n'est pas chiral car il possède un plan de symétrie, mais il existe sous forme de deux isomères différents *cis* et *trans* :

Le composé **1,1-dichlorocyclobutane** n'a pas de centre chiral. Il ne s'agit pas d'un mélange de stéréoisomères, c'est un composé pur.

La proposition exacte est II.D.

16. Parmi les énoncés suivants, indiquer ceux qui sont vrais.

A. Vrai.

En général, le mécanisme d'une réaction de monochloration photochimique est composé de trois étapes : l'initiation, la propagation et la terminaison.

1. Initiation : au cours de cette réaction le radical Cl• est formé à l'aide d'une dissociation homolytique de dichlore. Cette dissociation est souvent provoquée par la lumière :

Le radical Cl•, hautement réactif, peut réagir avec des composés radicalaires ou non-radicalaires.

2. Propagation : étape au cours de laquelle le radical Cl• réagit avec l'alcane pour créer un autre radical.

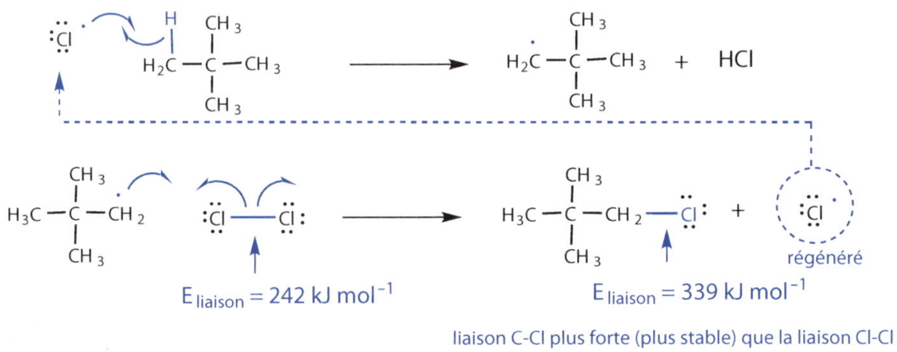

On remarque que dans cette étape le radical Cl• est régénéré. Le produit monochloré est formé.

3. Terminaison : étape au cours de laquelle le radical carboné ou autre rencontre un autre radical pour être transformé en une molécule non-radicalaire.

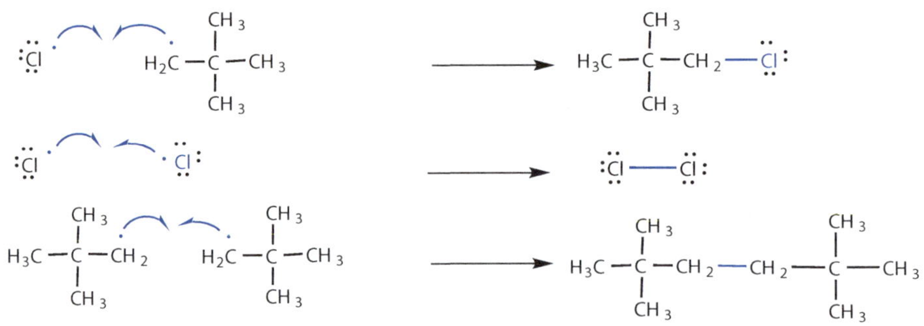

Le produit monochloré est formé aussi dans cette étape de terminaison.

B. Vrai.

Lors d'une réaction de Cl_2 avec un alcane saturé, en présence de la lumière, le produit monochloré peut être formé durant l'étape de propagation : voir le schéma réactionnel expliqué en **A.**

C. Faux.

Lors d'une réaction de Br_2 avec un alcane saturé, en présence de la lumière, le produit monobromé est formé dans les deux étapes, propagation et terminaison.

D. Vrai.

Lors d'une réaction de Br_2 avec de l'éthane en présence de la lumière, la production du 1,4-dibromobutane (en faible quantité) pourrait avoir lieu dans l'étape de terminaison :

Initiation:

Propagation:

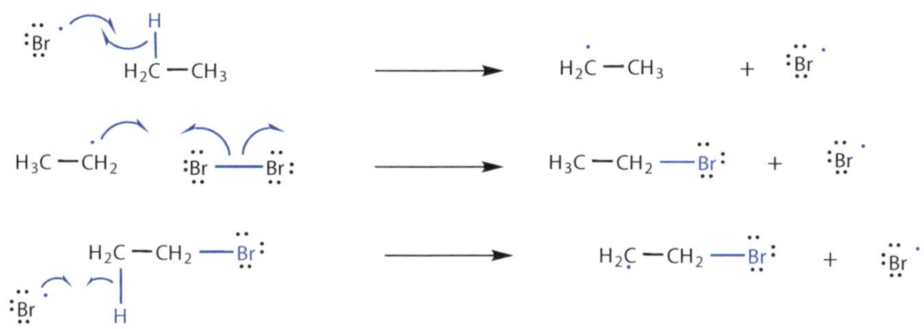

Terminaison:

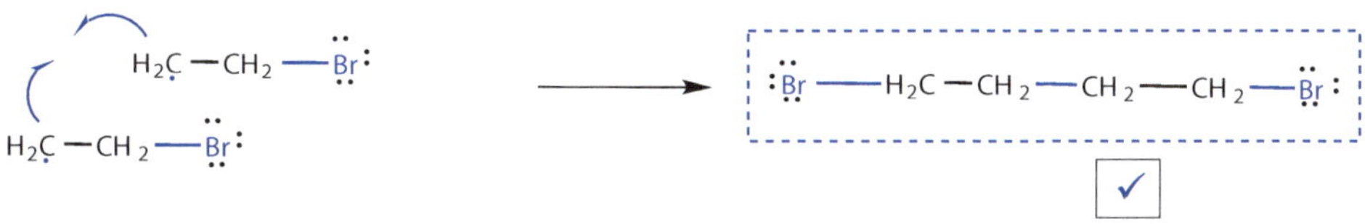

E. Vrai.

Lors d'une réaction radicalaire, l'étape d'initiation pourrait être assurée par augmentation de la température. Par exemple, une liaison O–O peut être rompue homolytiquement en chauffant à une température voisine de 100 °C (146 kJ mol^{-1}) :

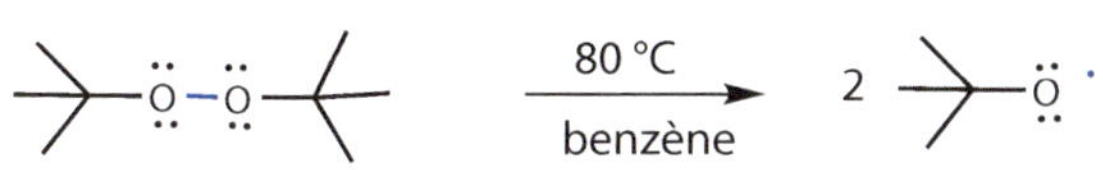

F. Vrai.

La combustion complète d'une mole $CH_3C(CH_3)_3$ donne 5 moles de dioxyde de carbone et 6 moles de H_2O :

$$\underbrace{CH_3C(CH_3)_3}_{C_5H_{12}} \quad + \quad 8\,O_2 \longrightarrow \mathbf{5}\,CO_2 \;\boxed{\checkmark} \quad + \quad \mathbf{6}\,H_2O \;\boxed{\checkmark}$$

G. Vrai.

Le carbone 2 du 2,2-diméthylbutane présente un nombre d'oxydation égal à 0 :

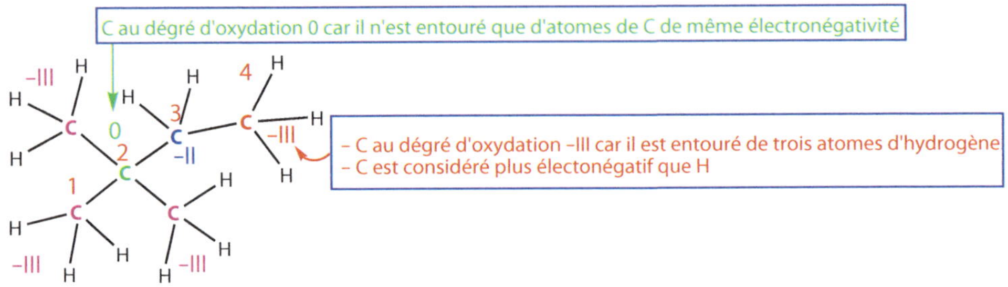

17. Soit les deux molécules suivantes I et II :

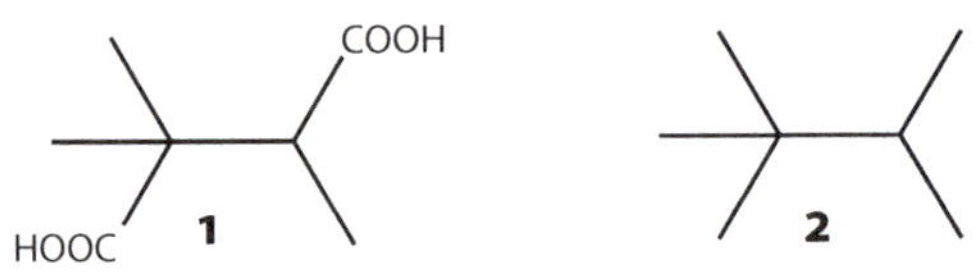

1 **2**

Dans les mêmes conditions expérimentales, laquelle des deux molécules dégagera plus de chaleur lors d'une combustion ?

On constate qu'il s'agit de deux molécules ayant le même nombre d'atomes de carbone. Une réaction de combustion est une réaction rédox. L'oxydation de chaque atome de C étant une réaction exothermique, libère alors de l'énergie. Or, on constate que dans la molécule **1** deux atomes de carbones sont déjà oxydés, son oxydation complète libérera moins d'énergie que la molécule **2** dont les carbones ne sont pas encore oxydés.

La bonne affirmation est B.

18. Pour la molécule suivante, quel est l'étage d'oxydation de chacun des atomes numérotés ?

Comme expliqué en **16.G**, on se base uniquement sur la différence d'électronégativité entre atomes pour déterminer les étages d'oxydation. Par exemple, dans la molécule de méthane, le carbone est –IV et chaque atome d'H porte un nombre d'oxydation égal à +I. Dans ce cas, le carbone est supposé plus électronégatif que H. Pour C–H, les deux électrons assurant la liaison covalente ont tendance à être plus attirés au tour du C que de l'H.

Ici, on suppose le C plus électronégatif que H et moins électronégatif que l'O et le Br. Les étages d'oxydation des atomes numérotés sont donc:

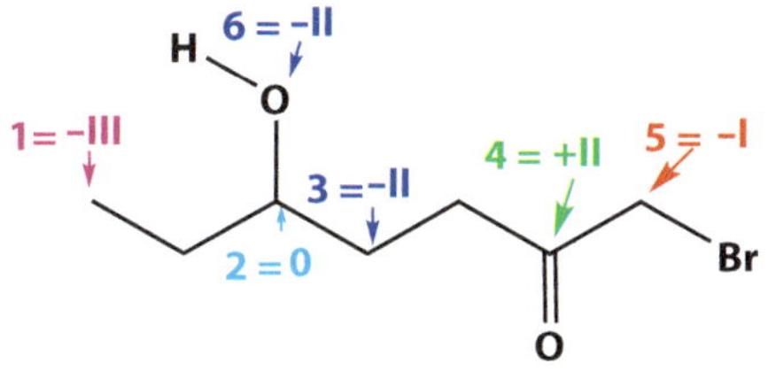

La proposition D est vraie.

19. Quels sont les produits formés lors d'une monochloration photochimique de

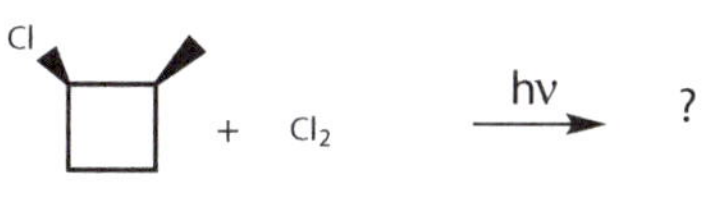

Comme expliqué auparavant (QCM 16), au cours de cette réaction l'atome d'H sera remplacé par le radical Cl•. Pour une monochloration photochimique, les atomes H substitués sont:

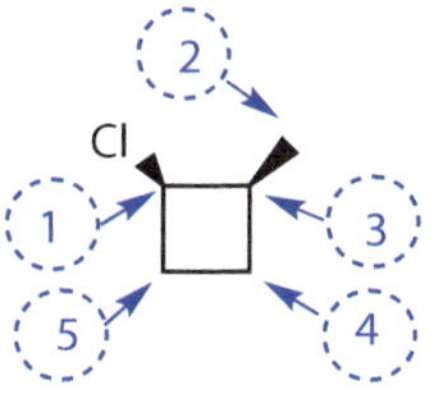

Sans tenir compte de la stéréochimie, le nombre de produit formé est égal à 5. Mais en réalité, les différents produits formés sont:

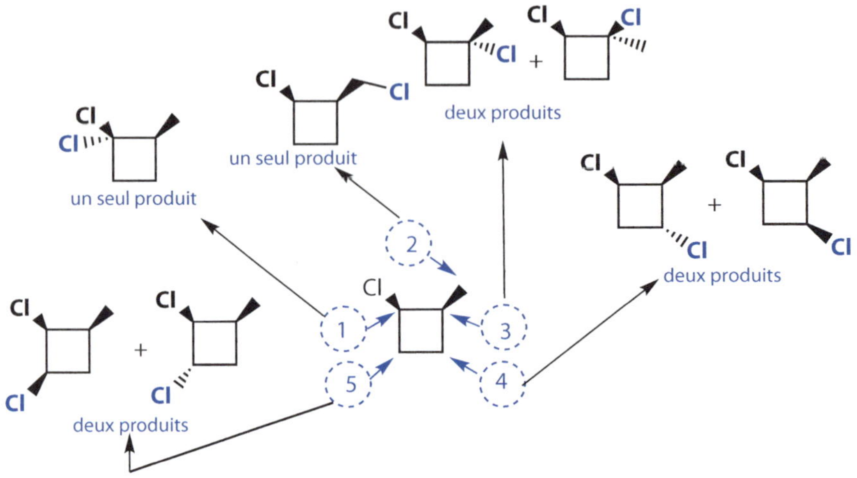

La bonne proposition est A.

Aide dirigée . . .

Alcènes et alcynes

1. **Soit les structures chimiques des molécules 1, 2, 3, 4 et 5.**
Quel est le nom exact pour chacune de ces structures ?

❖ **Pour 1 :**

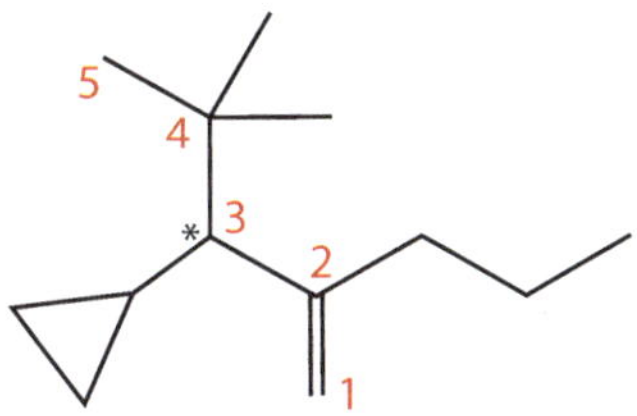

1

3-cyclopropyl-4,4-diméthyl-2-propylpent-1-ène

- Sans représentation de Cram, on ne peut pas déterminer la configuration *R* ou *S* du C3 chiral.
- La chaîne principale doit contenir la fonction principale, l'alcène C1=C2.

La bonne réponse est D.

❖ **Pour 2 :**

3-(3-méthylbutyl)
ou
3- isopentyl

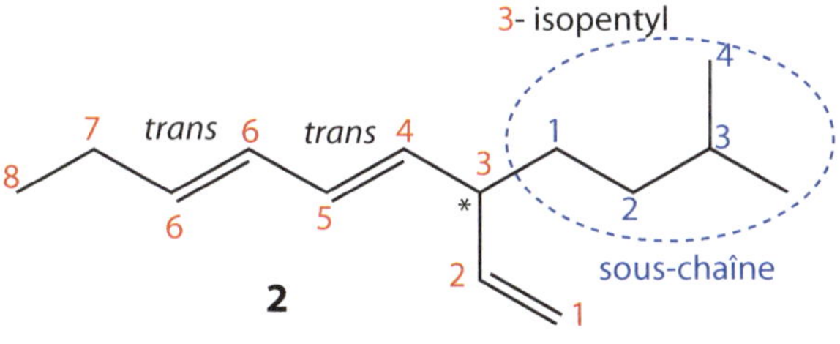

2

ou
(*trans*)-(*trans*)- 3-isopentylnon-1,4,6-triène
(*trans*)-(*trans*)- 3-(3-méthylbutyl)non-1,4,6-triène

- Le C3 est chiral car il est lié à quatre substituants différents, mais sans indication de Cram on ne peut pas lui attribuer la configuration *R* ou *S*.
- La configuration *trans-trans* est écrite dans l'ordre de la numération de la chaîne principale.
- La chaîne principale doit contenir la fonction principale, il s'agit de la double liaison C1=C2.

La bonne réponse est C.

❖ **Pour 3 :**

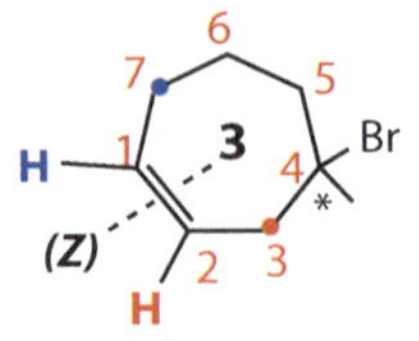

(*Z*)-4-bromo-4-méthylcyclohept-1-ène

- Le C4 est chiral car il est lié à quatre substituants différents, mais sans indication de Cram on ne peut pas lui attribuer la configuration *R* ou *S*.
- La configuration de la double liaison est *Z* car les deux groupements prépondérants –C7 (par rapport à **H**) et –C3 (par rapport à **H**) se retrouvent du même côté de la double liaison C1=C2.

La bonne réponse est C.

❖ **Pour 4 :**

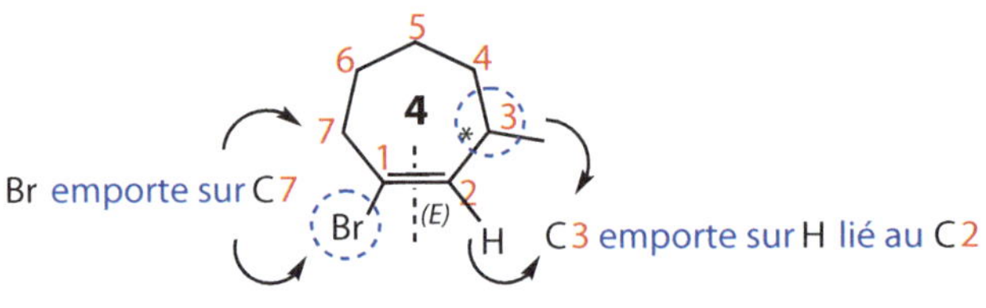

(*E*)- 1-bromo-3-méthylcyclohept-1-ène

- Le C3 lié à quatre substituants différents est chiral. Mais sans représentation de *Cram*, on ne peut pas lui attribuer la configuration *R* ou *S*.
- La configuration est *E* car les groupes dominants –C3 (par rapport à H) et –Br (par rapport à C7) se retrouvent de part et d'autre de la double liaison C1=C2.

La bonne réponse est B.

❖ **Pour 5 :**

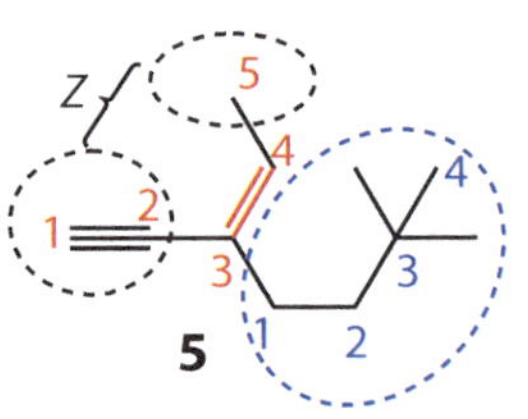

(*Z*)- 3-(3,3-diméthylbutyl)pent-3-ène-1-yne

- La configuration *cis-trans* est souvent utilisée lorsque chaque atome de carbone de la double liaison porte un atome d'hydrogène.
- On parle de la configuration *Z-E* quand la double liaison est liée à au moins trois substituants de nature différente.
- Pour la structure 5, la configuration est *Z* car les groupements prépondérants –C5 (/ H) et –C2≡C1 (/–CH2) se disposent du même côté de la double liaison C3=C4.

La bonne réponse est D.

2. **La(les) configuration(s) *E-Z* d'une des structures proposées ci-dessous n'est(sont) pas juste(s). Laquelle ?**

Régle générale :

E : les deux groupements prioritaires sont situés de part et d'autre de la double liaison
Z : les deux groupements prioritaires sont disposés du même côté de la double liaison

La configuration *Z-E* peut être utilisée à la place de *cis-trans*, mais l'inverse n'est pas toujours vrai.

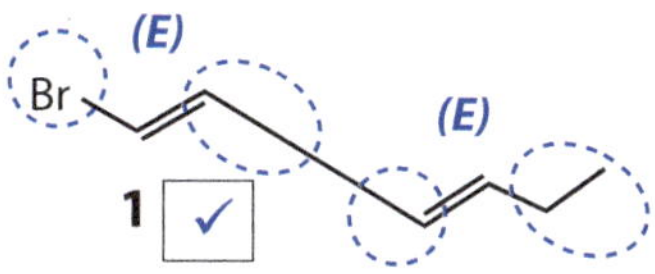

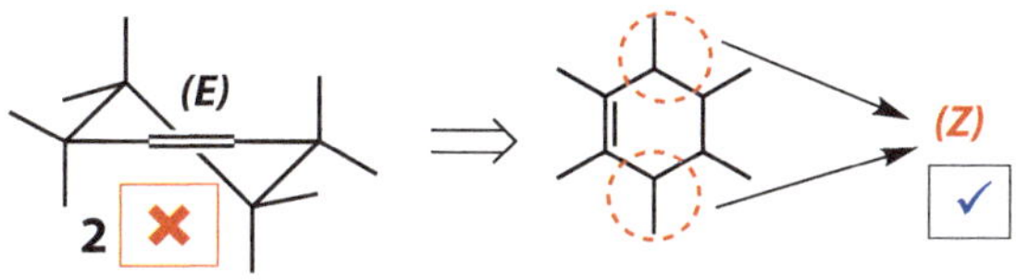

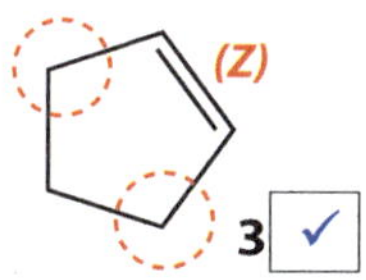

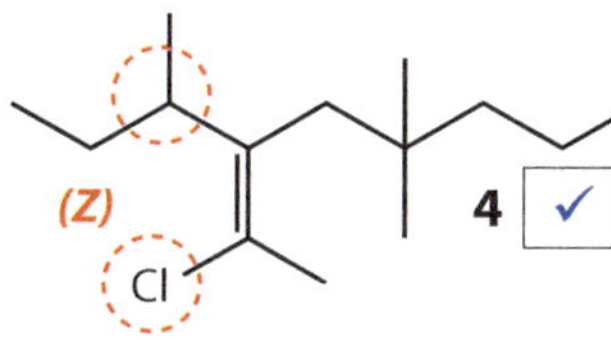

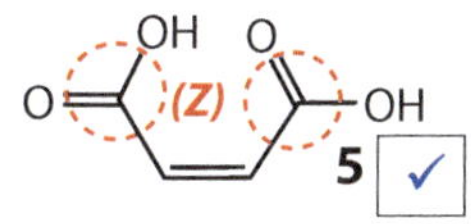

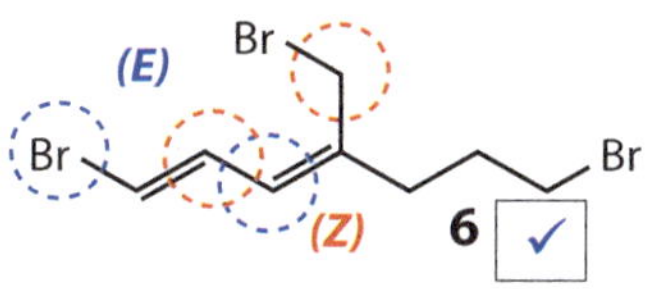

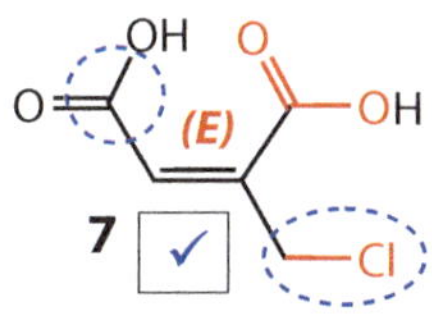

(liaison C-Cl emporte sur C-O)

La bonne affirmation est B.

3. **Parmi les structures suivantes, quelle est celle de la molécule (*E*)-6-isopropyl-3-vinyloct-4-yne-1,6-diène ?**

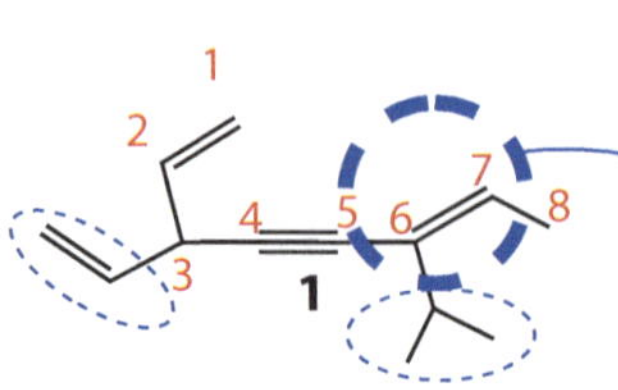

(*E*)-6-isopropyl-3-vinyloct-4-yne-1,6-diène

✓

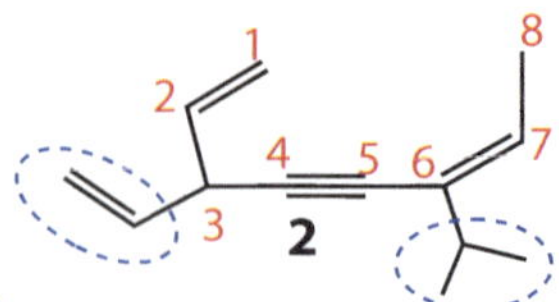

(*Z*)-6-isopropyl-3-vinyloct-4-yne-1,6-diène

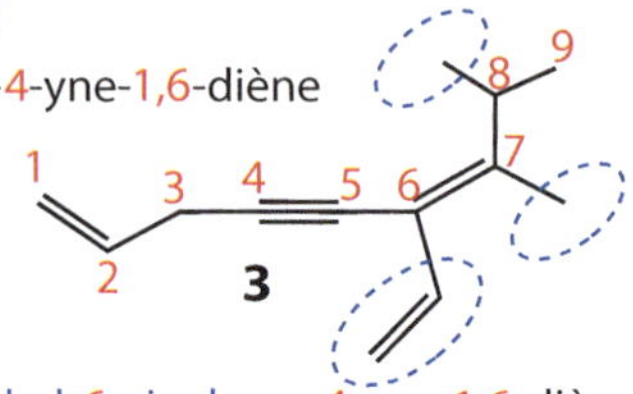

(*Z*)-7,8-diméthyl-6-vinylnon-4-yne-1,6-diène

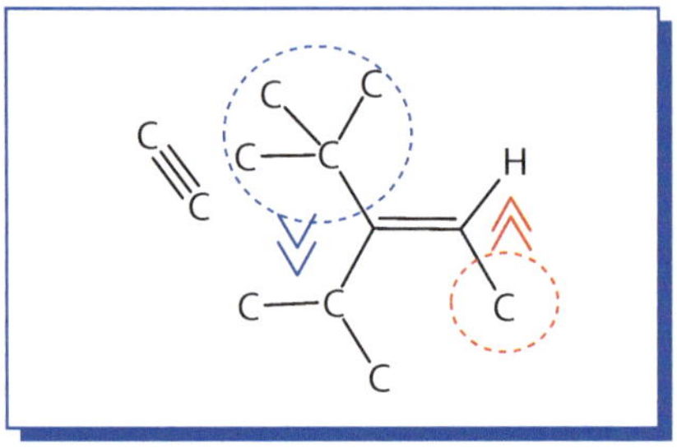

Les deux groupements prioritaires se trouvent de part et d'autre de la double liaison : configuration *E*.

La proposition A est correcte.

4. **Sans tenir compte de l'isomérie *cis-trans*, il existe dix composés de formule brute C_5H_{10}.**

I. Combien de composés présentent une isomérie *cis-trans* ?

Le nombre d'insaturations de C_5H_{10} est égal :

$$NI = \frac{(10+2)-10-0+0}{2} = 1 \text{ , une seule insaturation !}$$

La structure de ce produit contient donc soit une double liaison ou un cycle.

Sans tenir compte de la stéréochimie, on obtient 5 isomères comportant une double liaison et 5 isomères cycliques :

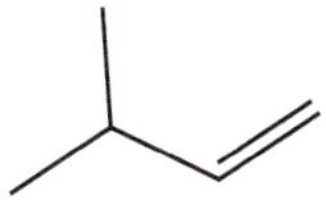

3-méthylbut-1-ène

pent-1-ène

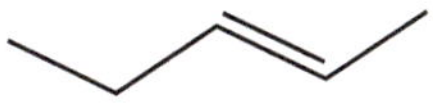

pent-2-ène

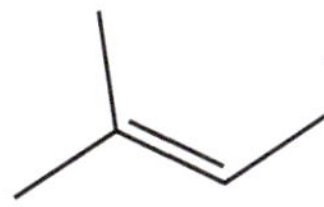

2-méthylbut-2-ène

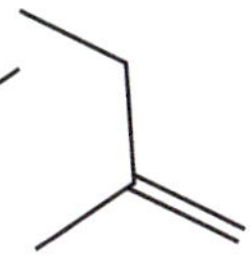

2-méthylbut-1-ène

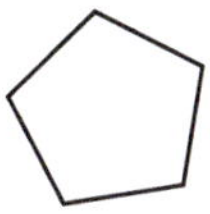

cyclopentane

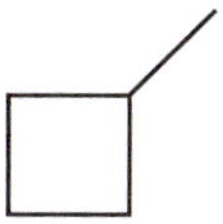

1-méthylcyclobutane

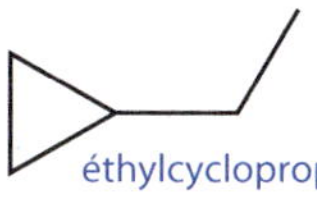

éthylcyclopropane

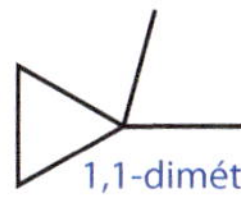

1,1-diméthylcyclopropane

1,2-diméthylcyclopropane

Le nombre de composés présentant une isomérie *cis-trans* est égal à deux: le pent-2-ène et le 1,2-diméthylcyclopropane.

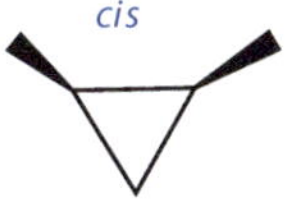

cis-1,2-diméthylcyclopropane

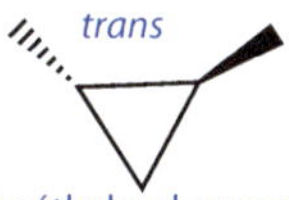

trans-1,2-diméthylcyclopropane

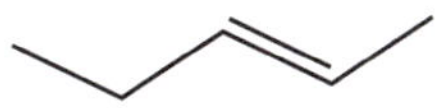

trans-pent-2-ène

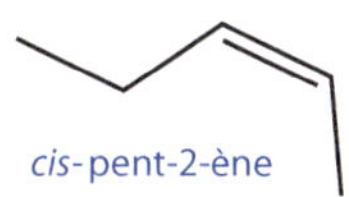

cis-pent-2-ène

Seule la proposition I.B convient.

Remarque:

Le composé 1,2-diméthylcyclopropane est le seul à avoir deux centres chiraux. Lorsque les deux groupements méthyles sont situés du même côté du cycle (cis), on observe que le composé possède un plan de symétrie, il n'est donc pas chiral (composé méso). Lui et son image miroir forment exactement le même produit.

Lorsque les deux groupements méthyles sont situés de part et d'autre du cycle (trans), le composé ne possède pas d'élément de symétrie. Lui et son image miroir forment deux produits différents, non superposables, appelés énantiomères.

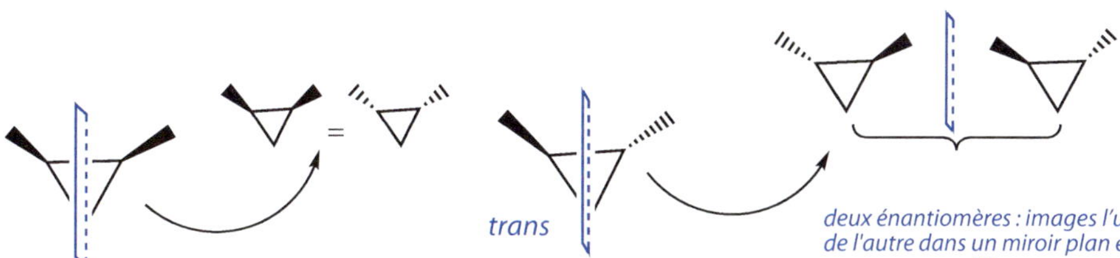

deux énantiomères : images l'un de l'autre dans un miroir plan et non superposables.

cis

plan de symétrie : superposable à son image miroir !

forme méso

pas de plan de symétrie

L'isomère *cis*-pent-2-ène n'est ni image miroir, ni superposable à l'isomère *trans*-pent-2-ène, on les appelle diastéréoisomères.

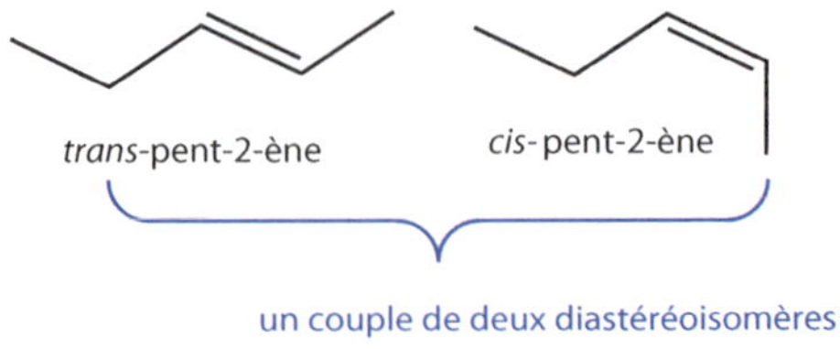

II. Combien de composés présentent une double liaison disubstituée ?

Une double liaison disubstituée est une double liaison liée à deux groupes carbones, il y a donc deux composés : pent-2-ène et 2-méthylbut-2-ène.

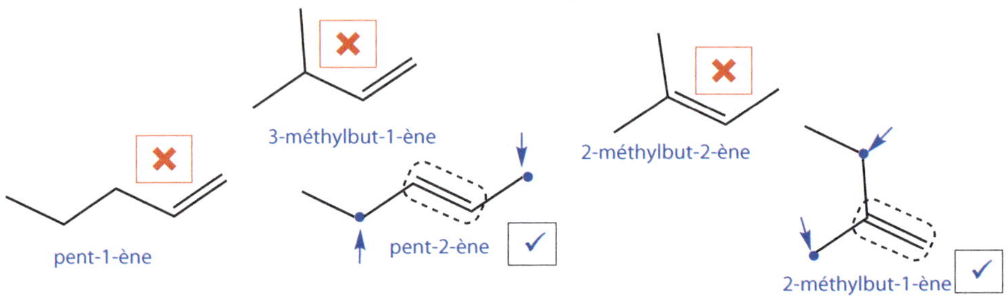

La bonne affirmation est II.B.

III. Combien de composés présentent une double liaison tétrasubstituée ?

Aucun ! **Réponse III.A**

IV. Combien de composés cycliques présentent une isomérie *cis-trans* ?

Un seul composé : 1,2-diméthlylcyclopropane (voir la remarque ci-dessus).
Réponse IV.A

5. En tenant compte de la stéréochimie, quel(s) est(sont) le(s) produit(s) des réactions suivantes ?

❖ **Pour I.**

Au cours de cette réaction, il y a formation d'un pont chloronium. Ce dernier s'ouvre en *anti* avec formation d'un composé dichloré *trans* (*anti*).

Le réactif est symétrique, une seule liaison réagit. Deux produits sont formés.
La bonne proposition est I.C.

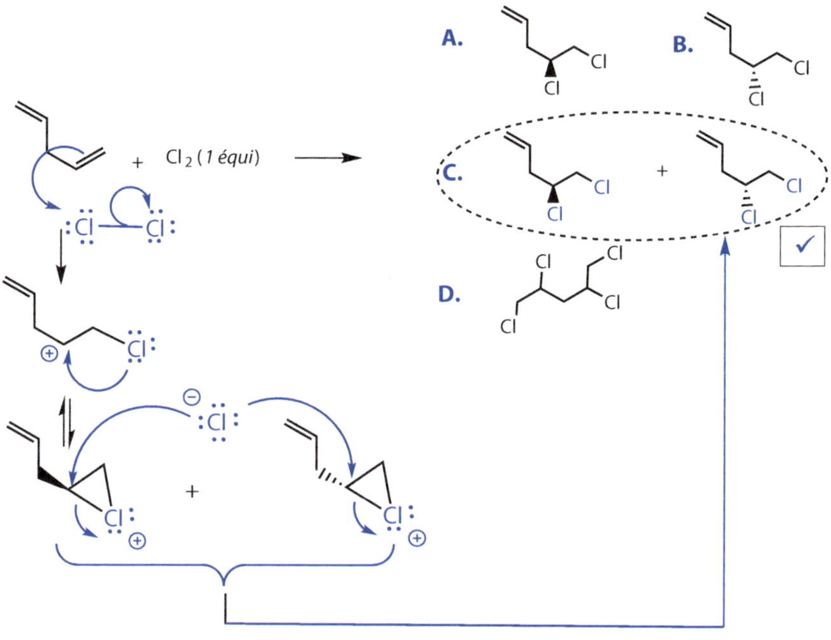

❖ **Pour II.**

C'est une réaction dans laquelle les atomes de deutérium sont additionnés à la double liaison et le produit formé est toujours *cis*.

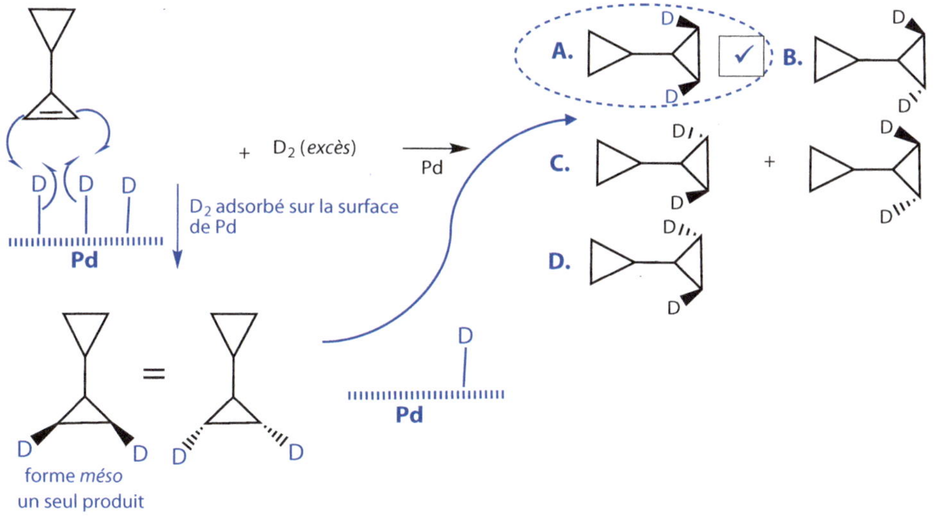

La proposition II.A est correcte.

❖ **Pour III.**

Le catalyseur de Lindlar est utilisé pour réaliser une hydrogénation partielle. L'alcène formé est toujours de configuration *cis*. Pour ce faire, l'hydrogène est adsorbé sur la surface de Palladium empoisonné par du carbonate et de l'acétate de plomb.

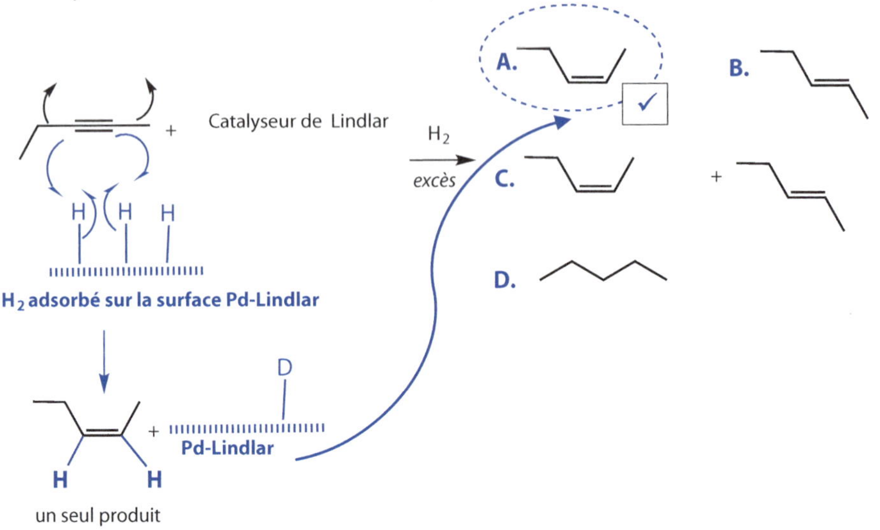

Seule la proposition III.A est juste.

❖ **Pour IV.**

Il s'agit d'une réaction d'addition de HBr sur l'alcène. Cette réaction passe toujours par un intermédiaire qui est un carbénium (carbocation), espèce réactive.

C'est toujours le carbocation le plus stable qui est formé. Le carbocation tertiaire est plus stable que le secondaire, lui-même plus stable que le primaire.

Dans ce cas, le carbocation formé est tertiaire, le carbénium C^+ est lié à trois C.

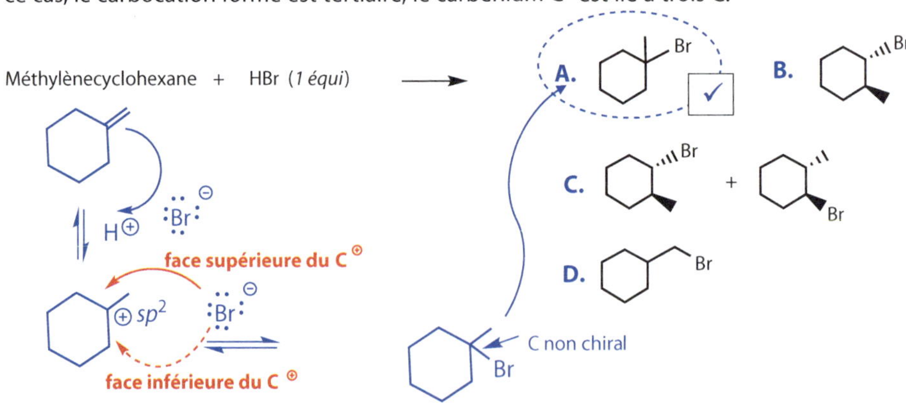

$C^{\oplus}$ est hybridé sp^2, il est plan, $Br^{\ominus}$ attaque de deux cotés (50 % devant et 50 % vers l'arrière), mais le produit final est le même vu que le C n'est pas chiral.

Seule la proposition IV.A est correcte.

Remarque : *stabilité des carbéniums.*
*Le carbocation peut aussi être stabilisé par conjugaison avec une double liaison d'un cycle aromatique (**1**) ou un groupement vinylique (**2**) ou un atome portant des paires libres (**3**) etc.*

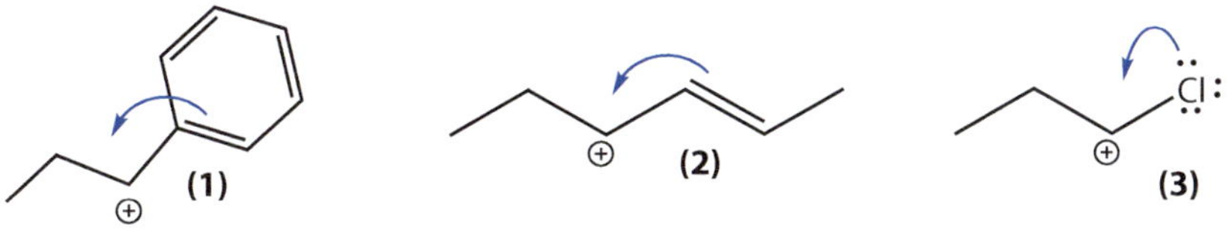

En plus, les carbocations se réarrangent pour avoir plus de stabilité et donc plus d'accessibilité dans le milieu :

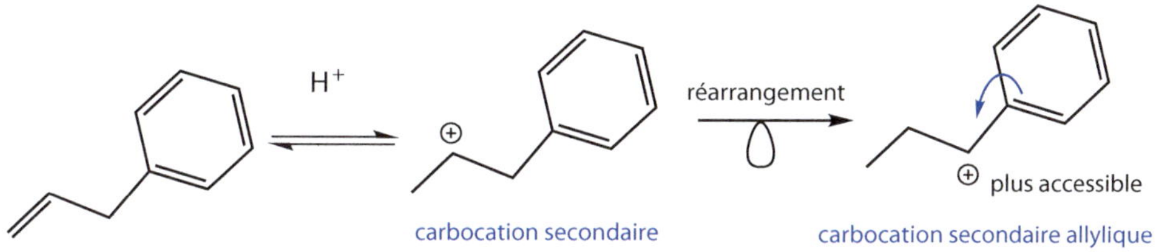

❖ **Pour V.**

Cette réaction consiste à additionner un nucléophile, le méthanol, à la double liaison du composé 2-méthylpent-2-ène. L'activation de cette réaction nécessite un catalyseur acide type acide phosphorique ou sulfurique.

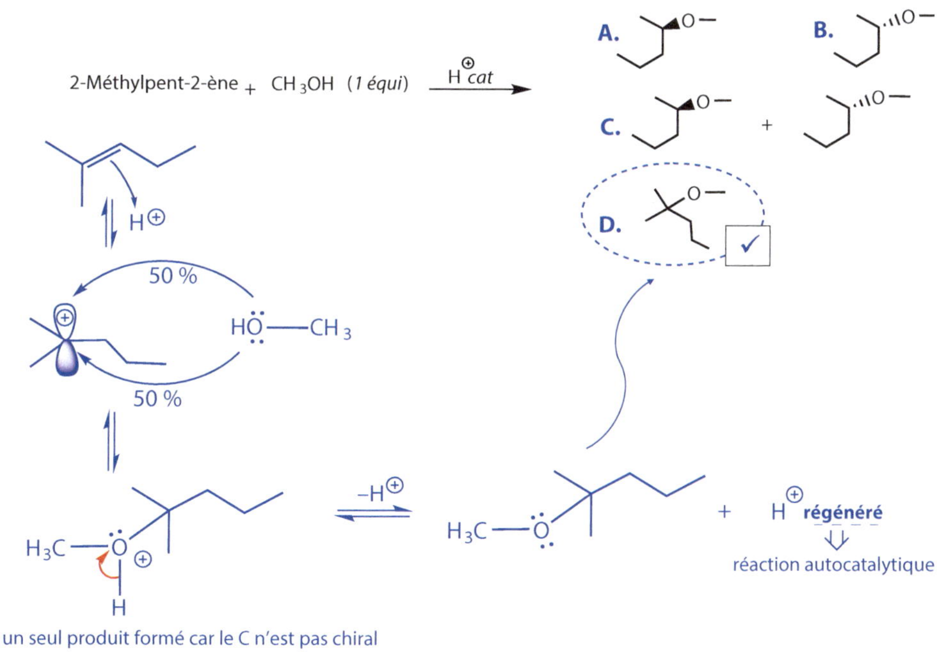

La proposition V.D est exacte.

❖ Pour VI.

Il s'agit d'une réaction de dihydroxylation, chaque atome de l'alcène est lié à un groupe hydroxyle (–OH). L'addition est *syn*, les deux OH formés présentent une configuration *cis*.

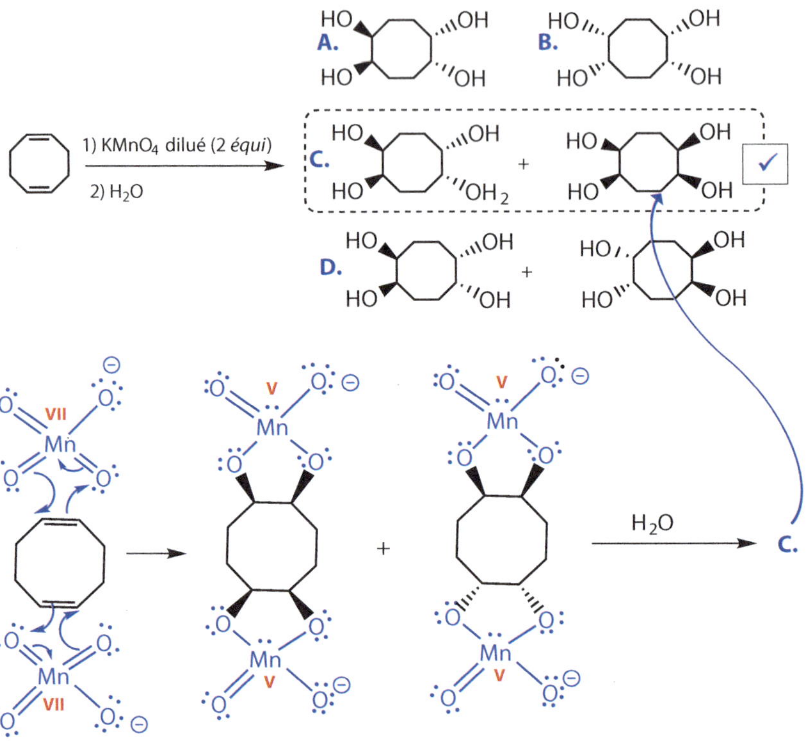

Pour les dernières étapes, l'eau s'additionne sur la double liaison Mn=O pour ouvrir le cycle :

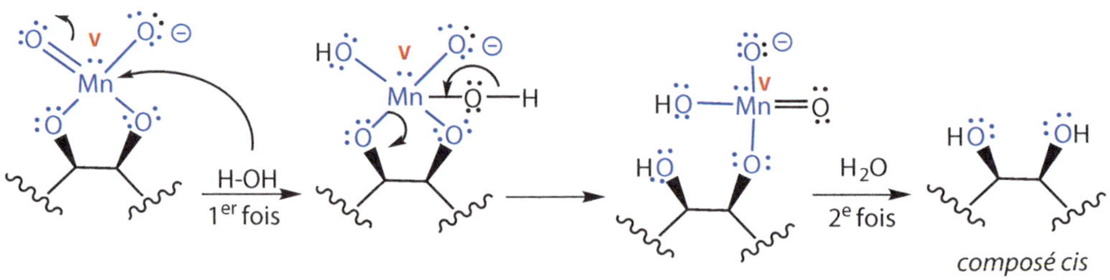

La proposition VI.C est correcte.

Remarque :

Le permanganate de potassium, $KMnO_4$, utilisé est dilué et la réaction se fait à froid pour ne pas pousser l'oxydation vers la formation des cétones ou des aldéhydes :

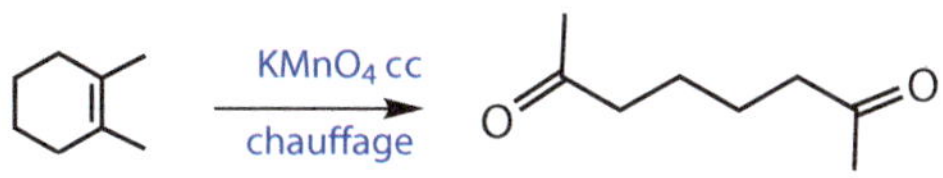

6. Sans tenir compte de la stéréochimie, quel est le réactif utilisé pour synthétiser le produit des réactions suivantes ?

❖ Pour I.

Il s'agit d'une addition de Cl_2 à une double liaison contenu dans la chaîne des composés proposés. Pour parvenir à l'identifier, il suffit de décrire la structure développée de ces composés :

A. $CH_2ClCH(CH_3)CHCHC(CH_3)CH_3Cl_2$

B. $CHCl_2CH(CH_3)CHCHCH(CH_3)_2$ + Cl_2 ⟶

C. $CHCl_2CH(CH_3)CHCHCH(CH_3)CHCl_2$

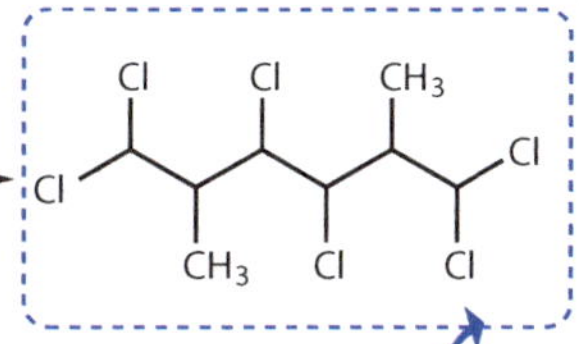

A. $CH_2ClCH(CH_3)CHCHC(CH_3)CH_3Cl_2$

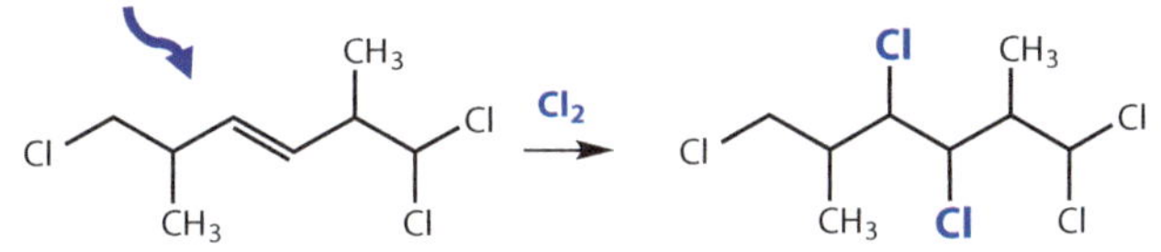

B. $CHCl_2CH(CH_3)CHCHCH(CH_3)_2$

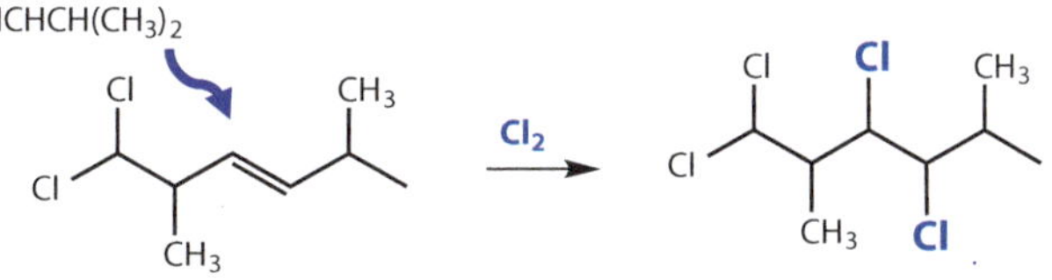

C. $CHCl_2CH(CH_3)CHCHCH(CH_3)CHCl_2$

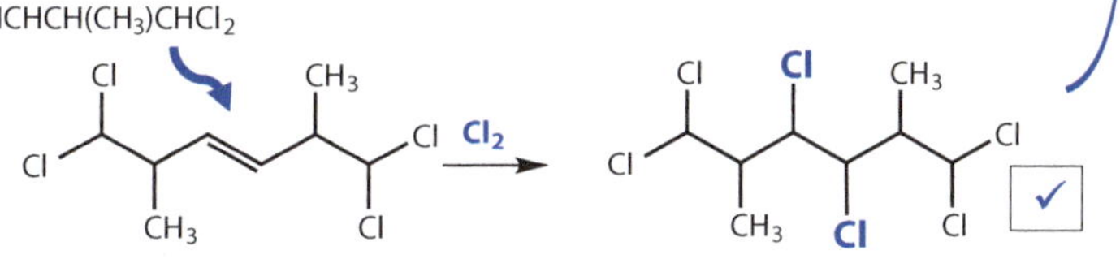

La proposition I.C est seule qui convient.

❖ Pour II.

La première réaction (**A.**)

Comme expliqué auparavant, lors de l'addition de HBr à la double liaison C1=C2, le brome se lie au C2 et pas au C1. En effet, le carbocation intermédiaire formé est secondaire et donc plus stable (plus accessible) qu'un primaire.

A. 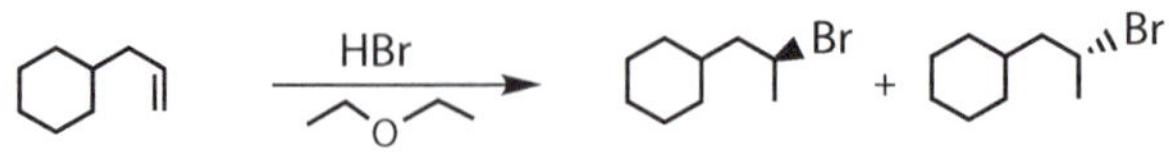

Remarque :
Si le réactif de départ est le vinylcyclohexane, l'addition de HBr à la double liaison passe par un carbocation intermédiaire tertiaire. Le carbénium secondaire formé en premier lieu subit un réarrangement de Wagner-Meerwein pour pouvoir aboutir à un carbocation tertiaire plus stable. Cela est dû à la migration de l'hydrure :

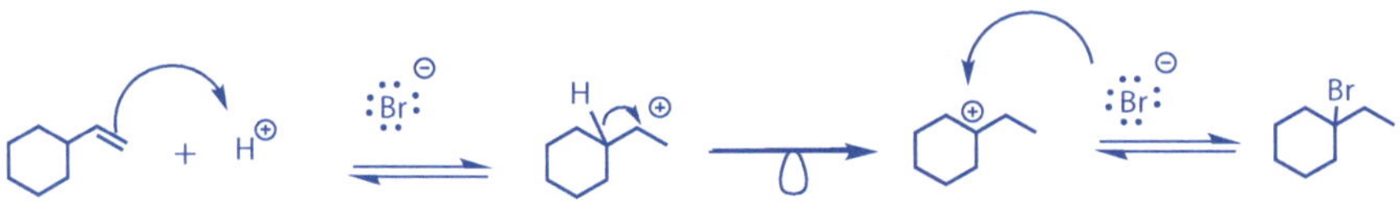

La deuxième réaction (**B.**) n'est pas ionique comme celle présentée en **A.**, elle est radicalaire. Par chauffage, le peroxyde H_2O_2 (eau oxygénée) se clive d'une manière homolytique pour former 2 groupes $HO^{\bullet}$.

Le radical $HO^{\bullet}$ réagit avec HBr pour former le radical $Br^{\bullet}$ qui à son tour réagit avec l'alcène pour former le radical le plus stable.

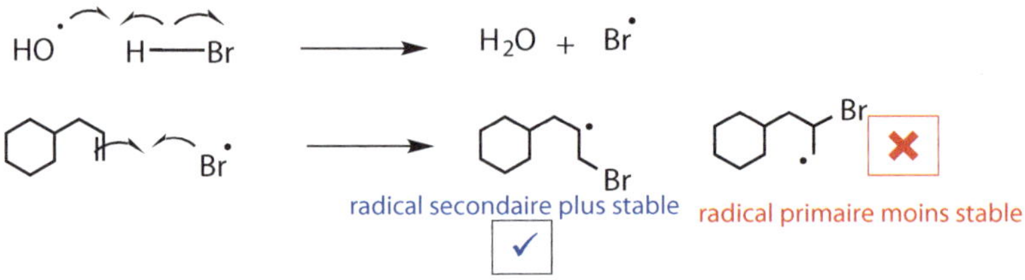

Enfin, la molécule organique radicalaire réagit avec HBr pour se transformer en produit voulu (non radicalaire) et régénérer le radical $Br^{\bullet}$.

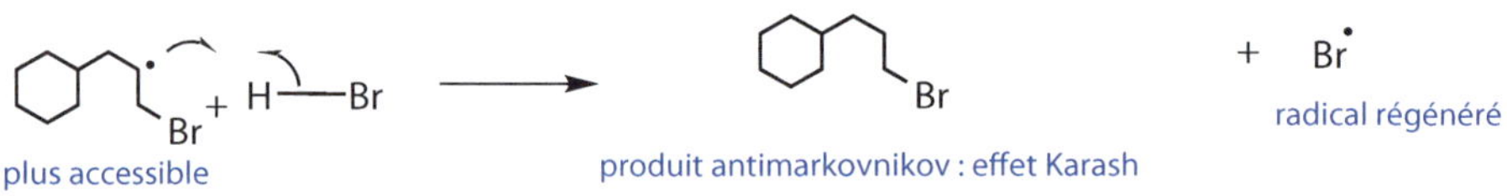

La bonne proposition est donc II.B.

La troisième réaction **C.** consiste à mettre en compétition l'attaque du solvant nucléophile (éthanol) et l'ion bromure, après formation du carbocation.

Le produit majoritaire formé porte une fonction éther.

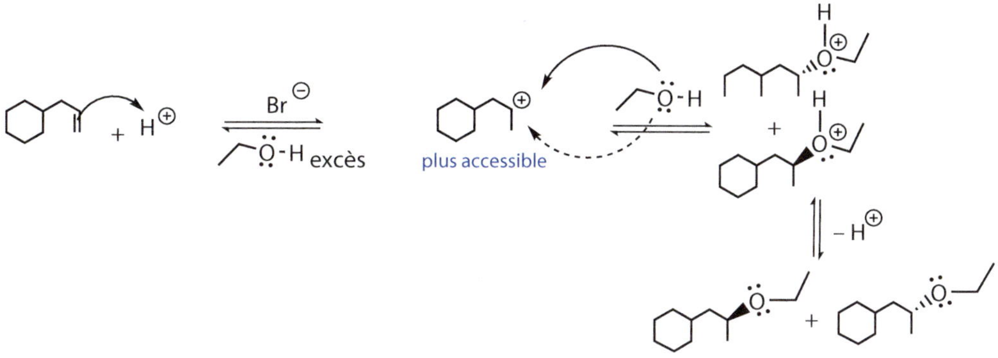

❖ **Pour III.**

Pour cet exercice, il est conseillé de s'exercer d'abord sur les parties **I.** et **II.**

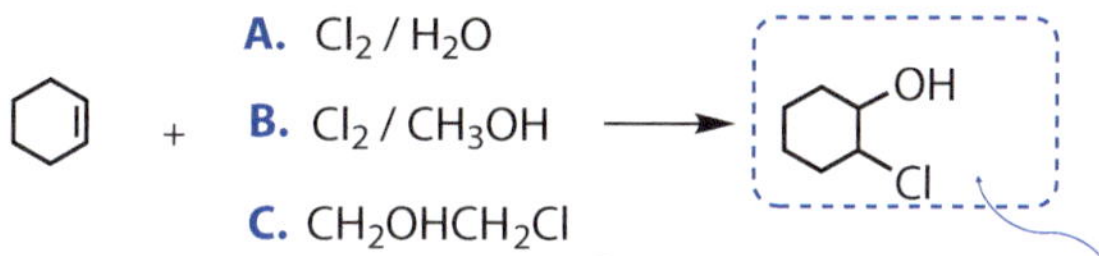

A.

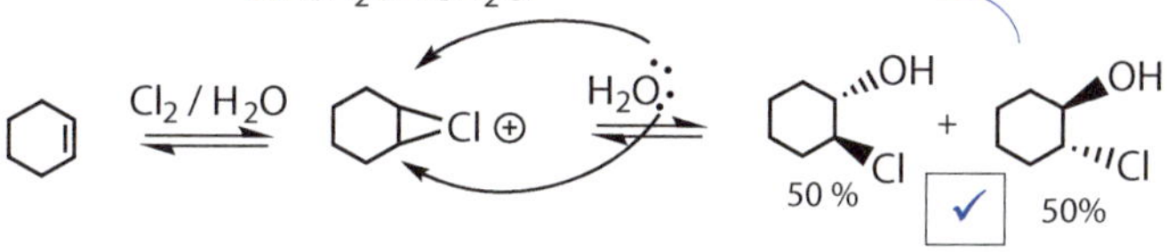

mélange racémique

B.

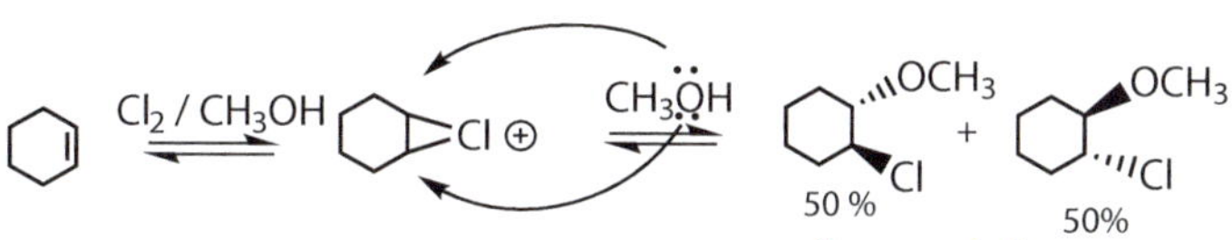

mélange racémique

C.

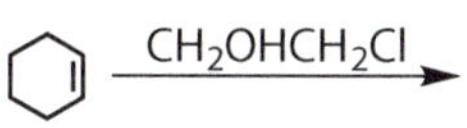

Pas de réaction par défaut de présence du catalyseur

La proposition correcte est III.A.

7. Sans tenir compte de la stéréochimie, quel(s) est(sont) le(s) produit(s) synthétisé(s) dans les réactions suivantes ?

❖ **Pour I.**

L'hydroboration est une réaction d'hydratation des alcènes dans laquelle le groupement –OH se lie au carbone le moins substitué (ou le plus hydrogéné). Les réactifs utilisés sont, en plus de l'alcène, 1) BH_3 et 2) H_2O_2/OH^-.

Les étapes principales du mécanisme réactionnel sont :

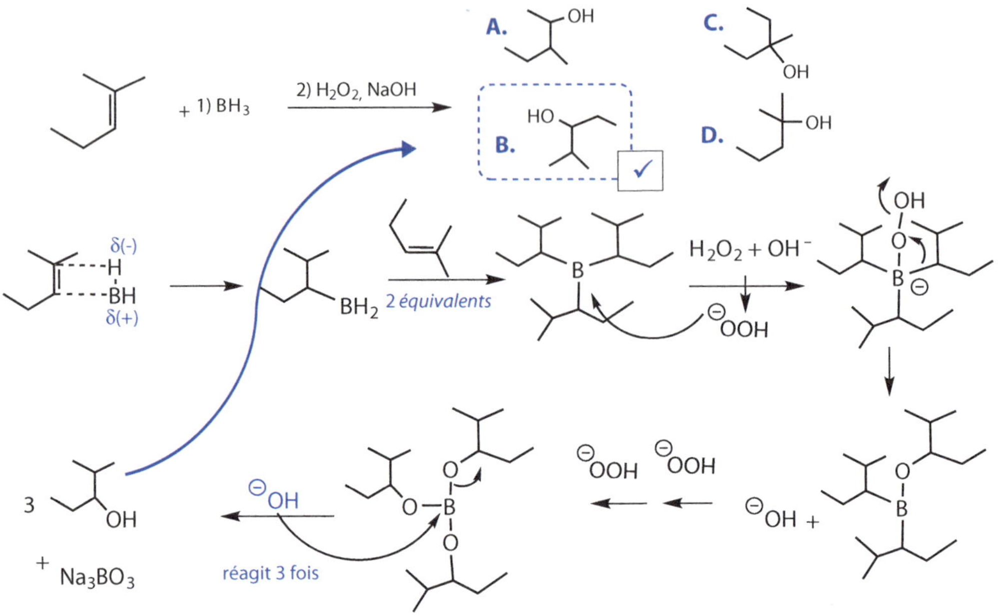

La bonne proposition est I.B.

❖ **Pour II.**

Cette réaction consiste à additionner une molécule de Br_2 sur une triple liaison. Le mécanisme est similaire à celui effectué sur les alcènes (voir QCM5, I.). Cette addition est *anti* (*trans*) également :

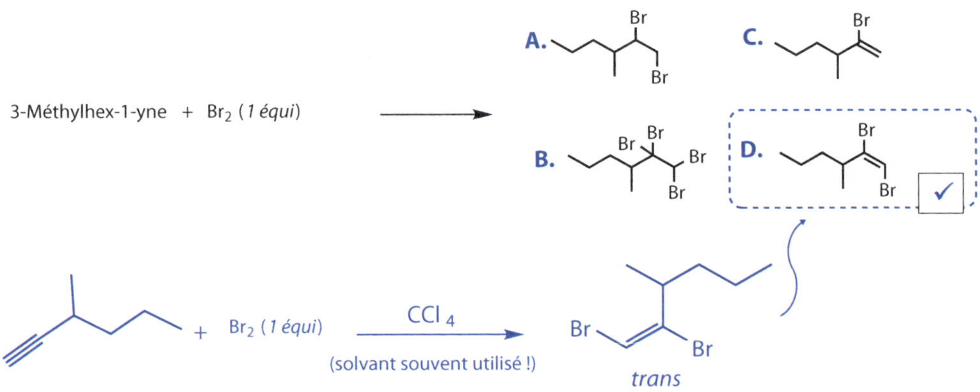

La proposition correcte est II.D.

❖ **Pour III.**

C'est une réaction au cours de laquelle un équivalent de HCl (réactif limitant) est additionné à un des deux alcènes. L'addition se fait sur l'alcène donnant le carbocation le plus accessible (plus stable). Le produit formé est donc **B.** :

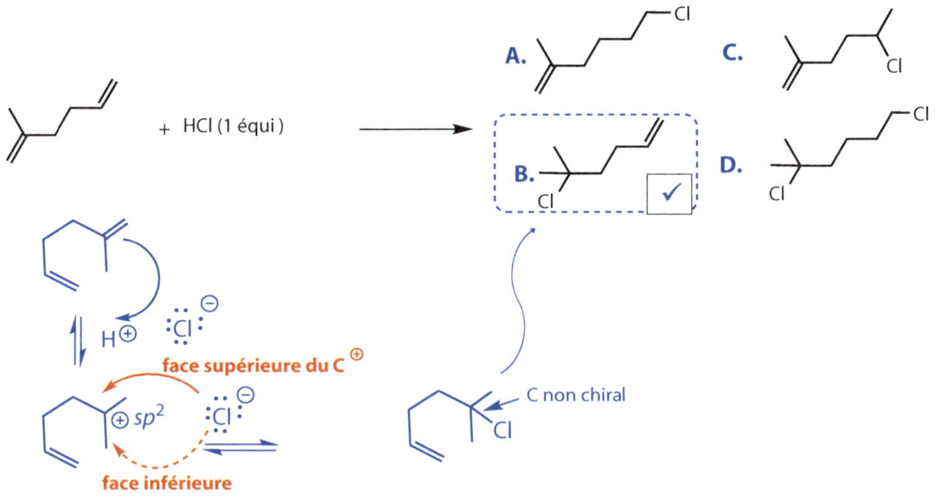

C⊕ est hybridé *sp*², il est plan, Cl⊖ attaque de deux cotés (50% devant et 50% vers l'arrière), mais le produit final est le même vu que le C n'est pas chiral.

La proposition III.B. est bonne.

❖ **Pour IV.**

Ici pour cette réaction d'addition d'HBr sur l'alcène, après formation de l'intermédiaire carbocation, il y a une compétition entre l'attaque du groupement alcool –OH (réaction intramoléculaire) et l'ion bromure (réaction intermoléculaire). La réaction intramoléculaire est cinétiquement déterminante. Ainsi, c'est **la proposition IV.B** qui est correcte.

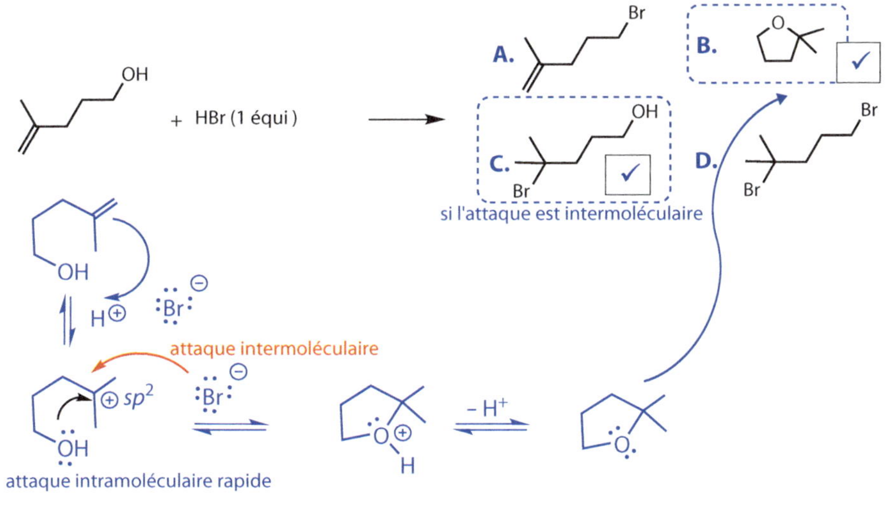

8. Définir quel(s) réactif(s) peut-on utiliser pour obtenir uniquement le(s) produit(s) tel(s) que décrit(s) dans chacune des réactions suivantes ? S'il y a plusieurs choix, sont-ils tous aussi bons ?

❖ **Pour I.**

Attention pour le réactif **A**, les deux doubles liaisons sont conjuguées et pas isolées. Le produit final, sans tenir compte de la stéréochimie, est un mélange de deux ou plusieurs produits.

Le mécanisme d'une addition de HBr sur un diène conjugué est le suivant :

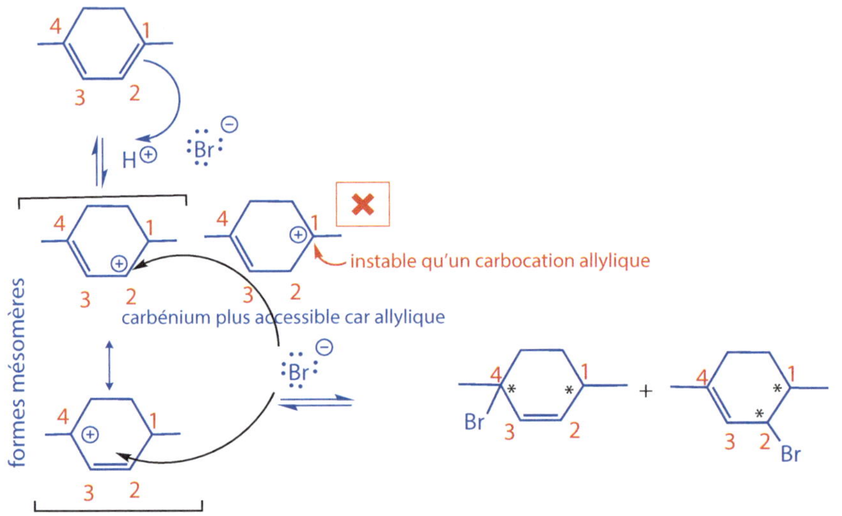

Si HBr dans le milieu réactionnel est en excès, les deux produits formés continuent à réagir pour donner des composés dibromés.

Pour un équivalent de HBr, si la molécule de départ n'est pas symétrique, les deux doubles liaisons conjuguées, attaqueront chacune H^+ (et puis Br^-) pour donner plusieurs produits. Il s'agit du cas **C.** :

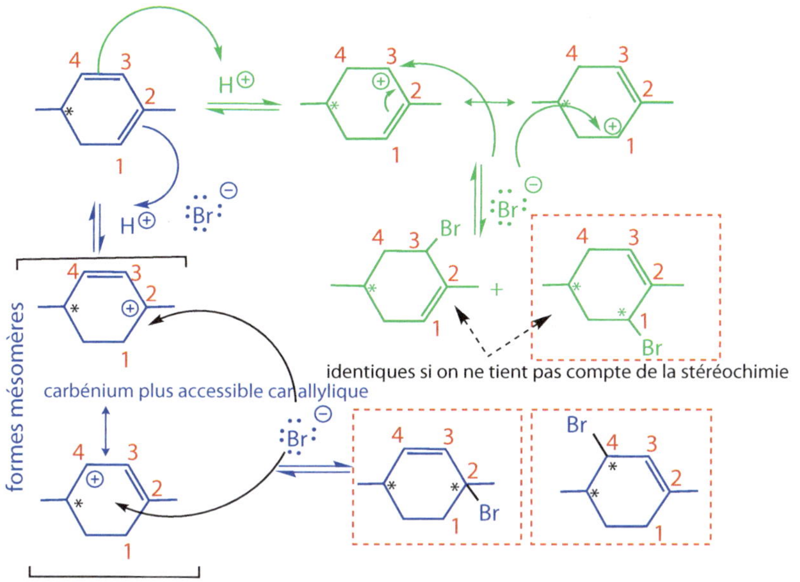

Enfin, seules les molécules **B.** et **D.** peuvent donner le produit en question :

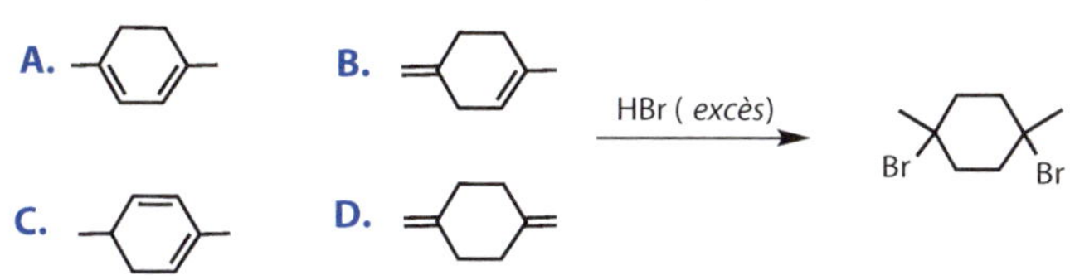

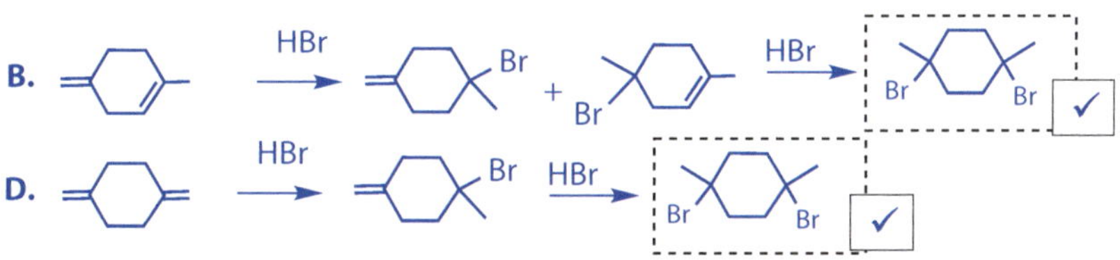

Le produit formé n'est pas chiral, il possède un plan de symétrie qui sépare la molécule en deux parties superposables identiques.

Les bonnes propositions sont I.B et I.D.

❖ **Pour II.**

Dans les conditions douces d'oxydation, $KMnO_4$ dilué à froid en présence d'un alcène, il y a formation d'un diol vicinal de configuration *cis* (**P_1** et **P'_1**). Le mécanisme est discuté en détail dans l'exercice 5, sous question VI.

Les produits formés lors de l'oxydation du réactif **A.** ne sont ni superposables ni images miroir aux composés voulus, ils sont donc des diastéréoisomères.

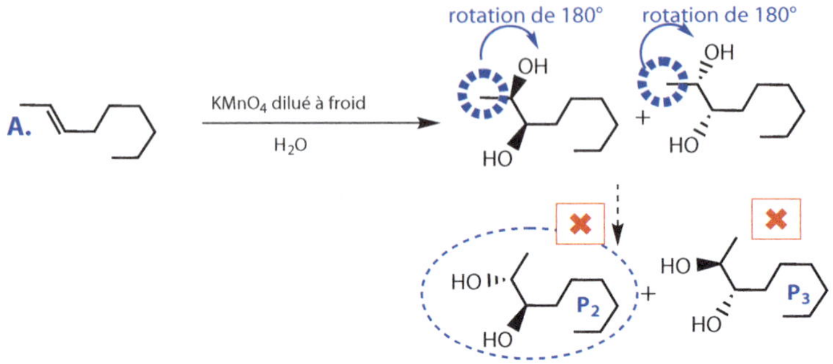

composés différents des produits souhaités : **P_2** et **P_1** sont diastéréoisomères

Les diols vicinaux formés lors de l'oxydation du réactif **B.** sont liés aux carbones différents de ceux des composés voulus. Ce sont donc des isomères de position.

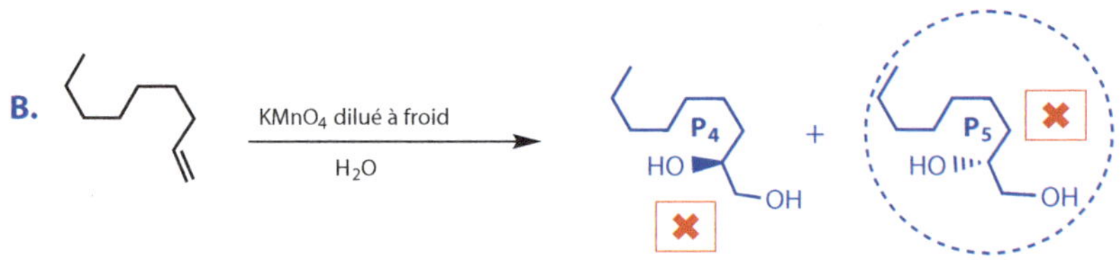

P_5 et **P_1** sont isomères de position

Idem pour le réactif **C.**:

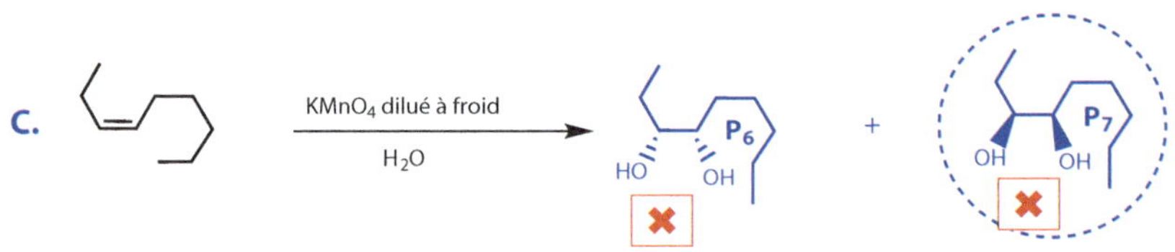

P_7 et **P_1** sont isomères de position

Enfin, le bon réactif pour former les composés **P_1** et **P_2** est **D.**

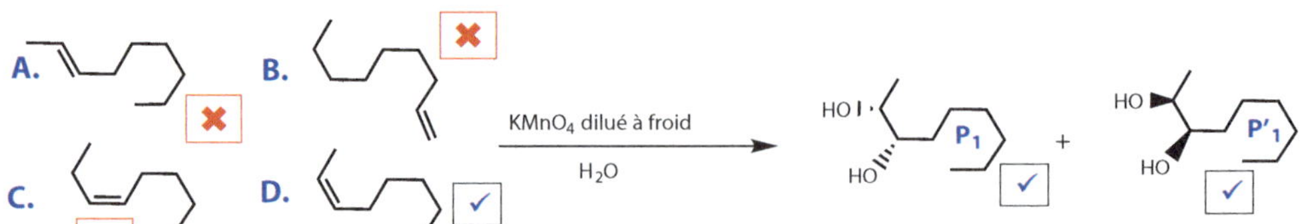

P_1 et **P'_1** sont énantiomères

❖ **Pour III.**

Le mécanisme de cette réaction est discuté dans l'exercice **5.** (question V). Il s'agit d'une addition d'un alcool, éthanol, sur une double liaison, sous catalyse acide. Le produit formé est un éther. Avec les réactifs **A.** et **B.**, trois produits sont formés :

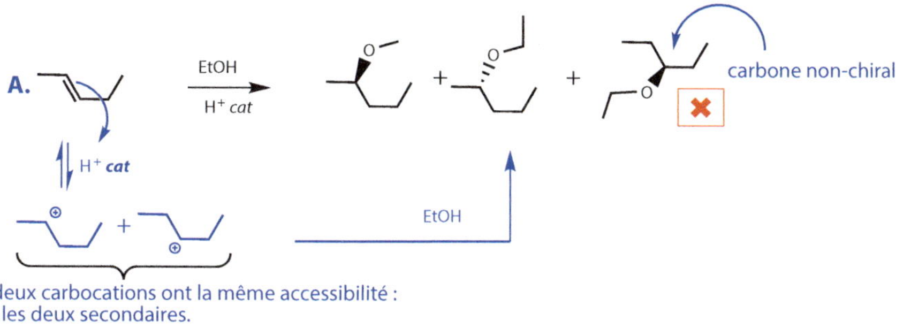

Le produit **D.** conduit à un produit contenant deux fonctions éther lié au même carbone, un acétal :

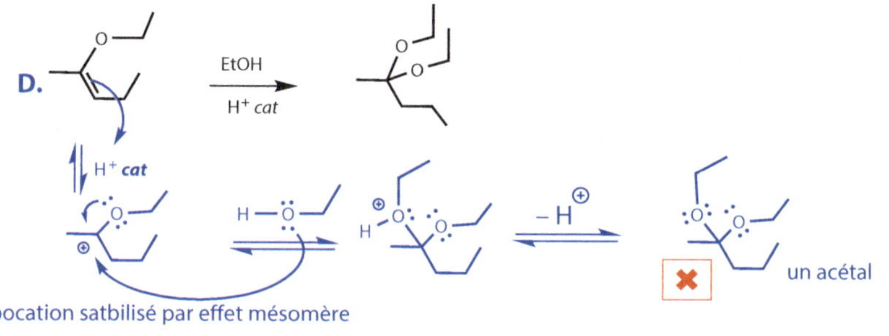

Le réactif **C.** obéissant à la règle de Markovnikov conduit seul aux produits demandés.

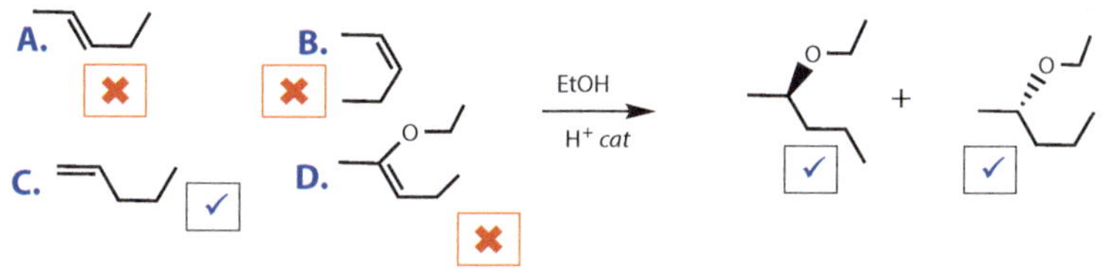

La proposition III.C. est vraie.

❖ **Pour IV.**

Il s'agit d'une réaction d'ozonolyse qui permet de transformer l'alcène en cétone ou en aldéhyde. Le zinc, comme réducteur, est utilisé pour freiner l'oxydation des fonctions aldéhydes en acide carboxyliques.
La première étape de cette réaction consiste à transformer l'alcène en ozonide. Quant à la deuxième étape, l'ozonide formé se clive en aldéhyde.

A.

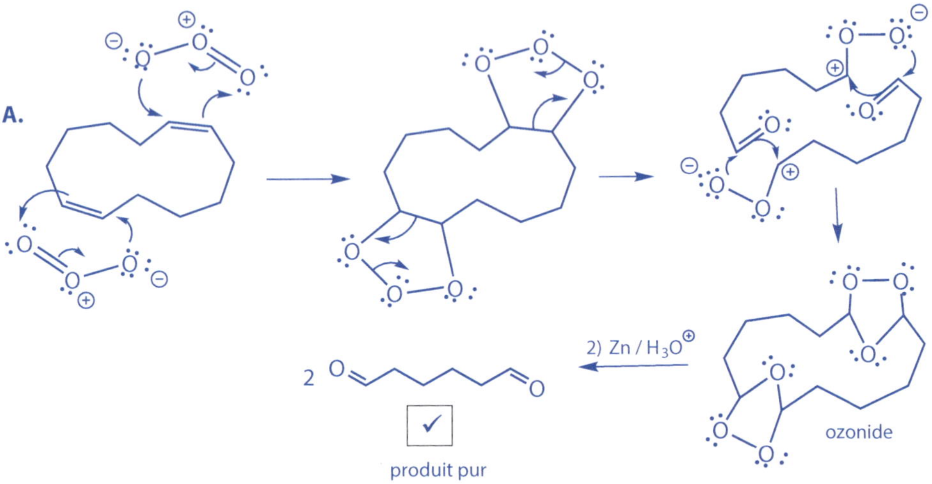

Dans l'étape 2, l'ozonide est clivé par attaque de l'eau sur le groupement C–O-O selon le mécanisme suivant :

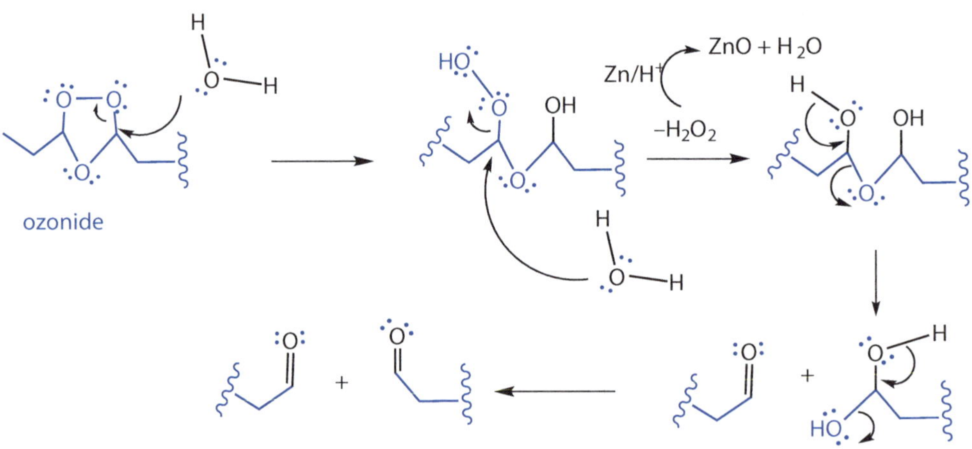

L'eau oxygénée formée est réduite directement par du Zn avant qu'elle oxyde l'aldéhyde en acide carboxylique.

La bonne proposition est IV.A.

La réaction d'ozonolyse de **B.** ne conduit pas à la formation d'un seul produit pur. Deux composés sont formés : l'hexandial et le formaldéhyde (méthanal).

Avec le réactif **C.**, on forme l'hexandial et le propanone (acétone). Quant au **D.**, l'ozonolyse donne un seul produit mais avec chaîne principale plus courte que l'hexandial désiré (pentandial).

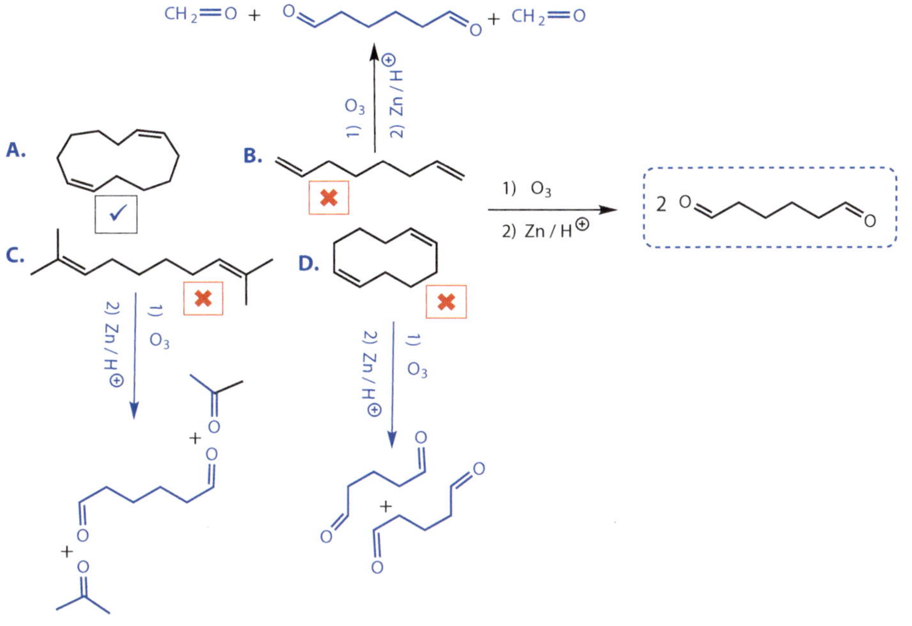

❖ **Pour V.**

C'est une réaction d'ozonolyse qui a lieu en présence du Zn comme réducteur pour réduire l'eau oxygénée, H_2O_2, formée. Les aldéhydes produits ne sont donc pas oxydés en acide.

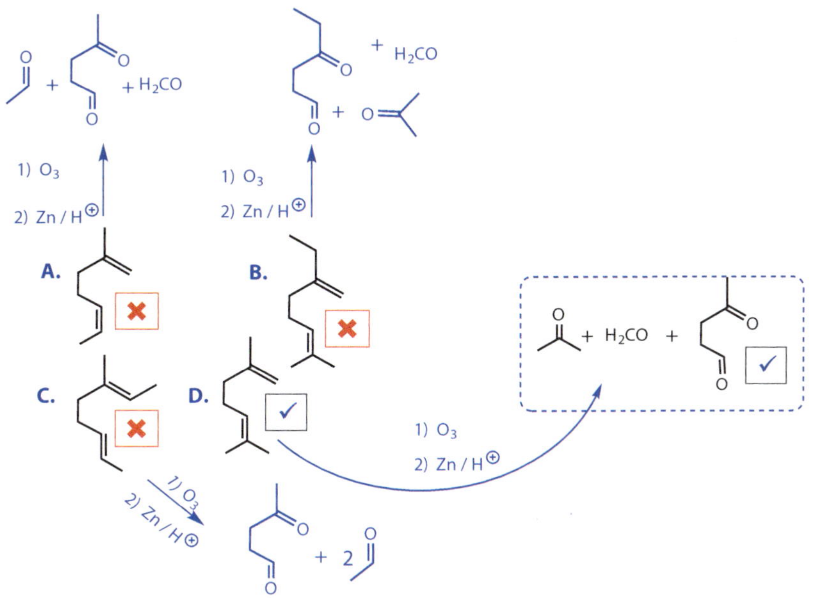

La bonne proposition est V.D.

❖ **Pour VI.**

C'est une réaction d'ozonolyse qui a lieu en présence de H_2O_2 comme oxydant pour transformer les aldéhydes produits en acides carboxyliques.

L'oxydation complète du méthanal conduit à l'acide carbonique qui se décompose ensuite facilement en CO_2 et H_2O.

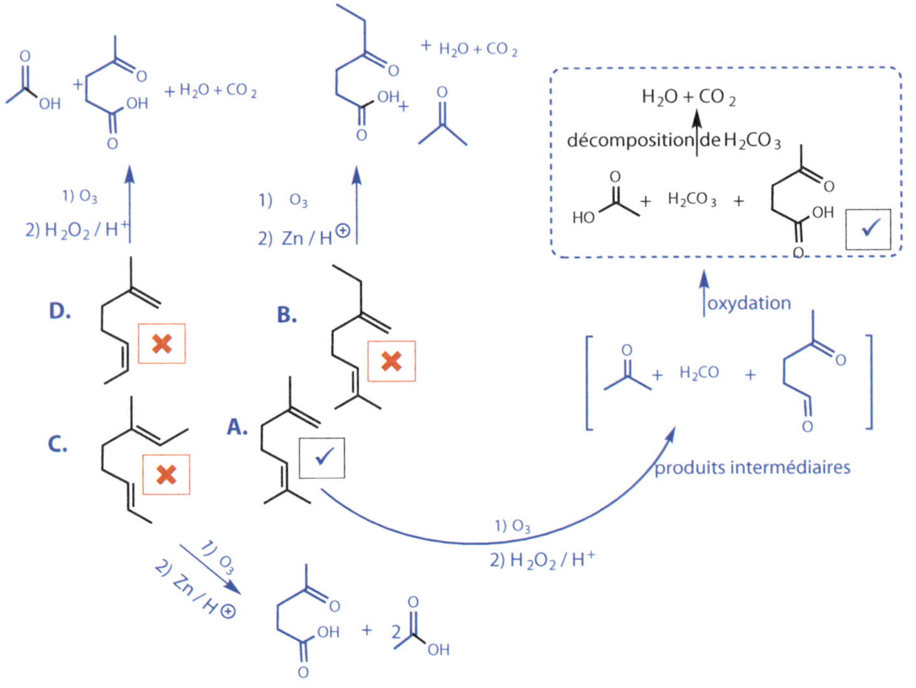

La bonne proposition est VI.A.

❖ **Pour VII.**

L'oxydation douce des alcènes par $KMnO_4$ dilué à froid conduit à la formation des diols vicinaux dont la configuration est *cis*.

D'après les produits proposés, le diol est séparé du groupement méthyle d'un carbone d'un côté et de deux carbones de l'autre côté. Le seul réactif valable est **B.**

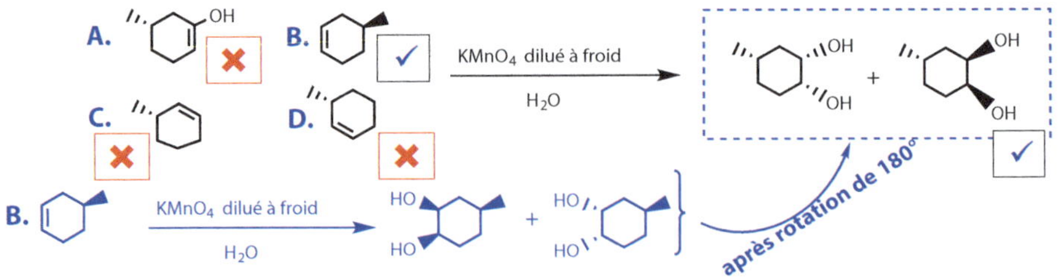

9. En tenant compte de la stéréochimie, quel est le(s) produit(s) formé(s) dans les réactions suivantes ?

❖ Pour I.

Cette réaction consiste à faire l'addition de H_2 sur la double liaison C=C en présence de Pd-C comme catalyseur. L'addition est *cis*.

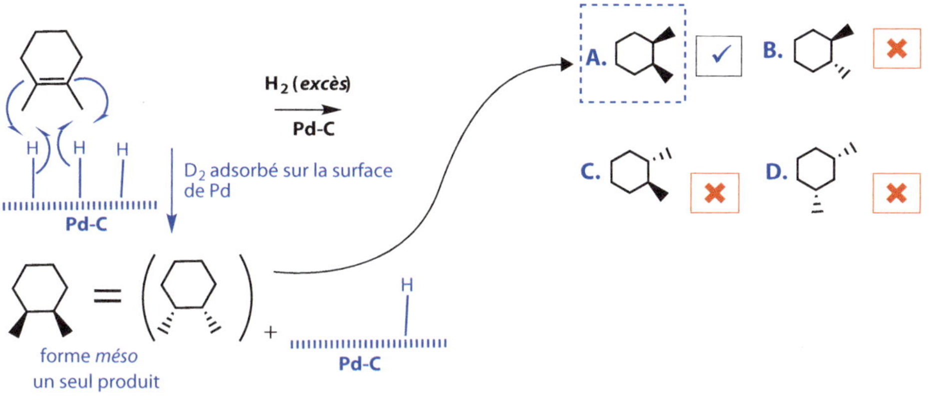

La bonne affirmation est I.A.

❖ Pour II.

Le **mCPBA**, ***meta*-C**hloro**P**er**B**enzoïc **A**cide (en anglais !) est un agent chimique fort utilisé pour époxyder la double liaison C=C. Les produits **A.**, **C.** et **D.** ne peuvent en aucun cas être des bons produits car ils ne sont pas des époxydes. Ce sont des diols.

L'époxydation du cyclohexène se fait selon le mécanisme réactionnel suivant :

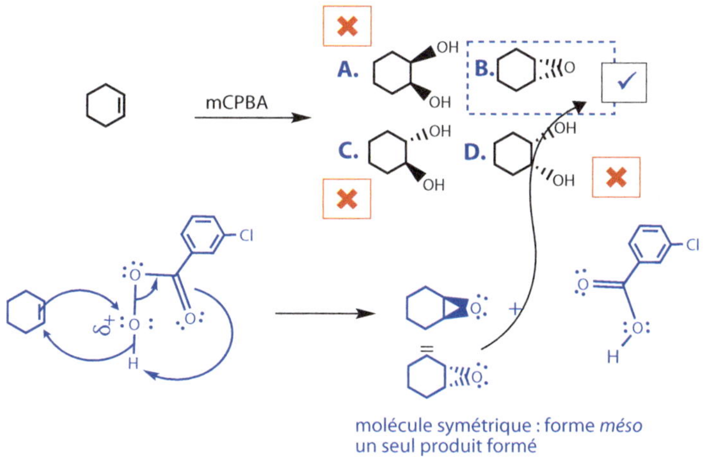

La bonne proposition est II.B.

❖ **Pour III.**

Il s'agit de la même réaction que celle discutée en **II.**, l'époxydation. D'après le mécanisme, l'addition se fait du même côté de la double liaison et aucune rotation interne n'étant permise.

Si l'on situe l'époxyde formé dans le plan de la feuille, les deux substituants éthyle (–Et) et propyle (–Pr) doivent être disposés de part et d'autre de l'époxyde : conservation de la configuration *trans*.

En outre, étant donné que l'époxyde formé n'admet pas un élément de symétrie, les deux composés proposés en **D.** sont les seuls formés.

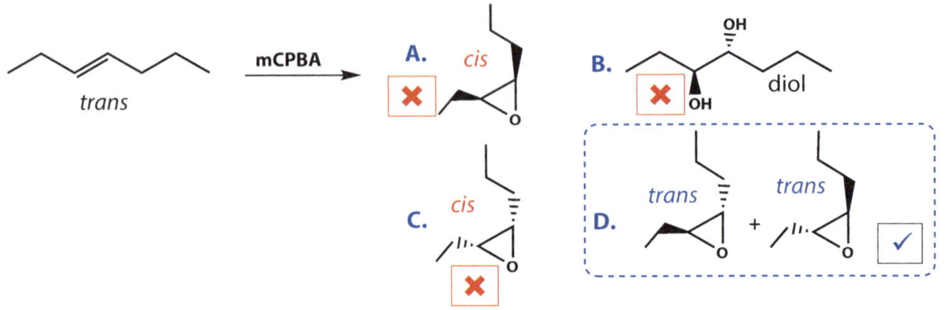

❖ **Pour IV.**

Ici, il s'agit d'une dihydroxylation des deux carbones de l'époxyde, formation d'un diol vicinal. En présence de OH^-, l'époxyde est attaqué du côté opposé de l'atome d'oxygène du cycle. Le diol formé, contrairement à la réaction avec $KMnO_4$, est *trans*.

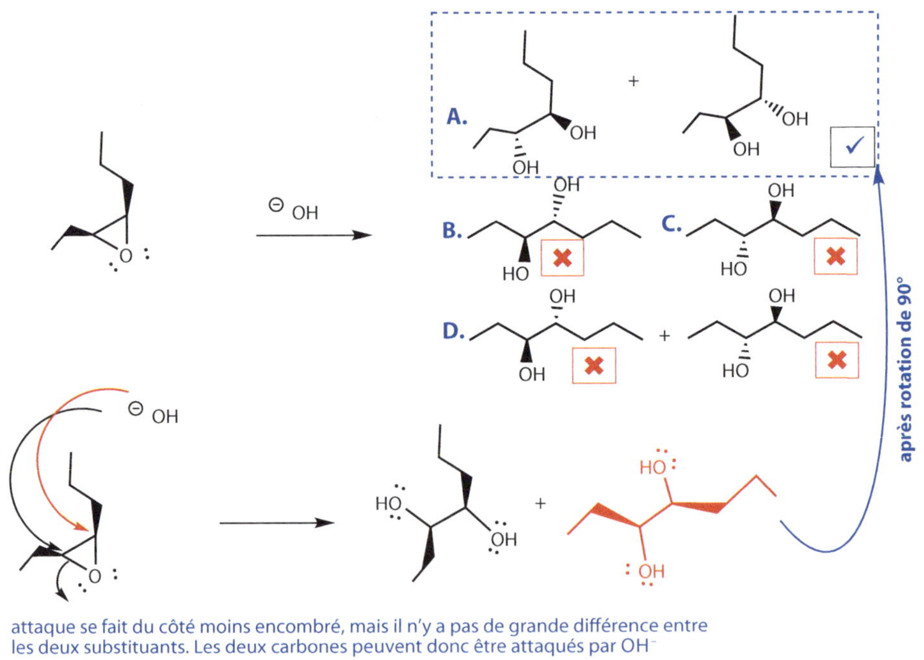

Les composés en **B.**, **C.** et **D.** ne sont pas corrects car les deux groupements propyle et éthyle ne sont pas disposés en configuration *cis*. **La bonne proposition est VI.A.**

❖ **Pour V.**

Il s'agit de la cycloaddition de Diels-Alder au cours de laquelle un diène réagit avec une oléfine pour produire un cyclohexène.

En général, le diène est lié à un donneur d'électron et l'oléfine à un ou deux accepteurs d'électrons.

Le mécanisme de la réaction est le suivant :

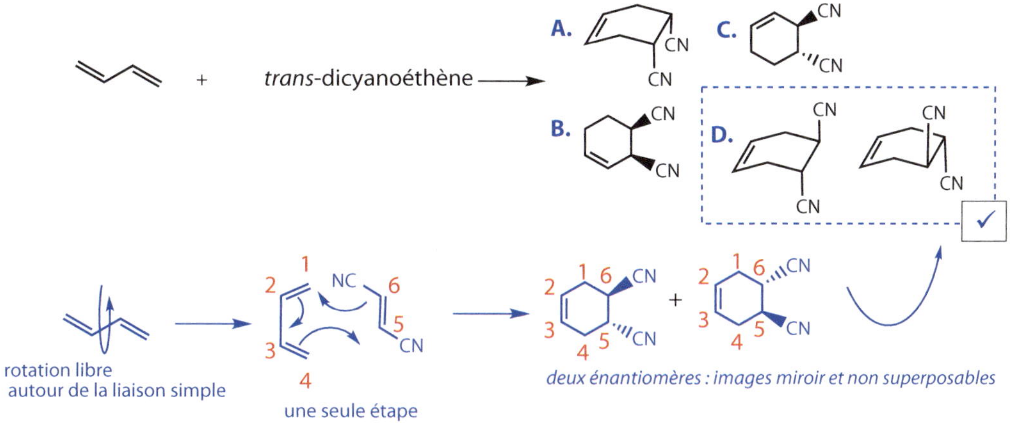

Dans l'espace, l'approche du diénophile du diène se fait en plan parallèle :

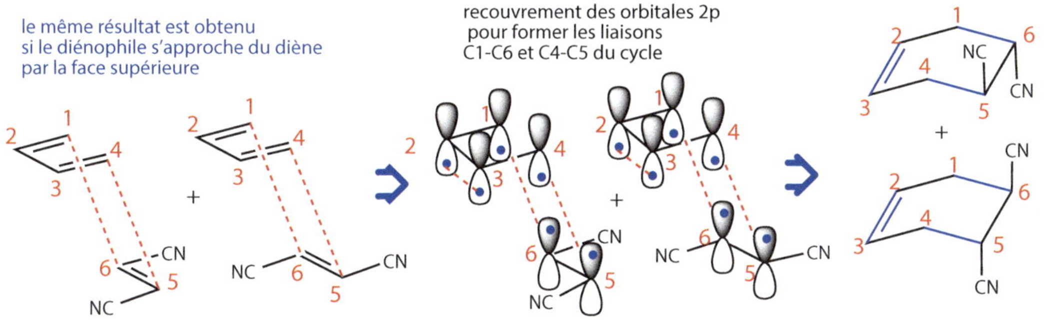

La bonne affirmation est V.D.

10. À partir des propriétés des diènes conjugués, indiquer la nature du(des) produit(s) issus de ces réactions.

❖ **Pour I.**

La première étape est l'addition électrophile de Br^+ sur la double liaison pour donner plusieurs carbocations tous allyliques, plus accessibles. Tout de suite après, il y addition de l'ion nucléophile Br^- conduisant à 4 produits dont *deux produits d'addition 1,4* (on les appelle adduits 1,4 également) sont identiques, si l'on ne tient pas compte de la stéréochimie.

Enfin, il est important de noter que l'on n'a aucun contrôle de la stéréochimie des produits formés. Tous les stéréoisomères sont possibles.

Le mécanisme réactionnel est le suivant :

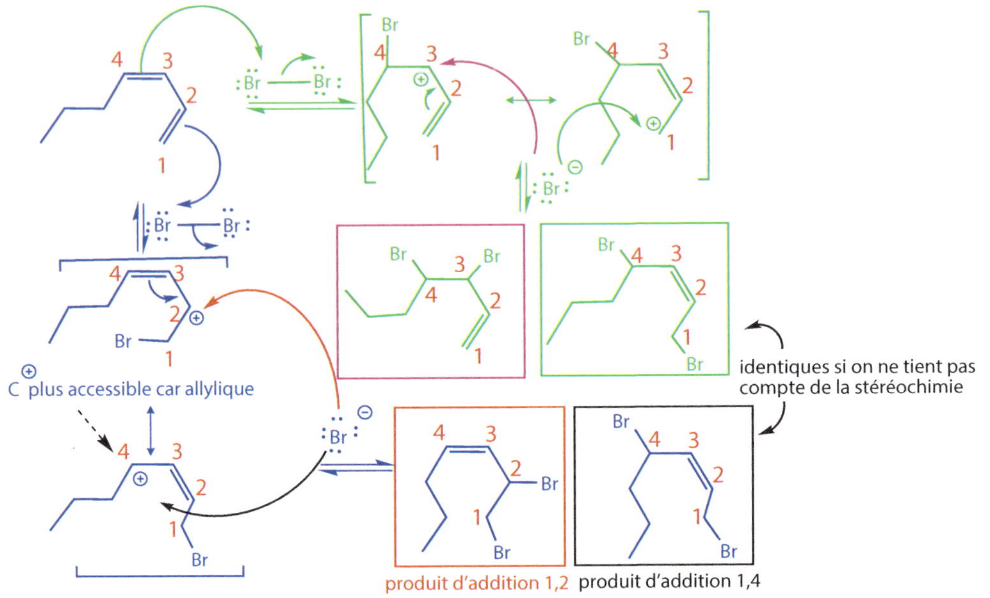

Le produit proposé en **A.** n'est qu'un des trois produits formés. La proposition **B.** n'est pas correcte faute de présence d'une double liaison au sein de la chaîne.

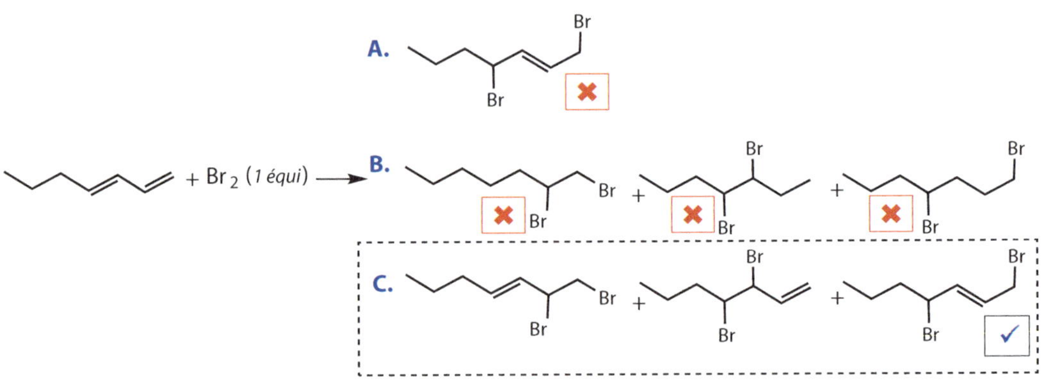

La bonne proposition est I.C.

❖ Pour II.

Il s'agit toujours d'une réaction d'addition sur un diène conjugué. Si l'on ne tient pas compte de la stéréochimie, un seul produit est formé car la molécule est symétrique (un seul type de carbénium formé).

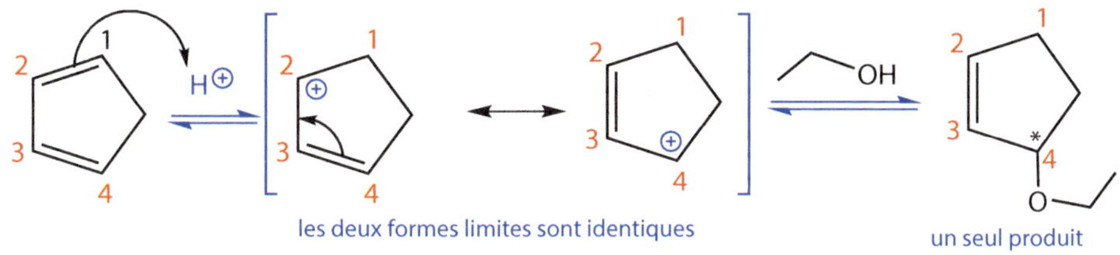

La proposition II.A. convient.

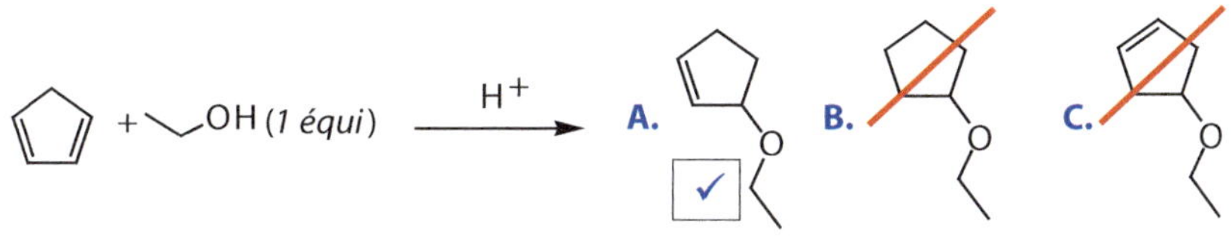

❖ Pour III.

La première étape est l'addition électrophile de D^+ (D = $^{2}_{1}H$, dit deutérium, a des propriétés chimiques identiques à son isotope $^{1}_{1}H$) sur l'alcène pour donner plusieurs carbocations accessibles, tous allyliques. Après, il y addition de l'ion nucléophile Cl^- pour donner 4 produits : deux issus d'addition 1,2 et deux autres de l'addition 1,4. En effet, le réactif n'est pas symétrique.

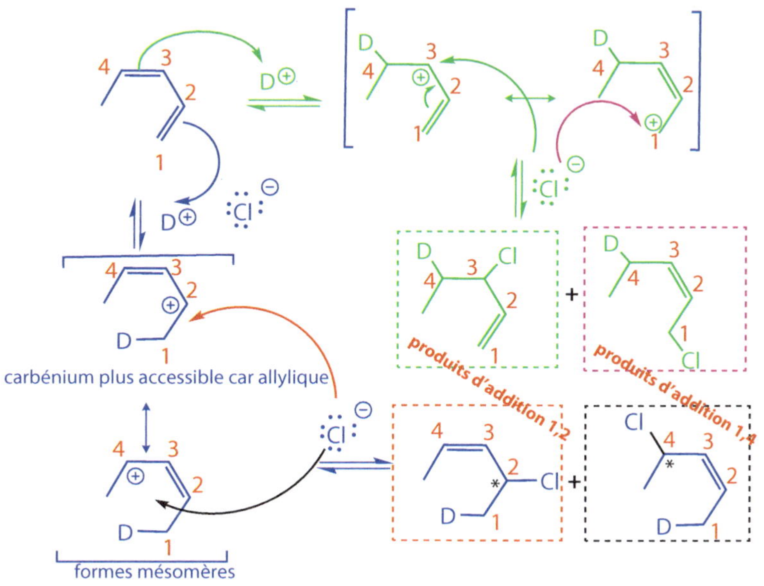

La bonne réponse est III.C. :

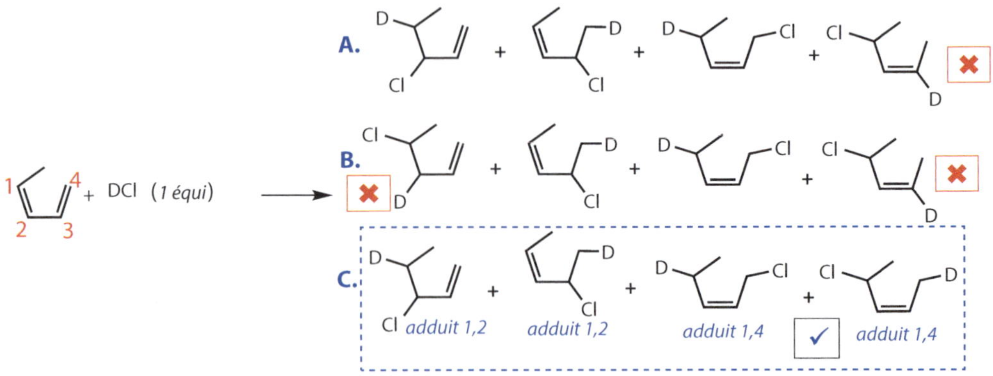

❖ **Pour IV.**

Comme expliqué dans l'exercice précédent, **la bonne proposition est IV.D. :**

le même résultat est obtenu
si le diénophile s'approche du diène
par la face supérieure

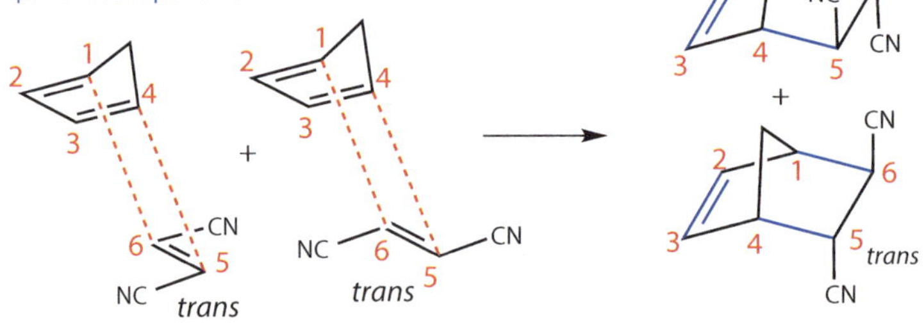

Les composés **A.** et **B.** (en *cis*) ne sont pas produits car la configuration des deux groupements –CN (*trans*) n'a pas été conservée.

Le composé **C.** n'est pas correct, car il lui manque le pont méthylène.

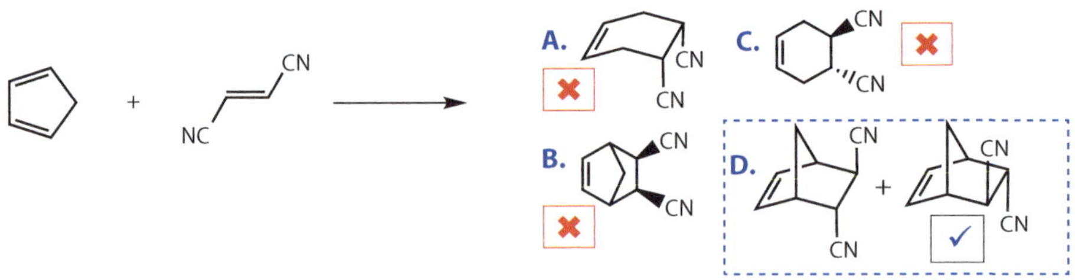

❖ **Pour V.**

La proposition V.C. convient car :

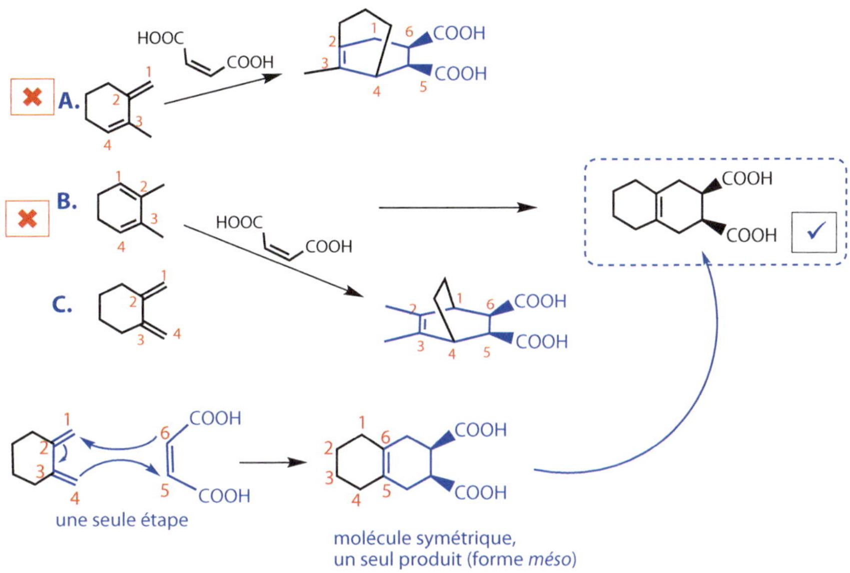

❖ **Pour VI.**

Toujours une réaction de Diels-Alder ! **La bonne affirmation est VI.C.**

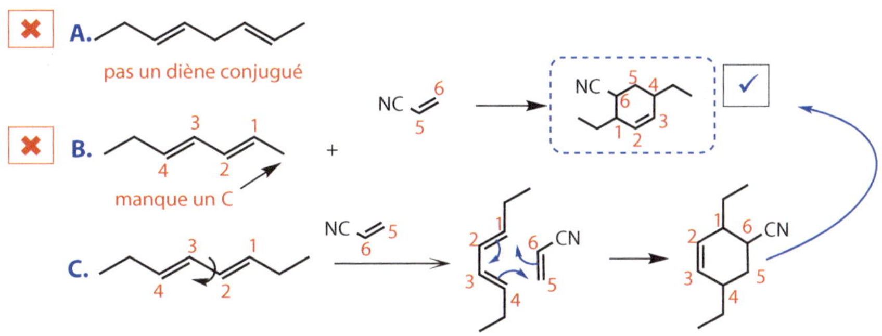

11. **Quelle est la structure de formule brute $C_{14}H_{22}$ qui permet d'obtenir uniquement les 3 composés suivants, par réaction d'ozonolyse [1) O_3 ; 2) Zn / $H^{\oplus}$] ?**

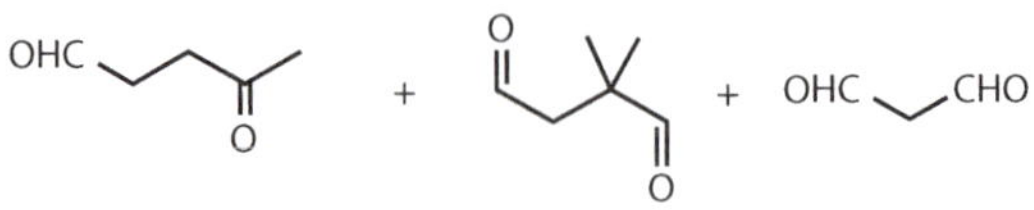

La seule bonne réponse est C. En effet :

C.

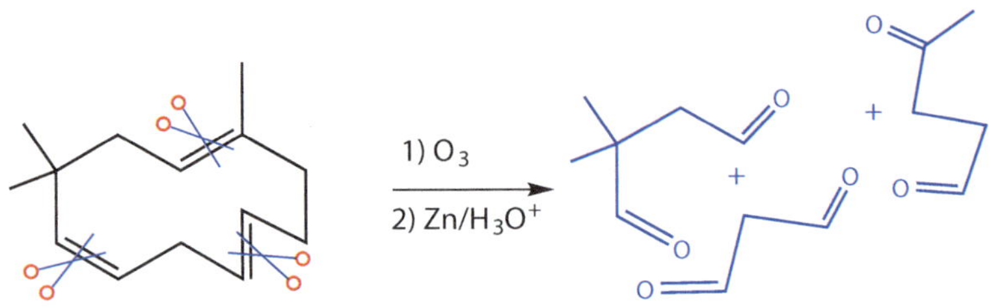

Aide dirigée . . .

Composés aromatiques

1. Quelle est la structure correcte pour la nomenclature des isomères de position (en tenant compte des stéréoisomères géométriques) que l'on peut obtenir en plaçant les 2 substituants sur chacun des deux types de cycles (benzène et cyclohexane).

❖ Pour les isomères de cyclohexane, on parle souvent des configurations *cis-trans* (ou *Z-E*) :

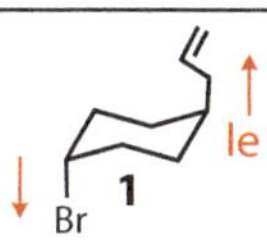

1

le groupe allyle pointe vers le haut

le groupe -Br pointe vers le bas

trans-1-allyl-4-bromocyclohexane

A.

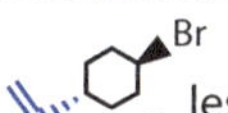

2

les deux groupes vinyle et -Br sont disposés de part et d'autre du cycle : *trans*.

attention , c'est un groupe vinyle et pas allyle ⇩

trans-1-bromo-4-vinylcyclohexane **G.**

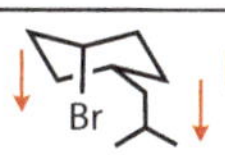

3

les deux groupes isobutyle et -Br pointent tous les deux vers le bas : *cis*.

cis-1-bromo-4-isobutylcyclohexane
ou
cis-1-bromo-4-(2-méthylpropyl)cyclohexane **D.**

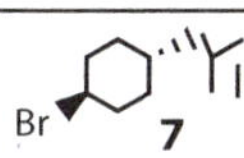

7

les deux groupes isobutyle et -Br sont disposés de part et d'autre du cycle: *trans*.

trans-1-bromo-4-(2-méthylpropyl)cyclohexane
ou
trans-1-bromo-4-isobutylcyclohexane

isopropyl 8 prop-1-ényl ou allyl

trans-1-isopropyl-4-(prop-1-ényl)cyclohexane

trans-1-allyl-4-isopropylcyclohexane **F.**

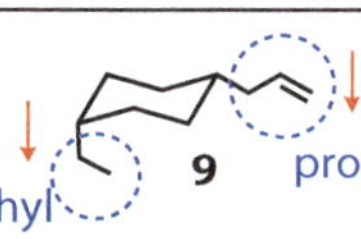

éthyl 9 prop-1-ényl

cis-1-éthyl-4-(prop-1-ényl)cyclohexane

cis-1-allyl-4-éthylcyclohexane

Remarque :
Les composés 8 et 9 sont des diastéréoisomères.
Les composés 3 et 7 forment un couple de diastéréoisomères.
Les composés 1 et 2 ne sont pas des isomères.

❖ Sur un benzène, contrairement à un cyclohexane, les substituants sont disposés dans le même plan, on ne peut donc en aucun cas attribuer la configuration *cis* ou *trans*.

On parle plutôt du composé *ortho* lorsque les deux substituants sont liés à deux carbones adjacents (composé **6**). Le composé est appelé *para* quand les deux substituants sont séparés par deux carbones (composé **4**). Enfin, la nomination *méta* est lorsque les deux groupes sont séparés par un seul carbone (composé **5**).

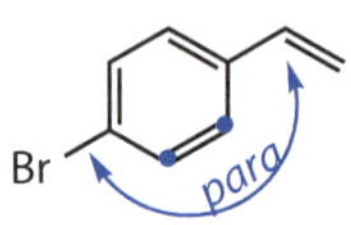

4
para-bromovinylbenzène
E.

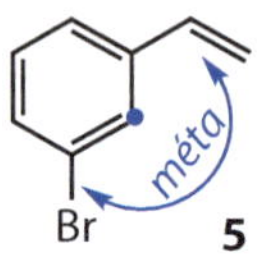

5
méta-bromovinylbenzène
B.

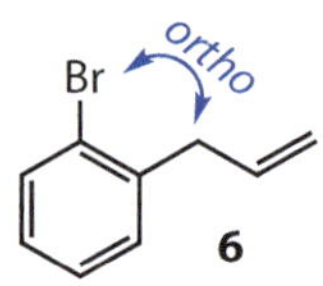

6
ortho-allylbromobenzène
C.

2. Donner l'orientation préférentielle de la nitration électrophile des molécules suivantes en appuyant votre réponse sur les formules de résonance appropriées.

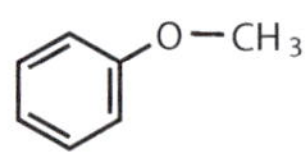

1

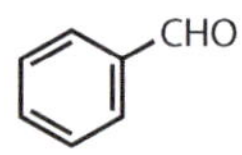

2

Il s'agit d'une réaction de nitration. L'orientation de l'entité électrophile NO_2^+ (formée à l'aide d'un mélange acide : HNO_3/H_2SO_4) dépend de la nature du groupe (ou des groupes) préexistant sur le cycle aromatique.

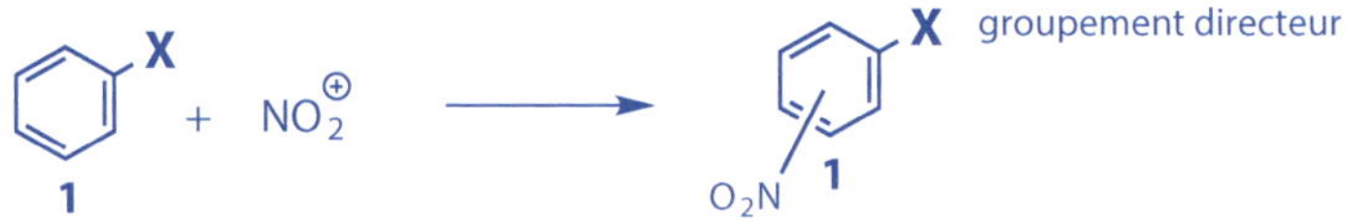

❖ **Pour la structure 1 :**

Si la substitution électrophile est en *ortho*, on obtient quatre formes de résonance avec une charge positive sur le C en α du groupement O—CH_3. L'effet mésomère donneur d'électrons rend cette charge positive plus accessible (plus stable).

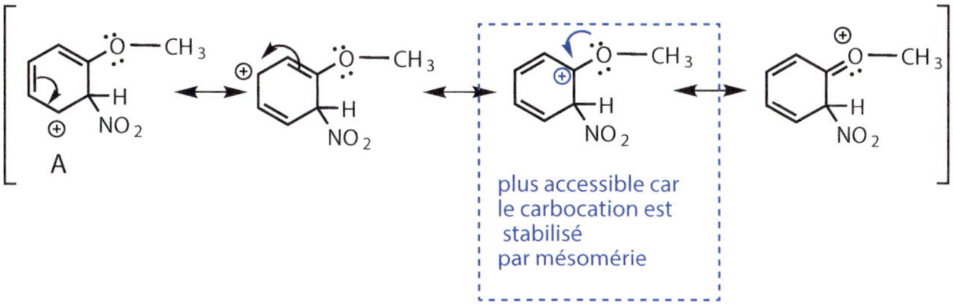

On constate exactement la même chose lorsque la substitution est orientée en *para*. On obtient quatre formes de résonance avec une charge positive sur le C en α du groupement O—CH_3.

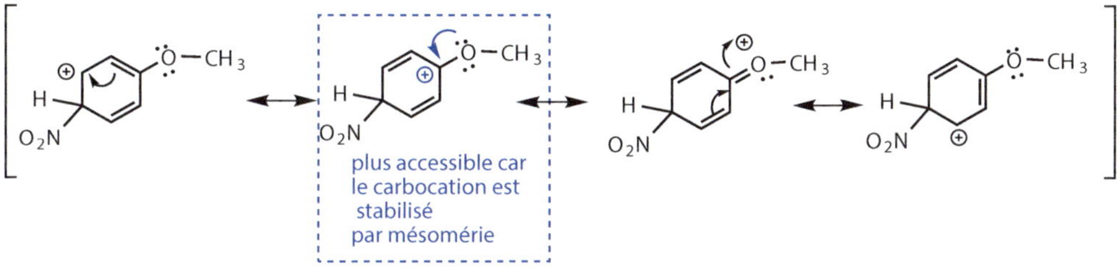

Par ailleurs, si la substitution est en *méta*, on n'obtient que trois formes de résonance. Contrairement à l'orientation *para*, on ne retrouve plus le cation stabilisé par mésomérie. Cette orientation n'est donc pas favorisée.

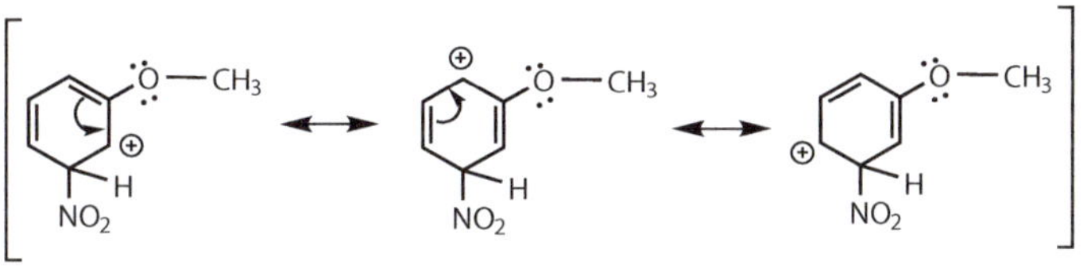

La bonne réponse est 1 = A et C.

Remarque :

Le groupe O—CH_3 est un donneur d'électrons par effet mésomère, on dit qu'il est activant. Les autres groupements ortho et para directeurs classés par ordre d'activation décroissante sont :

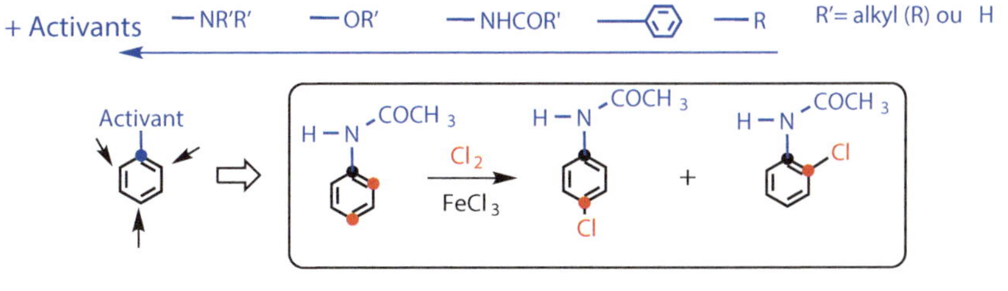

En présence de deux groupes activants liés au système aromatique, c'est l'activant le plus fort qui dirige l'orientation de la nouvelle substitution électrophile.

❖ Pour la structure 2 :

Ici le groupe préexistant est un accepteur d'électron, un désactivant.
Si la substitution est en *ortho*, on obtient trois formes de résonance avec un carbocation (en α du groupement —CHO) déstabilisé par le carbone électrophile du groupement carbonyle (*effet coulomb !*). Cette orientation est donc défavorisée.

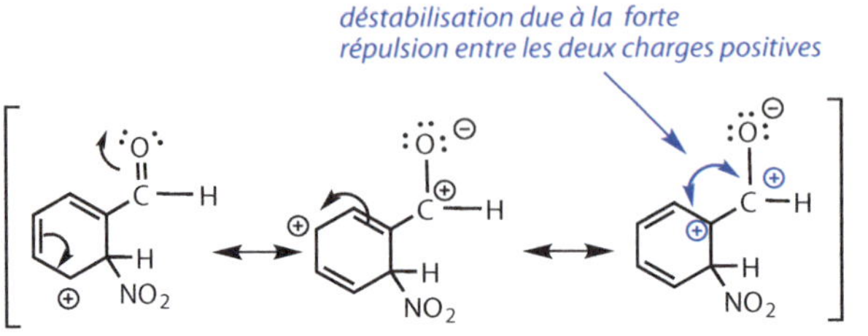

La substitution en *para* conduit aussi à trois formes de résonance avec une charge positive déstabilisée par le carbone carbonyle, —CHO.

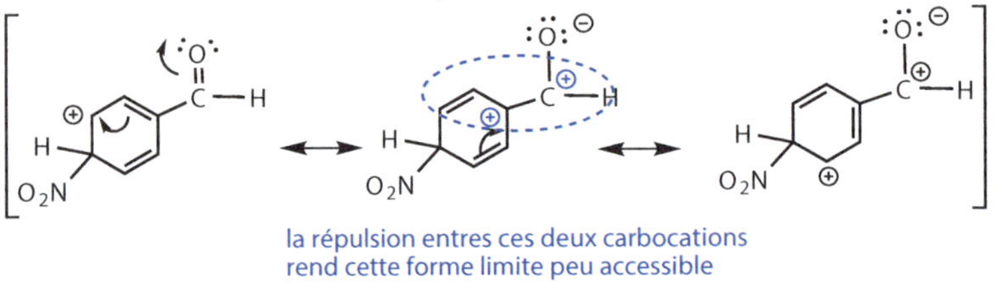

Contrairement à la substitution en *ortho* et *para*, la substitution en *méta* ne conduit pas à la formation de deux charges positives voisines (adjacentes). Cette orientation est possible mais cinétiquement défavorisée (lente) par rapport au benzène portant un groupement activant.

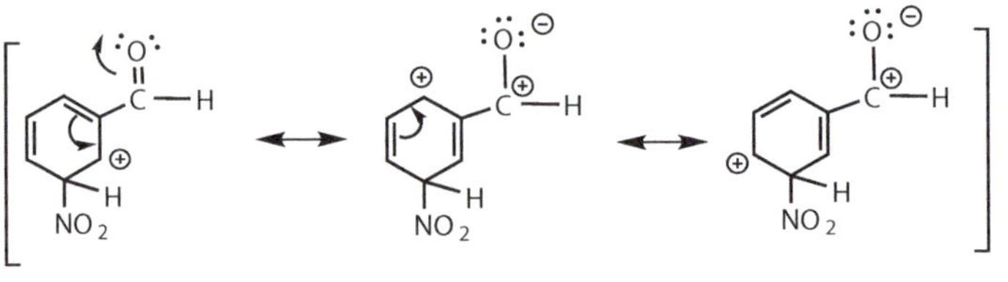

La proposition 2 = B convient mieux.

Remarque :
Les groupements méta orienteurs classés par ordre de force de désactivation décroissante sont :

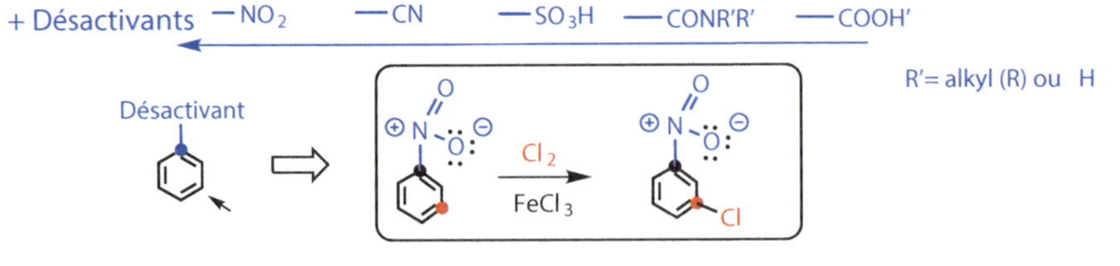

Quant aux halogènes (–Cl, –Br, –I), ils orientent en ortho-para malgré leur désactivations. En effet, lors d'une substitution en ortho-para, la paire libre de l'halogène stabilise la charge positive formée.

Enfin, l'isomère para sera majoritaire si les deux groupements liés au cycle benzénique sont volumineux.

3. Indiquer si les substituants suivants orientent la réaction de la substitution électrophile sur le cycle aromatique en *ortho-para* (1) ou en *méta* (2).

Je vous conseille vivement de travailler le QCM précédent avant de vous exercer sur celui-ci et les suivants !

A. 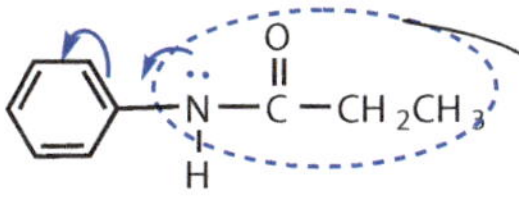

activant : oriente en *ortho* et *para*

B. 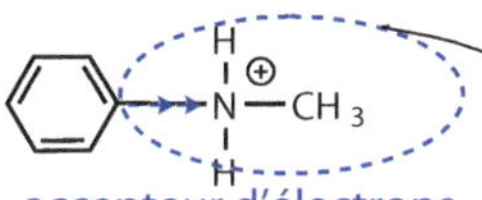

désactivant : oriente pricipalement en *méta*

accepteur d'électrons
par effet inductif

C. 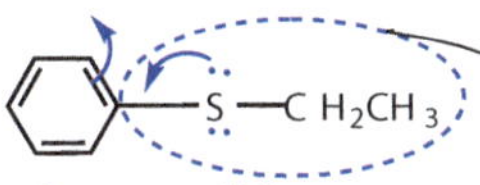

activant : oriente principalement en *ortho* et *para*

donneur d'électrons
par effet mésomère

D. 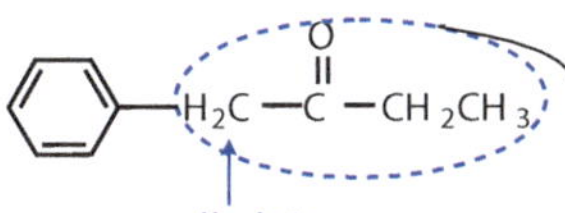

activant : oriente principalement en *ortho* et *para*

alkyle!

E. 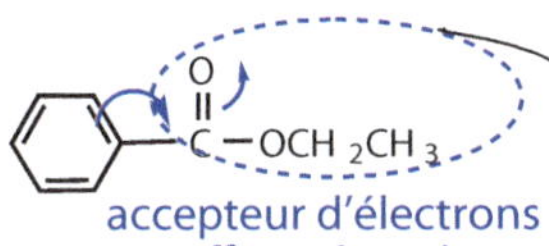

désactivant : oriente principalement en *méta*

accepteur d'électrons
par effet mésomère

F. 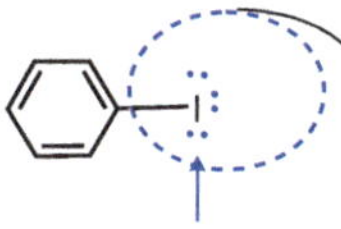

désactivant faible : oriente principalement en *ortho* et *para*

halogène : l'effect inductif accepteur d'électrons domine.

4. Indiquer pour chacune des molécules suivantes, si elle est aromatique (1), anti-aromatique (2) ou non aromatique (3).

Pour qu'un composé soit aromatique, il doit posséder **4n + 2 électrons** π (avec n = 0, 1, 2, 3, etc.) **situés tous dans un même plan cyclique.**

Si le nombre d'électron π ne dépasse pas 8, il est très pratique d'utiliser ce tableau pour juger l'aromaticité ou la non- /anti- aromaticité de la molécule proposée.

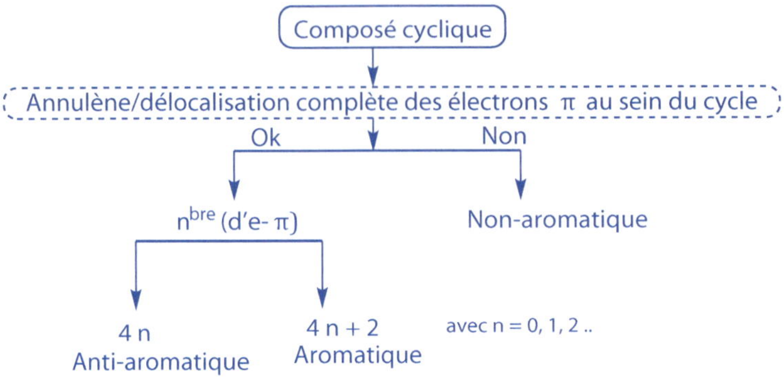

❖ **Pour la molécule 1 :**

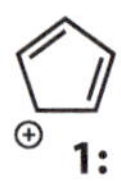

1: anti-aromatique

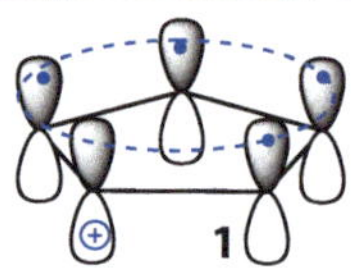

plan

- n(électrons π) = 4 (= 4n, avec n = 1) différent de 4n+2
- tous les électrons π se situent dans le même plan

❖ **Pour la molécule 2 :**

2: aromatique

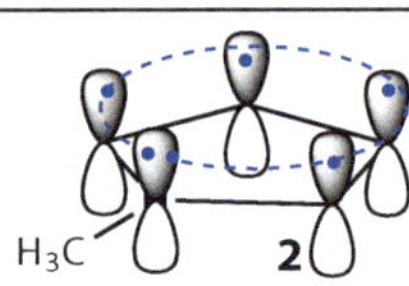

plan

- n(électrons π) = 6 = 4n+2, avec n = 1.
- tous les électrons π se situent dans le même plan

❖ **Pour la molécule 3 :**

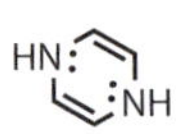

plan

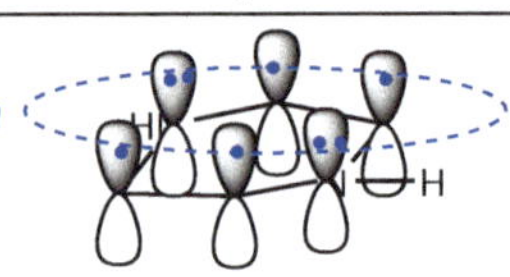

3: anti-aromatique

- n(électrons π) = 8 = 4n, avec n = 2.
- tous les électrons π se situent dans le même plan

❖ **Pour la molécule 4 :**

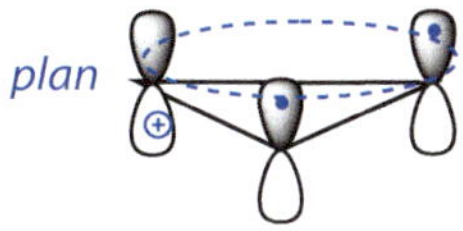

4: aromatique

- n(électrons π) = 2 = 4n+2, avec n = 0
- tous les électrons π se trouvent dans le même plan

❖ **Pour la molécule 5 :**

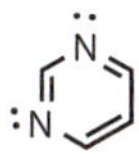

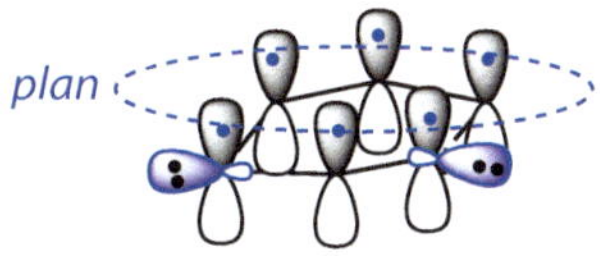

5: aromatique

- n(électrons π) = 6 = 4n+2, avec n = 1
- tous les électrons π se situent dans le même plan

D'après le dessin **5**, on observe clairement que les doublets libres d'électrons des deux atomes d'azotes du cycle ne sont pas dans le plan des électrons π. La règle 4n+2 électrons π est donc respectée.

❖ **Pour la molécule 6 :**

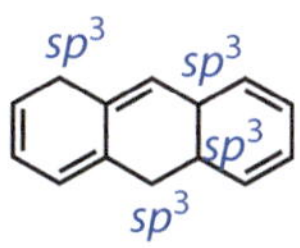

6: non-aromatique

Les électrons π ne sont pas toujours dans le même plan:

car la molécule n'est pas annulène : quatre carbones sp^3.

❖ **Pour la molécule 7 :**

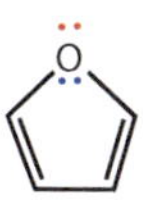

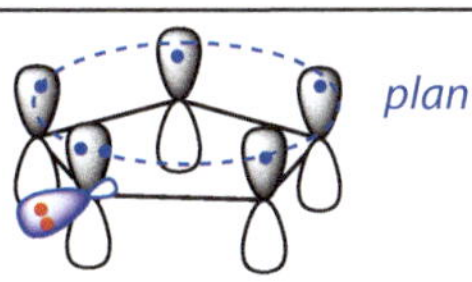

7: aromatique

- n(électrons π) = 6 = 4n+2, avec n = 1.
- tous les électrons π sont dans le même plan

La paire libre d'électrons ne se trouve pas dans le plan des électrons π.

❖ **Pour la molécule 8 :**

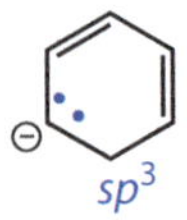

8: non-aromatique

- les électrons π ne sont pas toujours situés dans le même plan
- la molécule n'est pas annulène: carbone sp^3

La bonne proposition est C.

Remarque :

Attention, les composés cycliques annulènes respectant la règle 4n + 2 électrons π ne suffit pas pour confirmer l'aromaticité de la molécule. Il est donc nécessaire de vérifier l'aspect tridimensionnel de la molécule pour confirmer si les électrons sont tous situés ou pas dans le même plan.
On cite par exemple le cas du déc-1,3,5,7,9-pentaène où les deux atomes d'hydrogènes proches liés aux carbones 1 et 6 se repoussent et rendent la molécule non-plane.

$\begin{cases} 4 \times 5 + 2 = 10 \text{ électrons} \pi \\ \text{annulène} \end{cases}$

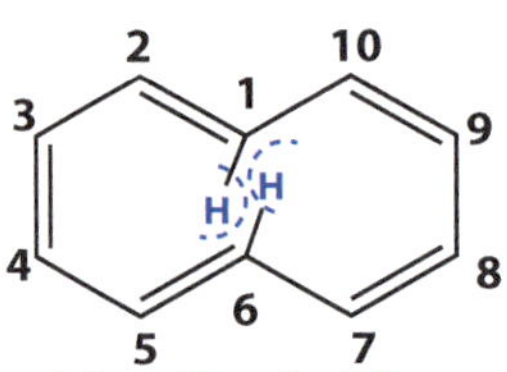

interaction répulsive entre les deux hydrogènes rend la molécule non-plane

⇨

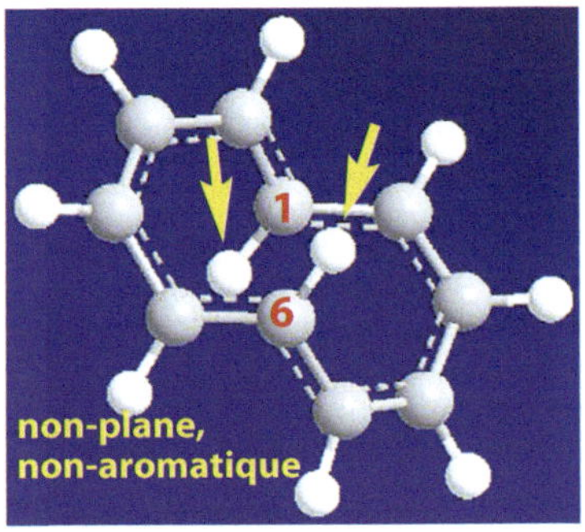

Par ailleurs, malgré le nombre élevé d'électron π, 18 électrons π (4 × 4 + 2 =18), la molécule annulène suivante est plane, elle est aromatique.

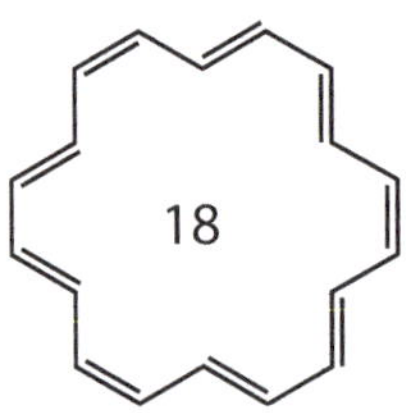

$\begin{cases} 4 \times 4 + 2 = 18 \text{ électrons } \pi \\ \text{annulène} \end{cases}$

5. Quel est le produit principal des réactions suivantes et justifier votre réponse ?

En général, le mécanisme de la substitution électrophile des aromatiques est constitué de deux parties principales à savoir la formation du complexe (intermédiaire) de Wheland et l'étape de la régénération de l'aromaticité :

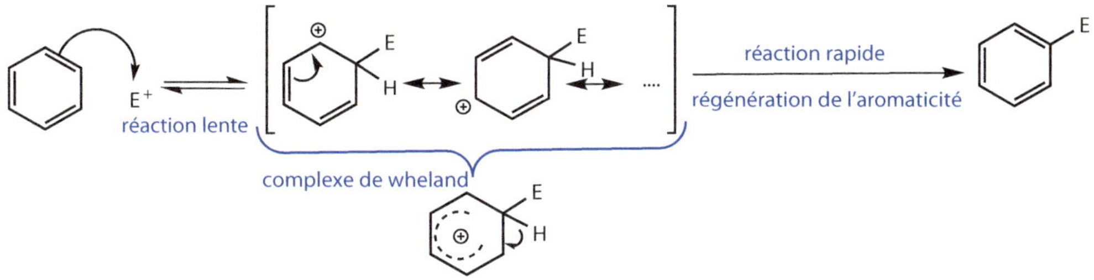

Les entités électrophiles E^+ classiques sont:

Acylation:

$AlCl_3 + Cl{-}C({=}O){-}CH_3 \longrightarrow {}^{\ominus}AlCl_4 + {}^{\oplus}C({=}O){-}CH_3$ (E^+)

Halogénation:

$FeBr_3 + Br_2 \longrightarrow {}^{\ominus}FeBr_4 + Br^{\oplus}$ (E^+)

Alkylation (Friedel et Crafts):

$AlCl_3 + R{-}X \longrightarrow {}^{\ominus}AlCl_4 + R^{\oplus}$ (E^+)

Nitration:

$HNO_3 + H_2SO_4 \longrightarrow NO_2^{\oplus} + HSO_4^{\ominus} + H_2O$ (E^+ = $NO_2^{\oplus}$)

Sulfonation:

$SO_3 + H_2SO_4 \longrightarrow HSO_3^{\oplus} + HSO_4^{\ominus}$ (E^+ = $HSO_3^{\oplus}$)

Les exercices suivants discutent la substitution électrophile sur des cycles aromatiques contenant déjà un ou deux groupements *ortho-para* ou *méta* directeurs.

❖ **Pour I.**

C'est une réaction d'acylation. Le benzène est lié à un seul groupe activant (–CH_3), l'orientation se fait en *ortho* et *para*. Le produit majoritaire est *para*.

La bonne réponse est I.B.

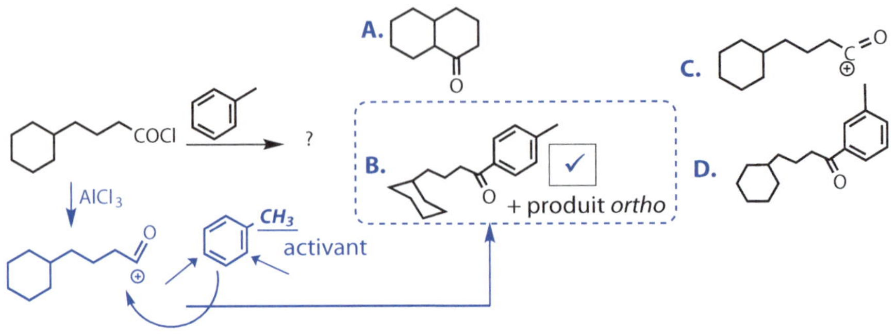

❖ **Pour II.**

Seul l'aromatique porteur de l'activant réagit car l'électrophile Cl^+ est limitant (1 équivalent).
On rappelle que les groupes activants enrichissent en électrons les positions *ortho* et *para* et rendent le système aromatique plus réactif.

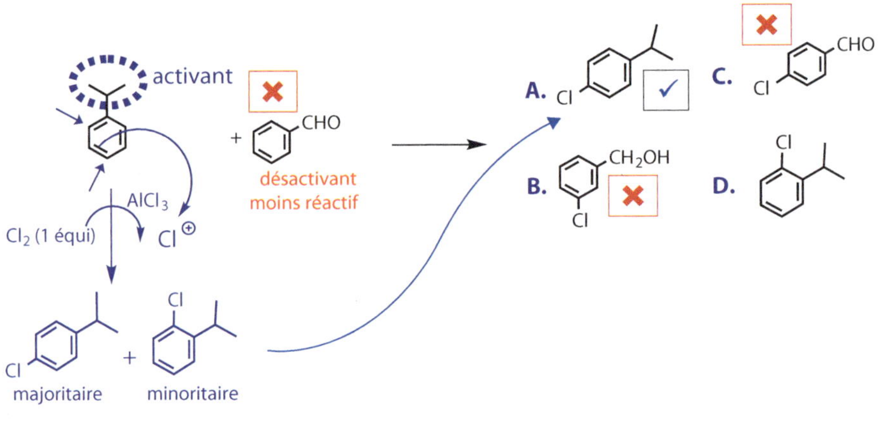

La réponse qui convient le mieux est II.A.

❖ Pour III.

C'est le système aromatique porteur du groupement le plus activant qui réagit avec l'électrophile NO_2^+ (1 équivalent).

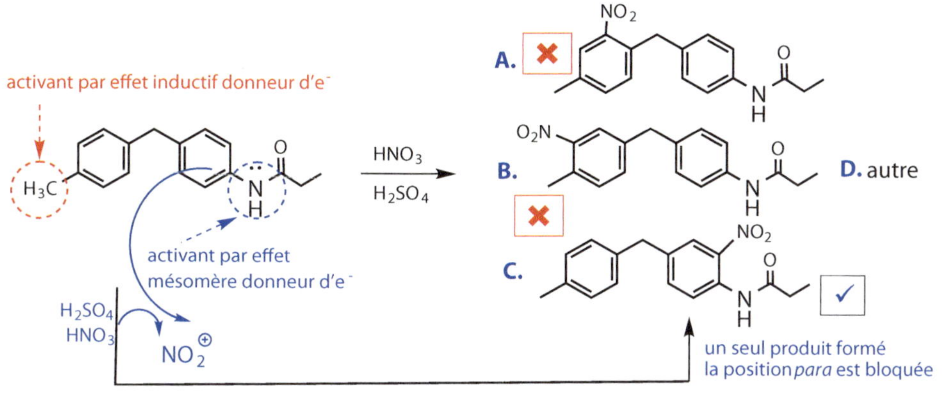

La réponse III.C. est correcte.

❖ Pour IV.

Cette réaction permet de créer un lien C–C en utilisant un époxyde en milieu acide. Le mécanisme de cette réaction est le suivant :

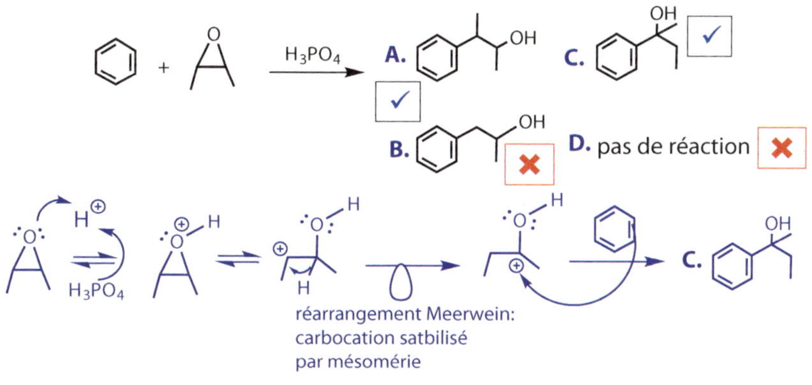

Le produit **A.** est formé si il n'y a pas de réarrangement.
Les propositions IV.A. et C. sont vraies.

6. **Comment préparer le composé suivant à partir du benzène et de chlorure de benzoyle (C_6H_5COCl) ? Indiquer la bonne séquence réactionnelle.**

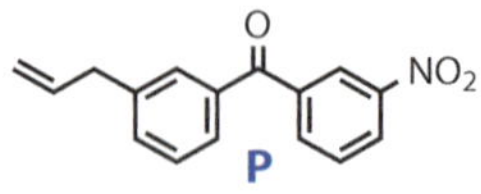

Pour mieux gérer cet exercice et les suivants, il est conseillé de répondre à toutes les propositions afin de détecter et reconnaitre les erreurs insérées. Cette façon de faire vous garantit une meilleure mobilisation des connaissances concernant ce chapitre. En plus, la considération de l'ordre des exercices est vivement recommandée aussi !

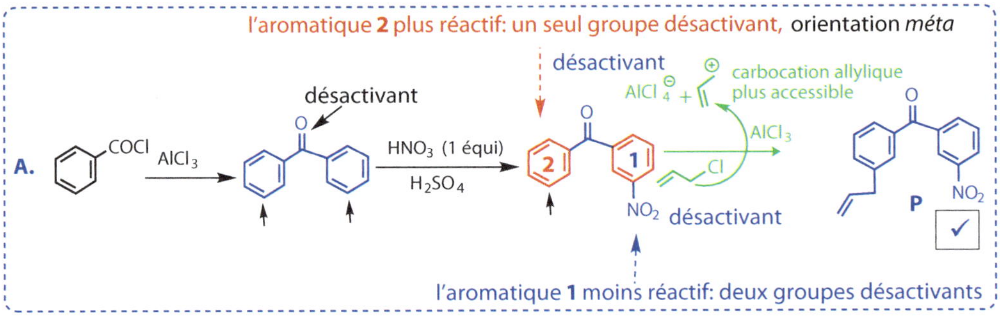

La proposition **B.** ne donne pas **P** mais conduit à d'autres composés :

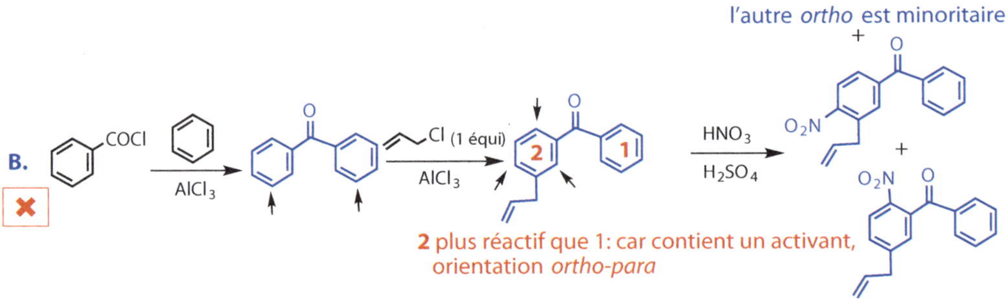

La proposition **C.** est exactement la même que celle de **B.** Le fait d'écrire le réactif chlorure de benzoyle sur la flèche ou à gauche de celle-ci ne change en rien le produit benzophénone formé $(C_6H_5)_2CO$.

La bonne réponse est A.

7. Quelle est la bonne séquence de réactions pour préparer le composé P suivant à partir du benzène, de chlorure de benzoyle (C_6H_5COCl) et de chlorure d'acétyle comme substances organiques et tout autre composé inorganique ?

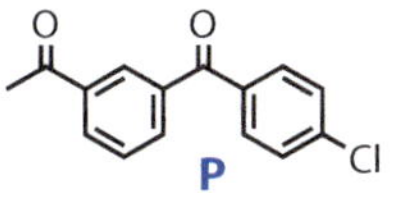

P

Pour produire le composé **P** seule **la proposition C. convient.**

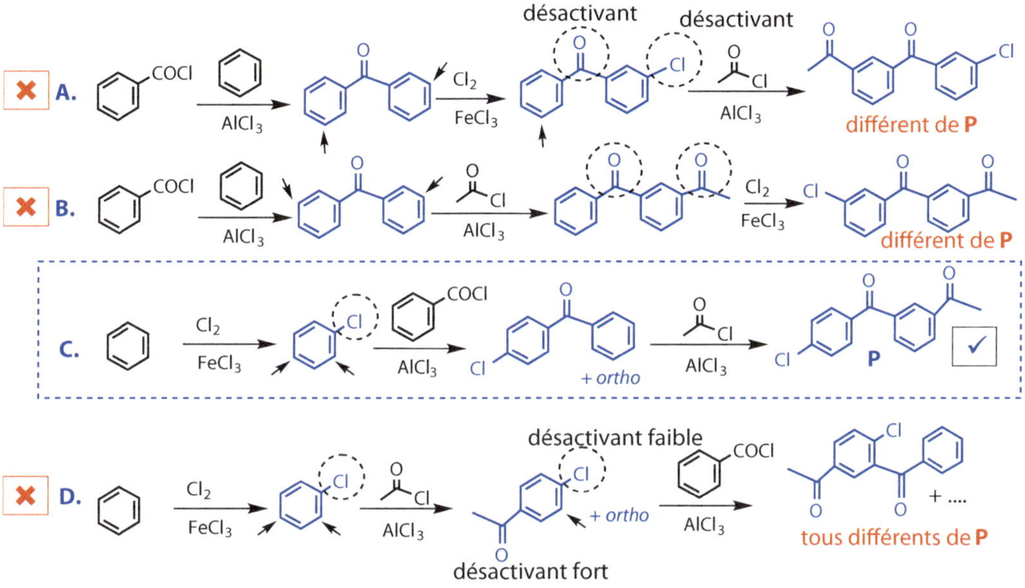

8. En tenant compte de la stéréochimie, compléter les réactions suivantes en identifiant les structures correspondant aux molécules A, B, C, D et E par 1, 2, 3, …

- Jusqu'à maintenant, le composé HBr dans CCl_4 (comme solvant) est utilisé comme réactif d'addition sur l'alcène. Le produit **7** peut donc convenir. Le **B** est l'autre bromure forment un couple d'énantiomères vu que le carbone est chiral.

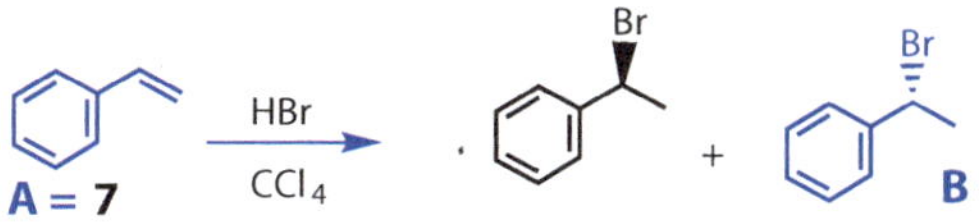

A = 7 **B = 6**

❖ L'ozonolyse de styrène (**7**) conduit à la formation d'un benzylaldéhyde et d'un formaldéhyde. En absence du zinc dans le milieu réactionnel, ces produits continuent à s'oxyder pour donner de l'acide benzoïque, du CO_2 et de l'eau. Les deux derniers composés sont produits suite à la décomposition de l'acide carbonique formé ($H_2CO + H_2O_2/H^+ \rightarrow H_2CO_3 \rightarrow CO_2 + H_2O$).

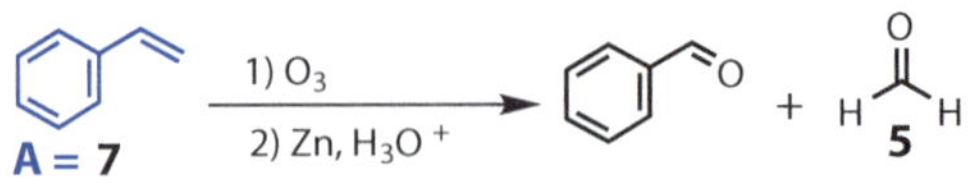

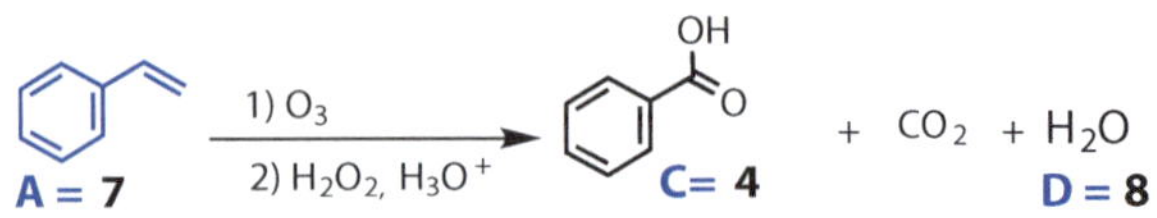

❖ En fin, la dernière étape consiste à faire une substitution électrophile aromatique. L'entité électrophile Cl^+ s'aditionne sur le cycle en position *méta*, seul site "plus nucléophile":

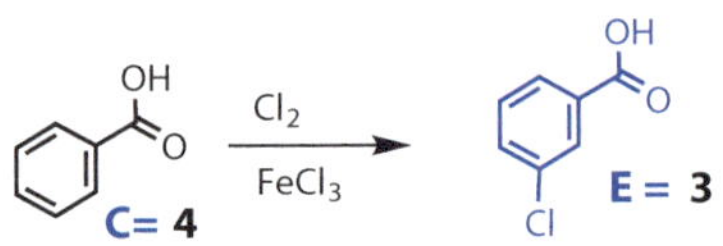

Aide dirigée . . .

Stéréoisomérie et activité optique

1. Combien y a-t-il de stéréoisomères dans les molécules suivantes ?

En observant le dessin **1**, on compte 7 carbones asymétriques (C*), carbones liés à 4 substituants de nature différente. Quelle que soit la disposition de ces carbones, ce produit ne possède en aucun cas un plan de symétrie ou un **centre** de symétrie. Le nombre de stéréoisomères possibles est donc égal $2^7 = 128$.

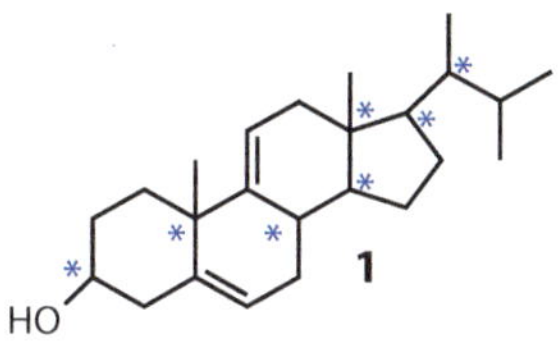

1

Ces composés présentent 128/2 = 64 couples d'énantiomères.

En voici un couple d'énantiomères par exemple :

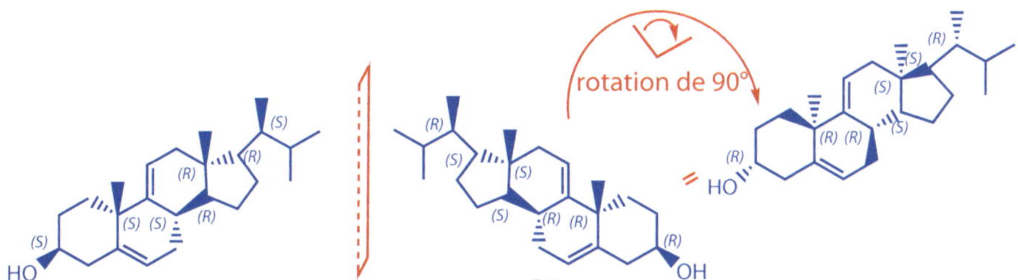

P1 P2

miroir plan

couple d'énantiomères
(images miroir et non superposables)

On remarque que pour passer d'un énantiomère à l'autre, il faut inverser la configuration de tous les centres chiraux, les descripteurs de configuration *R* deviennent *S* et les *S* changent en *R*.

La molécule **2** ne contient aucun centre chiral, elle est identique à son image dans un miroir plan. Le nombre de stéréoisomères possibles est égal à un, c'est la molécule elle-même.

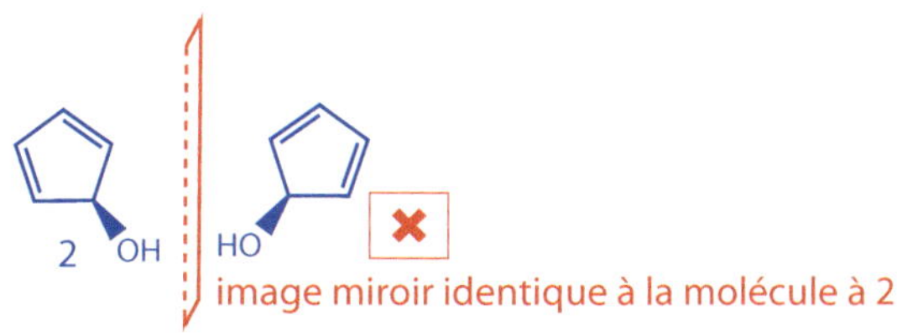

Il y a deux centres chiraux dans la molécule **3** et aucun plan de symétrie ne peut être envisagé. Le nombre de stéréoisomères possibles est donc égal $2^2 = 4$.

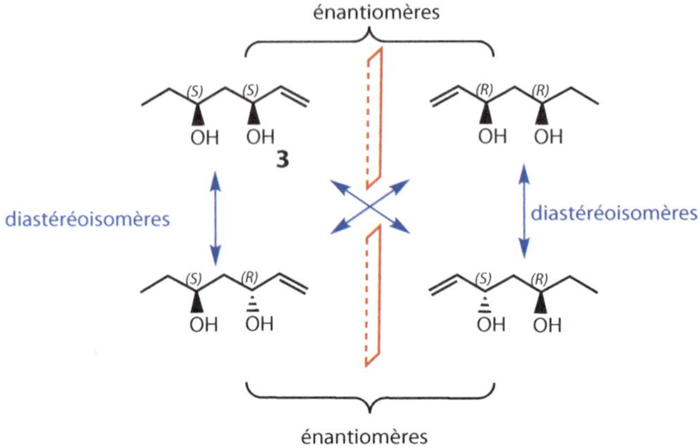

Deux couples d'énantiomères et quatre couples de diastéréoisomères (non-images miroir et non-superposables) sont formés à partir de ces quatre stéréoisomères.

La structure développée de la molécule **4** est :

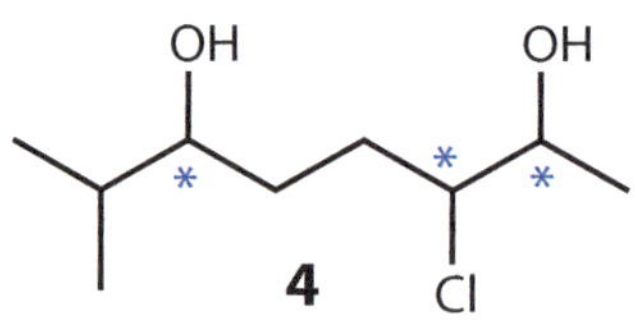

Dans cette molécule, Il y a trois centres chiraux et aucun élément de symétrie ne peut être aperçu. Le nombre de stéréoisomères possibles est donc égal $2^3 = 8$.

Les bonnes propositions sont : A.128, B.1, C.4, D.8.

Remarque :
Pour la molécule ci-dessous, il y a deux centres chiraux, le nombre maximal de stéréoisomères est $2^2 = 4$:

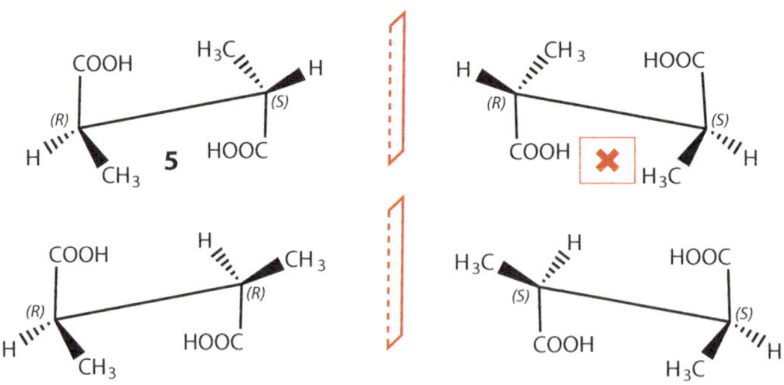

*Attention, une rotation de 180° du stéréoisomère **5** permet de voir que la molécule possède un plan de symétrie.*

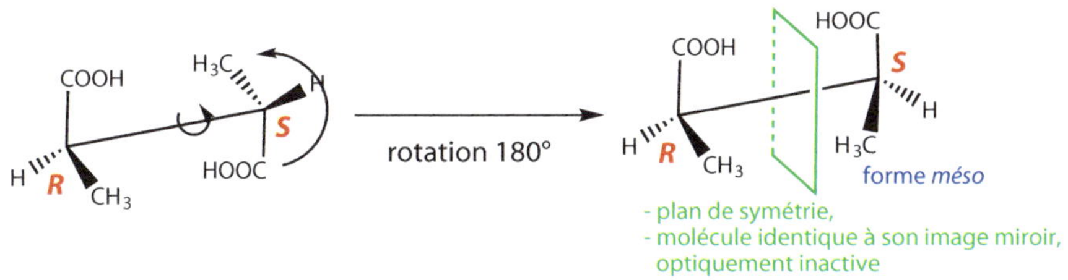

Dans ce cas, le nombre de stéréoisomères possibles est égal à trois ($2^2-1=3$). Ces 3 composés peuvent ainsi exister sous forme d'un couple d'énantiomères et d'une forme méso.

2. Quel est le descripteur de la configuration absolue des centres chiraux dans les molécules suivantes ?

Avant de commencer à résoudre cet exercice, il est recommandé de lire la fiche « à mémoriser » concernant ce chapitre.

Pour les molécules **1**, **2**, **4** et **5**, le descripteur de la configuration absolue des centres chiraux sont :

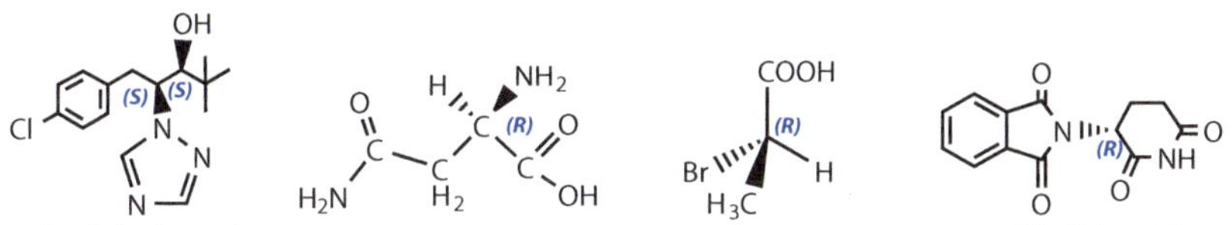

Paclobutrazol **1** — *Asparagine* **2** — **4** — *Thalidomide* **5**

Pour la molécule **3**, la conversion de la projection de Newman en représentation de Cram est pratique pour déterminer les descripteurs de configuration absolue des carbones chiraux.

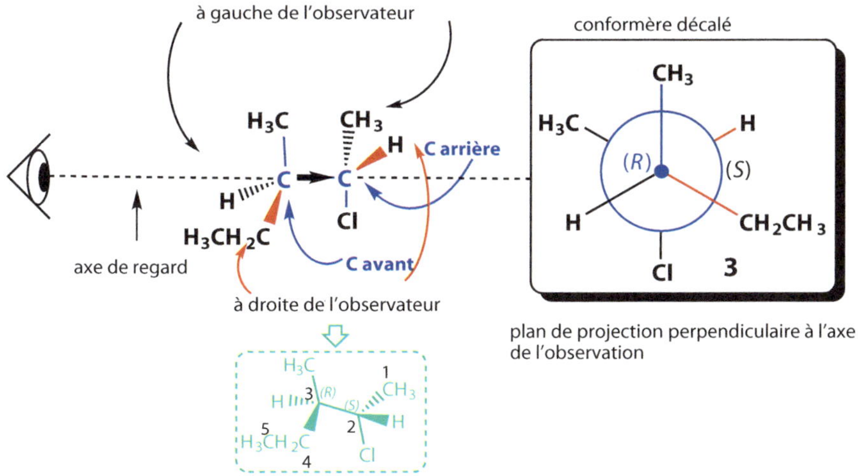

Les bonnes propositions sont : A.*S*-*S*, B.*R*, C.2*S*-3*R*, D.*R*, E.*R*.

3. Établir la relation dans chacune des paires de molécules suivantes : identiques, énantiomères, conformères, diastéréoisomères ou autres.

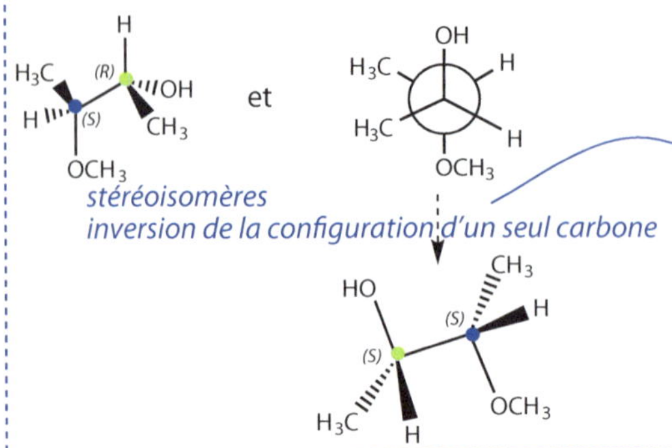

I.
A. identiques
B. énantiomères
C. diastéréoisomères ✓
D. aucune de ces trois propositions

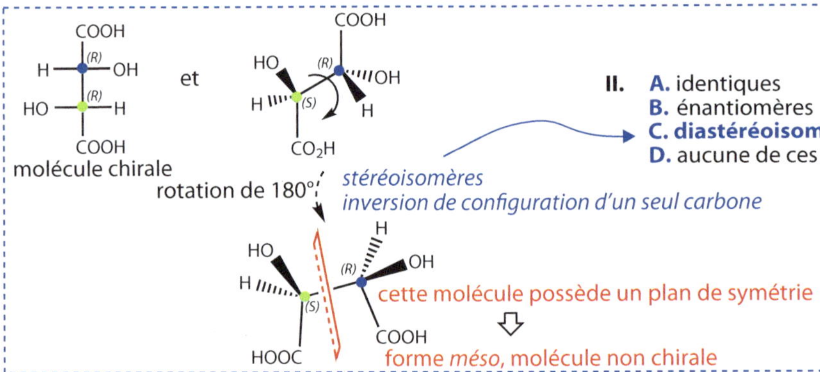

II.
A. identiques
B. énantiomères
C. diastéréoisomères ✓
D. aucune de ces trois propositions

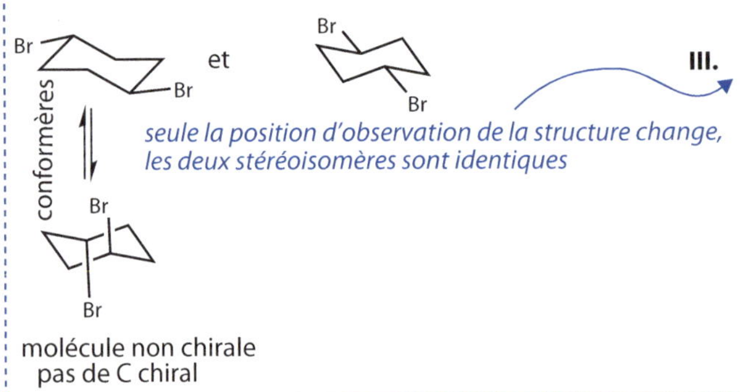

III.
A. identiques ✓
B. énantiomères
C. diastéréoisomères
D. aucune de ces trois propositions

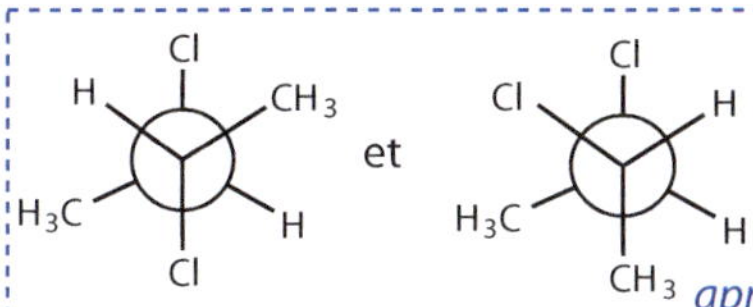

après rotation de 120° autour de la liaison simple C2-C3, on peut passer d'une structure à l'autre

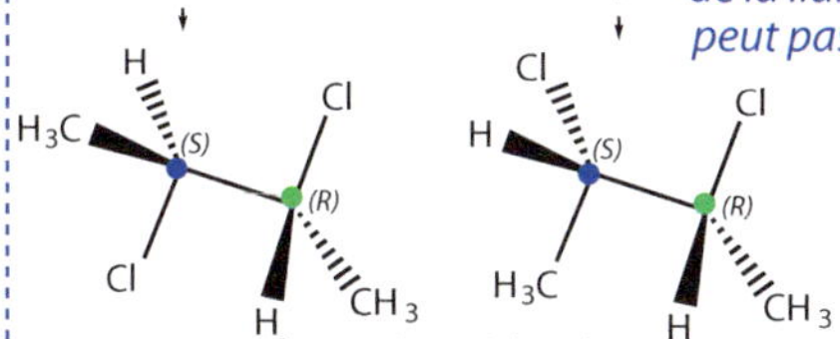

configurations identiques

IV. **A. conformères** ✓
B. énantiomères
C. diastéréoisomères
D. aucune de ces trois propositions

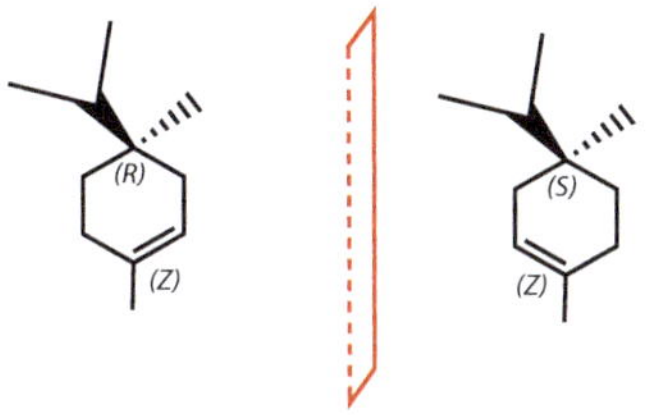

stéréoisomères, images miroir, non-superposables

V. **A.** identiques
B. énantiomères ✓
C. diastéréoisomères
D. aucune de ces trois propositions

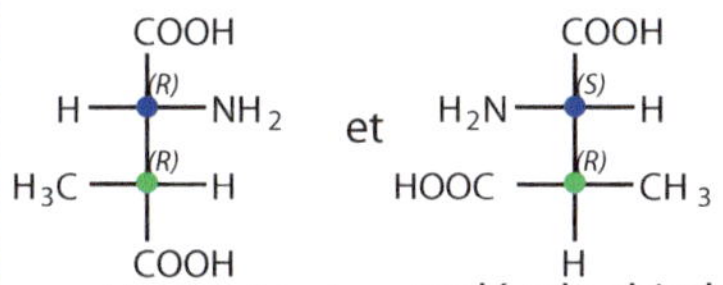

molécule chirale — molécule chirale

stéréoisomères, inversion de configuration d'un seul carbone, non-images miroir, non superposables

VI. **A.** identiques
B. énantiomères
C. diastéréoisomères ✓
D. aucune de ces trois propositions

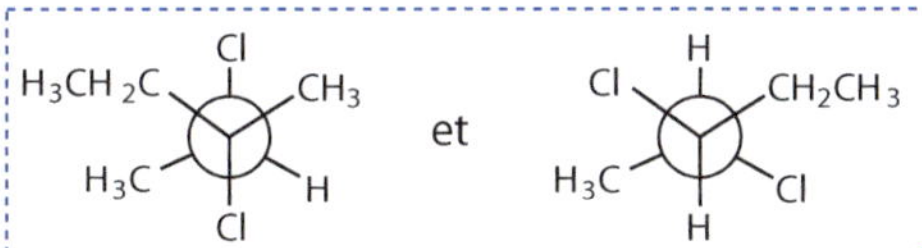

$C_6H_{12}Cl_2$ — **$C_5H_{10}Cl_2$**

Les deux molécules ont des formules brutes différentes, elles ne sont pas des isomères.

VII. **A.** identiques
B. énantiomères
C. diastéréoisomères
D. aucune de ces trois propositions ✓

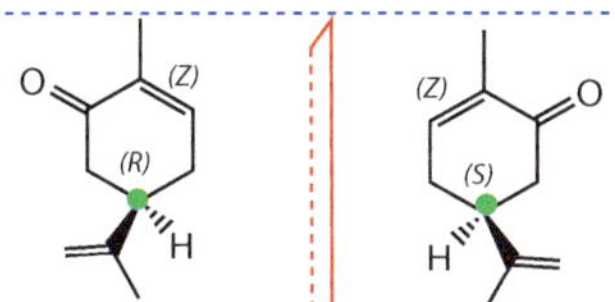

(+)-Carvone — (–)-Carvone

stéréoisomères, images miroir, non superposables

VIII. **A.** identiques
B. énantiomères ✓
C. diastéréoisomères
D. aucune de ces trois propositions

4. **En utilisant une chromatographie classique, combien de produits organiques allez-vous détecter (a.) pour les réactions ci-dessous ? Combien y en a-t-il en réalité (b.)?**

Avant tout, on précise que deux énantiomères présentant les mêmes propriétés physiques et chimiques donnent une seule tache en chromatographie sur silice classique (polaire).

Les diastéréoisomères, contrairement aux énantiomères, sont séparables en chromatographie car ils présentent des propriétés physiques et chimiques différentes. Un mélange de deux diastéréoisomères donne deux spots.

A.

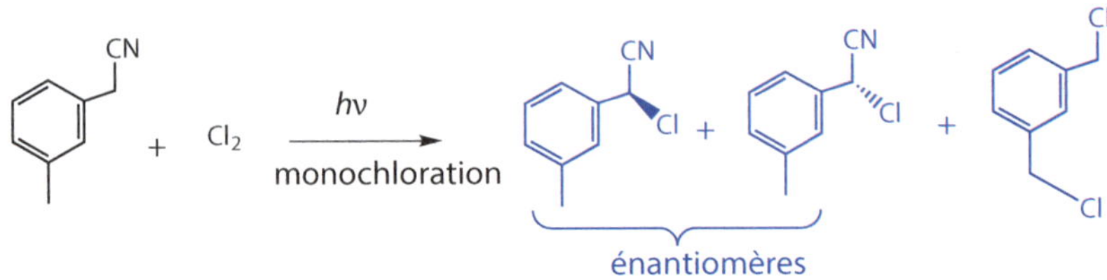

a. : 2
b. : 3

B.

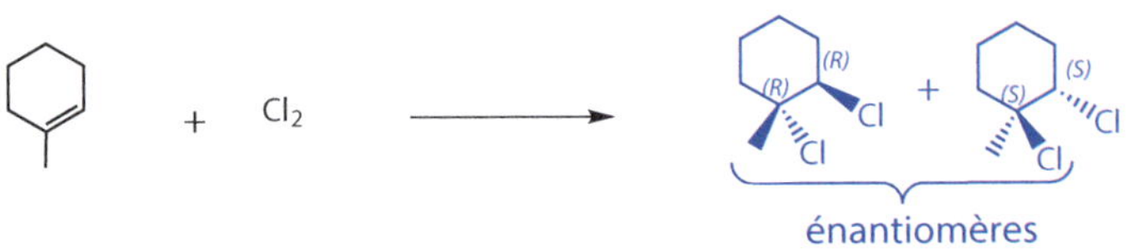

a. : 1
b. : 2

C.

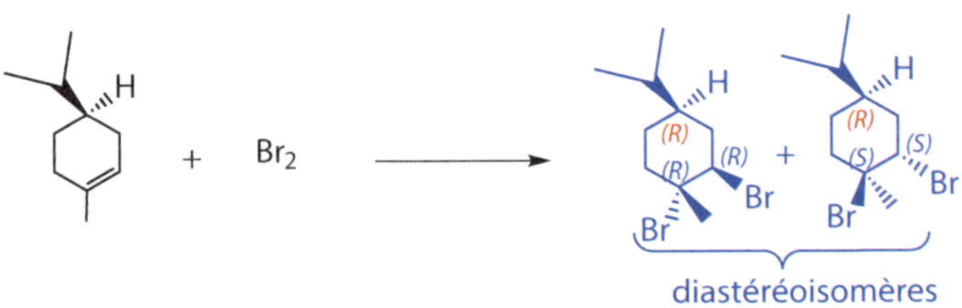

a. : 2
b. : 2

D.

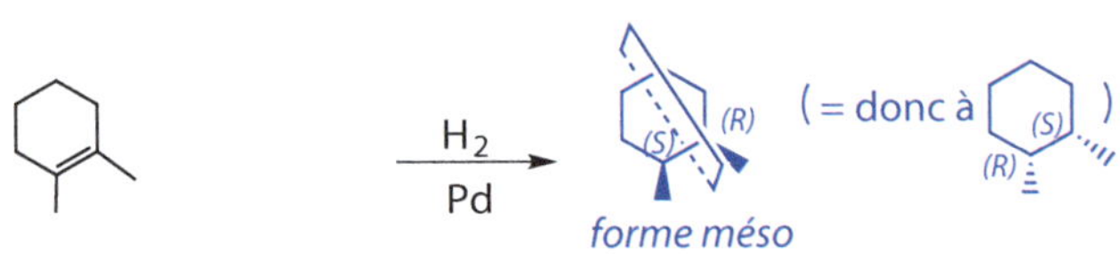

a. : 1
b. : 1

Remarque :
Attention, pour la réaction suivante :

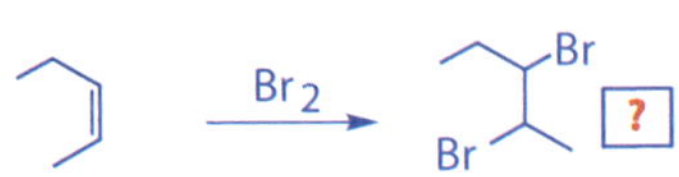

– la représentation 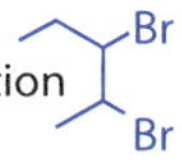 ne fait pas la différence entre ces quatre structures:

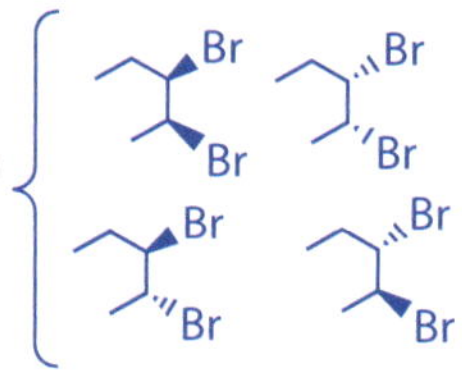

Étant donné que l'addition de Br_2 est anti (trans), seuls les deux produits ci-dessous sont produits :

Par conséquent, le nombre de stéréoisomères formés dépendent du mécanisme de la réaction et pas du nombre de centres chiraux du produit final. En outre, ces stéréoisomères tiennent compte de la configuration du réactif.

Si l'on prend l'exemple de l'époxydation de cis-but-2-ène, on forme un seul produit :

identiques

Le produit formé possède un plan de symétrie (forme *méso*), les deux structures sont donc identiques. Dans ce cas, il suffit de présenter une seule structure.

Si le réactif alcène n'est ni symétrique et ni chiral, le nombre de produits formés après époxydation est égal à 2, deux énantiomères :

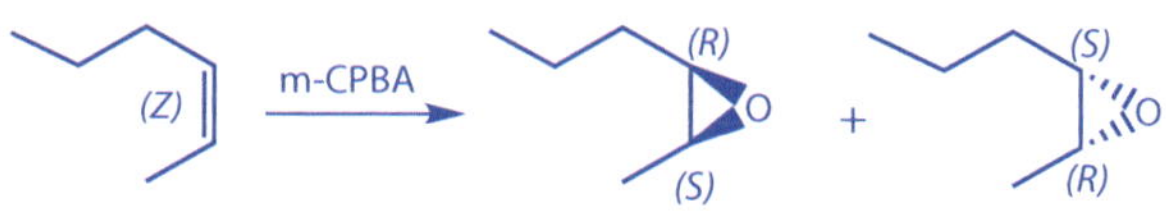

énantiomères

Le produit formé ne possède pas un plan de symétrie, les deux structures sont donc différentes. Dans ce cas, il faut présenter les deux structures.

Par contre, si l'on époxyde le trans-but-2-ène, le nombre de produit formé est égal à 2.

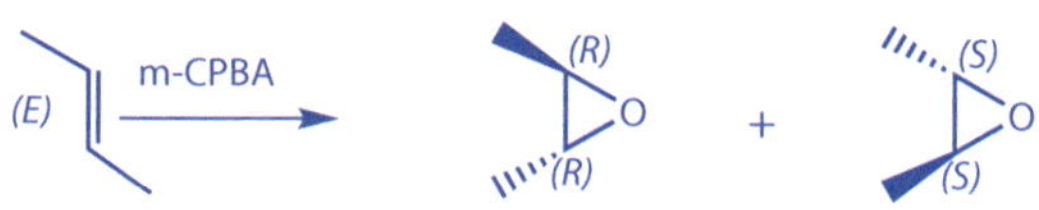

deux énantiomères

Le produit formé ne possède pas un plan de symétrie, les deux structures sont donc différentes. Dans ce cas, il faut présenter les deux structures.

Enfin, si une époxydation est faite sur un composé cis comportant un autre centre chiral non réactif (pas de réactivité avec m-CPBA), on obtiendrait deux diastéréoisomères :

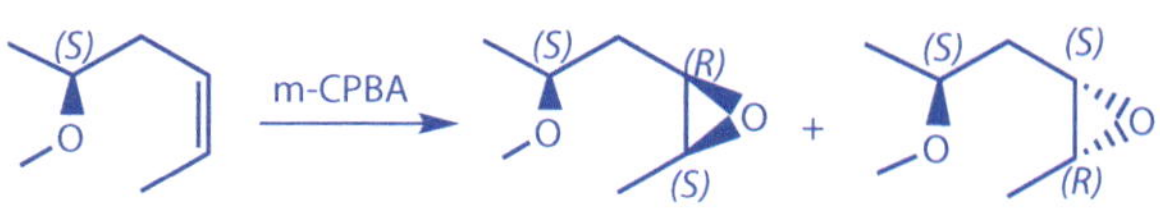

diastéréoisomères

Les deux molécules ont des propriétés physiques et chimiques différentes.

5. Les substances ci-après sont-elles ou non optiquement actives ? (1 = molécule optiquement active ; 2 = molécule optiquement inactive)

Une molécule chirale est une molécule qui n'est pas superposable à son image dans un miroir plan. C'est le cas des molécules non-symétriques ayant un ou plusieurs centres (carbone et soufre par exemple) chiraux.

Une molécule chirale peut dévier la lumière polarisée, on dit qu'elle est douée d'une activité optique. L'angle de déviation est mesuré par un instrument appelé polarimètre.

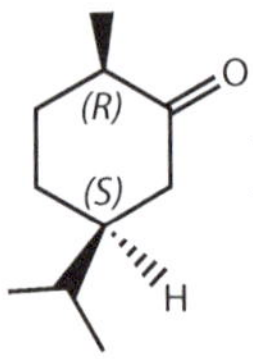

- 2 centres chiraux
- molécule ne présente pas un plan de symétrie

1: molécule chirale, optiquement active

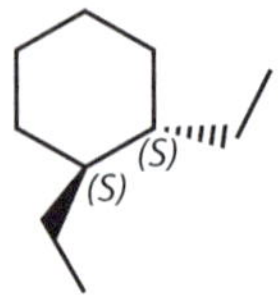

- 2 centres chiraux
- molécule ne présente pas un plan de symétrie

2: molécule chirale, douée d'activité optique

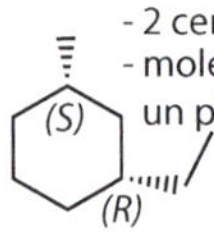

- 2 centres chiraux
- molécule ne présente pas un plan de symétrie

3: molécule chirale, dévie la lumière polarisée

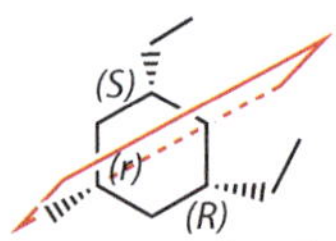

- 2 centres chiraux
- molécule possède un plan de symétrie

4: molécule non-chirale, ne dévie pas la lumière polarisée

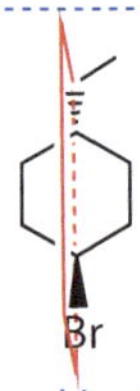

- pas de centres chiraux
- molécule possède un plan de symétrie

5: molécule non-chirale, n'est pas douée d'activité optique

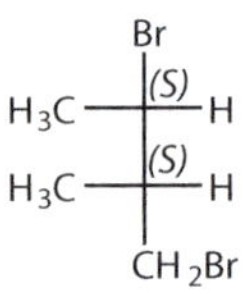

- 2 centres chiraux
- molécule ne possède pas un plan de symétrie

6: molécule chirale, dévie la lumière polarisée

La proposition D. convient.

6. Le pouvoir rotatoire spécifique des (+) et (–) limonènes sont respectivement de +100° et –100°. Dans une solution de limonène (solvant = éthanol), on observe un pouvoir rotatoire de 10°. Calculer les concentrations massiques (g mL^{-1}) de chacune des formes (+) et (–). La longueur du tube polarimétrique est de 15 cm. La concentration totale en limonène ((+) et (–)) est de 0,36 g mL^{-1}.

Comme introduit dans l'exercice précédent, chaque molécule optiquement active possède un pouvoir rotatoire spécifique, $[\alpha]_D^T$ qui peut être déterminé à partir de l'angle de rotation observé α (α = pouvoir rotatoire) lors de la mesure polarimétrique. Sa formule standard est :

$$[\alpha]_D^T = \frac{\alpha}{lxc}$$

où α est un angle de rotation mesuré en degré, c = concentration de la substance en solution exprimée en g mL^{-1}, l = parcours optique (longueur en dm du tube polarimétrique contenant la solution à analyser), D = longueur d'onde de la lumière (habituellement la raie D d'une lampe au sodium) et T = température de la solution analysée, habituellement 25 °C.

Si une molécule chirale pure a une valeur $[\alpha]_D^T = 13{,}6$ alors son image miroir s'il est pur a une valeur égale à –13,6. Un mélange racémique a quant à lui une valeur égale à 13,6 + (–13,6) = 0.

Enfin, il est à souligner qu'une forme *méso*, molécule symétrique, ne dévie pas la lumière polarisée, son pouvoir rotatoire spécifique est nul, $[\alpha]_D^T = 0{,}0$.

Ici, si l'on décontextualise l'énoncé, on obtient :

$$[(+)]_D^T = +100 \quad \text{et} \quad [(-)]_D^T = -100 \qquad l = \text{parcours optique} = 1{,}5 \text{ dm}$$

$$\alpha_{(\text{expérimental})} = \alpha_{(+)} + \alpha_{(-)} = 10° \ (\mathbf{I})$$

$$[(+)] + [(-)] = [\mathit{limonène}]_{totale} = 0{,}36\ g/mL \ (\mathbf{II})$$

Pour calculer les concentrations massiques (g mL^{-1}) de chacune des formes (+) et (–), il suffit d'intégrer les équations citées ci-dessus. En effet,

Soit,

$$\alpha_{(\text{expérimental})} = \alpha_{(+)} + \alpha_{(-)} = 10° \ (\mathbf{I}) \quad \text{et} \quad [\alpha]_D^T = \frac{\alpha}{lxc}$$

$$\alpha_{(\text{expérimental})} = 100 \times [(+)] \times l + (-100) \times [(-)] \times l = 10°$$

On obtient,

$$[(+)] - [(-)] = \frac{10}{100 \times l} = \frac{10}{100 \times 1{,}5} = 6{,}667$$

Et

$$[(+)] + [(-)] = 0{,}36\ g/mL \ (\text{II})$$

Et si l'on résout les deux équations à deux inconnus, on obtient :

$$[(+)] = 0{,}213 \text{ g mL}^{-1} \text{ et } [(-)] = 0{,}147 \text{ g mL}^{-1}$$

La bonne proposition est C.

Aide dirigée . . .

Composés halogénés et organométalliques – Substitution et élimination

1. Pour les réactions suivantes, indiquer si le produit majoritaire est formé via un mécanisme S_N1, S_N2, E1 ou E2.

En présence d'une base non encombrée ou d'un nucléophile, les halogénures primaires réagissent couramment suivant le mécanisme de S_N2.

Sur des carbones primaires non stabilisés par mésomérie, il est impossible d'avoir de $S_N1$car les ions carbéniums primaires n'existent pas. Donc, les réactions en **A.** et **B.** produisent leurs produits majoritaires via le mécanisme S_N2. Dans ce cas, pour le mécanisme, le nucléophile s'approche du côté opposé au groupe partant (–Br). Il y a alors une inversion de Walden. Si le carbone est chiral, la configuration absolue *R* ou *S* est inversée seulement si l'ordre de priorité des groupes entrants et sortants, selon la règle CIP (Cahn-Ingold-Prelog), est le même.

A. : S_N1, **S_N2**, E1, E2

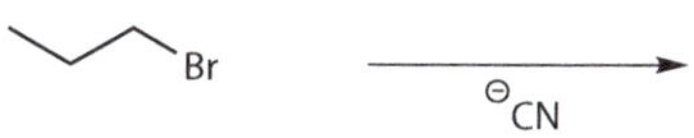

H. : S_N1, **S_N2**, E1, E2

Le mécanisme de la réaction S_N2 pour **A.** est le suivant :

A.

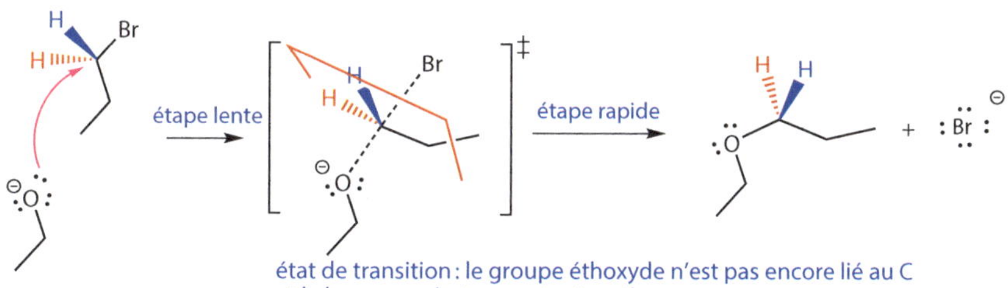

état de transition : le groupe éthoxyde n'est pas encore lié au C et le bromure n'est pas autant parti

Par ailleurs, pour des raisons d'encombrement stérique, la réaction de S_N2 ne peut pas avoir lieu avec des halogénures tertiaires. Dans ce cas, si le nucléophile est basique, la réaction est de type E2. Il s'agit du cas **B.**. De plus, il est important de signaler qu'un carbocation tertiaire ou secondaire ne peut pas survivre dans un milieu basique. Il ne peut donc pas être accessible dans le milieu, la réaction S_N1 et E1 n'ont pas lieu.

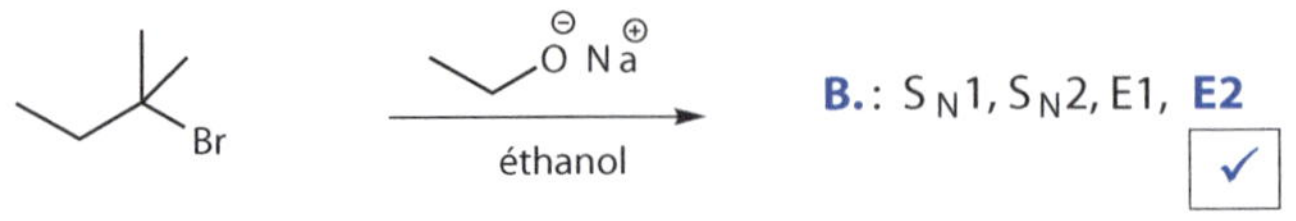

B.

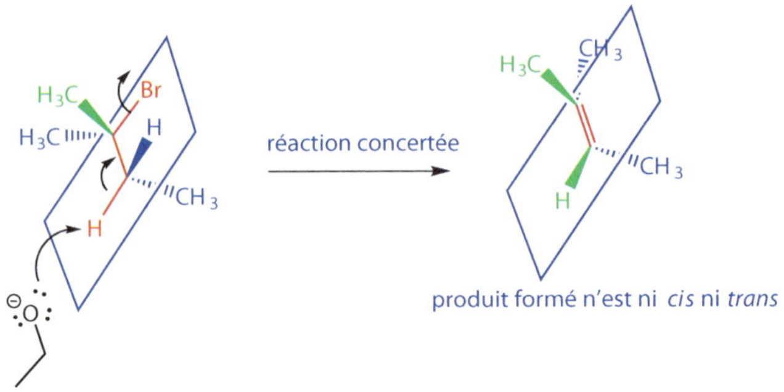

H– et –Br doivent être disposés en antipériplanaire (situés dans le même plan) au moment de l'attaque de la base

En présence d'une base moins encombrée, l'alcène le plus substitué, thermodynamiquement le plus stable, est majoritaire (Zaytsev). Par contre, si la base dans le milieu réactionnel est très encombrée, l'alcène le moins substitué étant majoritaire.

La base encombrée avec un halogénure primaire lié à un carbone tertiaire (comportant un seul atome d'H et lié à trois atomes de carbone) conduit toujours à un produit issu d'une réaction d'élimination de type E2. C'est le cas par exemple de la réaction en **C.**

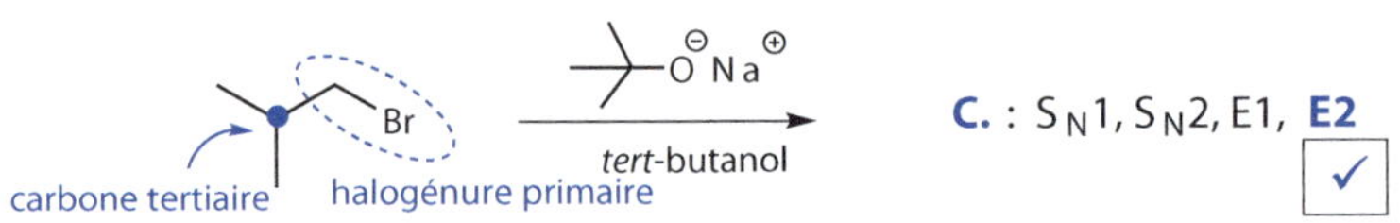

C.

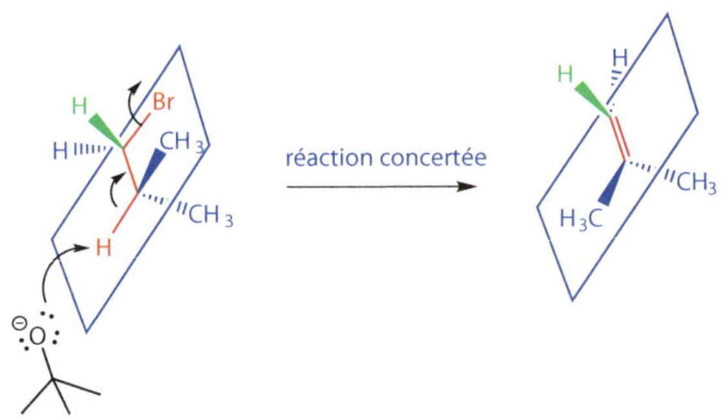

H– et –Br doivent être disposés dans le même plan au moment de l'attaque de la base

Peu importe son encombrement, une base forte très concentrée avec un halogénure secondaire conduit principalement à un produit issu d'élimination de type E2. C'est le cas de **E.**

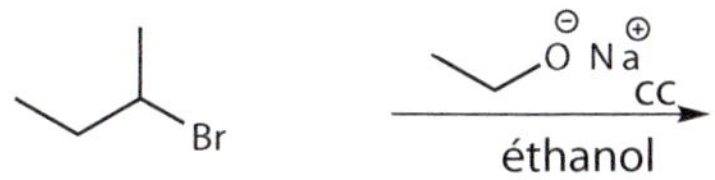

E. : S_N1, S_N2, E1, **E2** ✓

E.

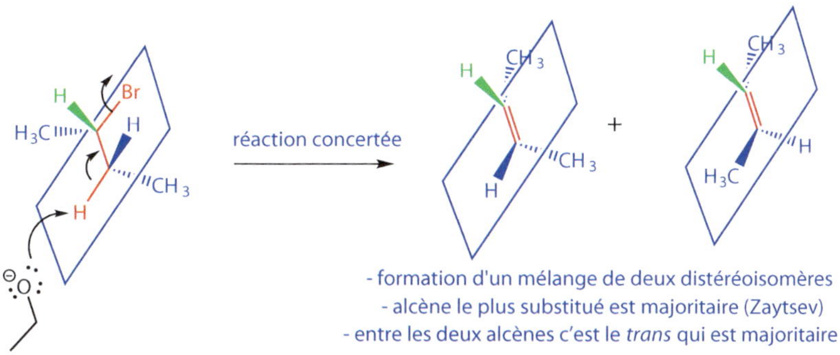

H–et –Br doivent être en antipériplanaire (même plan) au moment de l'attaque de la base

Les produits S_N2 sont formés mais minoritaires par rapport à ceux obtenus via E2.

Les produits de S_N2 sont :

E.

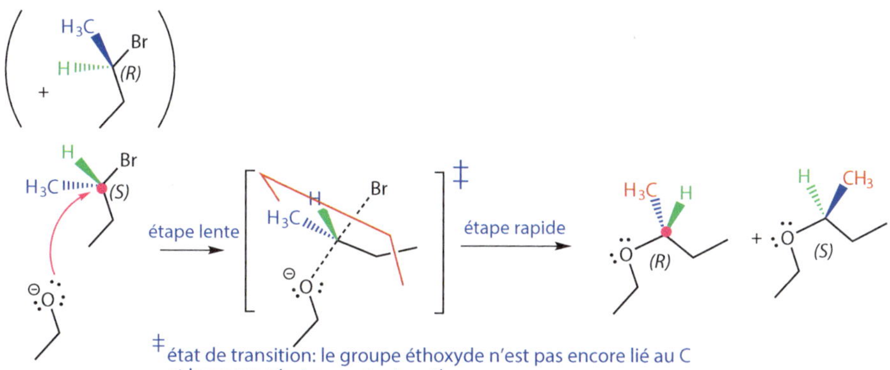

‡ état de transition: le groupe éthoxyde n'est pas encore lié au C et bromure n'est pas autant parti

Quand le solvant est polaire protique (CH_3OH, CH_3CH_2OH, H_2O, etc.), en l'absence d'une base forte, l'halogénure tertiaire conduit à une réaction dont le produit principal est de type S_N1. C'est bien de cela qu'il s'agit le cas **D.**

D. : **S_N1**, S_N2, E1, E2 ✓

Le mécanisme de la réaction est le suivant :

D.

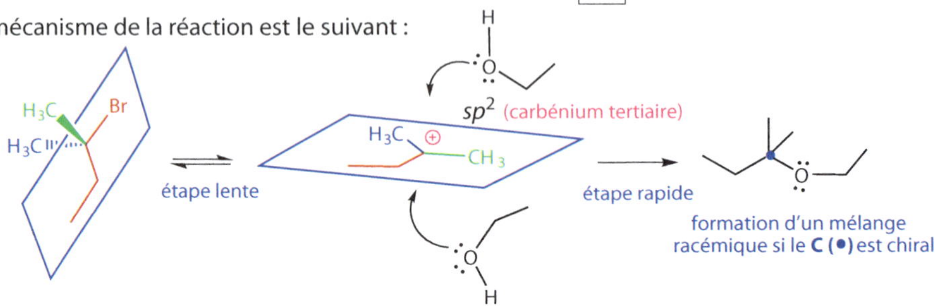

Les tosylates (TsOR) où R- est une chaîne courte et linaire (non ramifiée!) en présence des bases encombrées ou non-encombrées ne donnent que des produits de type S_N2.

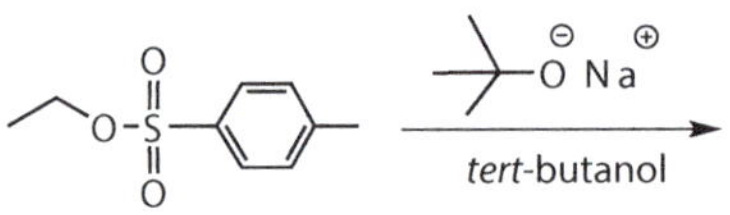

F. : S_N1, **S_N2**, E1, E2 ✓ rendement = 99%

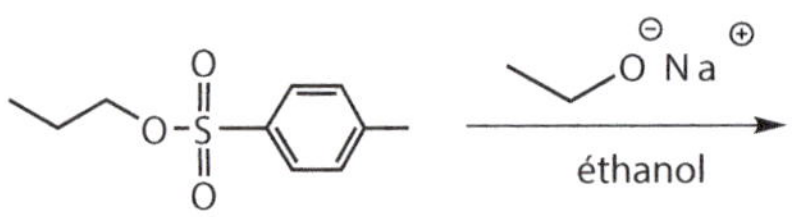

G. : S_N1, **S_N2**, E1, E2 ✓ rendement = 99,8%

Le mécanisme pour la réaction **G.** est le suivant :

G.

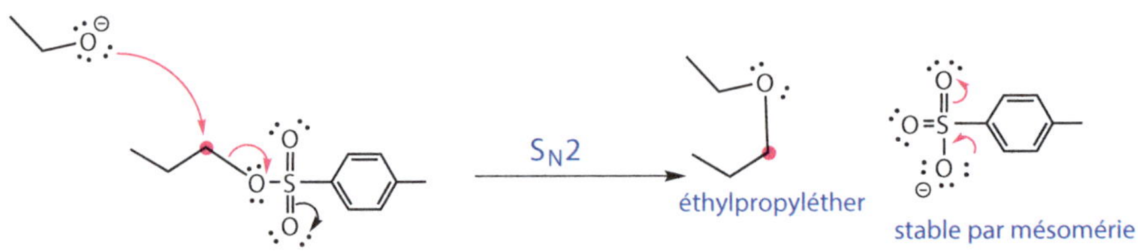

Remarque :

Avant d'entamer les exercices suivants, il est important que vous lisiez attentivement les points suivants :

- *Les solvants protiques (CH_3OH, CH_3COOH, H_2O,..) stabilisent parfaitement les ions carbéniums car ils sont ionisants, ils aident à la dissociation hétérolytique du nucléofuge par formation des ponts hydrogène.*
- *Il n'y a pas de S_N1 avec un halogénure primaire (non allylique) car les cations primaires n'existent pas.*

- *À cause de l'encombrement stérique, la S_N2 sur des halogénures tertiaires ne peut avoir lieu.*
- *En général, la S_N2 nécessite des nucléophiles forts (I^-, CN^-, RS^-, etc.) et l'E2 quant à elle sollicite une base très forte peu ou non nucléophile ($(CH_3)_3CO^-$)*
- *En plus des fiches « à mémoriser » au début de ce chapitre, voici quelques exemples de réactions de types S_N1, S_N2, E1 et E2 où les rendements expérimentaux des produits principaux sont signalés :*

S_N1

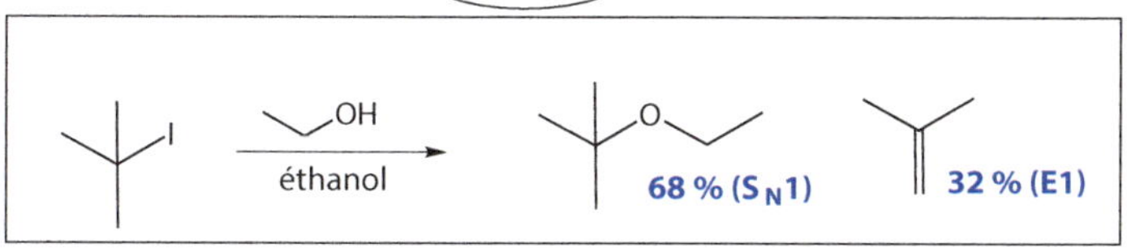

S_N2

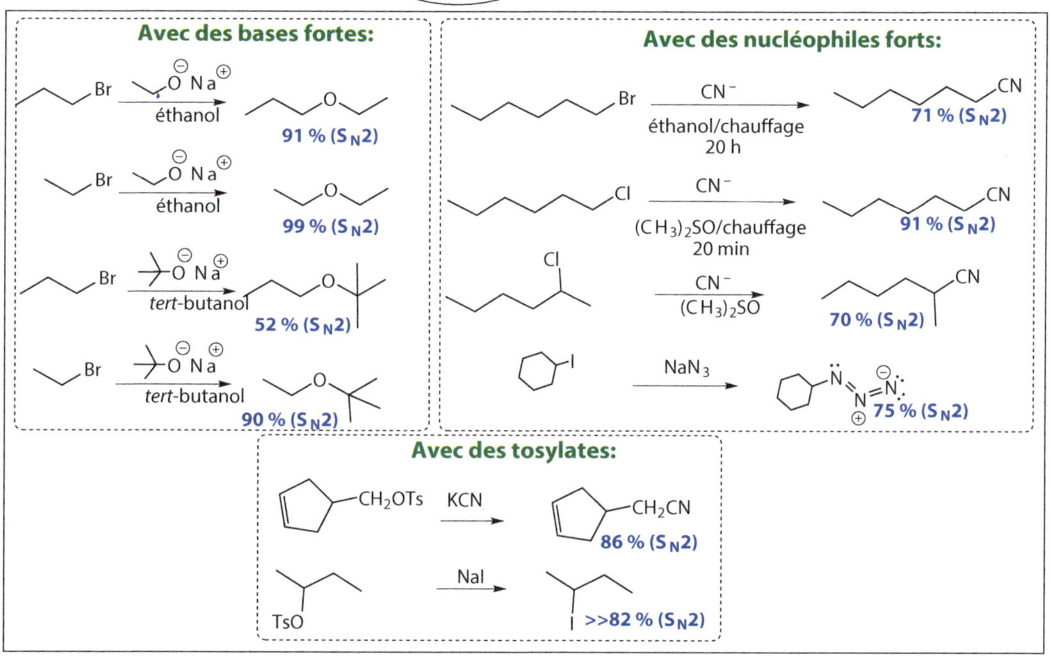

E2

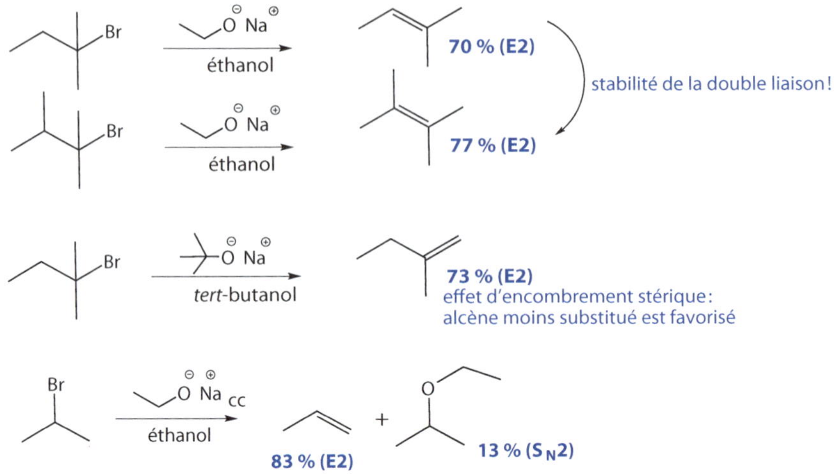

E1

La déshydratation en milieu acide des alcools secondaires se fait par un mécanisme E1.

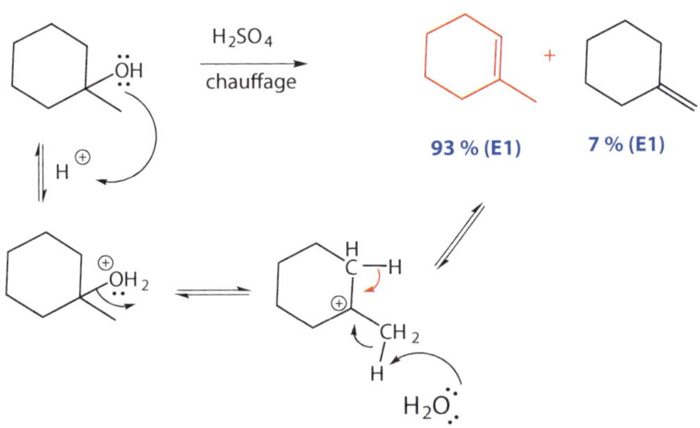

La déshydratation en milieu acide des alcools primaire se fait par un mécanisme E2.
Les conditions sont extrêmes: H_2SO_4 à 95% et une température de 180°C.

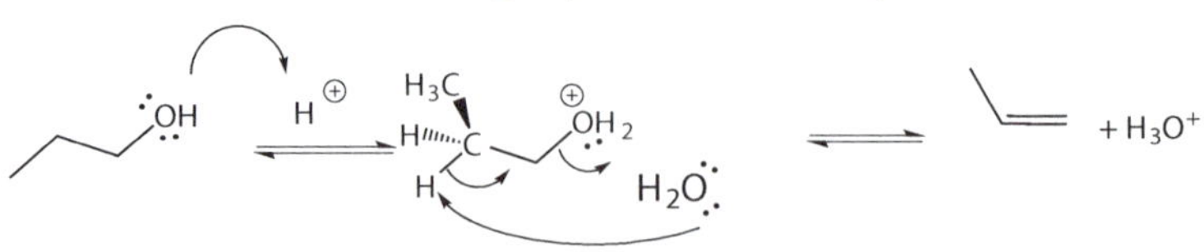

Un halogénure tertiaire en présence d'une base faibe très encombrée conduit un produit E1:

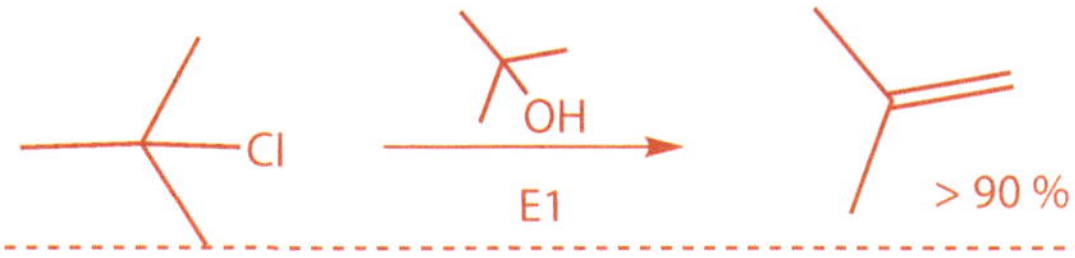

Avant de commencer à résoudre les exercices suivants, il est vivement recommandé de faire l'exercice 1, de lire la fiche « à mémoriser » relative à ce chapitre et de respecter l'ordre des exercices !

2. Quel est le produit principal dans chacune des réactions suivantes ?

I.

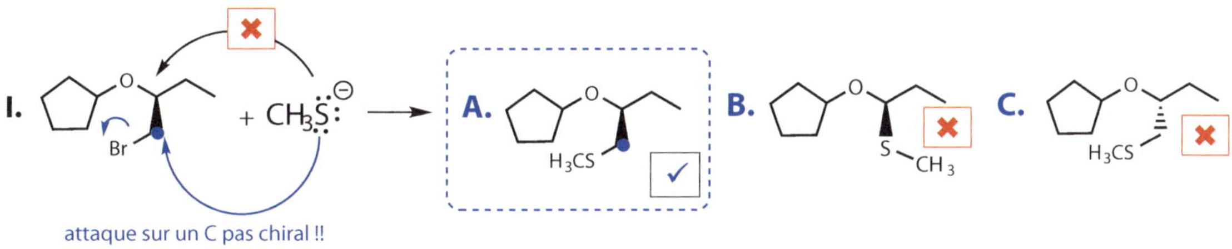

nature du nucléophile : fort
halogénure : primaire

→ S_N2

Attention, l'inversion de Walden n'a pas d'effet car le carbone n'est pas chiral !

II.

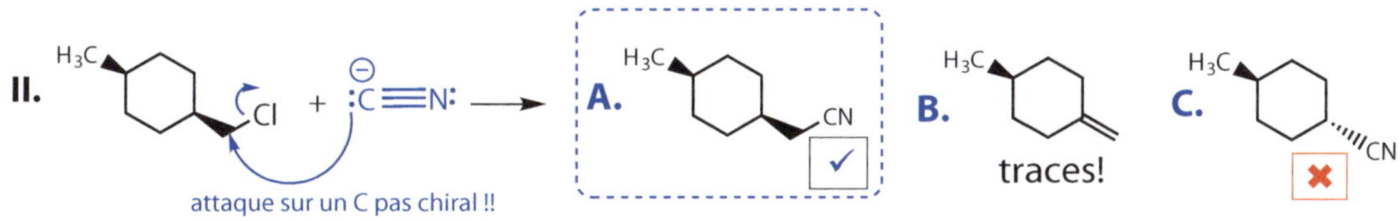

nature du nucléophile : fort
halogénure : primaire

→ S_N2

stéréochimie : inversion de Walden

Attention, l'inversion de Walden n'a pas d'effet sur la configuration de la molécule car le carbone n'est pas chiral !

III. 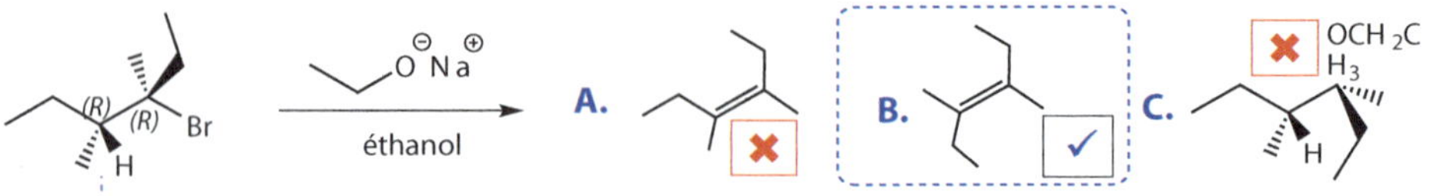

nature du nucléophile : base forte
halogénure : tertiare
→ **E2**

stéréochimie : stéréospécifique, antipériplanaire (H et Br s'éliminent seulement lorsqu'ils sont dans le même plan en *anti*)

deux permutations successives
ne changent pas la configuration
du centre chiral

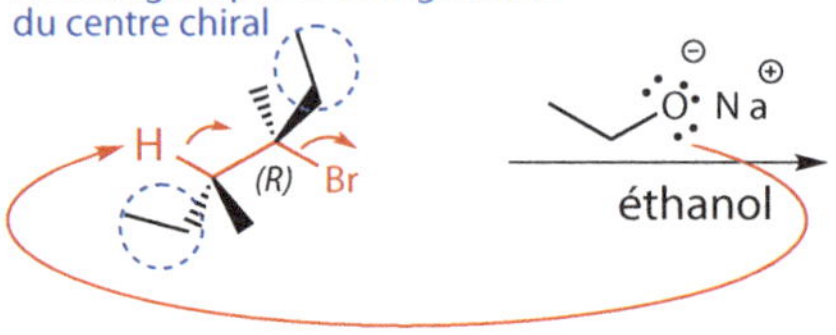

un seul produit formé de configuration *trans*

3. Indiquer le(s) produit(s) des réactions suivantes en précisant, si nécessaire, la stéréochimie des produits.

I. 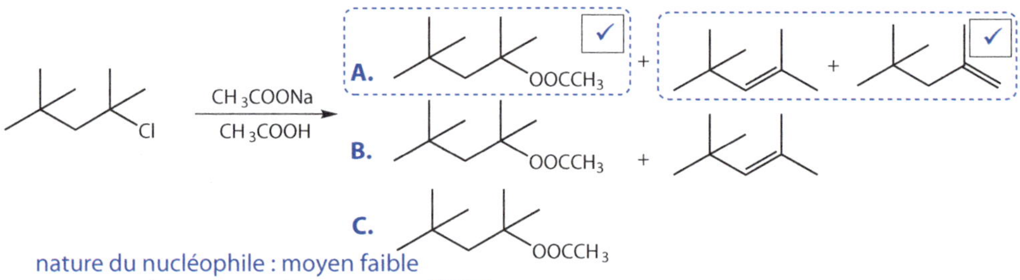

nature du nucléophile : moyen faible
sovant : polaire très protique
halogénure : tertiaire
→ **S_N1 >> E1**

formation de trois produits : un principal par S_N1 et deux minoritaires par E1

Attention, pas de mélange racémique car le carbone n'est pas chiral !

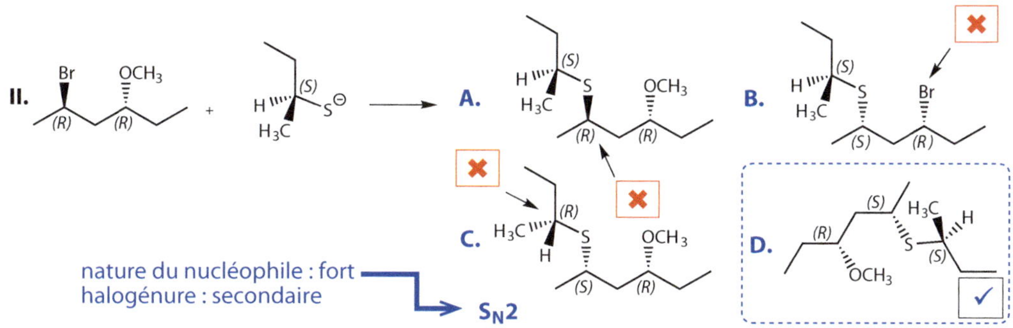

stéréospécifique et stéréosélective : inversion de Walden uniquement du centre attaqué, formation d'un seul produit

Attention, la configuration du nucléophile ne change pas !

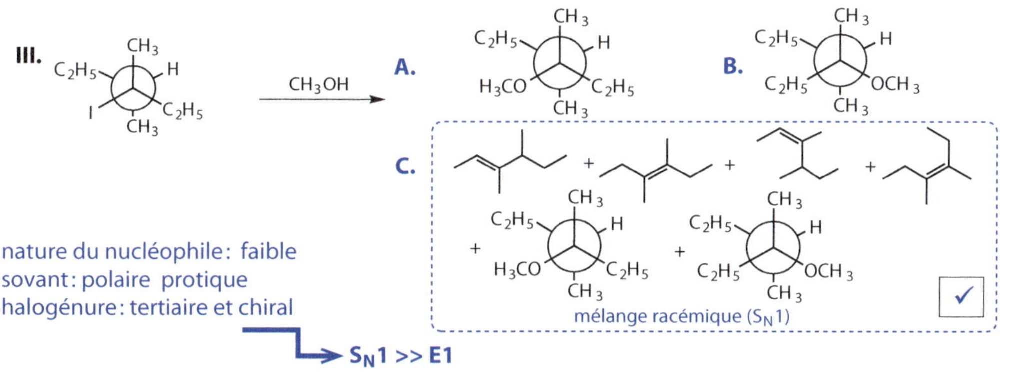

formation de plusieurs produits : un mélange racémique majoritaire par S_N1 et quatre minoritaires par E1

Le mécanisme est le suivant :

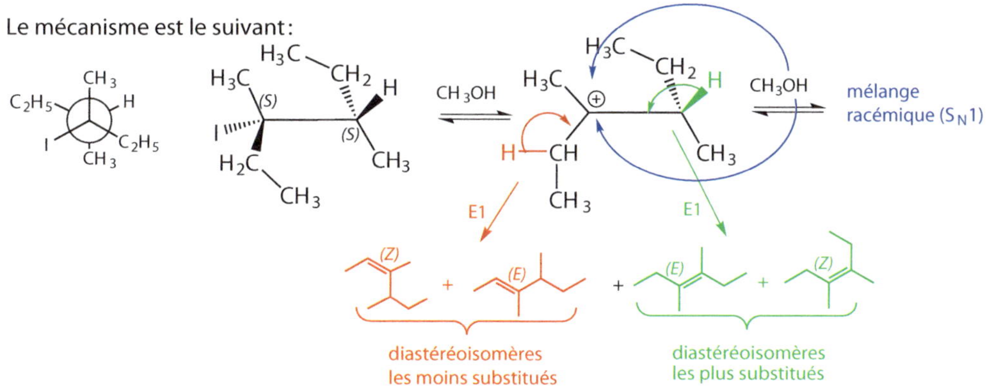

4. I. Dans les réactions suivantes, les molécules donnent des produits qui peuvent résulter des réactions S_N2 et E2. Une des trois réactions est uniquement E2, laquelle ?

La réaction entre une base forte concentrée et un halogénure secondaire ou tertiaire conduit à un produit principal de type E2. Le produit S_N2, s'il est formé, est minoritaire (traces) surtout lorsque l'halogénure est tertiaire. En outre, lorsque la double liaison est stabilisée par mésomérie, le produit E2 est unique.

La bonne réponse est I.A.

A.

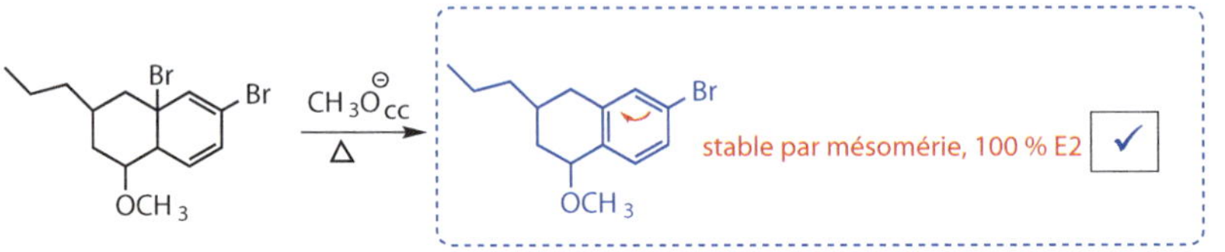

B.

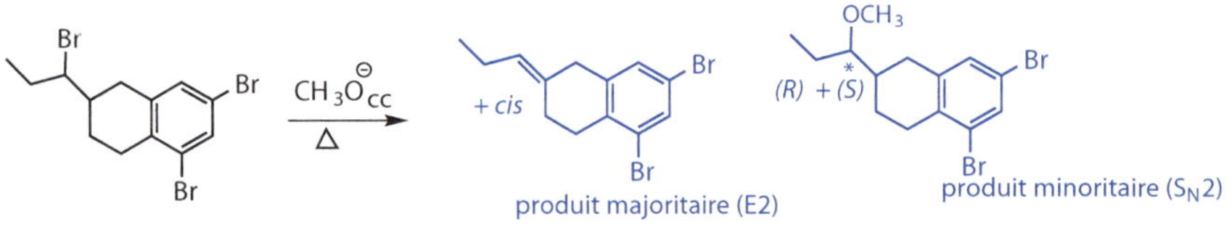

C.

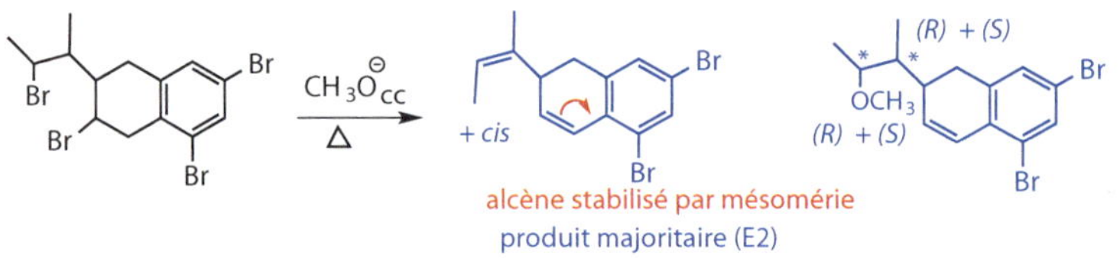

II. On suppose que les deux réactions suivantes donnent que des produits d'élimination (E2), mais l'une est plus favorisée thermodynamiquement que l'autre. Laquelle ?

IL s'agit d'une réaction acide-base, l'éthoxyde arrache le proton benzylique, H lié au C adjacent de CH_2Br. Cette réaction est caractérisée par une constante d'équilibre.

La valeur de la constante d'équilibre calculée dans le cas **B.** est plus importante que celle dans **A.** En effet, le groupe $-NO_2$, accepteur d'électrons, lié au benzène, augmente l'acidité et donc diminue le p*K*a de la molécule. Par conséquent, le produit formé est thermodynamiquement plus stable que celui formé dans le cas **A.**

A.

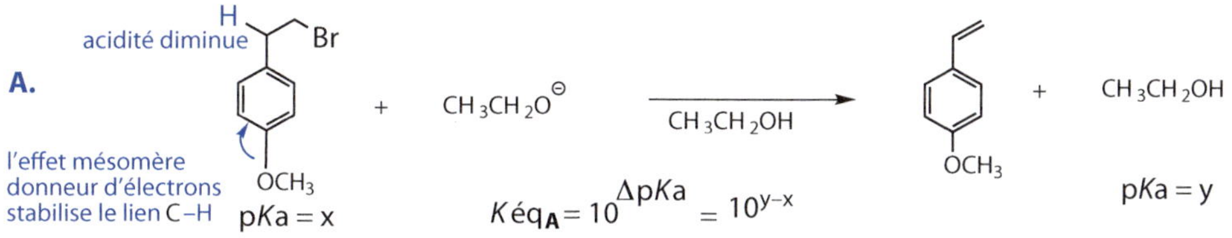

$K\acute{e}q_{\mathbf{A}} = 10^{\Delta pKa} = 10^{y-x}$

B.

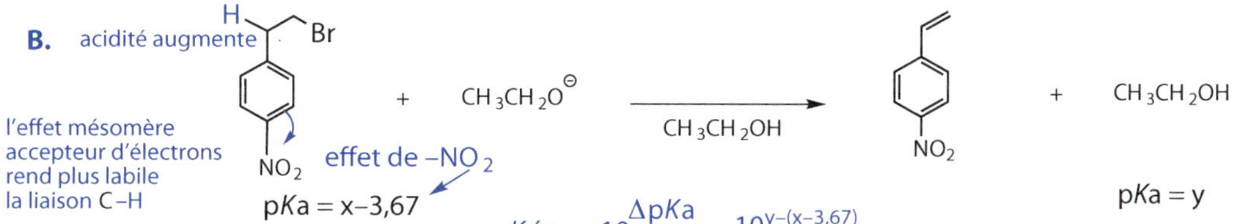

$K\acute{e}q_{\mathbf{B}} = 10^{\Delta pKa} = 10^{y-(x-3,67)}$

On en déduit : $\dfrac{K\acute{e}q_{\mathbf{B}}}{K\acute{e}q_{\mathbf{A}}} = \dfrac{10^{y-(x-3,67)}}{10^{y-x}} = 10^{y-(x-3,67)-(y-x)} = 10^{y-x+3,67-y+x}$

$= 4677$

On obtient : $\boldsymbol{K\acute{e}q_{B} = K\acute{e}q_{A} \times 4677}$

La proposition B. est correcte.

5. Parmi les réactions de Williamson ci-dessous, l'une d'entre elles ne donne qu'un faible rendement en produit, laquelle ?

La réaction de Williamson permet d'obtenir des éthers par S_N2.

Étant donné que l'halogénure est secondaire et que la base est forte, la réaction en **B.** conduit à deux types de réactions : l'élimination E2 et la substitution S_N2. Le rendement en S_N2 est faible.

B.

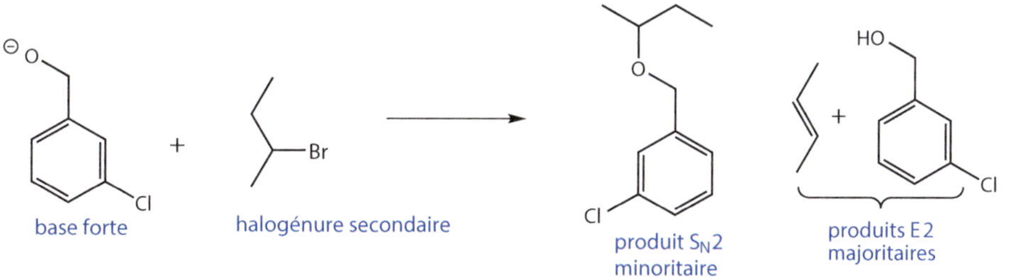

Quant à la réaction décrite en **A.**, le mécanisme E2 est impossible étant donné qu'il n'y a pas d'hydrogène lié au carbone adjacent (voisin) au groupe CH_2Br. Le produit obtenu est purement S_N2.

On retient ici que la réaction S_N2 est forcée dans le cas de **A.**!

A. 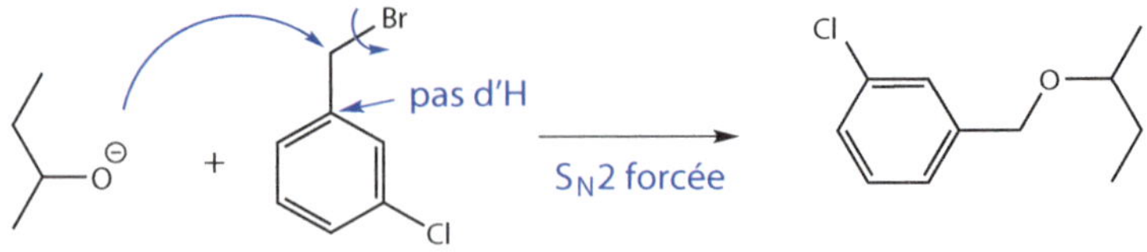

La bonne proposition est B.

6. Quel est le produit principal pour les réactions suivantes ?

Ici, on discute le réarrangement de Wagner-Meerwein. En général, cela n'est possible que si la migration d'un hydrure, d'un groupe alkyle ou phényle sur le carbone adjacent conduit à un carbocation plus stable que celui de départ par effet inductif et/ou mésomère. Ensuite, c'est ce nouveau carbénium qui réagit avec le nucléophile présent dans le milieu réactionnel.

I. 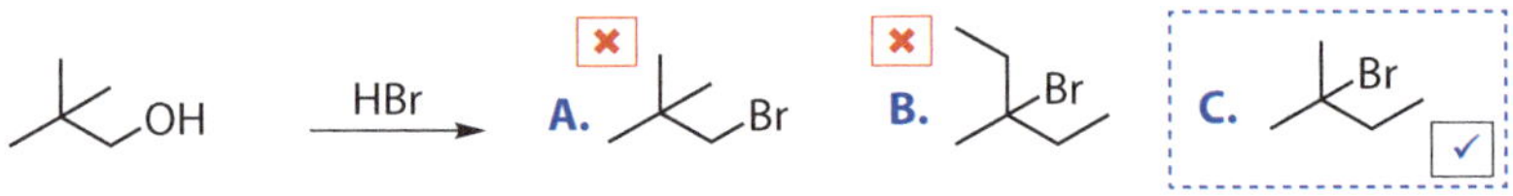

Le mécanisme de cette réaction est le suivant :

II. 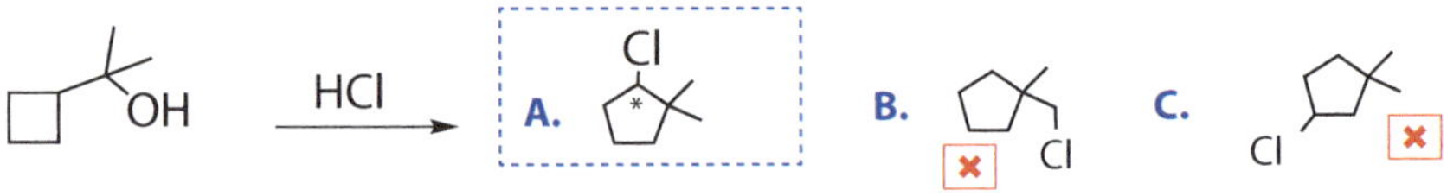

Le mécanisme de cette réaction est le suivant :

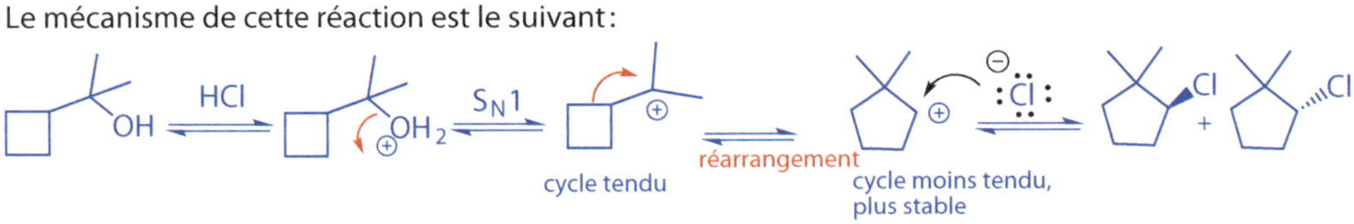

III. 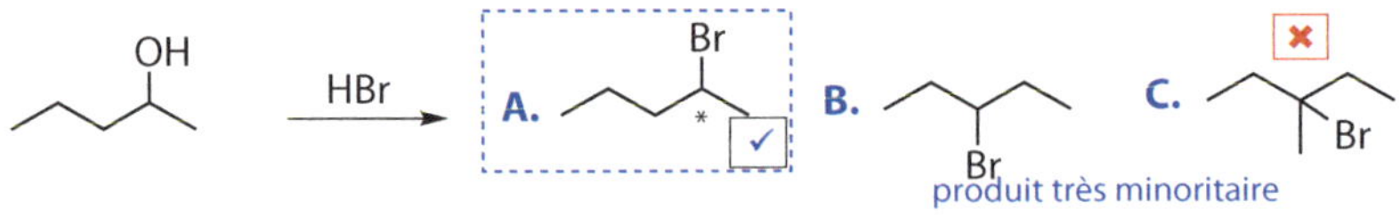

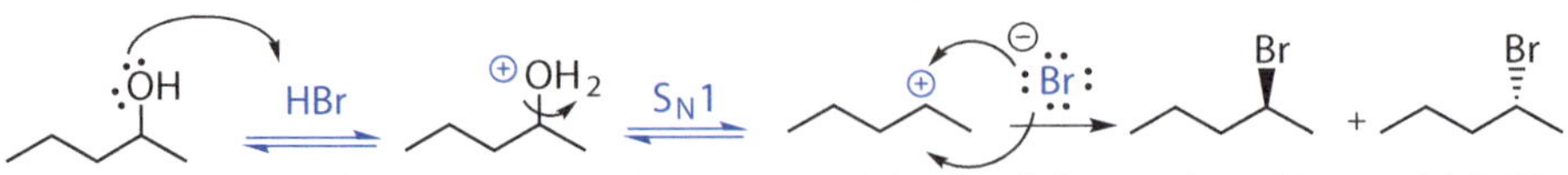

pas de réarrangement car le C+ qui pourrait être formé n'est pas plus stable que celui de départ

Enfin, pour le cas **IV.**, il s'agit d'une transposition pinacolique où le carbocation formé est stabilisé par la paire libre d'électrons de l'oxygène voisin.

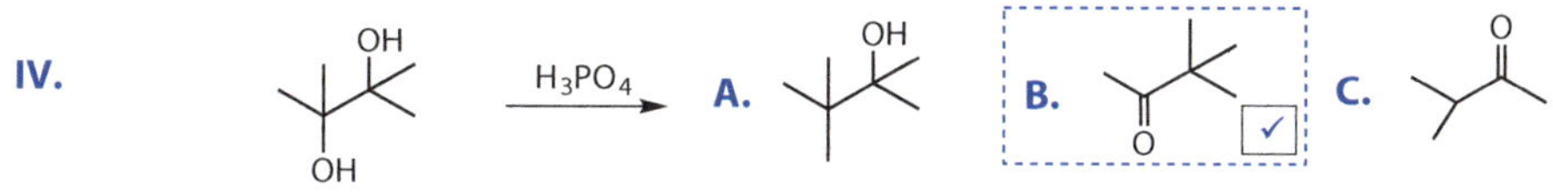

Le mécanisme est :

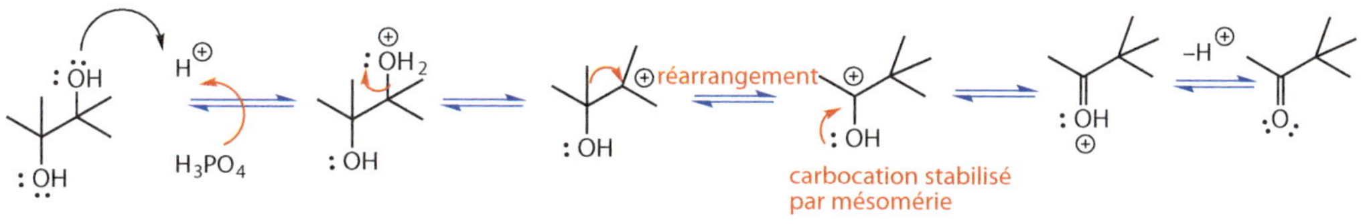

7. Examinons la réaction suivante :

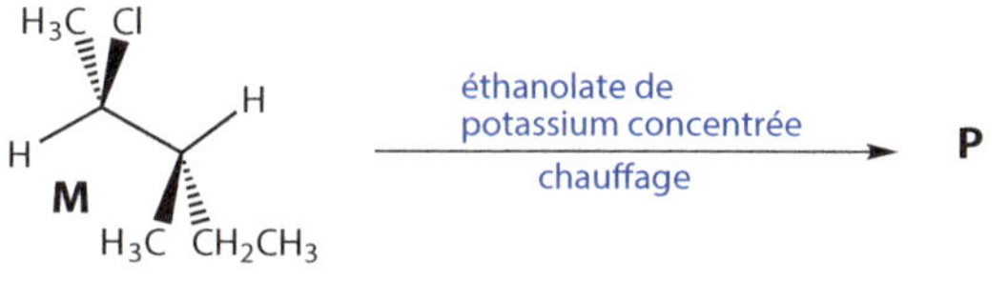

Avant d'indiquer si les énoncés suivants sont vrais ou faux, il est bien conseillé de donner le produit principal de la réaction et le mécanisme mis en jeu. Cela vous permettra de mieux gérer les provocations d'erreurs dans les affirmations proposées.

Dans cette réaction, l'halogénure est secondaire et la base forte est concentrée, le produit principal formé est donc de type E2. C'est l'alcène le plus substitué (Zaytsev) qui est majoritairement produit. Le mécanisme E2 exige que les groupes –H et –Cl soient disposés en position antipériplanaire :

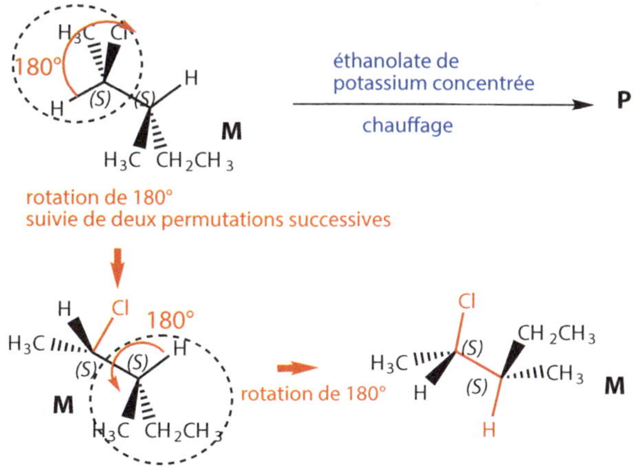

Le mécanisme est le suivant :

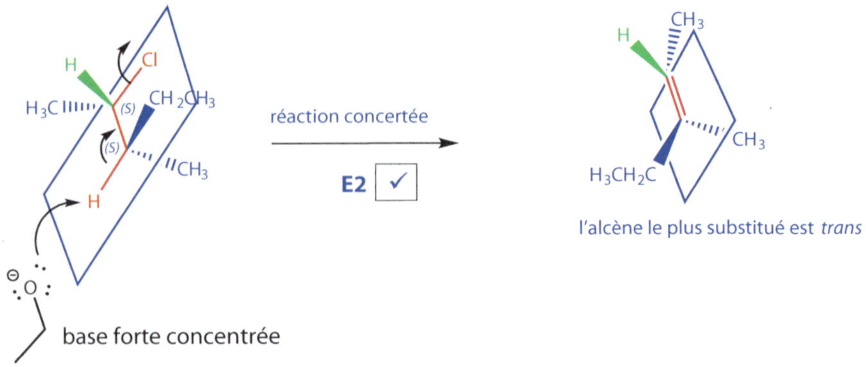

H– et –Cl doivent être en antipériplanaire (situés dans le même plan) au moment de l'attaque de la base

A. Vrai. Le réactif **M** peut être représenté en projection de Newman sous la forme de

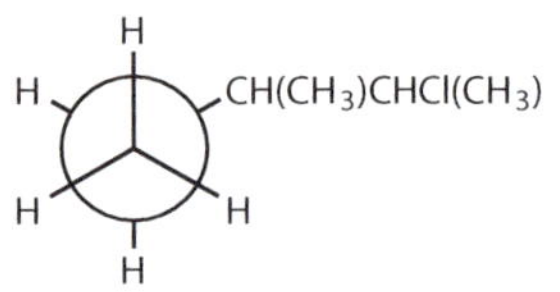

Pour justifier cette réponse, il suffit de décrire la représentation de Cram et de la comparer à celle de **M** ci-dessus.

La représentation de Cram correspondant à cette structure est :

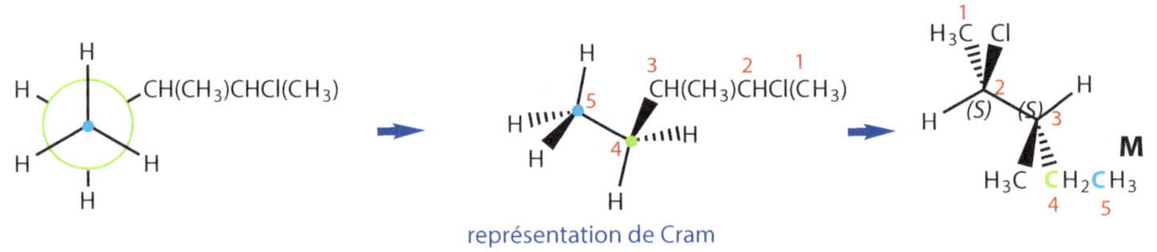

Ainsi, on constate que la liaison C5–C4 est celle qui a été utilisée pour représenter la projection de Newman.

B. **Faux.** Car l'éthanolate de potassium est à la fois une base forte et un nucléophile fort (voir la fiche « à mémoriser » relative à cette partie)

C. **Faux.** Car le nom IUPAC de **M** est (2*S*,3*S*)-2-chloro-3-méthylpentane et pas (2R,3*S*)-2-chloro-3-méthylpentane

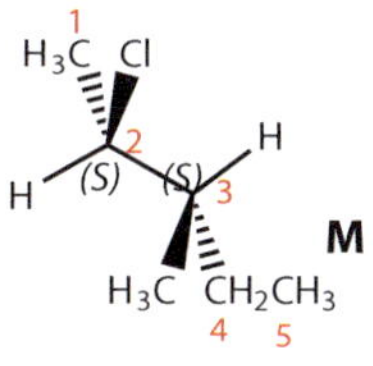

(2*S*)-(3*S*)-2-chloro-3-méthylpentane

D. **Vrai.** L'étude cinétique montre que cette réaction d'élimination est d'ordre 2 (E2). La vitesse de la réaction est donc de la forme v =k [2-chloro-3-méthylpentane] [éthanolate]

E. **Faux.** La réaction n'est pas de type S_N1 pour accepter v =k [2-chloro-3-méthylpentane] !

F. **Faux.** Car cette forme de vitesse, v = k [éthanolate], n'existe pas dans les études cinétiques des réactions S_N1, S_N2, E1 et E2.

G. **Faux.** Car la conformation dans laquelle la molécule réagit exige que deux groupes H et Cl soient disposés en anti et dans le même plan (antipériplanaire).

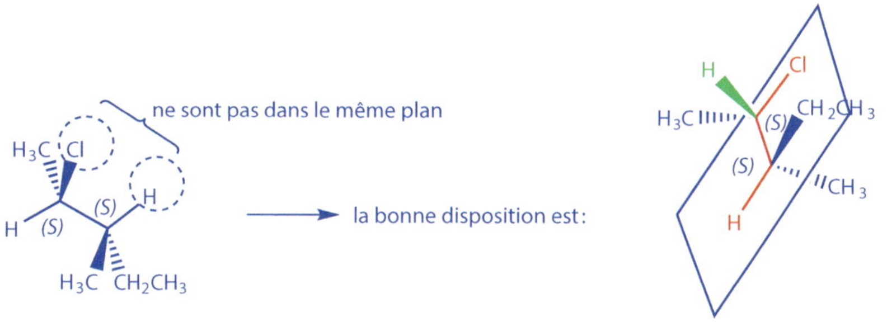

H. **Faux.** Car il est impossible d'avoir des ions carbénium accessibles dans un milieu basique. La réaction produisant le produit principal est une élimination d'ordre **2**.

I. **Vrai.** Le produit **P** formé est le *trans*-3-méthylpent-2-ène.

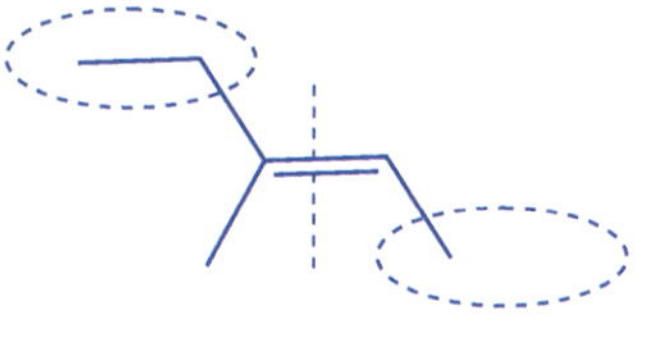

trans-3-méthylpent-2-ène

J. **Faux.** Car si l'on partait du (2*R*,3*R*)-2-chloro-3-méthylpentane, on obtiendrait toujours le même produit **P**. Le mécanisme de la réaction expliquant les détails est le suivant :

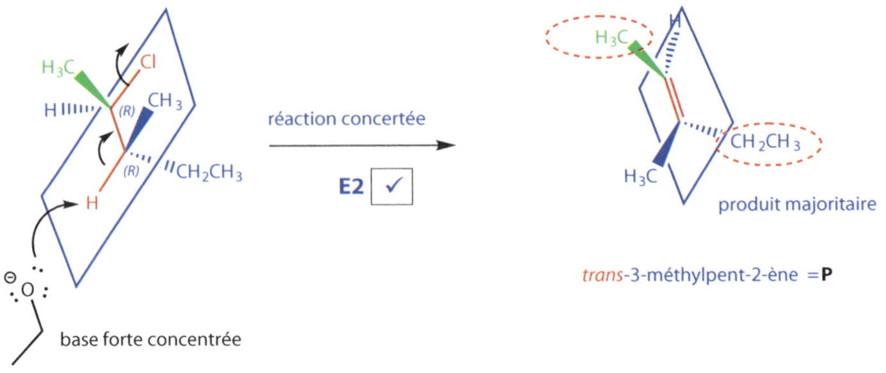

H– et –Cl doivent être en antipériplanaire (situés dans le même plan) au moment de l'attaque de la base

K. **Vrai.** la réaction est stéréospécifique, car le mécanisme demande une géométrie spatiale bien définie de la molécule. Cette géométrie est indépendante des contraintes telles que les gènes stériques. En d'autres mots, il faut que la stéréosélectivité ne dépende que de l'antiplanaireté des deux groupements à éliminer, H et Cl. Sans cela, le mécanisme E2 n'aura pas lieu.

Une réaction ne peut être stéréospécifique que si elle est stéréosélective. L'inverse n'est toujours pas vrai.

L. **Faux.** La réaction est stéréosélective : voir **K.**

Une réaction stéréosélective est une réaction donnant plusieurs stéréoisomères dont un est majoritaire par rapport aux autres. Par conséquent, une réaction S_N1, contrairement à S_N2, menant à un mélange racémique n'est pas stéréosélective.

Pour mieux gérer les exercices suivants, il est conseillé de répondre à toutes les propositions afin de détecter et reconnaitre les erreurs insérées. Cette façon de faire vous garantit une meilleure mobilisation des connaissances concernant ce chapitre. En plus, la considération de l'ordre par chapitre est vivement recommandée aussi !

8. Dans chaque cas, choisir deux séquences de réactions qui permettent de faire les transformations ci-dessous :

Pour I.,

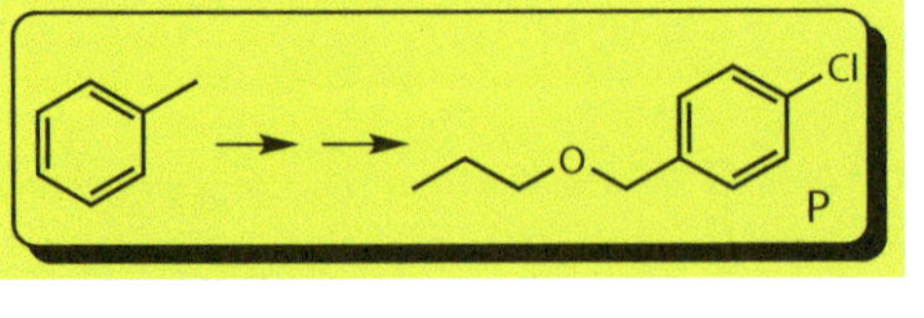

les deux bonnes réponses sont I.A et I.D.

A. 1) Cl_2 (1 *équi*) /hν; 2) $CH_3CH_2CH_2ONa$; 3) $Cl_2/FeCl_3$

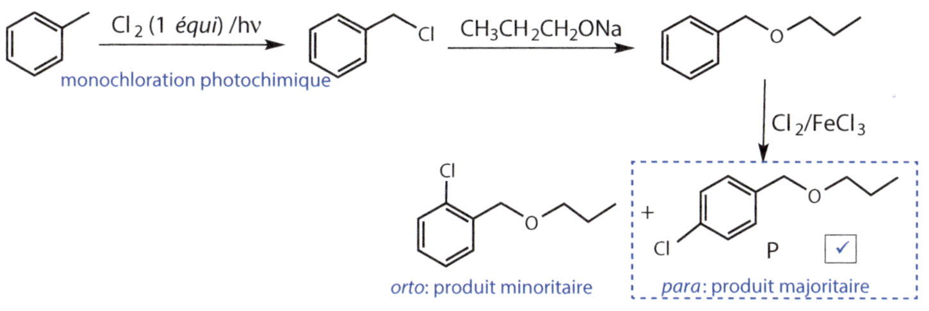

B. 1) Cl_2 (1 *équi*) / hν; 2) CH_3CH_2ONa; 3) Cl_2 / $FeCl_3$ ✖

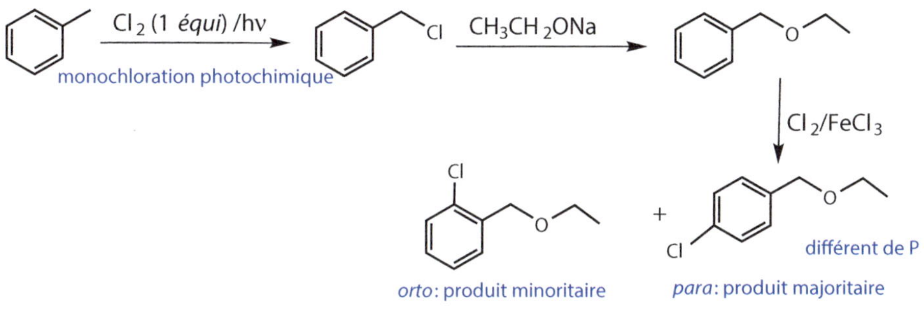

C. 1) Cl_2 (1 *équi*) / hν; 2) CH_3CH_2CHO; 3) Cl_2 / $FeCl_3$ ✖

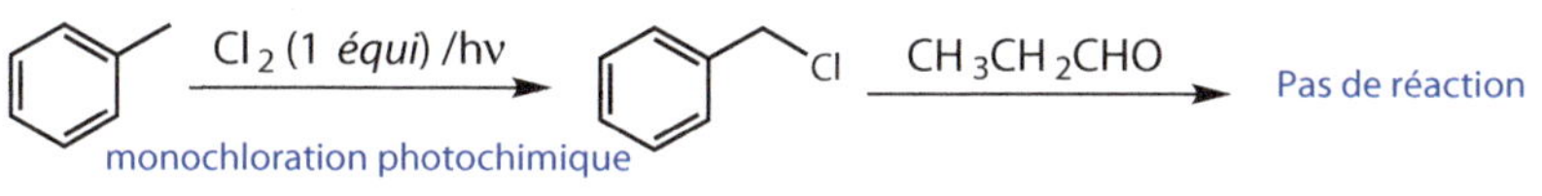

D. 1) Cl_2 / $FeCl_3$; 2) Cl_2 (1 *équi*) / hν; 3) $CH_3CH_2CH_2ONa$

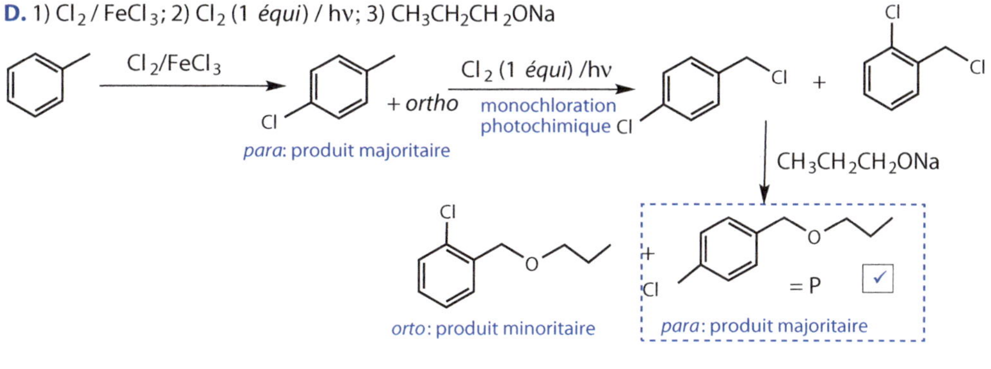

Pour II.,

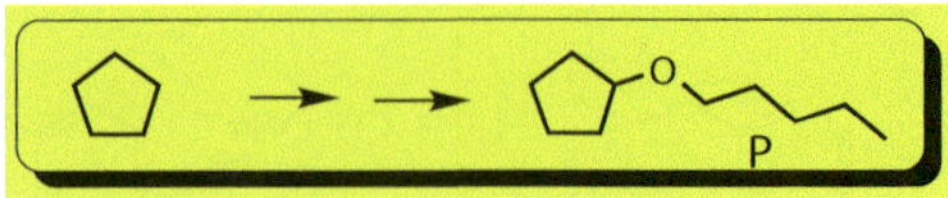

les deux bonnes réponses sont II.A et II.C.

A. 1) Cl_2 (1 *équi*) / hν; 2) $(CH_3)_3COK$; 3) H_2O/H^+; 4) Na; 5) $CH_3(CH_2)_3CH_2OTs$

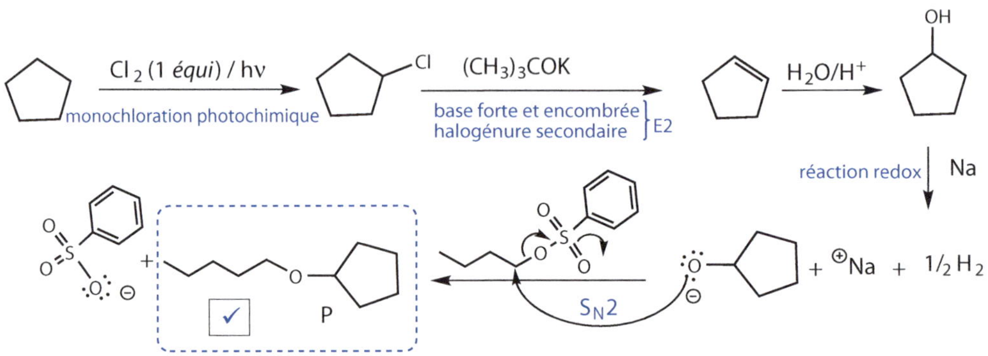

B. 1) Cl_2 (1 *équi*) / hν; 2) CH_3CH_2ONa; 3) $CH_3(CH_2)_3CH_2OH$ ✖

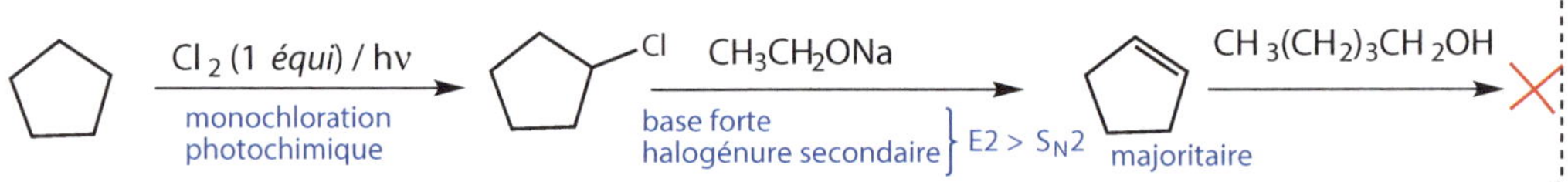

C. 1) Cl_2 (1 *équi*) / hν; 2) $(CH_3)_3COK$; 3) $CH_3(CH_2)_3CH_2OH$ / H^+

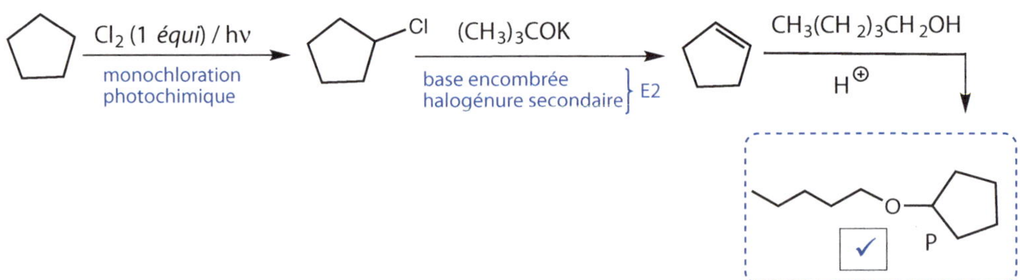

D. 1) Cl_2 (1 *équi*) / hν; 2) $(CH_3)_3COK$; 3) $CH_3(CH_2)_3CH_2OH$

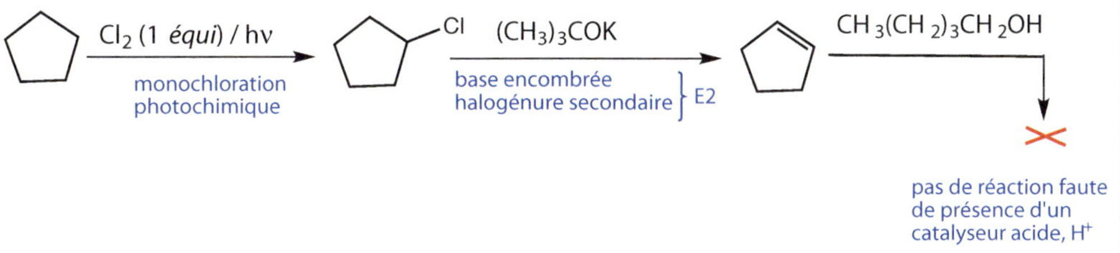

9. Sans tenir compte de la stéréochimie, quel est le produit synthétisé dans les réactions suivantes ?

Le composé organométallique RMgX est un réactif très important pour former des nouveaux liens Carbone–Carbone ainsi que la deutération des halogénures. Le composé est obtenu lorsque l'on fait réagir un halogénure RX avec du magnésium solide dans l'éther sec. Le tétrahydrofurane sec (THF) est utilisé aussi parfois comme solvant. Ce magnésien est formé selon une réaction rédox :

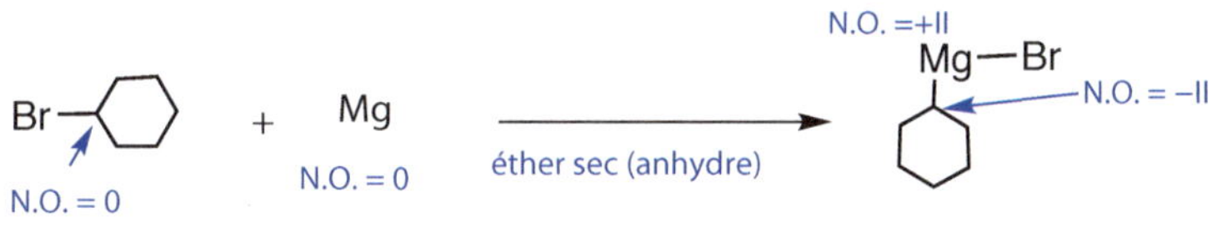

Le carbone de l'halogénure subit une réduction, il passe d'un N.O. = 0 à un N.O. = –II.
Le magnésium quant à lui s'oxyde, il passe du N.O. = 0 à un N.O. = +II.

En général, le RMgX est un bon nucléophile et en même temps une base très forte. Il réagit *violement* avec les protons des molécules acides, mêmes faibles, tels que H_2O, alcools et acide carboxylique. C'est la raison pour laquelle le solvant utilisé doit être anhydre, sinon le réactif de Grignard se détruit selon la réaction suivante :

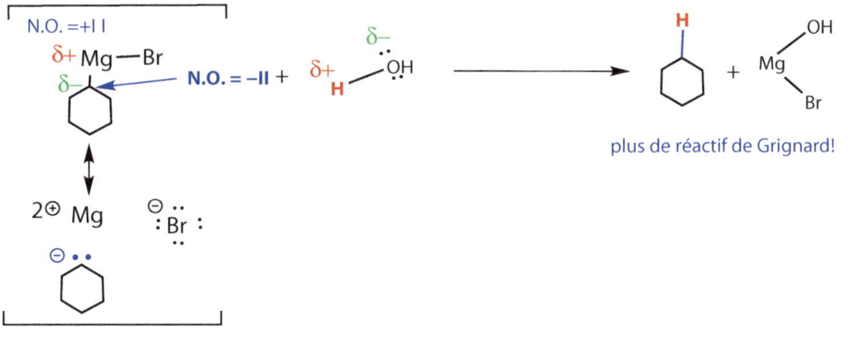

Pour la formation RMgX, le X peut être Cl, Br ou I, si le radical R est aliphatique. Pour les aromatiques, seul le chlorure ne donne pas le réactif de Grignard.

Les magnésiens réagissent comme des nucléophiles avec diverses fonctions telles que, les aldéhydes, les cétones, les époxydes, les esters, etc.
Voici deux exemples de mécanisme réactionnel : un avec une fonction aldéhyde (**1**) et un autre avec une fonction époxyde (**2**).

1) :

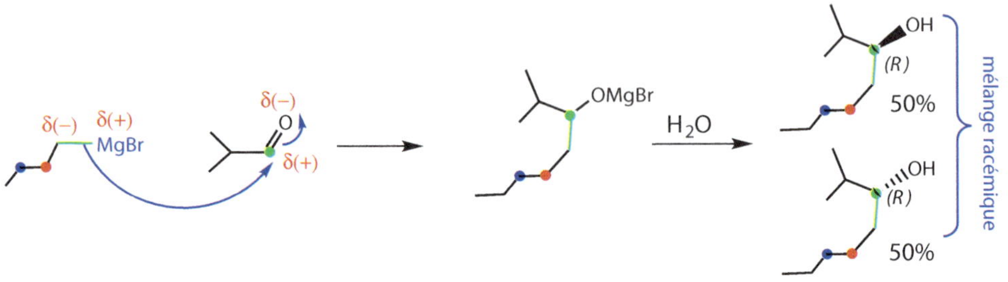

2) :

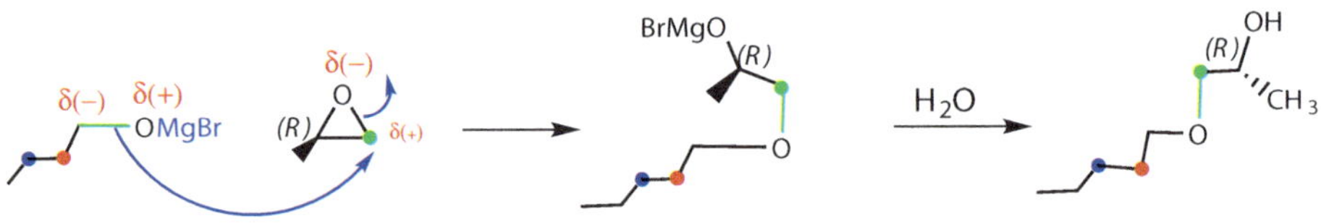

l'attaque se fait toujours du côté le moins encombré

Enfin, en plus de l'aspect nucléophile du magnésien, n'oubliez pas que c'est aussi une base très forte. Cela lui permet de participer à de nombreuses réactions. En voici quelques-unes :

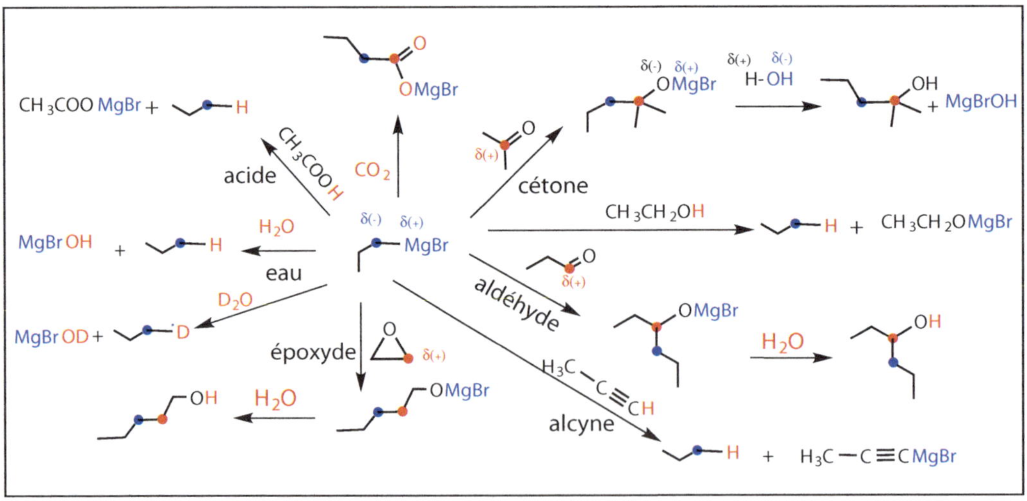

C'est bien également de préciser les fonctions mises en jeu avant et après la réaction avec le magnésien RMgX :

Réactif	→	**Produit**
Cétone		**Alcool tertiaire**
Aldéhyde		**Alcool secondaire**
Alcool (R'OH)		**Réaction acide-base (alcoolate + RH)**
Alcyne		**Réaction acide-base**
Epoxyde	**RMgX**	**Allongement de la chaîne de deux C (R-C-C-OH)**
CO_2		**Allongement de la chaîne d'un seul C (R-COOH)**
H_2O		**Réaction acide-base (RH)**
D_2O		**Réaction acide-base (RD)**

Application : réponse aux questions de l'exercice 9. :

I.

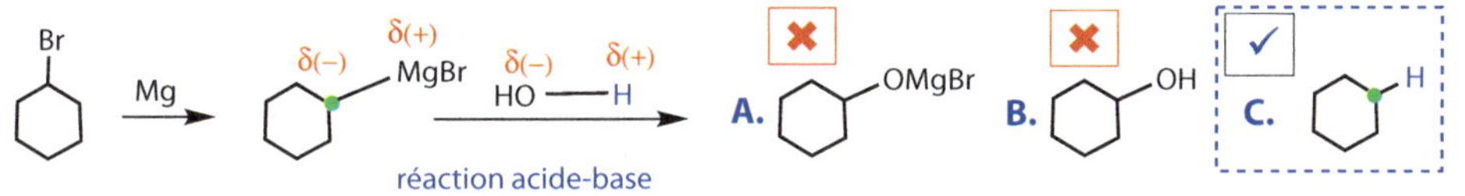

II.

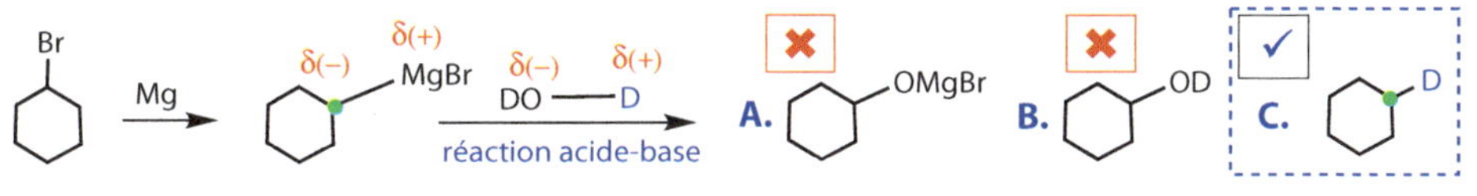

III.

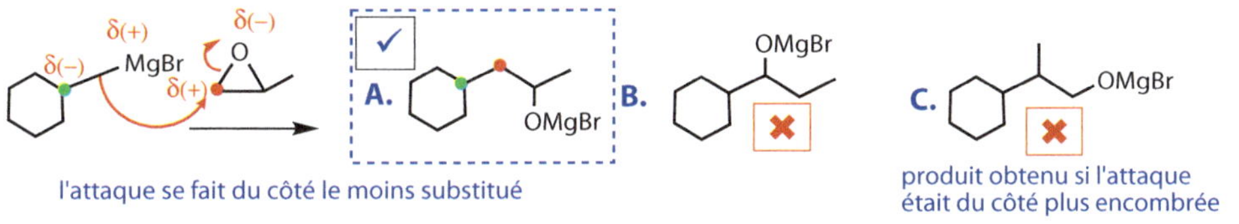

IV.

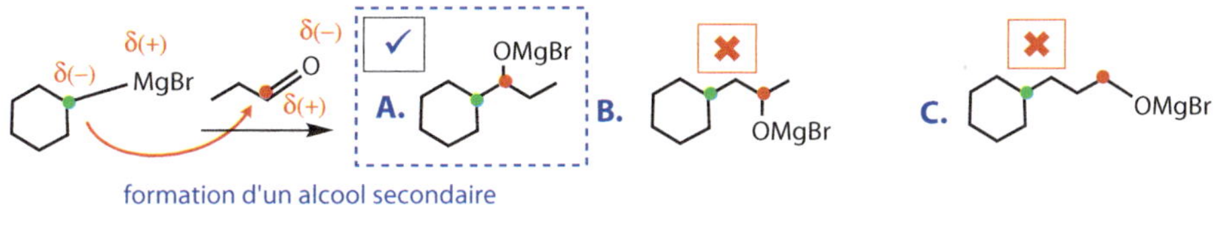

V.

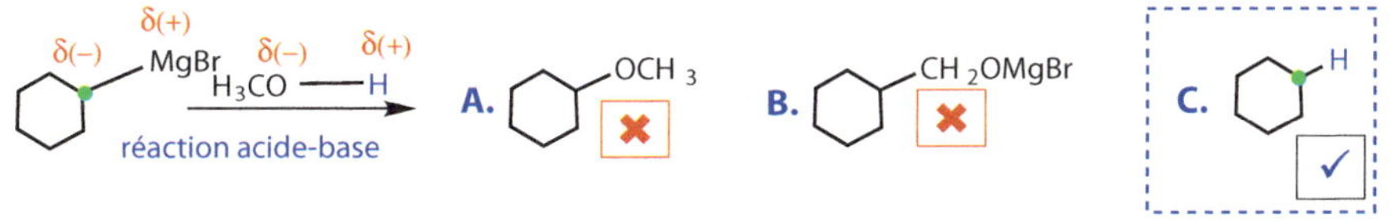

VI.

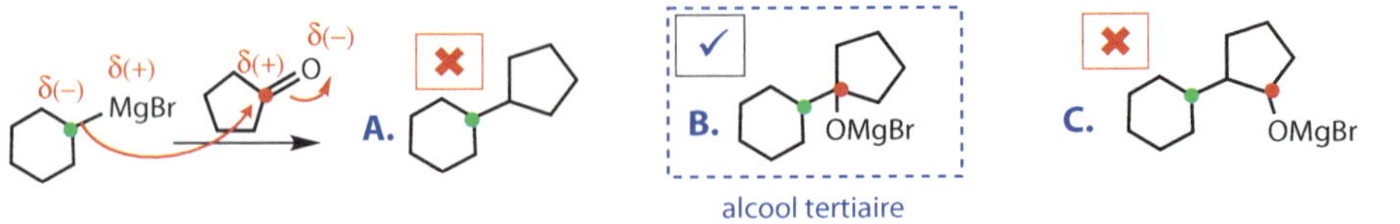

VII.

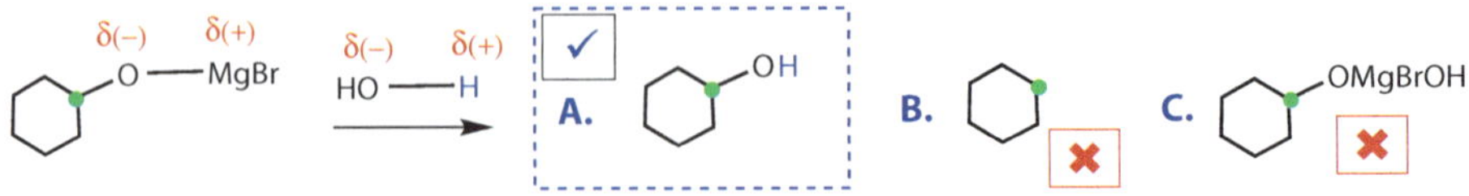

10. Proposer une suite de réactions pour effectuer les transformations suivantes:

❖ **Pour I.**

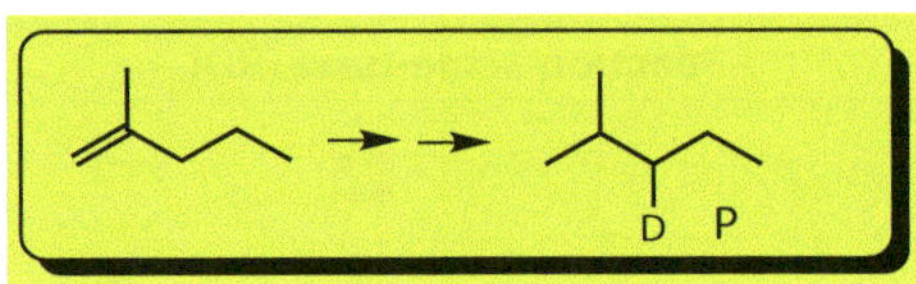

A. 1) HCl; 2) CH_3CH_2ONa/Δ; 3) HBr/H_2O; 4) Mg; 5) D_2O

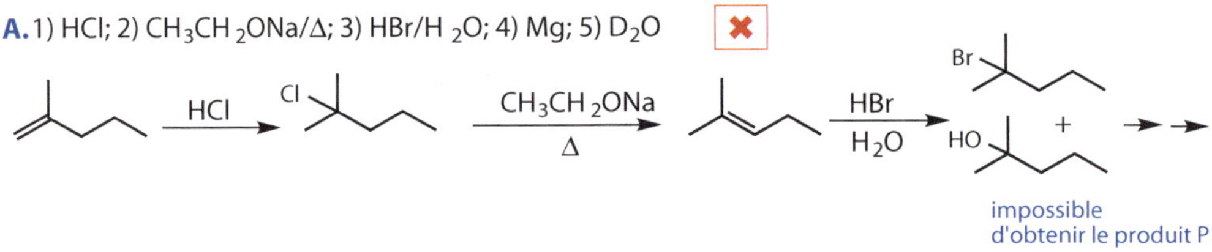

B. 1) HCl; 2) CH_3CH_2ONa/Δ; 3) HBr/H_2O_2; 4) Mg; 5) D_2O

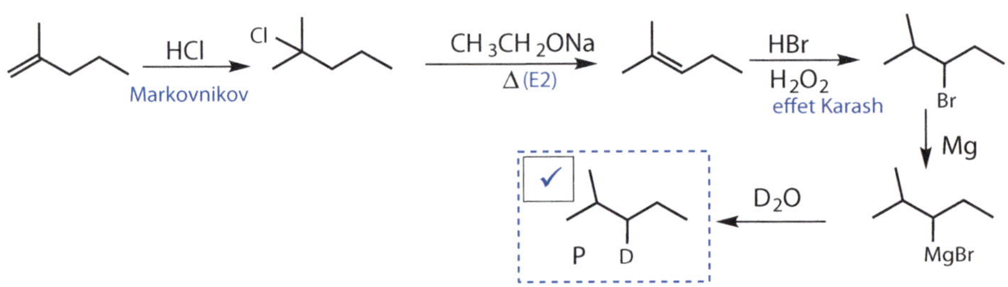

C. 1) HCl; 2) CH_3CH_2ONa/Δ; 3) HBr/H_2O_2; 4) Mg; 5) CD_3OH

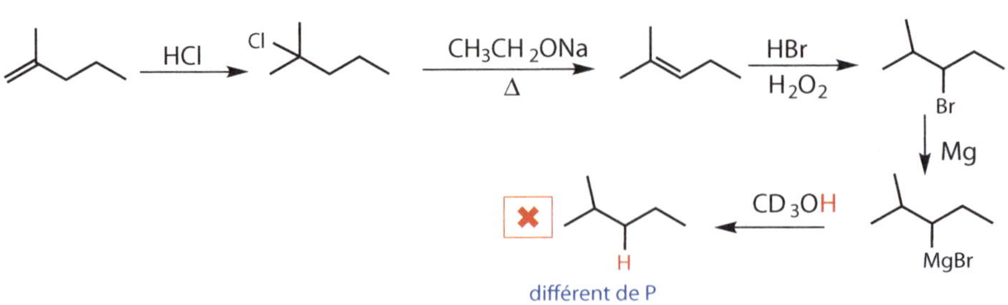

❖ **Pour II.**

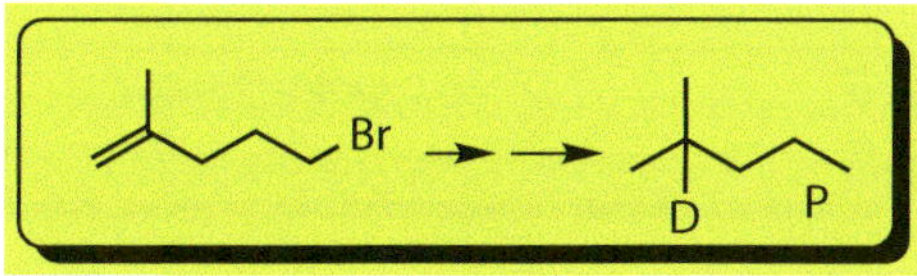

A. 1) HCl; 2) Mg; 3) D_2O

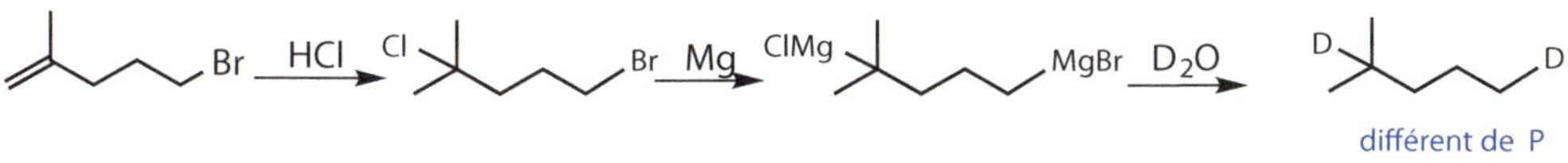

B. 1) HBr/peroxyde; 2) Mg; 3) D_2O

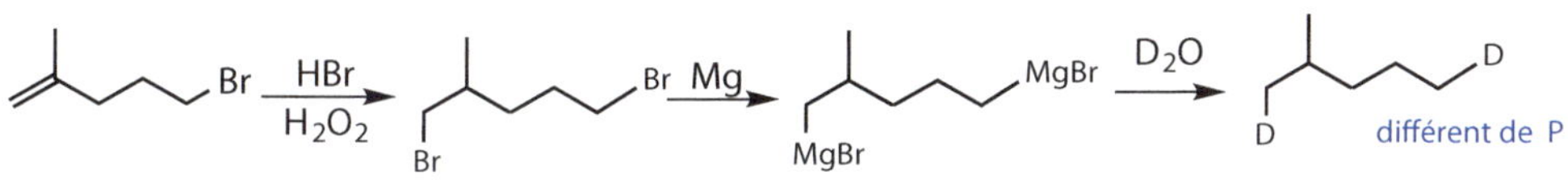

C. 1) Mg; 2) H_2O; 3) HBr/H_2O_2; 4) Mg; 5) D_2O

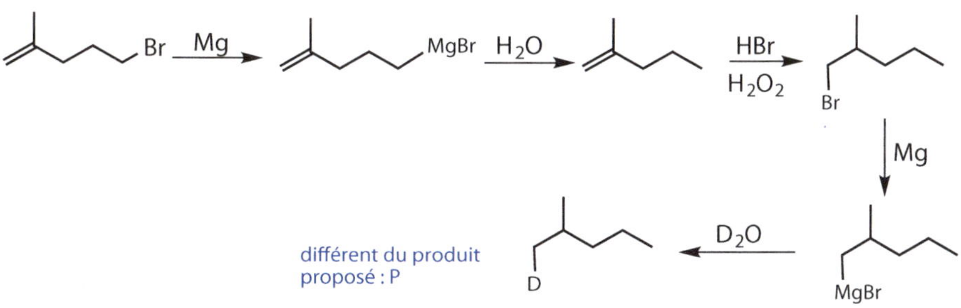

D. 1) Mg; 2) H_2O; 3) HBr; 4) Mg; 5) D_2O

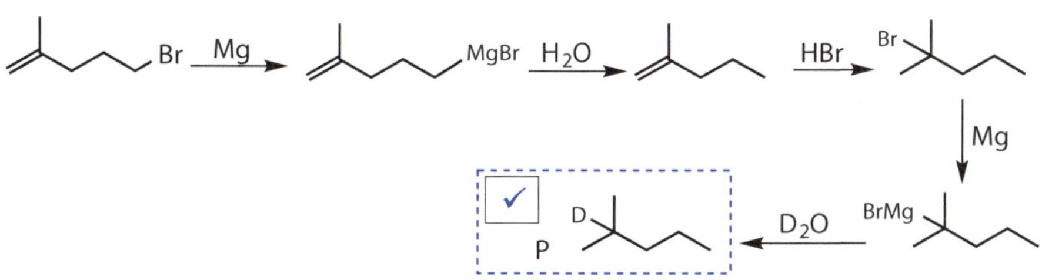

11. Choisir une séquence de réactions qui permet de faire la transformation ci-dessous :

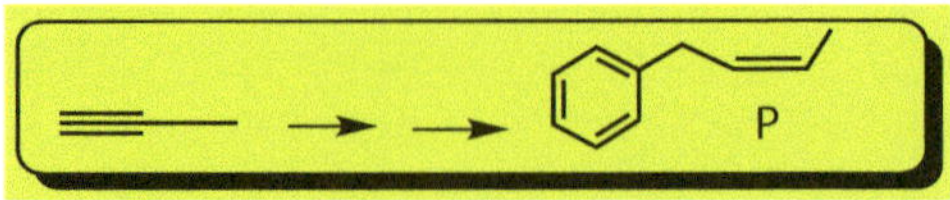

A. 1) NH_3; 2) $PhCH_2Cl$; 3) H_2/Pd-C $BaSO_4$ ✖

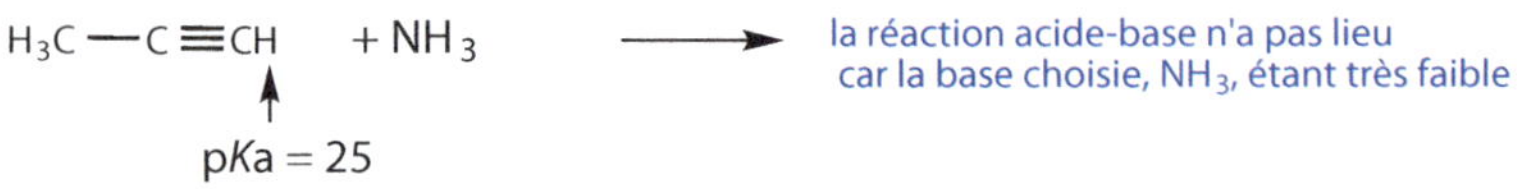

B. 1) $NaNH_2$; 2) $PhCH_2Cl$; 3) H_2/Pd-C ✖

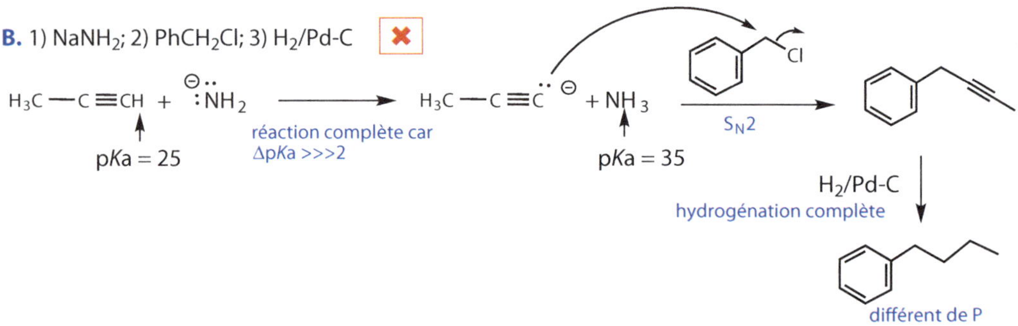

C. 1) $NaNH_2$; 2) $PhCH_2CH_2Cl$; 3) H_2/Pd-C $BaSO_4$ ✖

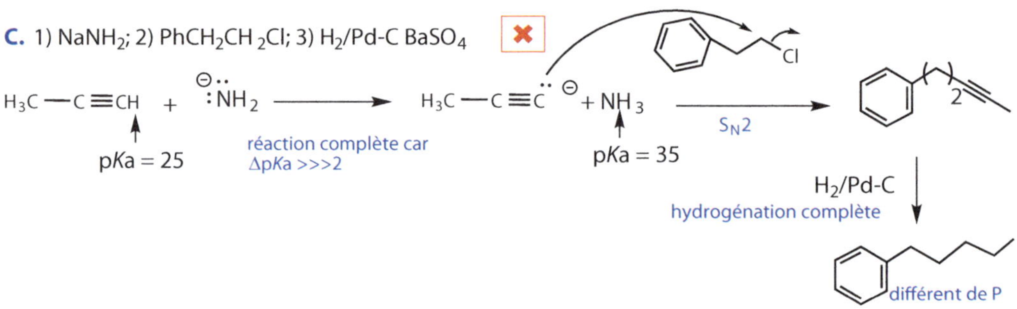

D. 1) $NaNH_2$; 2) $PhCH_2Cl$; 3) H_2/Pd-C $BaSO_4$

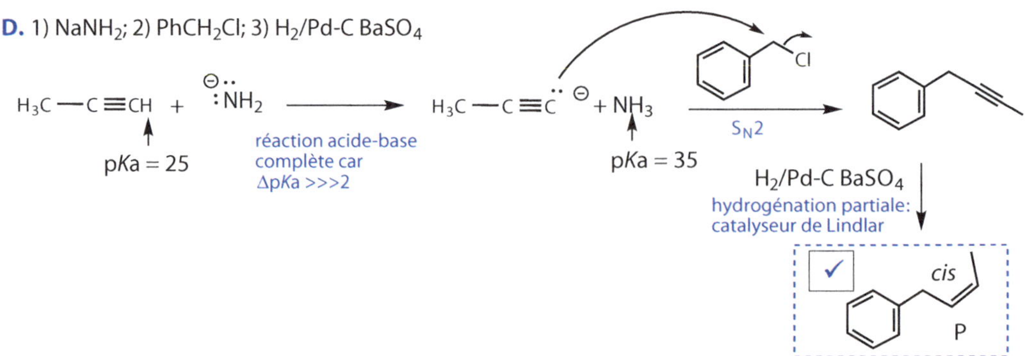

Aide dirigée . . .

Alcools, phénols et thiols

1. **I. Dans chacun des couples suivants, indiquer le composé le plus acide.**

En chimie organique, la maîtrise des réactions entre les acides et les bases est plus facile à gérer si les p*K*a des fonctions repères sont mémorisés, à savoir :

1. Les alcools

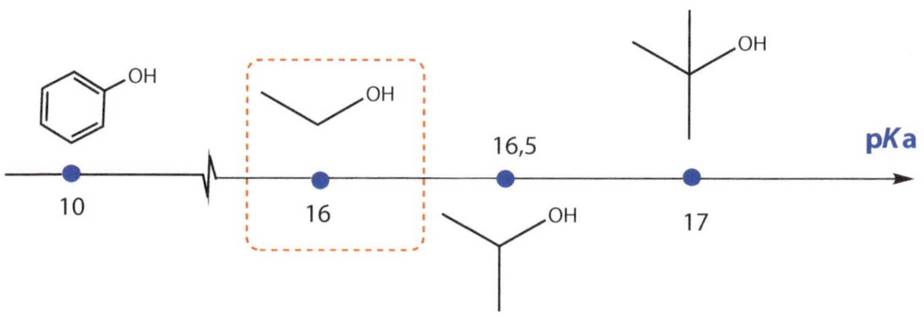

Par réaction avec l'hydroxyde de sodium, la déprotonation des trois types d'alcools aliphatiques est incomplète car la différence de p*K*a entre l'acide, eau formée, et l'alcool de départ est loin d'être supérieure à 2. Si l'on prend, par exemple, le plus acide de ces alcools (l'éthanol) la variation de p*K*a vaut que –0,27, $\Delta pKa = -0,27$.

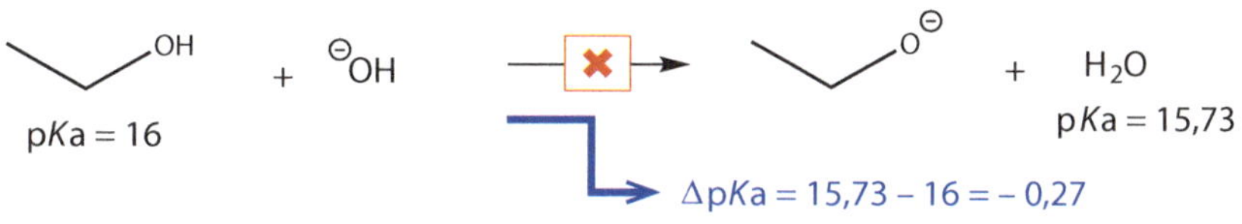

Pour assurer une déprotonation complète des alcools aliphatiques, on utilise soit l'hydrure de sodium, soit le sodium solide.

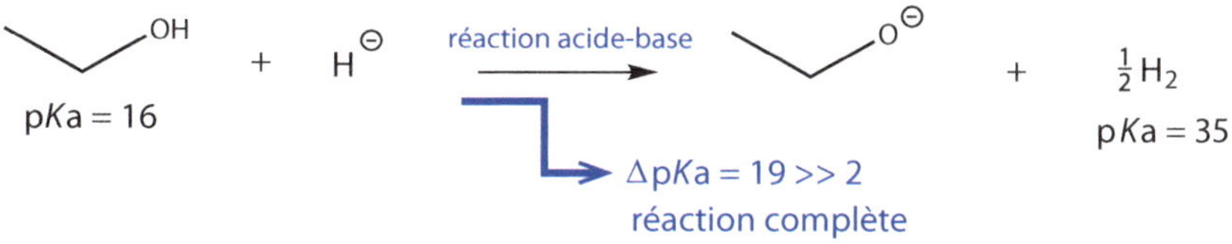

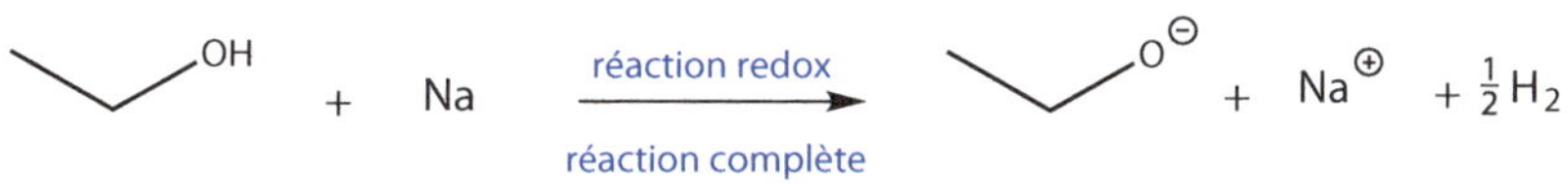

Le phénol, contrairement aux alcools aliphatiques, se déprotone complètement lorsqu'il réagit avec l'hydroxyde de sodium.

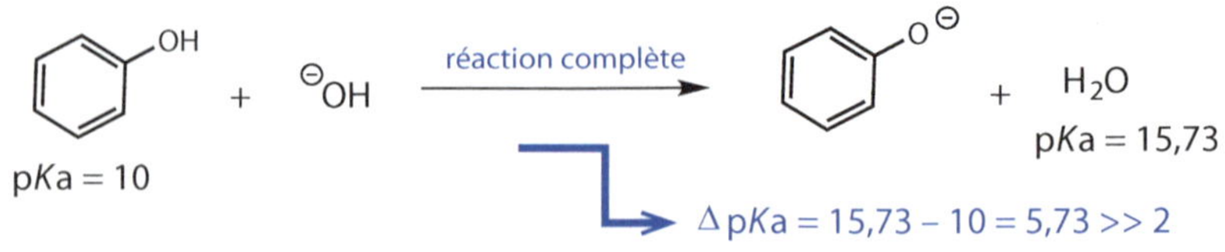

Lorsque ces alcools sont liés aux groupements accepteurs d'électrons (par effet inductif ou/et effet mésomère), leur force d'acidité augmente. Par contre, si les substituants donneurs d'électrons, la force d'acidité diminue.

Par exemple :

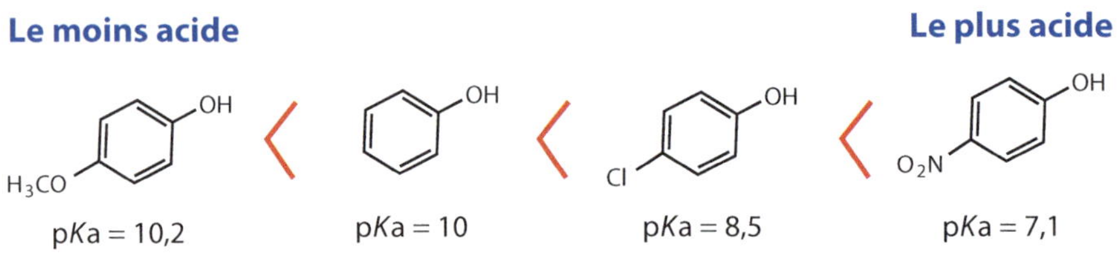

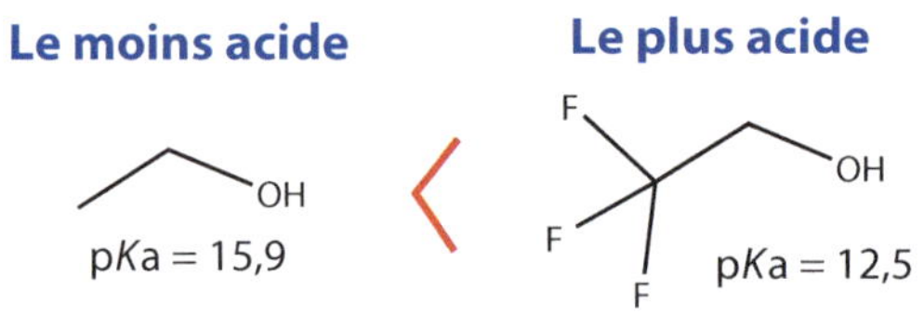

2. Les acides

En général, les acides carboxyliques sont plus acides que les alcools. L'effet capteur d'électron dû à l'effet mésomère de la fonction carbonyle est responsable de cette acidité élevée. Pour les acides, le repère à mémoriser, est l'acide acétique, son p*K*a vaut 4,75.
Il est important aussi d'avoir une idée de valeurs de p*K*a pour les dérivés d'acide carboxylique. En voici quelques exemples :

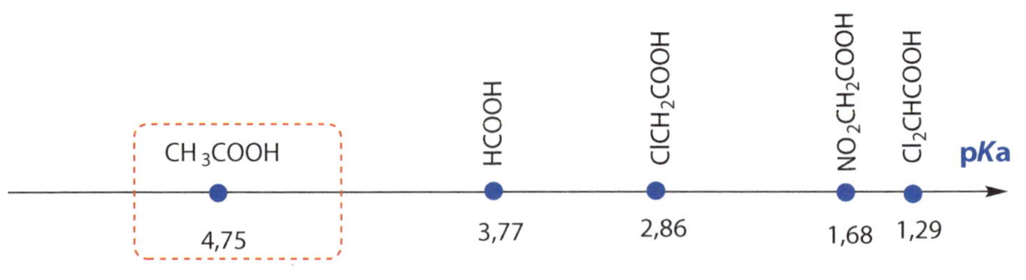

Ces acides sont complétement neutralisés par les molécules hydroxydes et amines :

$$CH_3COOH + NH_3 \xrightarrow{\text{réaction complète}} CH_3COO^{\ominus} + NH_4^{\oplus}$$

p*K*a = 4,75 (CH₃COOH) ; p*K*a = 9,2 ($NH_4^{\oplus}$)

Δp*K*a = 9,2 - 4,75 = 4,45 >> 2

$$CH_3COOH + {}^{\ominus}OH \xrightarrow{\text{réaction complète}} CH_3COO^{\ominus} + H_2O$$

p*K*a = 4,75 (CH_3COOH) ; p*K*a = 15,73 (H_2O)

Δp*K*a = 15,73 - 4,75 = 10,98 >>> 2

3. Les thiols

Les thiolates sont en général des nucléophiles forts. Ils peuvent être formés par réaction des thiols (RSH) avec l'hydroxyde de sodium.

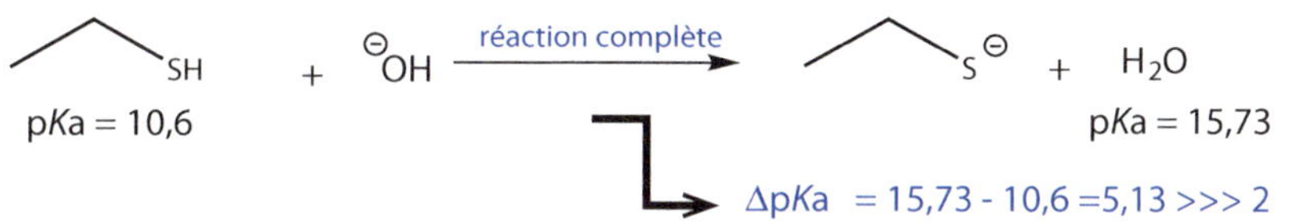

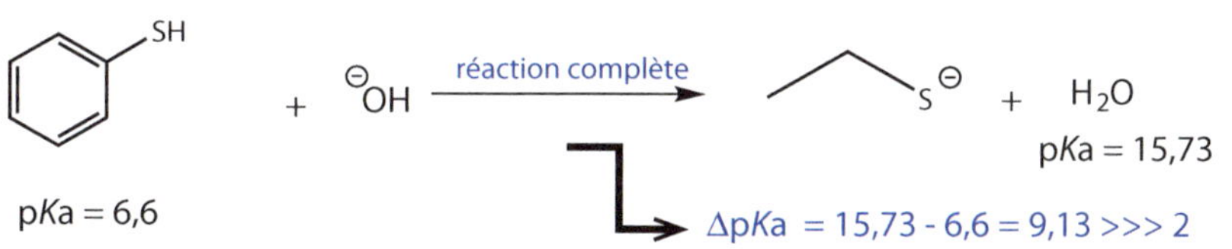

Remarque :

On constate que lorsqu'une fonction acide est liée à un carbone voisin hybridé sp², l'acidité augmente de 10000 fois dans le cas des thiols et d'un million fois dans les cas des alcools.

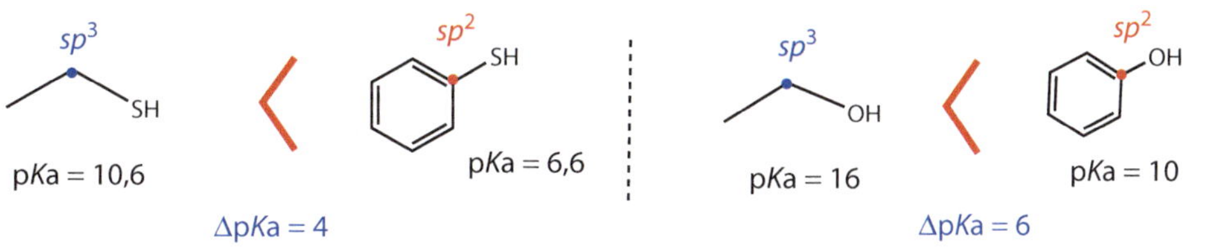

On peut aussi dire qu'un H lié à un atome de carbone hybridé sp est plus acide qu'un H lié à un carbone sp² qui est lui-même plus acide qu'un H attaché à un carbone hybridé sp³.

Le moins acide				**Le plus acide**
sp³		*sp²*		*sp*
$H_3C{-}CH_3$	<	$H_2C{=}CH_2$	<	$HC{\equiv}CH$
p*K*a = 50		p*K*a = 40		p*K*a = 25

Application:

I. Dans chacun des couples suivants, indiquer le composé le plus acide.

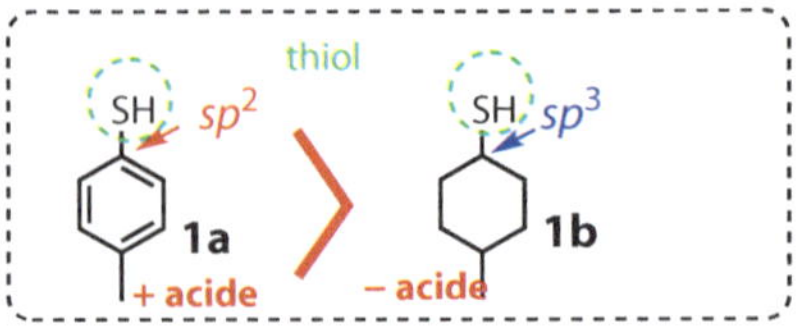

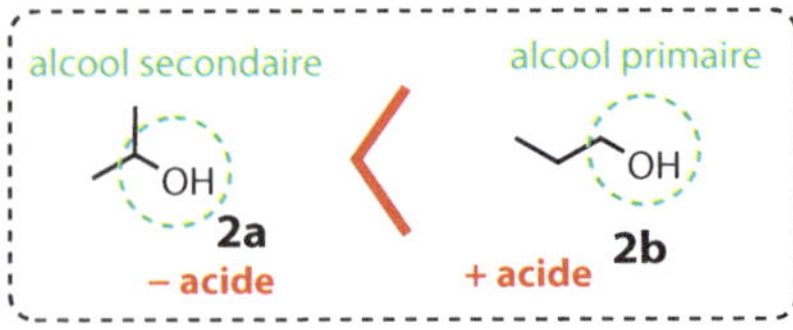

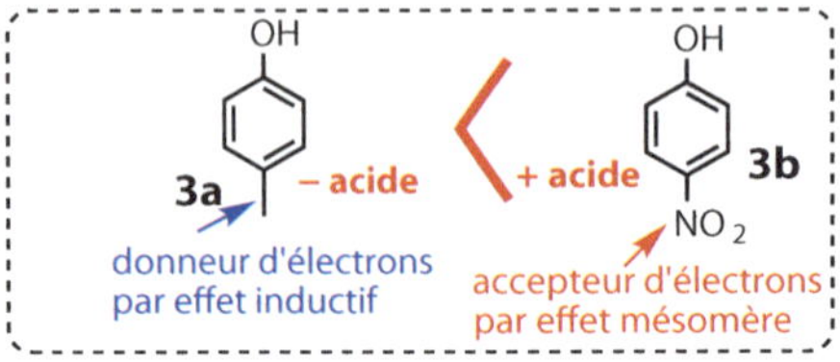

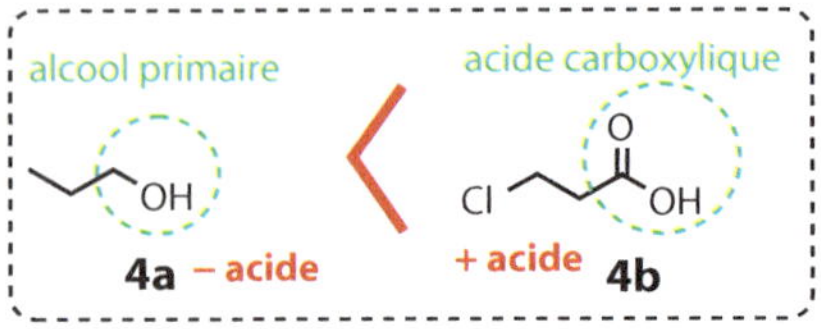

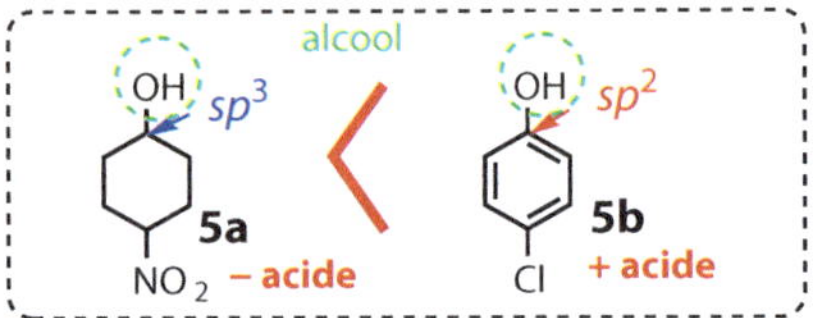

La proposition correcte est I.D.

II. Classer les molécules suivantes par ordre d'acidité décroissante:

Pour répondre à cette question, il faut simplement se référer aux valeurs des p*K*a des molécules acides connus et ensuite tenir compte des substituants accepteurs/donneurs d'électrons présents au sein de ces molécules.

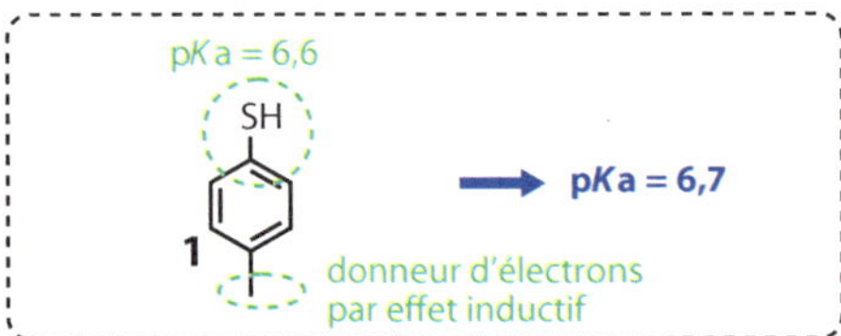

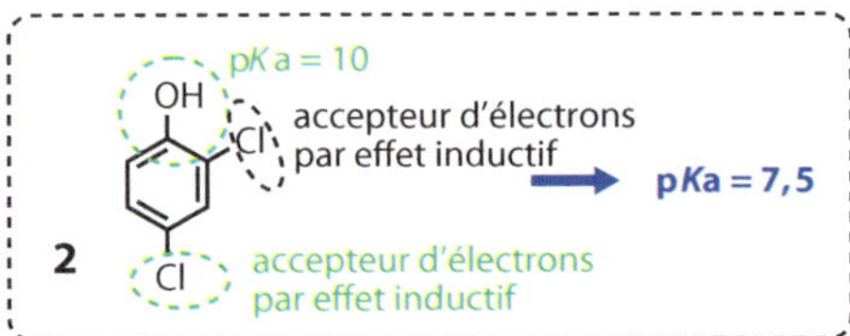

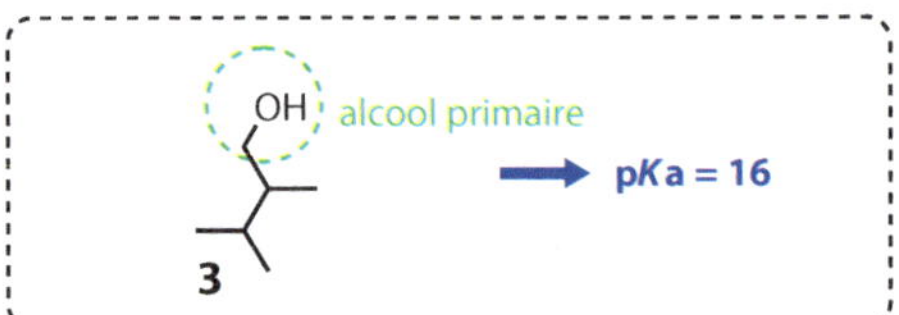

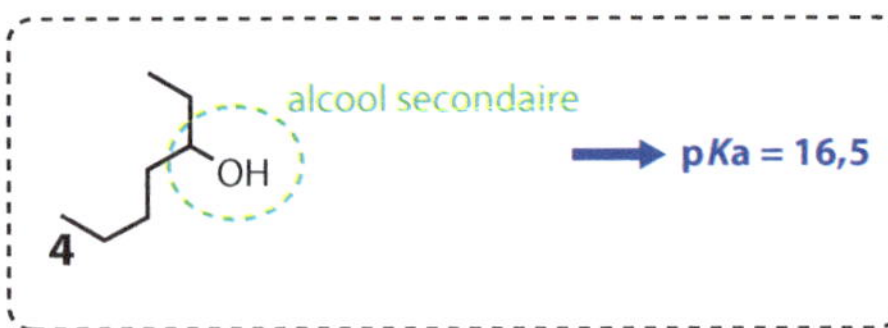

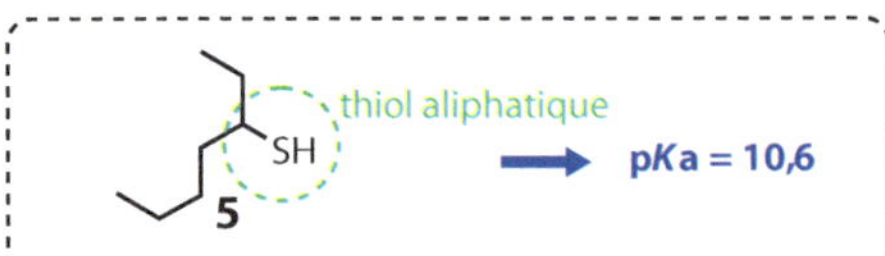

On obtient donc :

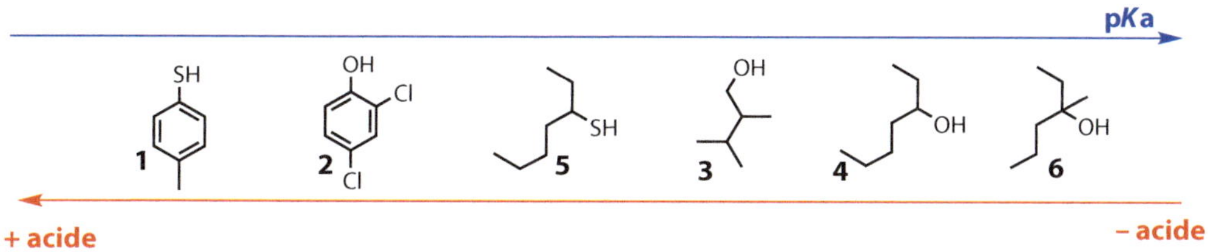

La proposition exacte est II.B.

2. Classer les molécules suivantes par ordre de p*K*a décroissant :

Idem. Il faut estimer des valeurs de p*K*a pour chacune de ces molécules en se basant sur les molécules de référence.

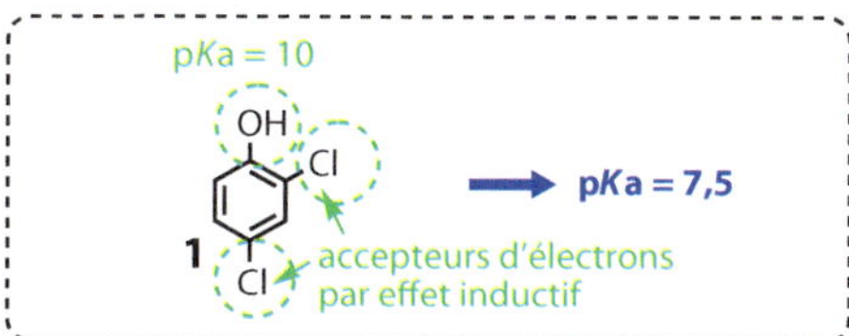

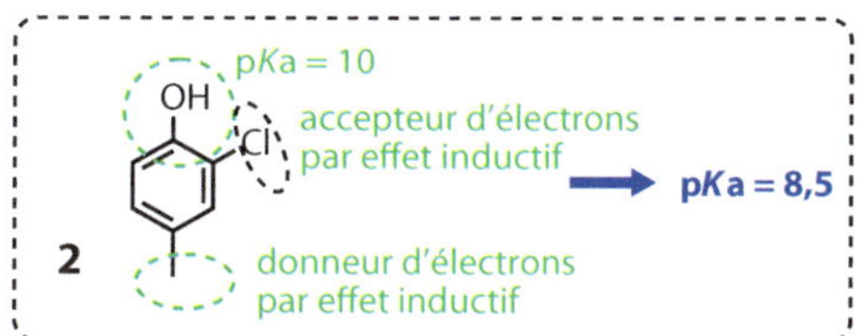

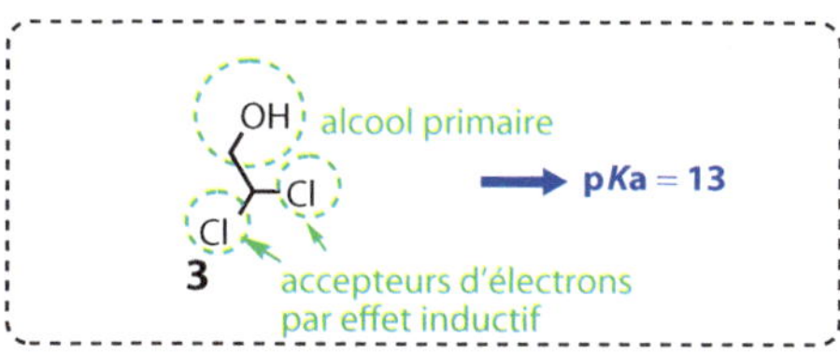

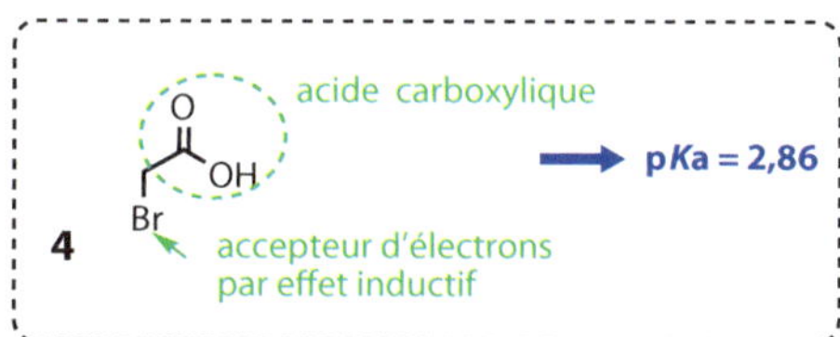

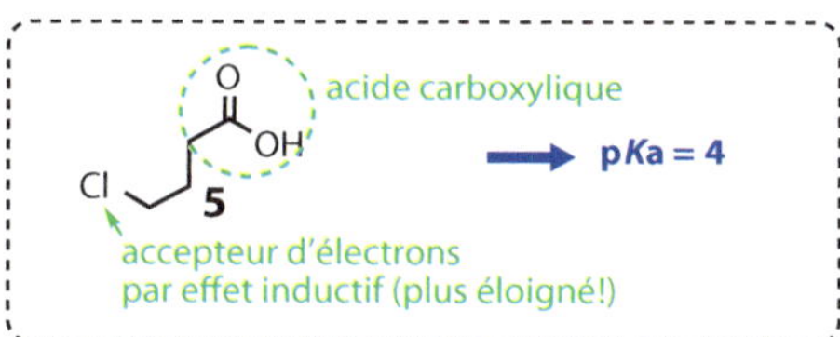

On obtient donc :

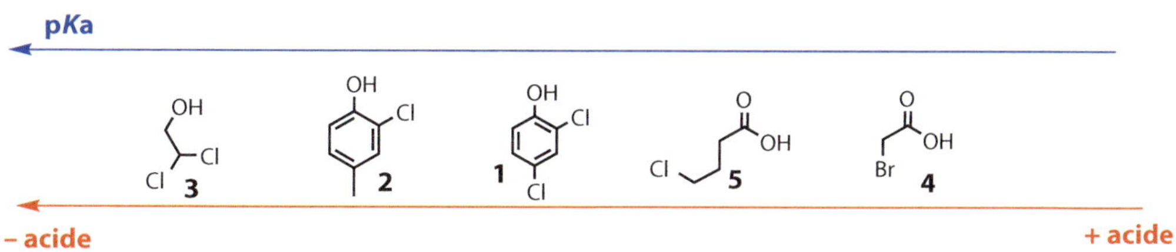

La proposition correcte est E.

3. Quel est le produit des réactions suivantes ? préciser la configuration absolue des carbones asymétriques lorsque c'est possible.

La déshydratation dans **A.** est réalisée en milieu acide anhydre (H_2SO_4) à chaud. C'est une réaction de type E1. Le produit final est plus stable quand la double liaison formée est conjuguée avec l'autre double liaison. Cela est possible suite au réarrangement de Wagner-Meerwein.

A.

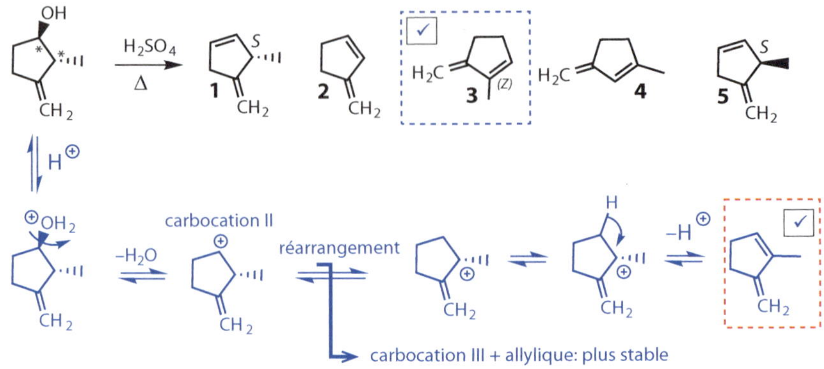

La proposition correcte est A.3.

❖ **Pour B. et C.**

Le chlorure de tosyle est utilisé pour sensibiliser (activer) le départ de –OH, un très mauvais groupe partant. En effet, les meilleurs groupes sortants sont des bases conjuguées d'acides forts, des bases donc très faibles (stables) ! Dans notre cas, l'acide conjugué de OH^- est H_2O, acide faible.

Cette application est utilisable dans le cas des alcools primaires et secondaires et est peu employé pour les alcools tertiaires qui fonctionnent plutôt en mécanisme de type S_N1 et/ou E1.

Par ailleurs, dans le cas des alcools secondaires, le risque de réarrangement est souvent plus grand à cause de la formation plus facile d'un carbénium (ceci arrive rarement dans le cas des primaires). Par conséquent, dans ce cas-là, la méthode d'activation par le chlorure de tosyle (accompagné de pyridine ou de la triéthylamine pour neutraliser l'HCl formé dans le milieu) a l'avantage de ramener le mécanisme en S_N2 pure et donc d'éviter le réarrangement.

B.

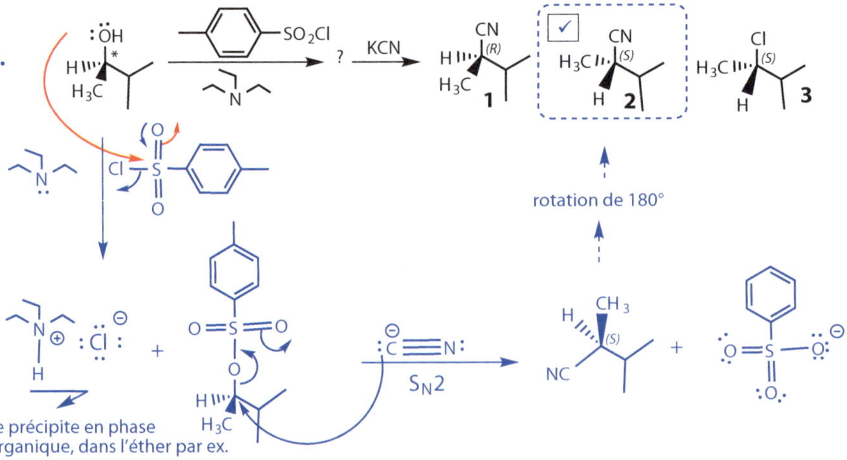

La bonne proposition est B.2.

Remarque :
Si l'on aurait voulu substituer directement le groupe –OH par CN⁻, la réaction sera difficile, voire impossible vu que le –OH est un mauvais groupe sortant.

En général, un bon groupe sortant est le groupe qui si après son éjection dans le milieu, est sous forme d'une base très faible (stable). Son acide conjugué est donc très fort. C'est grâce à cette dernière propriété que l'on peut facilement classer les mauvais et les bons groupes sortants :

Bon groupe sortant **Mauvais groupe sortant**

bases larguées :	H_2O	$F^{\ominus}$	NH_3	$^{\ominus}OH$	$^{\ominus}NH_2$
acides conjugués :	$H_3O^{\oplus}$	HF	$NH_4^{\oplus}$	H_2O	NH_3
	p*K*a = –1,7	p*K*a = 3,2	p*K*a = 11,2	p*K*a = 15,7	p*K*a = 36

+ acide

C.

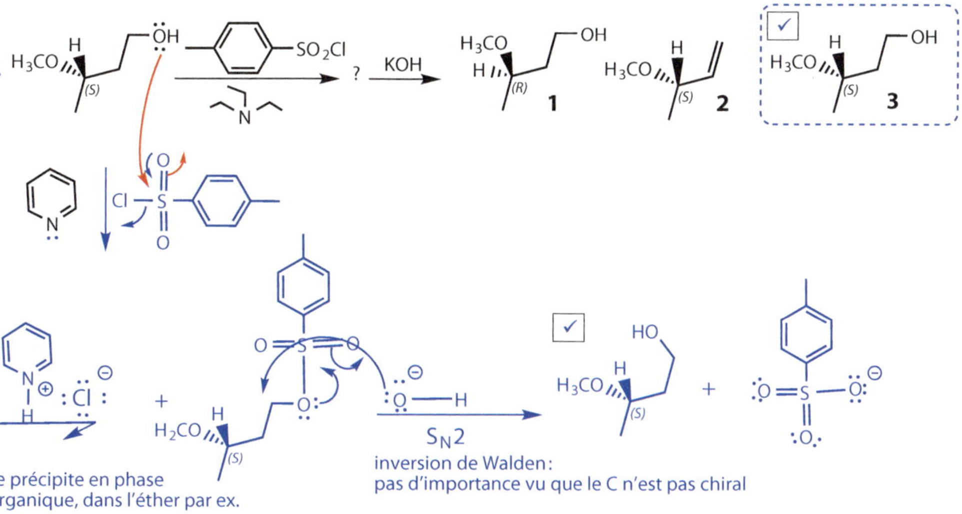

La bonne réponse est C.3.

❖ **Pour D.**

L'acide phosphorique dans cette réaction joue le rôle d'un donneur de protons. Sa base conjuguée $H_2PO_4^-$ est à la fois un mauvais nucléophile et une base très faible (effet mésomère !), elle ne réagit donc pas. Après la formation du carbénium, la paire libre d'électrons de l'oxygène est plus accessible à l'attaquer. D'autre part, l'attaque est d'autant plus facile que la réaction est intramoléculaire.

D.

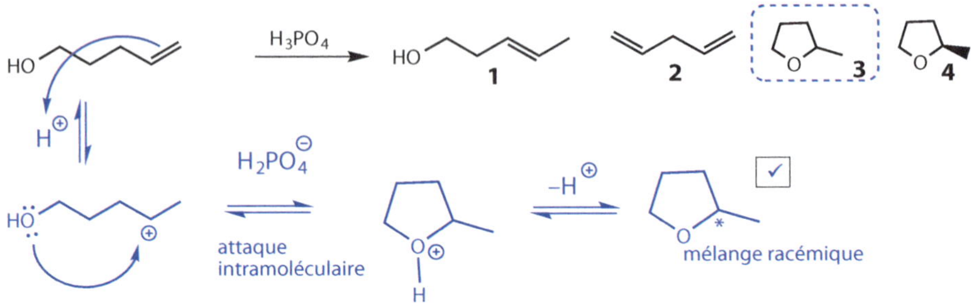

La bonne affirmation est D.3.

4. Proposer une suite de réactions pour effectuer les transformations suivantes:

Pour mieux gérer les questions suivantes, il ne faut pas se limiter à trouver la bonne réponse. Il est conseillé d'examiner toutes les propositions afin de détecter et de reconnaître les erreurs insérées. Cette façon de faire vous garantit une meilleure mobilisation des connaissances.

I.

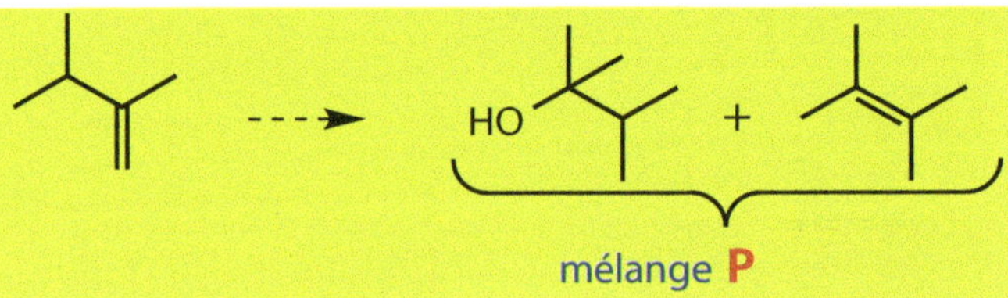

A. a) H_2O ; b) H_2SO_4 / chauffage

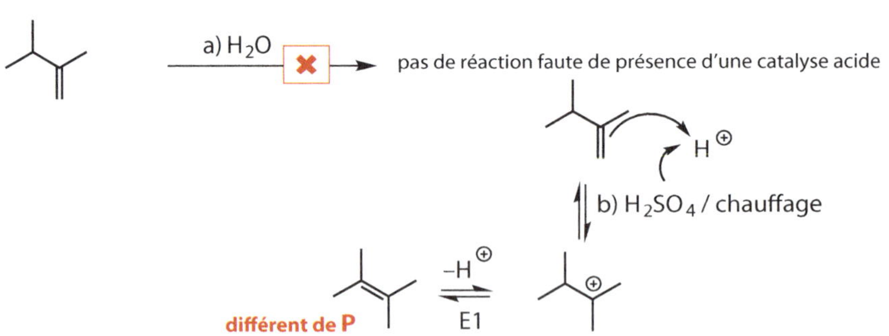

On suppose que dans les séquences réactionnelles comprenant deux étapes a) et b) par exemple, l'étape b) n'est réalisée qu'après avoir isolé le produit synthétisé en étape a).

B. a) H_2O

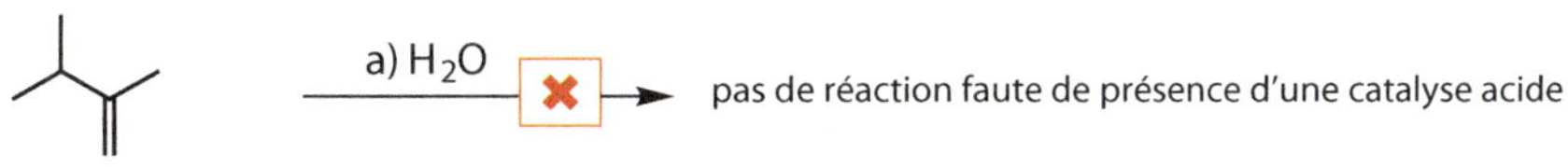

C.

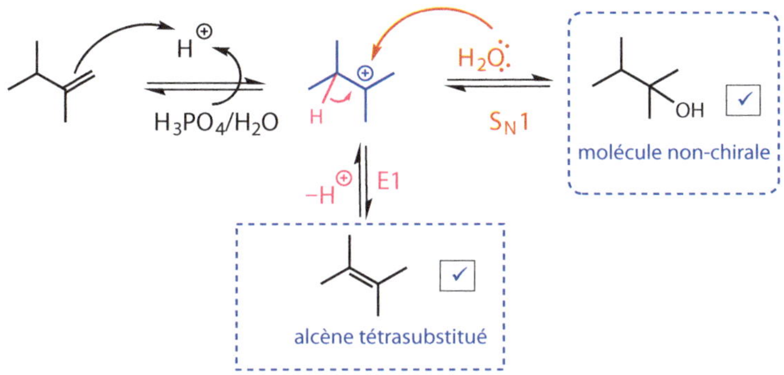

La bonne proposition est donc I.C.

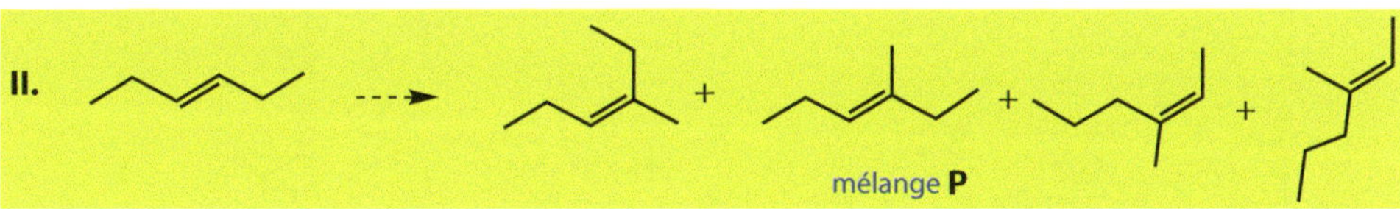

A.

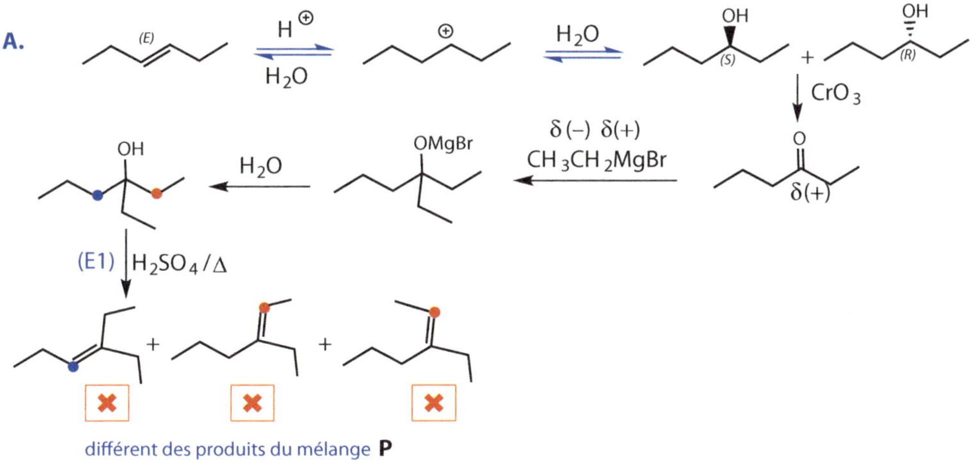

B.

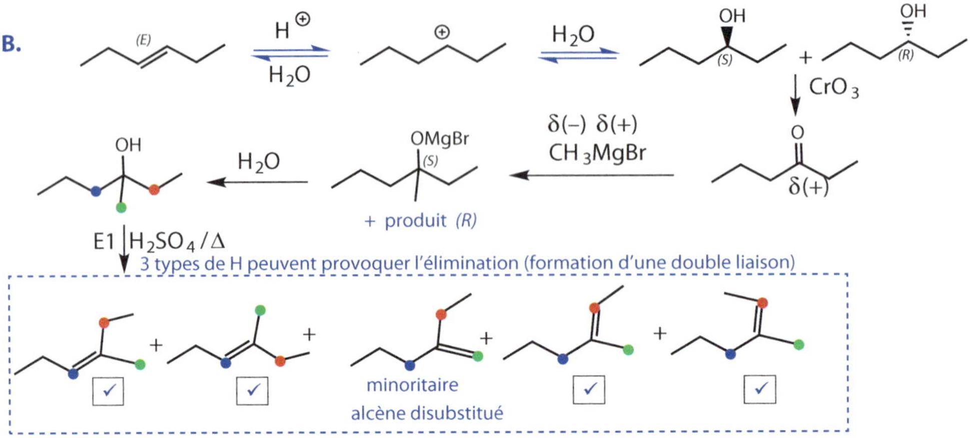

La bonne proposition est II.B.

C.

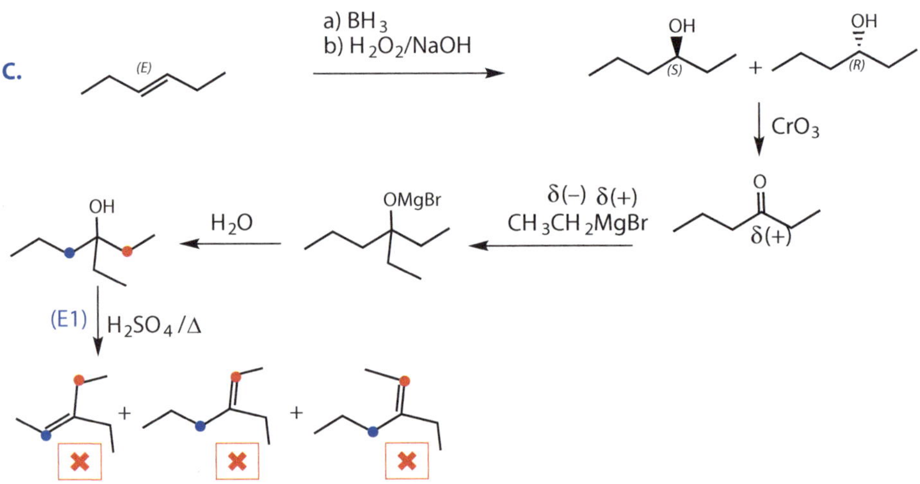

différent des produits du mélange **P**

III.

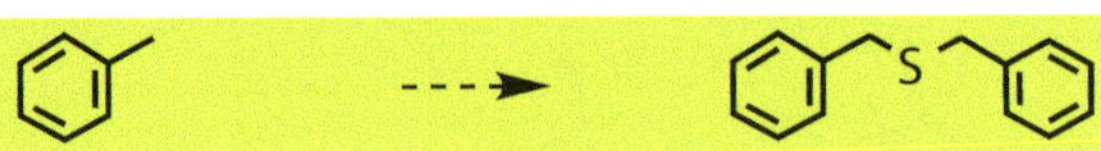

A.

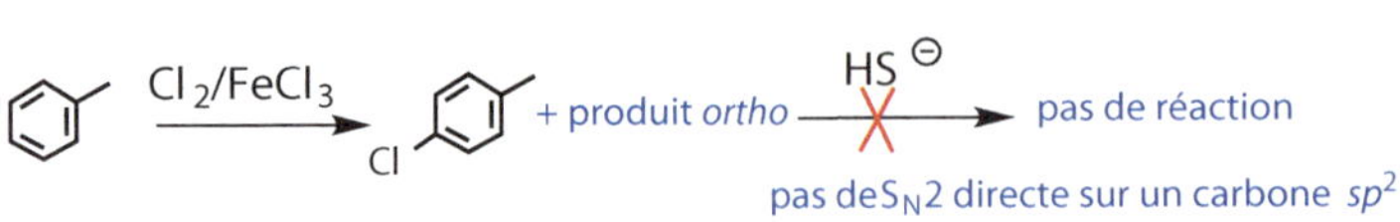

B.

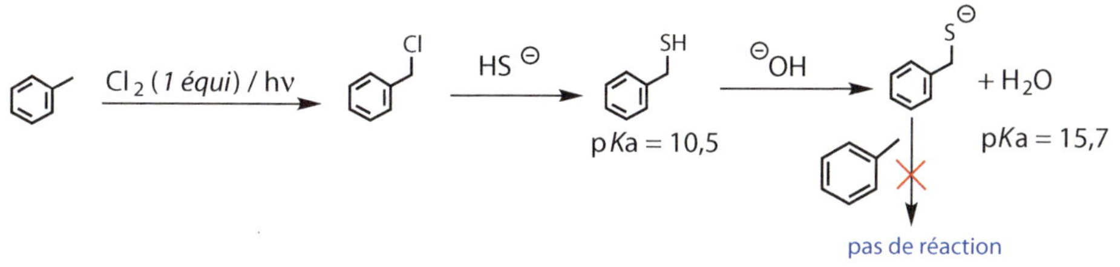

C.

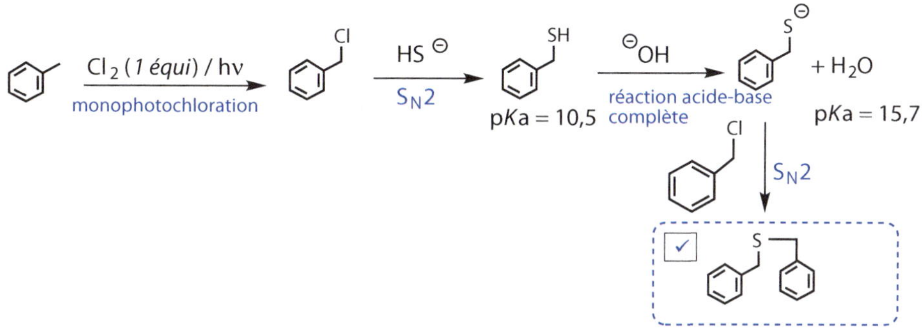

La proposition III.C est juste.

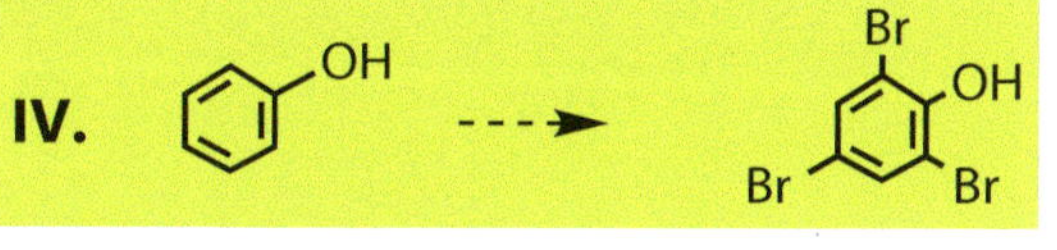

A.

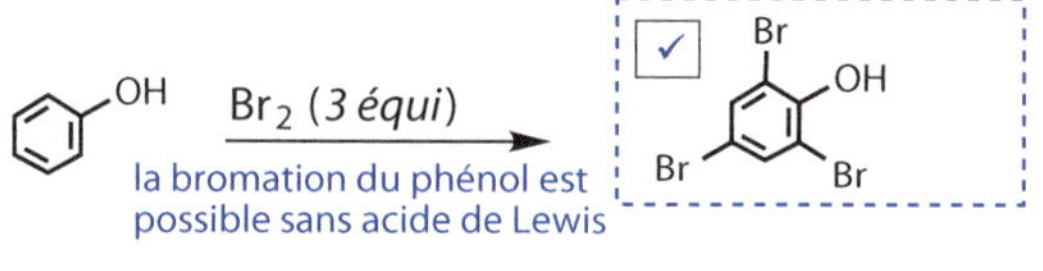

B.

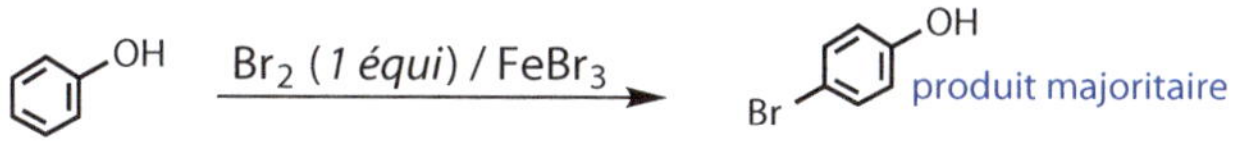

C.

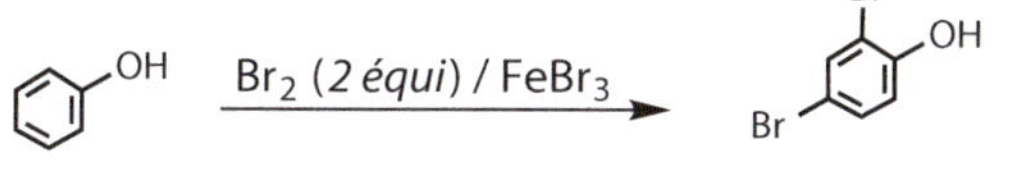

La bonne proposition est IV.A.

Aide dirigée . . .

Ethers, époxydes et thioéthers

1. Quel est le produit formé dans chacune des réactions suivantes ?

Ici, il s'agit des additions nucléophiliques sur les époxydes.

En général, les époxydes sont attaqués du côté le moins encombré en milieu basique et du côté le plus encombré en milieu acide.

Pour les mécanismes, il est conseillé de revoir la fiche « à mémoriser » concernant ce chapitre.

I.

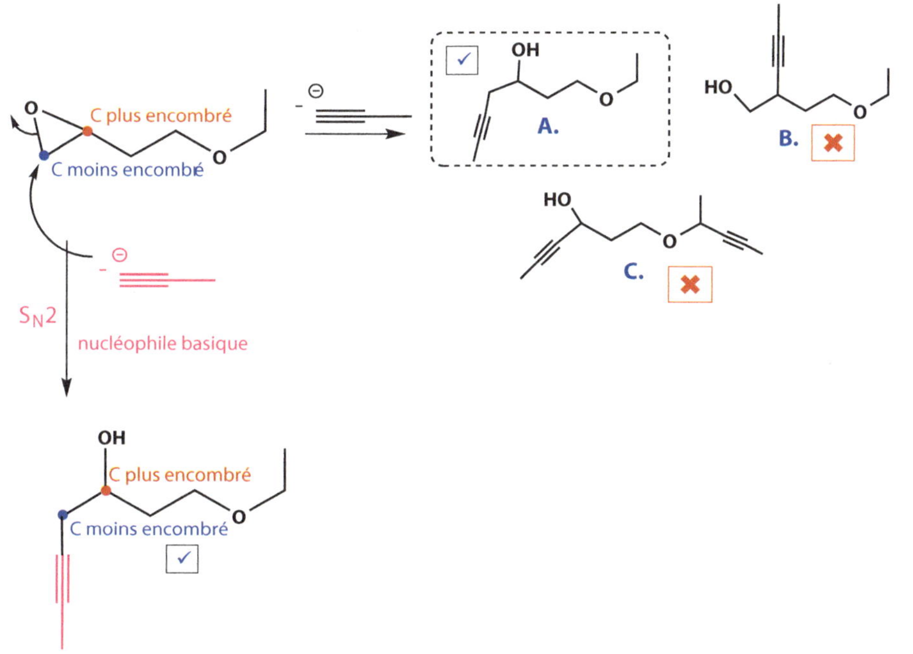

La bonne réponse est I.A.

II.

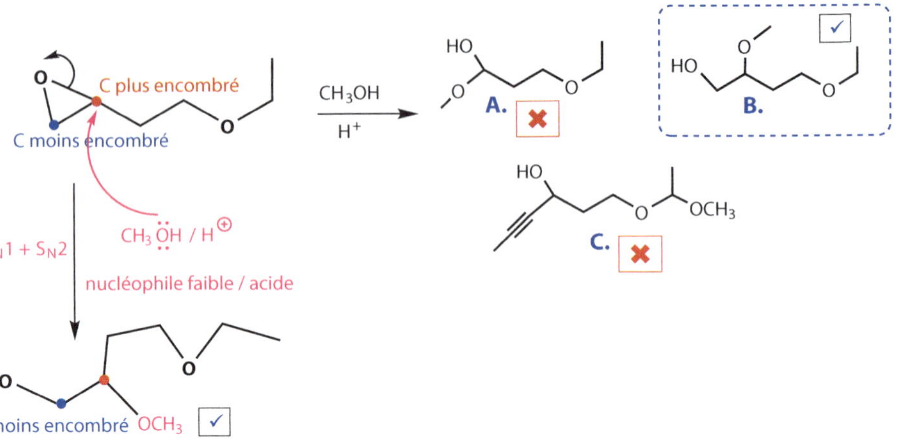

La proposition correcte est II.B.

III.

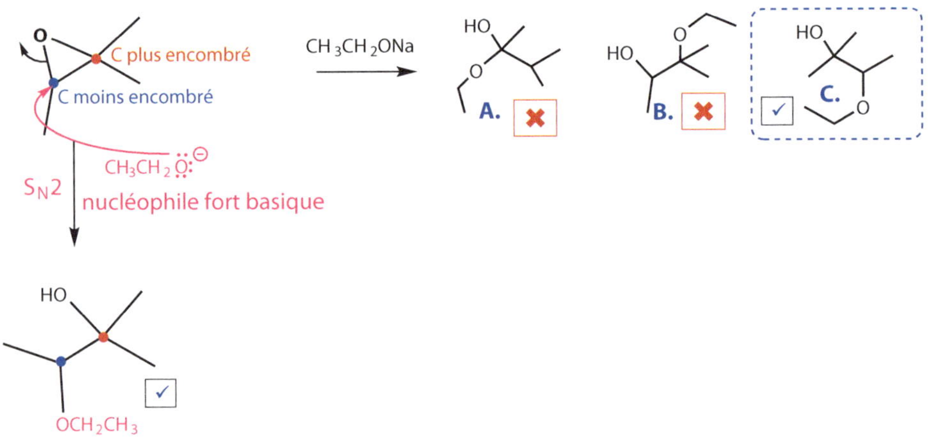

La proposition III.C est exacte.

Remarque :
Si l'on tient compte de la stéréochimie, l'époxyde en milieu basique conduit à une réaction de type S_N2. En voici un exemple :

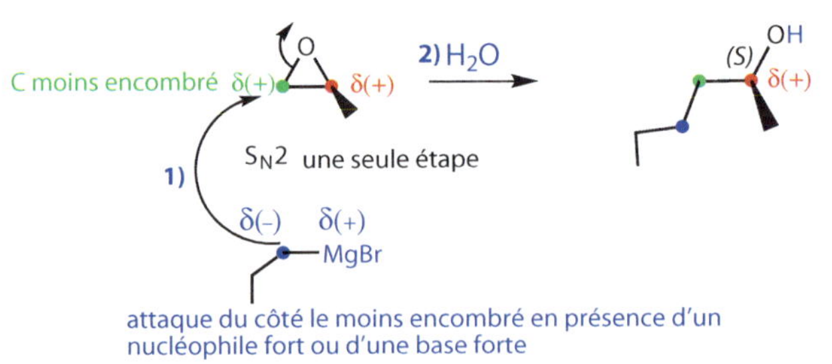

Par contre, l'époxyde en milieu acide peut conduire à des produits S_N1. La formation du carbénium le plus stable est possible suite à l'ouverture du cycle après que l'oxygène soit protoné.

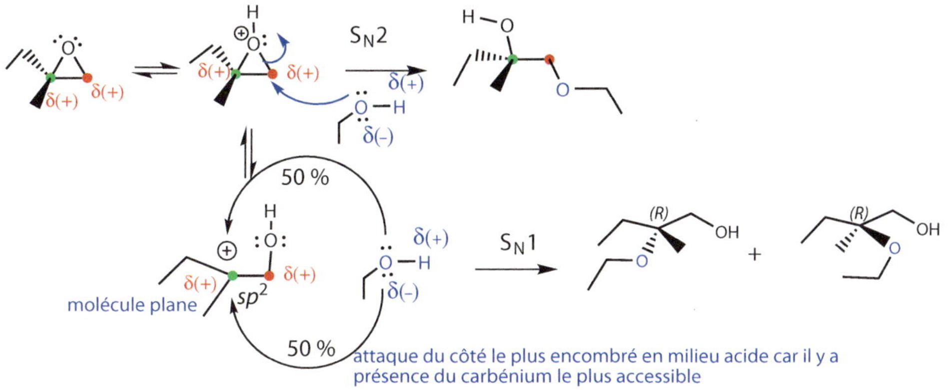

2. **Parmi les propositions ci-dessous, indiquer la(es) suite(s) des réactions appropriée(s) pour synthétiser uniquement les éthers et les thioéthers suivants :**

I.

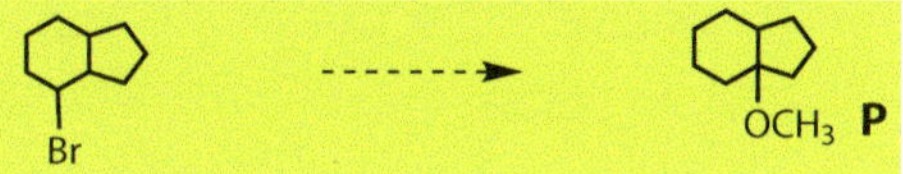

A. a) H_2O ; b) Na ; c) CH_3I

A.

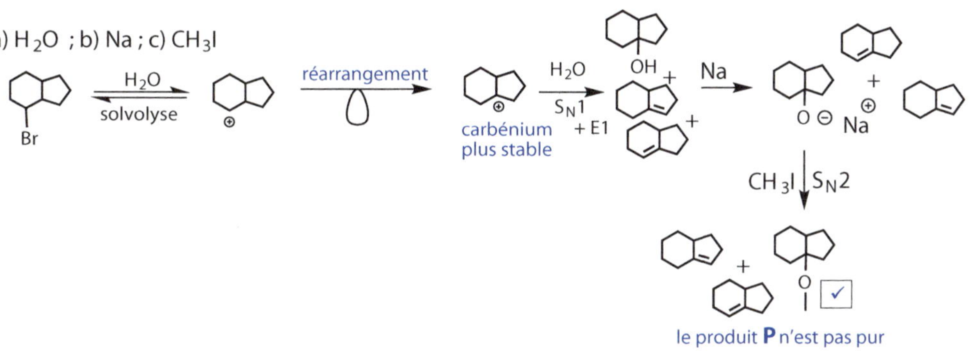

B. a) EtONa /Δ ; b) CH_3OH/H_3PO_4

B.

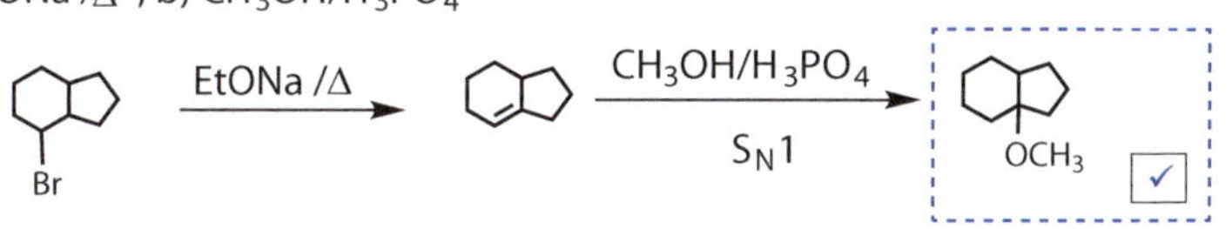

La bonne proposition est I.B.

C. a) CH_3OH / H_3PO_4

C.

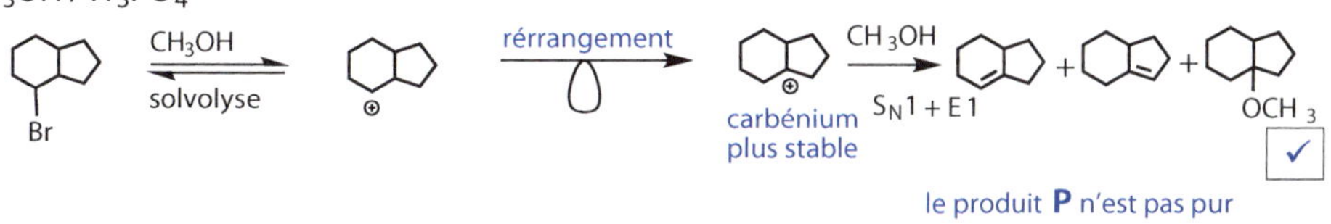

A. a) H_2O ; b) Na

A.

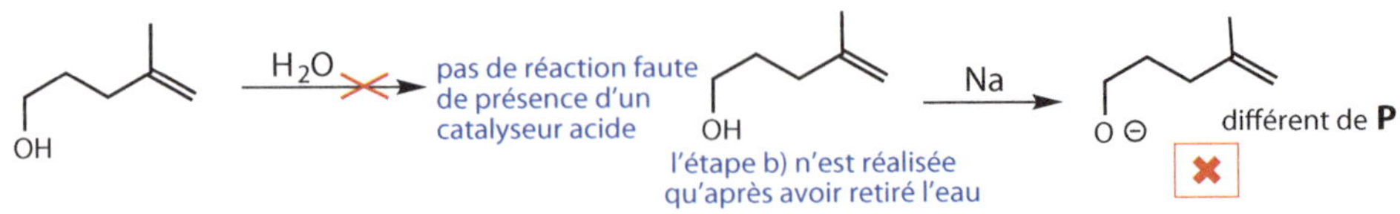

B. a) HCl ; b) CH_3OH

B.

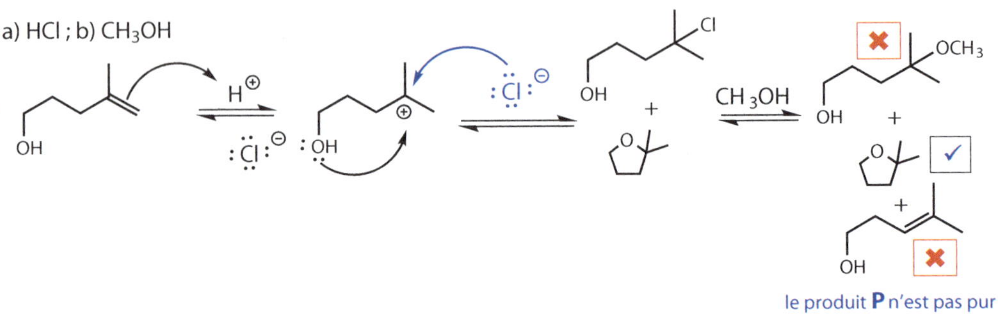

C. a) H_3PO_4

C.

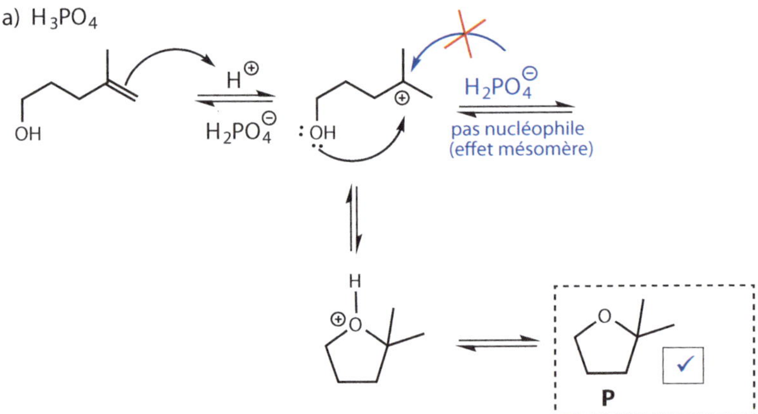

La proposition correcte est II.C.

III. Propène - - - - - - - →

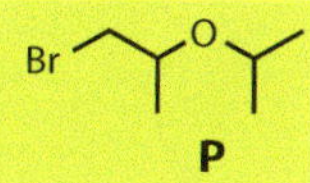

A. a) Br_2 (1 *équi*) /$CH_3CHOHCH_2CH_3$

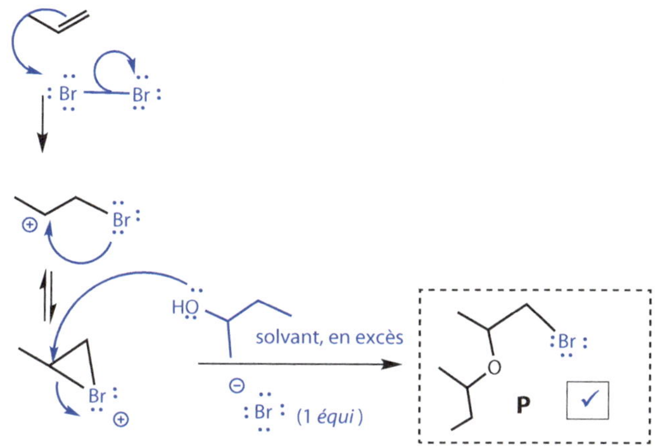

La proposition III.A convient.

B. a) Br_2 ; b) Butan-2-ol

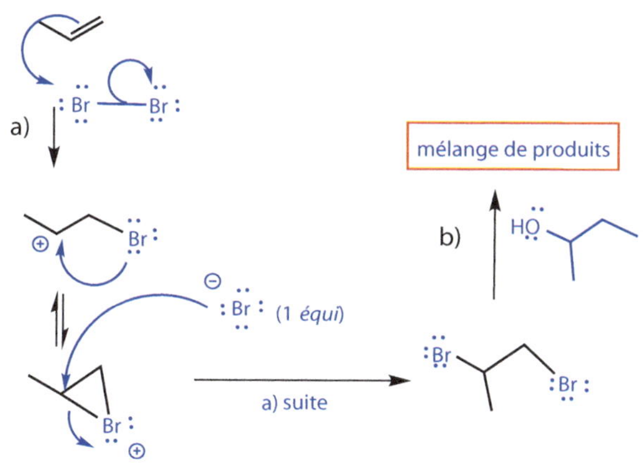

C. a) HBr ; b) Butan-2-ol

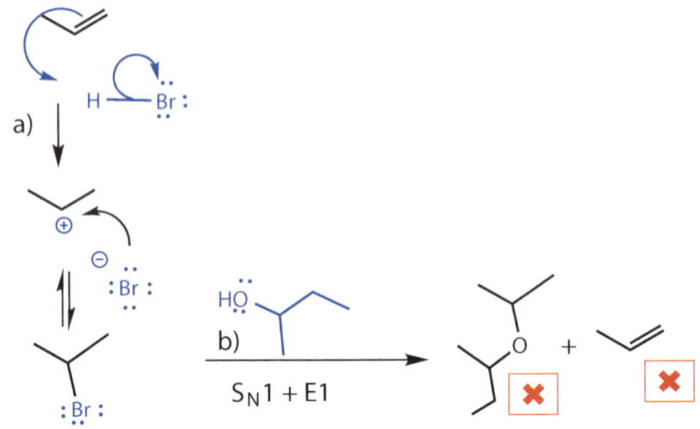

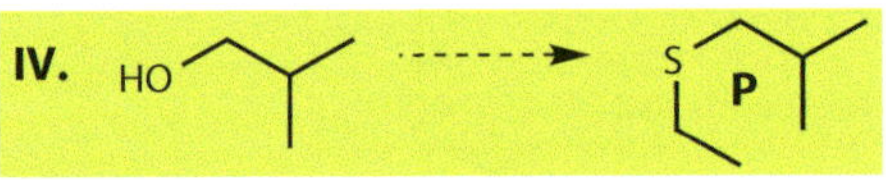

A. a) H_2SO_4/Δ; b) m-CPBA ; c) CH_3CH_2SNa

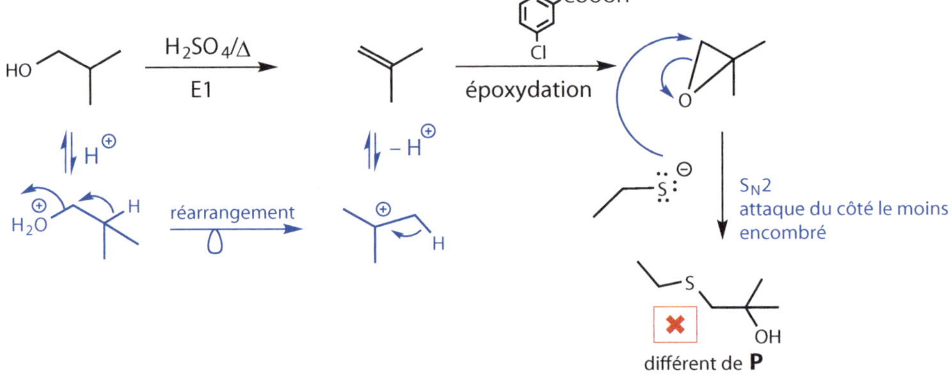

B. a) $SOCl_2$; b) CH_3CH_2SNa

Pour l'étape **a)**, le mécanisme de la chloration de l'alcool se fait en deux étapes:

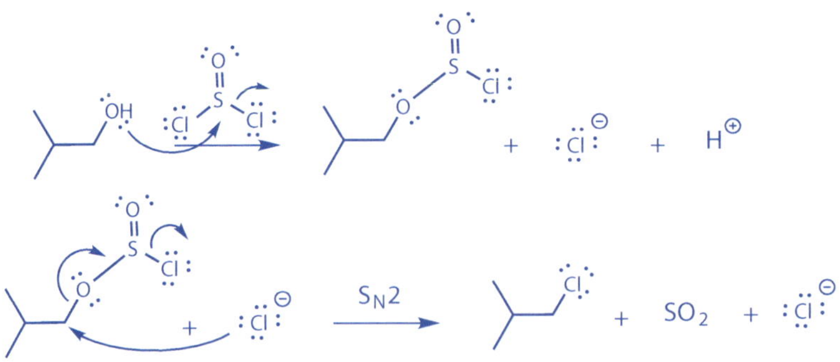

1-chloro-2-méthylpropane

Si le solvant utilisé ne joue pas d'effet de rétention de configuration, la réaction est de type S_N2.

En étape **b)** le 1-chloro-2-méthylpropane (halogénure primaire) subit une deuxième réaction S_N2 lorsqu'il est attaqué par le nucléophile fort CH_3CH_2SNa. Le produit formé est **P**.

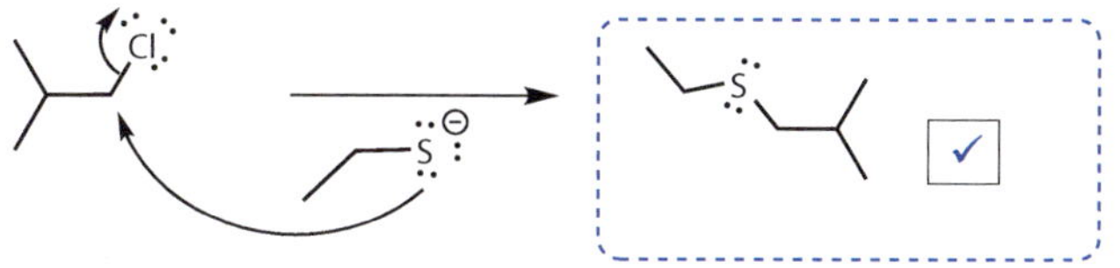

C. a) HBr ; b) CH_3CH_2SNa

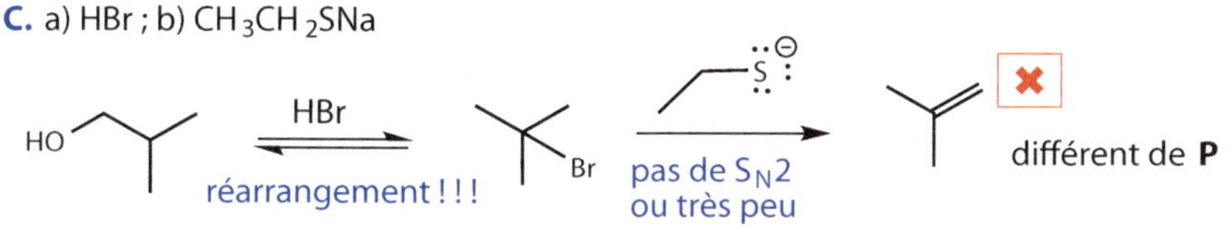

La bonne proposition est IV.B.

3. Pour chacune des réactions suivantes, indiquer, le cas échéant, la nature du mélange de produits formés.

D'une manière générale, on remarque quand l'on additionne des molécules HBr, alcool/H^+, Br_2, m-CPBA/H_3O^+, etc. sur des alcènes non-chiraux, les produits formés sont soit énantiomères (mélange racémique), soit *méso* (présence d'un élément de symétrie) ou soit purs si le centre d'attaque n'est pas asymétrique.

Par contre, si l'alcène de départ est chiral, il y a formation soit d'un couple de diastéréoisomères (cas **I** et **III**), soit d'un seul produit énantiomérique (cas **II**) si le carbone d'attaque n'est pas chiral. Par conséquent, il est important de retenir qu'un mélange racémique n'est pas produit si l'alcène de départ est chiral.

I.

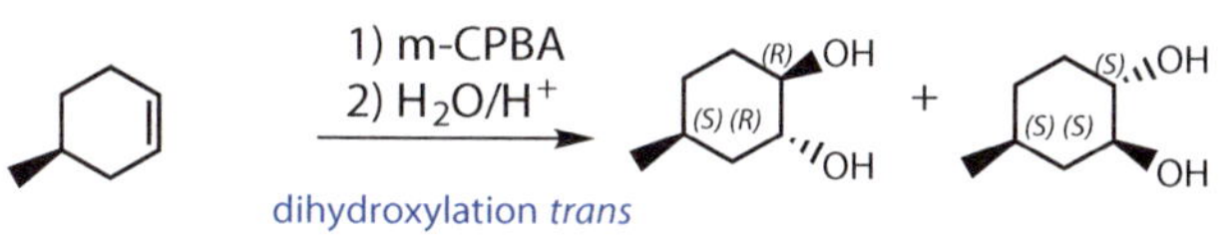

A. un mélange racémique
B. deux diastéréoisomères ✓
C. deux énantiomères
D. quatre stéréoisomères
E. aucune de ces 4 réponses

II.

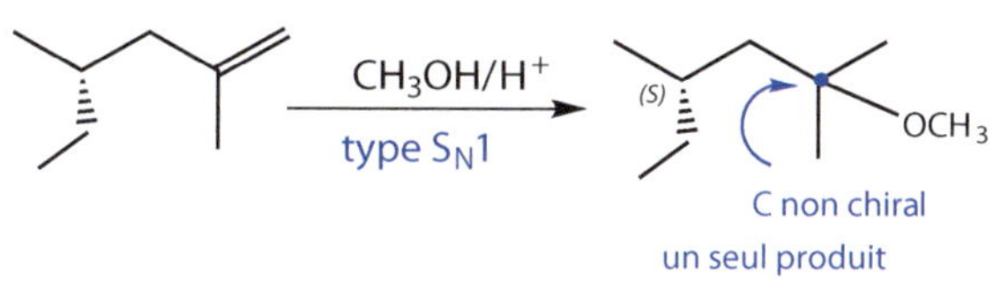

A. un mélange racémique
B. deux diastéréoisomères
C. deux énantiomères
D. quatre stéréoisomères
E. aucune de ces 4 réponses ✓

III.

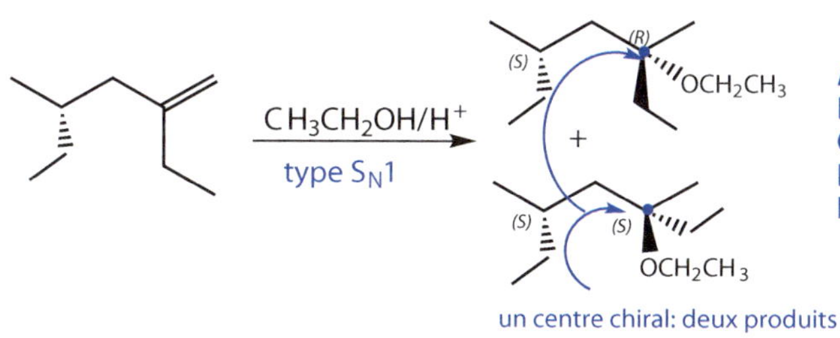

A. un mélange racémique
B. deux diastéréoisomères ✓
C. deux énantiomères
D. quatre stéréoisomères
E. aucune de ces 4 réponses

Aide dirigée . . .
Aldéhydes et cétones

1. Associer chaque composé cétonique (A, B et C) à la structure tautomérique (forme énolique) la plus stable (1, 2, 3, 4, 5 ou 6) qui lui correspond.

Acétophénone **1'** — 5,5-diméthylcyclohexane-1,3-dione **2'** —

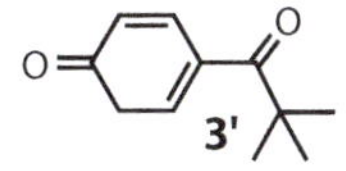

3'

La tautomérie est un équilibre réversible entre deux groupements fonctionnels (cétone ⇌ énol, par ex.). Cette transformation se produit par migration d'un H suivie d'un changement de position d'une double liaison.

Pour la molécule **1'**, l'équilibre tautomérique est fort déplacé dans le sens de la formation de la fonction cétone :

la forme cétone est plus stable que la forme énol

☑ **A. 2**

Parmi les deux formes énoliques en équilibre avec **2'**, la forme dont les deux doubles liaisons sont conjuguées est plus stable que lorsqu'elles ne le sont pas.

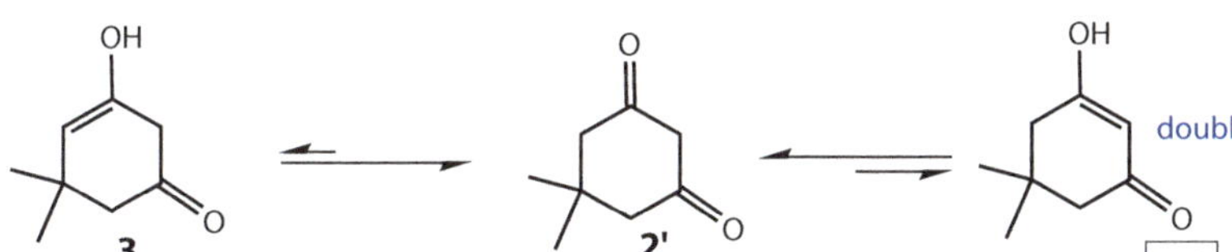

3 doubles liaisons non-conjuguées moins accessible que la forme **1**

2' 5,5-diméthylcyclohexane-1,3-dione plus stable que **1** et **3**

doubles liaisons conjuguées — **B. 1** ☑

Pour la molécule **3'**, contrairement aux deux structures **1'** et **2'**, c'est la forme énolique qui est plus stable. Cela est dû à l'aromaticité de la molécule.

3' pas de H sur le Cα: pas d'équilibre tautomérique

C. 4 ☑ stabilité due à l'aromaticité

Les bonnes propositions sont A.2 ; B.1 ; C.4.

Remarque :
Pour la molécule **4'** ci-dessous, *l'équilibre tautomérique est :*

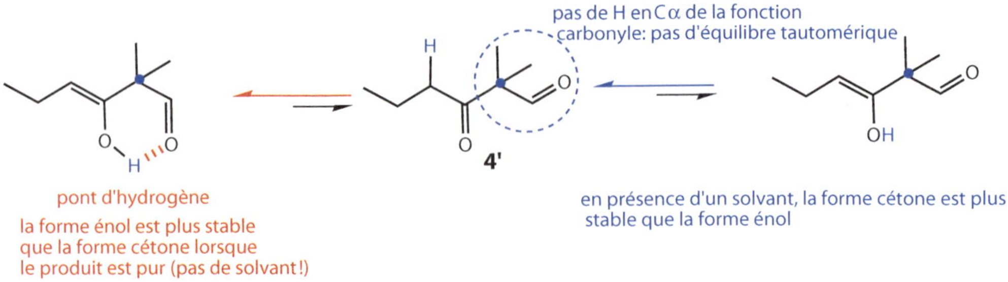

L'équilibre est fort déplacé dans le sens de la forme énolique quand le produit est pur. Cette stabilité est assurée par formation de pont hydrogène.

2. Identifier par les composés (1, 2, 3, …) indiqués ci-dessous, la structure décrivant chacun des termes A, B, C,.. suivants :

A. benzylhydrazine :  **16**

B. éthylène glycol :  **4**

C. oxime :  **6**

D. énone :  **7**

E. énolate :  **10**

F. acétal : 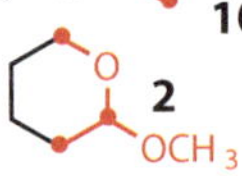 **2**

G. hémiacétal : 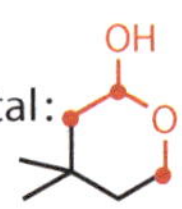 **15**

H. cétone n'ayant pas d'atome d'H en position : α 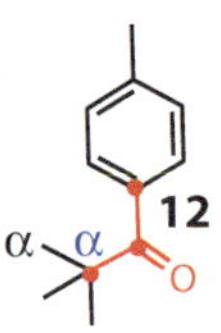 **12**

I. hydrazone : 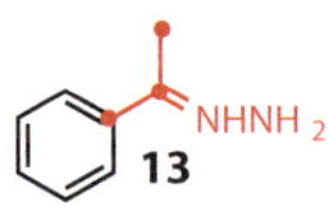 **13**

J. aldéhyde ayant un atome d'hydrogène en position : α 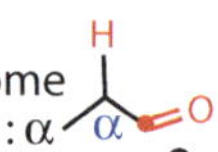 **9**

K. éther : 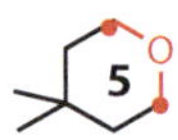 **5**

L. anhydride : 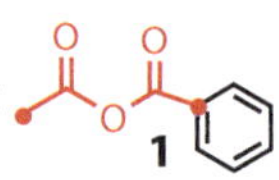 **1**

M. chlorure d'acide : 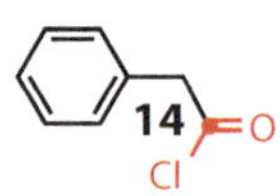 **14**

N. chlorure benzylique : 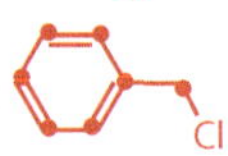 **11**

3. Compléter les réactions suivantes. Indiquer pour chaque étape le produit principal formé.

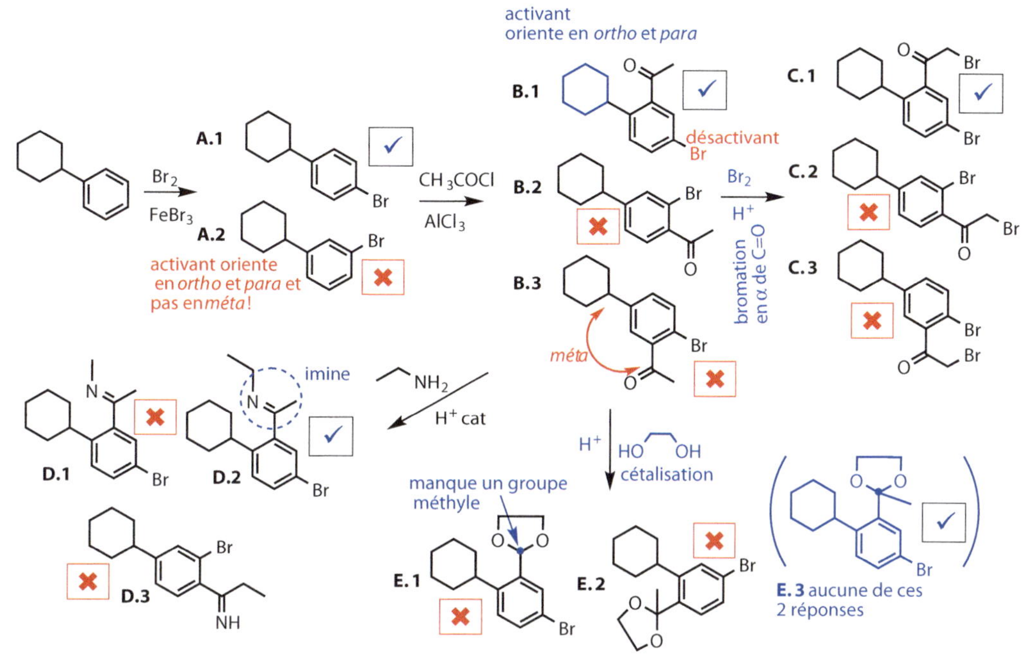

Les propositions correctes sont A.1 ; B.1 ; C.1 ; D.2 ; E.3.

Remarque :

Souvent la protection de la fonction cétone ou aldéhyde est indispensable lorsque la molécule possède plusieurs sites réactifs vis-à-vis d'une base ou d'un nucléophile. On rappelle que la fonction acétal ou cétal est stable en milieu basique. La déprotection se fait facilement en milieux acide. En voici le mécanisme de la formation d'un acétal par exemple :

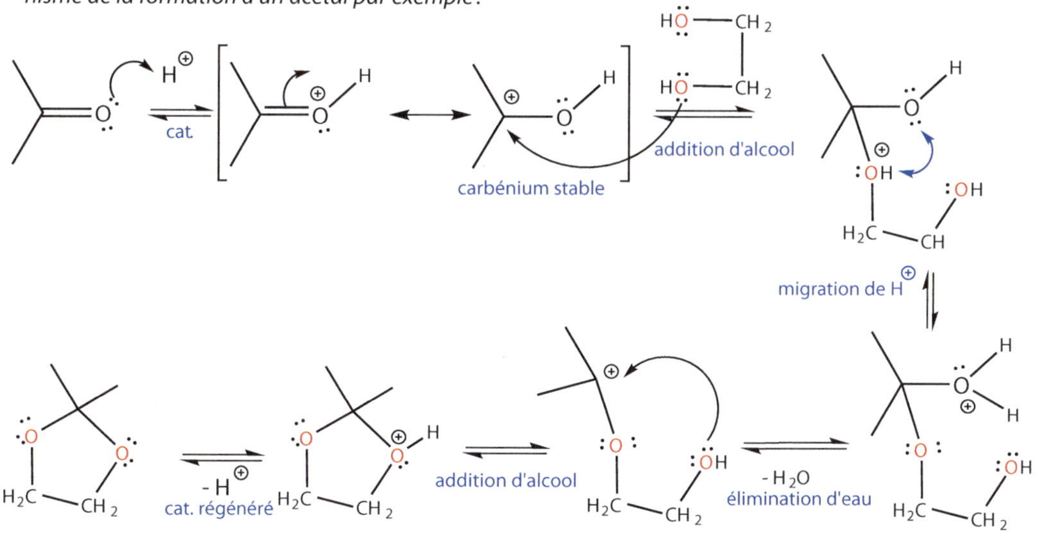

Pour le mécanisme de la déprotection, il suffit de repartir de la fin du mécanisme décrit ci-dessus. Le carbone cétal ou acétal devient cétone ou aldéhyde et les deux groupes alcools sont relargués en solution :

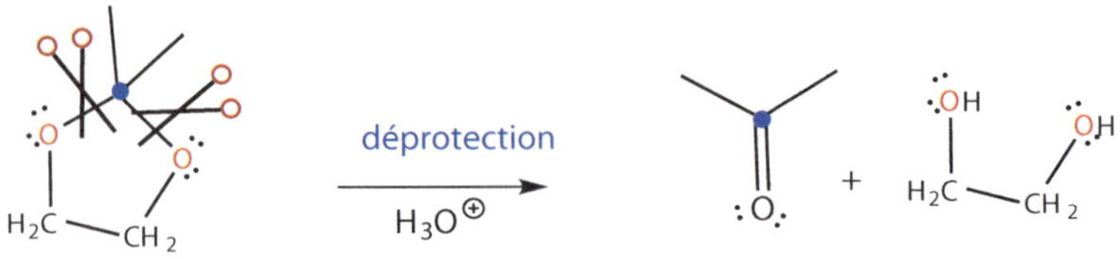

4. Proposer la suite de réactions permettant chacune des transformations suivantes :

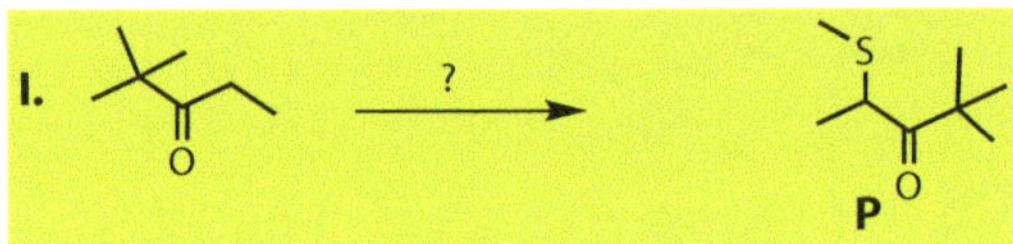

Ici le H–, lié au carbone α de la fonction cétone, est substitué par le groupe CH_3S–. Pour ce faire, après la monobromation, la fonction carbonyle doit être protégée pour que le nucléophile méthythiolate n'attaque que le bromure.

A. 1) Br_2/H^+; 2) CH_3SNa;

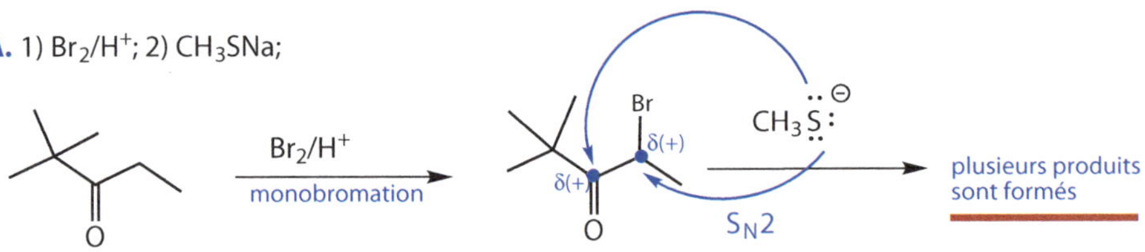

B. 1) Br_2/H^+; 2) CH_3CH_2OH/H^+; 3) CH_3SNa

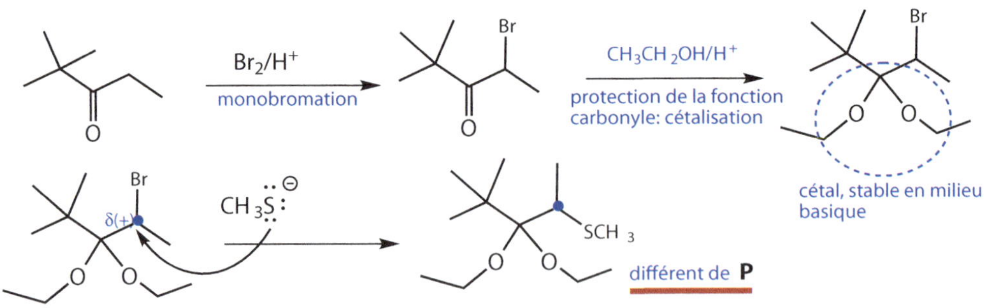

C. 1) Br_2/H^+; 2) CH_3CH_2OH/H^+; 3) CH_3SNa; 4) H_2O/H^+

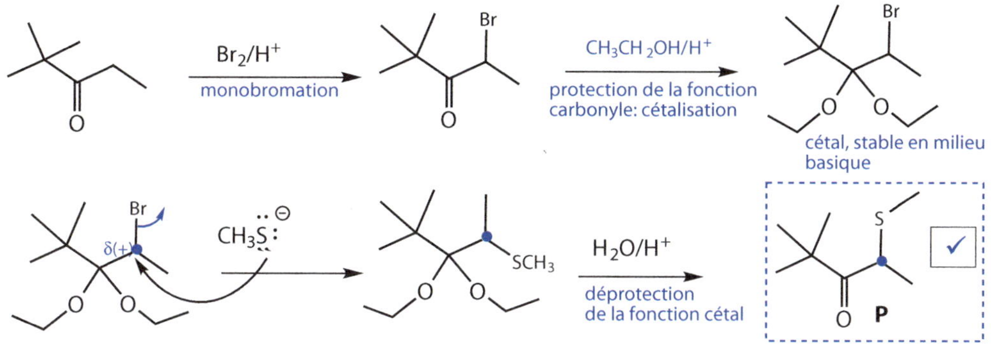

La bonne proposition est I.C.

II.

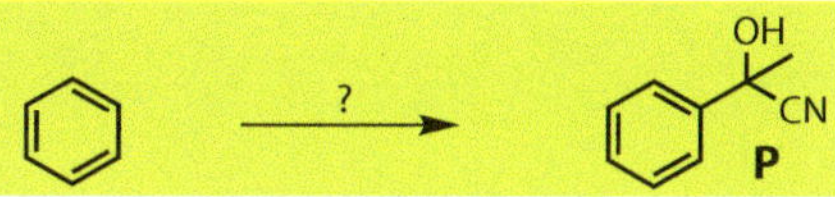

Cette séquence réactionnelle permet de synthétiser une cyanohydrine en additionnant de l'ion cynure sur la fonction cétone. Elle peut être synthétisée via une acylation de Friedel et Crafts.

A. 1) $CH_3COCl/AlCl_3$; 2) HCN

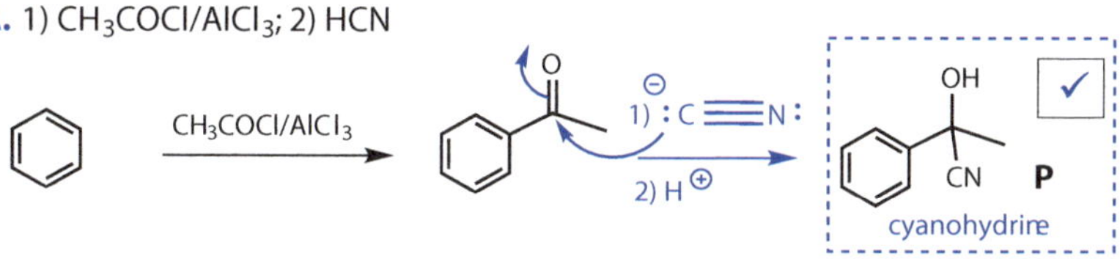

La bonne proposition est II.A.

B. 1) $Br_2/FeBr_3$; 2) Mg; 3) CH_3CHO; 4) NaCN

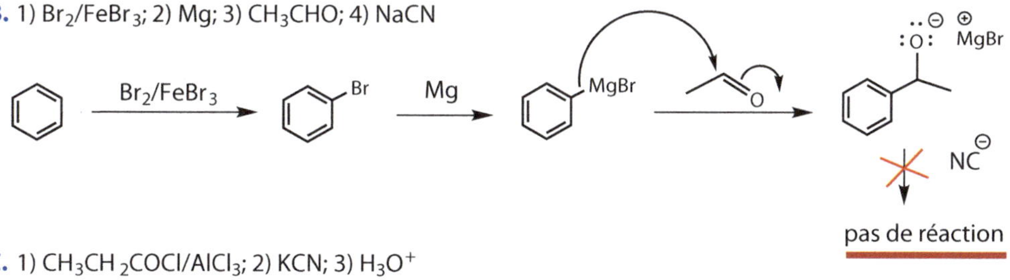

C. 1) $CH_3CH_2COCl/AlCl_3$; 2) KCN; 3) H_3O^+

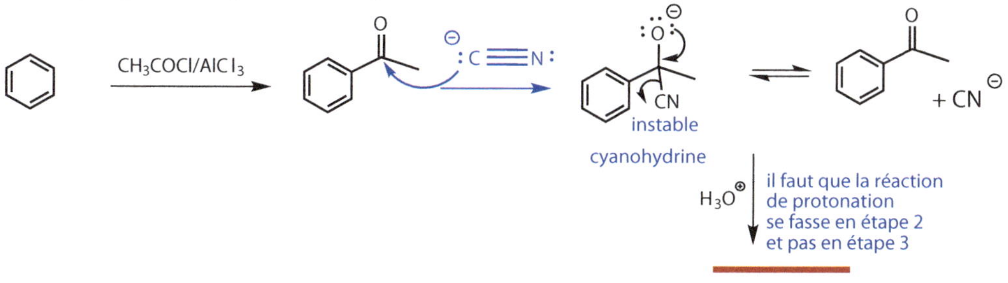

III. 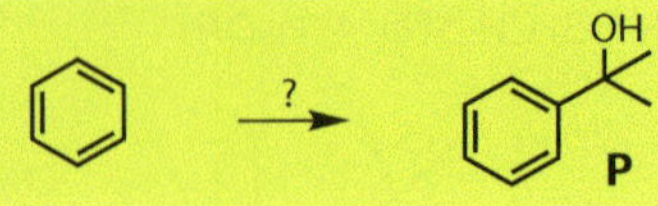

Une addition d'un magnésien sur une cétone peut conduire à un alcool tertiaire. Par contre une réduction d'une cétone mène à un alcool secondaire.

A. 1) $CH_3COCl/AlCl_3$; 2) $LiAlH_4$

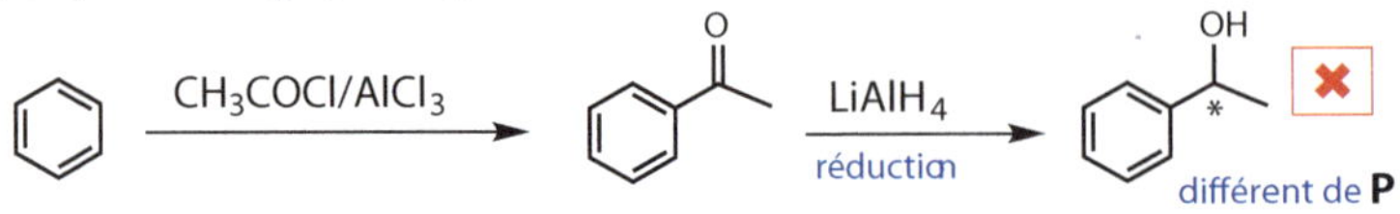

B. 1) $CH_3COCl/AlCl_3$; 2) CH_3MgBr; 3) H_2O

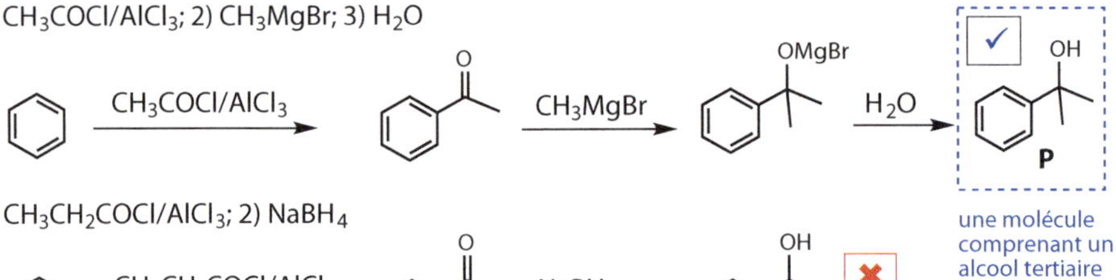

C. 1) $CH_3CH_2COCl/AlCl_3$; 2) $NaBH_4$

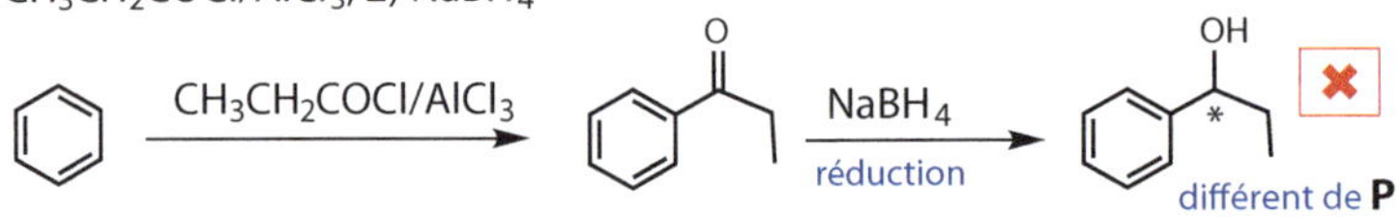

La proposition correcte est II.B.

IV. 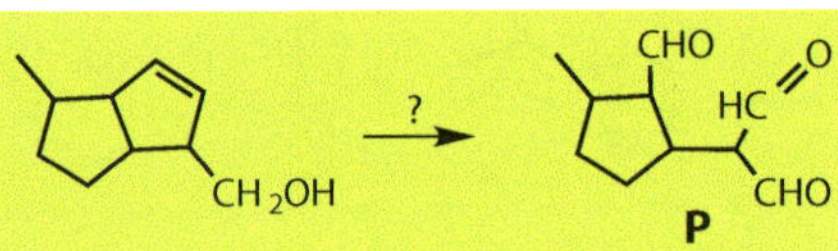

C'est clair que la double liaison est clivée par ozonolyse et que l'alcool primaire du réactif est oxydé en aldéhyde. Le réactif de Collins (CrO_3, Pyridine) est utilisé pour assurer l'oxydation de l'alcool primaire en aldéhyde.

A. 1) CrO_3; 2) O_3/Zn-AcOH

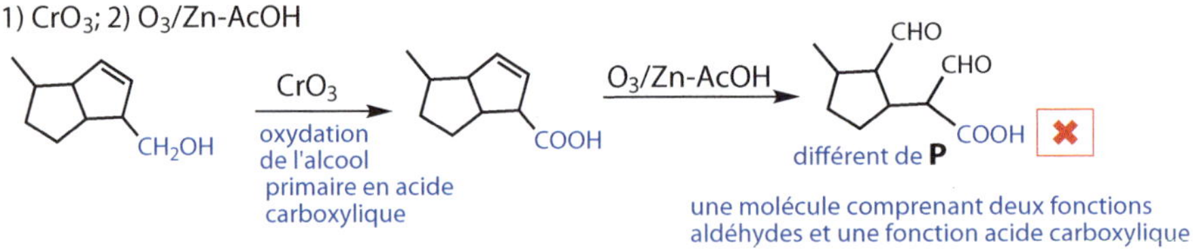

B. 1) CrO_3-Pyridine/CH_2Cl_2; 2) O_3/Zn-AcOH

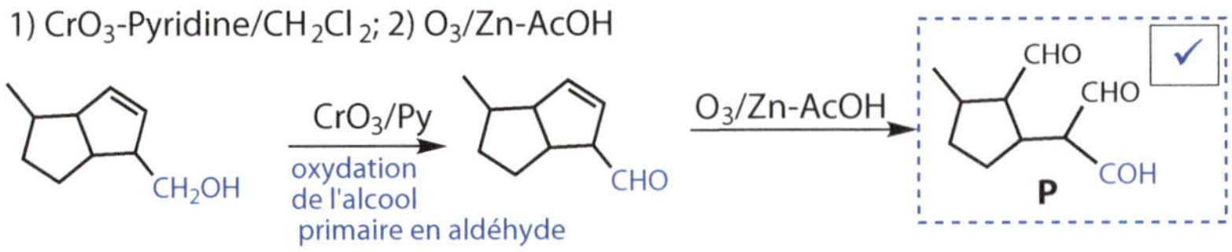

C. O_3/Zn-H^+

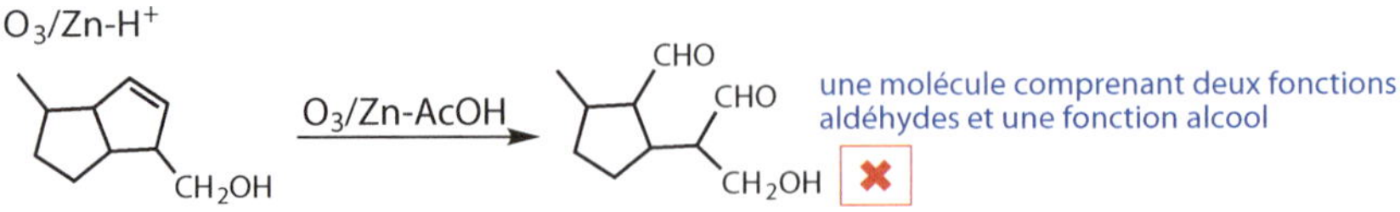

La proposition correcte est IV.B.

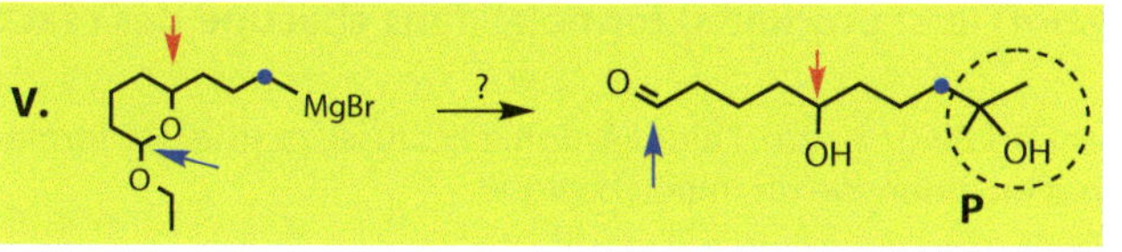

On constate que l'acétal est déprotégé et qu'une molécule cétone a été additionnée.

A. 1) CH_3COCl; 2) $NaBH_4$; 3)H_3O^+

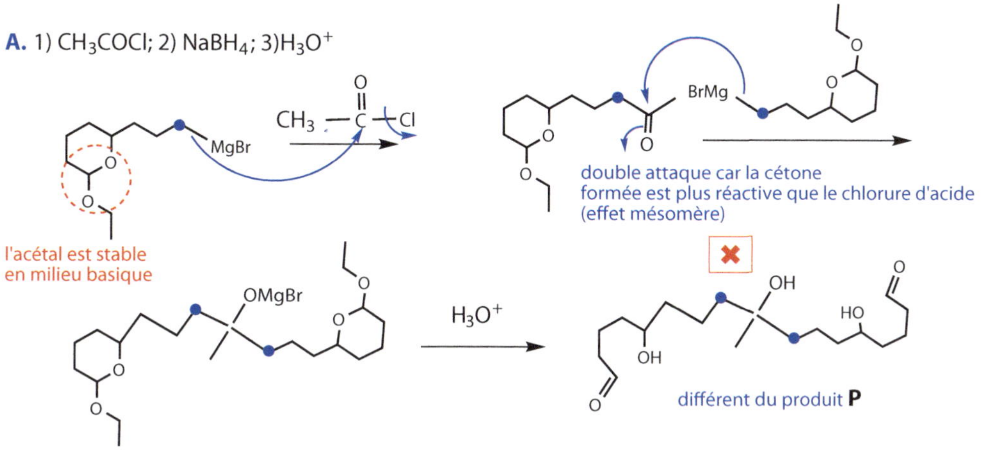

B. 1) CH_3COCH_3; 2) NaOH

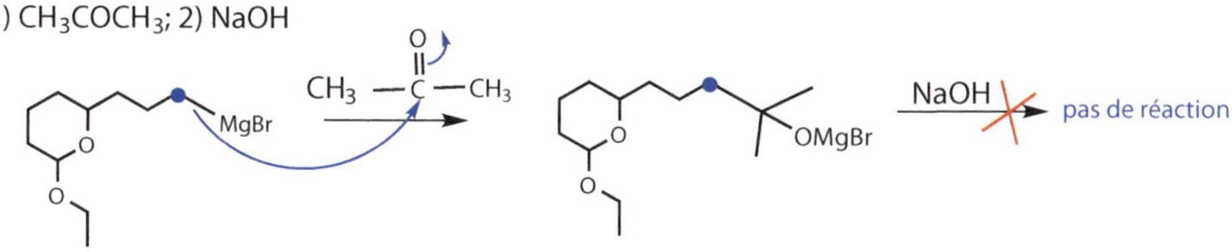

C. 1) CH_3COCH_3; 2) H_3O^+

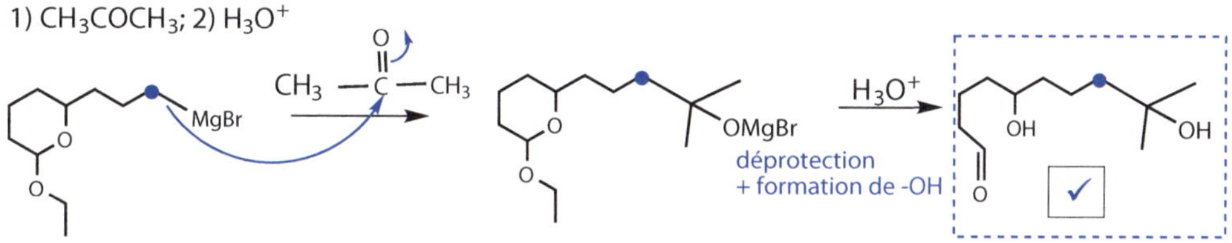

La proposition V.C est correcte.

5. Quel(s) est(sont) le(s) produit(s) formé(s) dans chacune des réactions suivantes ?

Comme dans la réaction de Grignard, l'aldolisation, elle aussi, permet de former le lien C–C suite à l'autocondensation d'un aldéhyde en milieu basique.

En général, l'autocondensation a lieu lorsque la fonction aldéhyde (ou cétone) comprenant un carbone alpha lié à un atome d'hydrogène, est mise en milieu basique.

Pour l'aldéhyde en **I.**, on obtient :

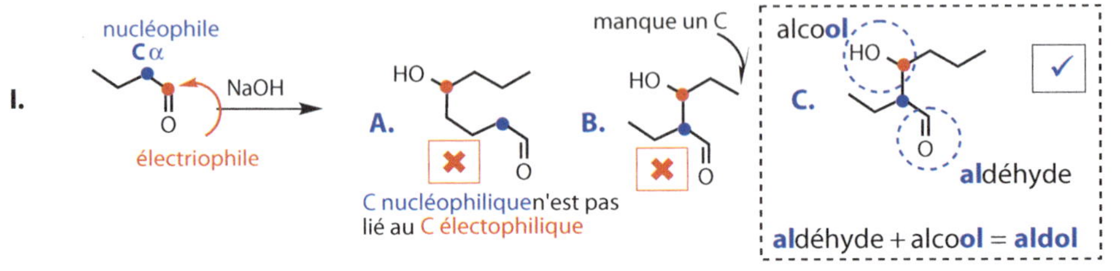

Le mécanisme de l'autocondensation du batanal est le suivant :

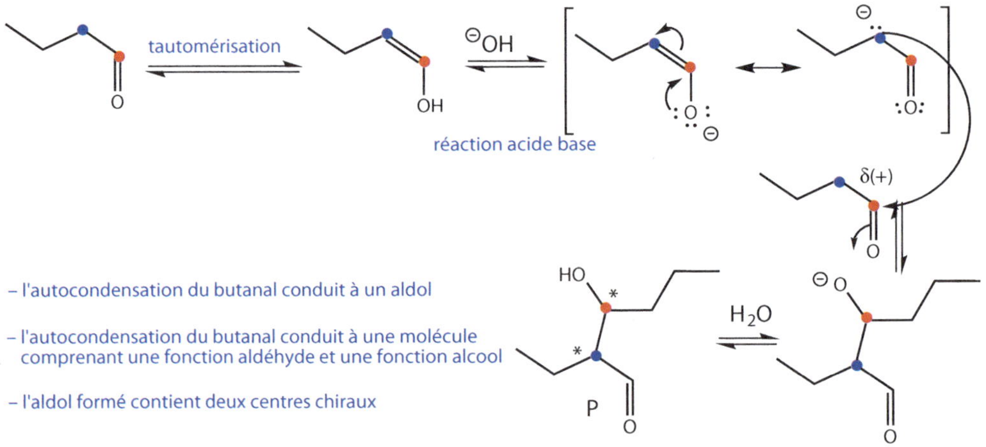

La bonne proposition est I.C.

Dans un milieu basique concentré, un composé aldéhyde ne comprenant pas de H en carbone alpha conduit à un mélange de deux molécules dont l'une est acide et l'autre alcool. C'est la réaction de Cannizzaro.

Pour l'aldéhyde en **II.**, on obtient :

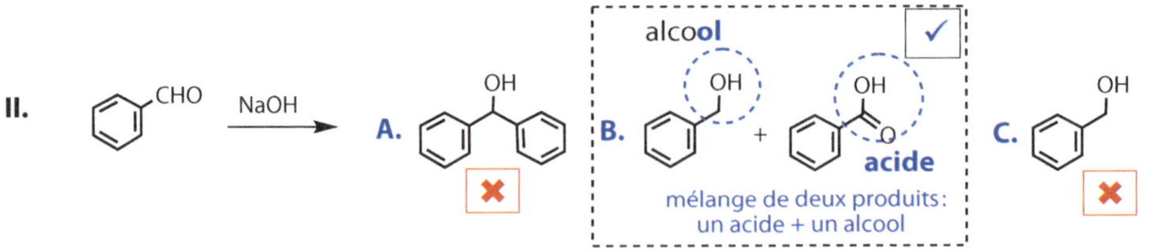

La proposition II.B est juste.

Le mécanisme est le suivant :

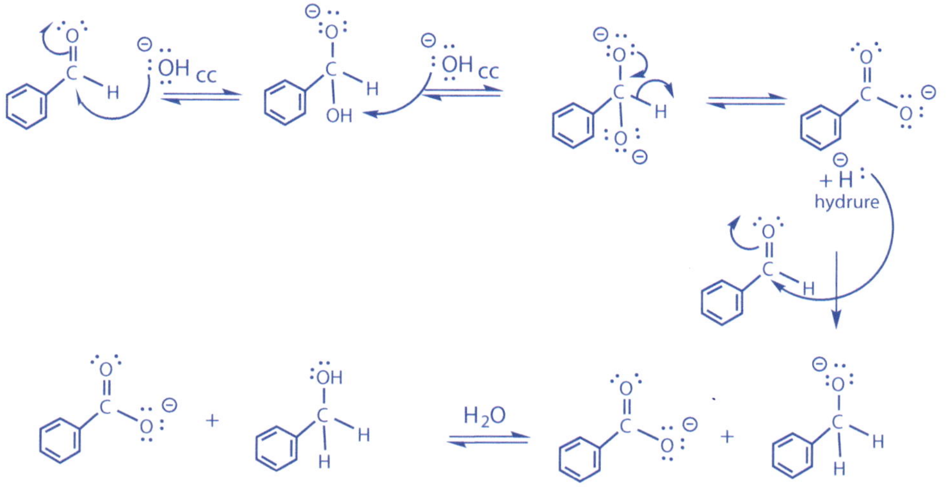

Souvent, la condensation aldol intramoléculaire est utilisée pour former des cycles à cinq ou à six atomes. Les exemples **III.** et **IV.** illustrent ce cas.

III.

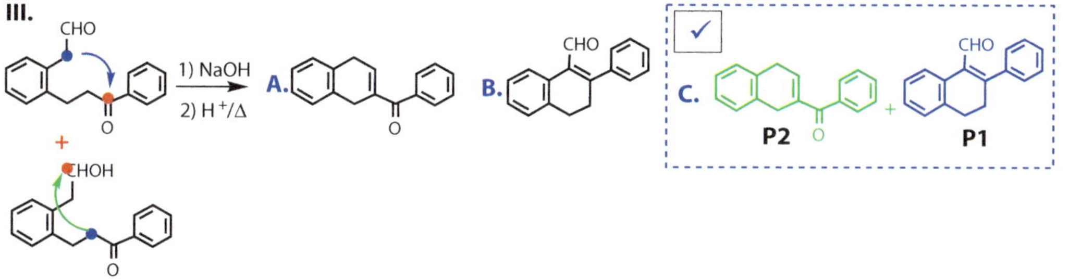

La proposition III.C est correcte.

En voici le mécanisme global pour former **P1** (voir le mécanisme détaillé en **I.**):

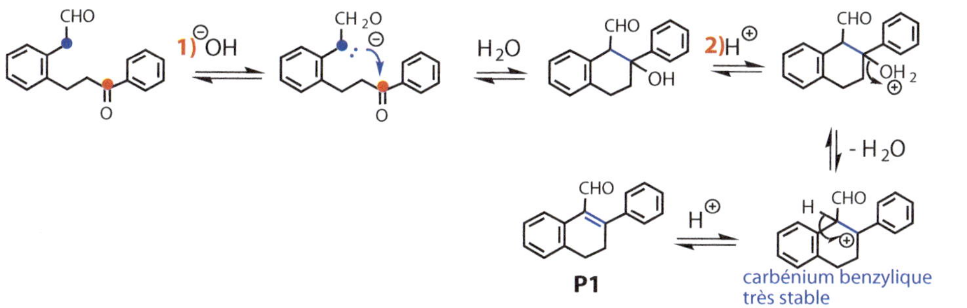

expérimentalement, la déshydratation ($-H_2O$)
se fait automatiquement en milieu basique sans avoir donc recours à l'acide sulfurique

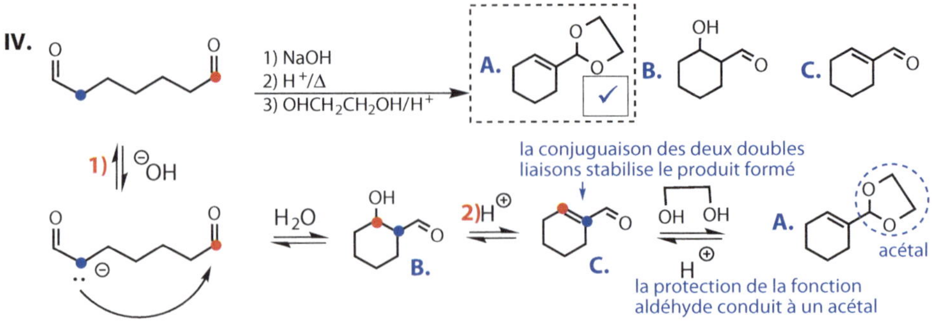

La proposition IV.A est correcte.

La condensation en **V.** est dite mixte (ou croisée). En général, elle existe lorsque l'on fait réagir un aldéhyde dépourvu d'un H en α du C=O (par ex. benzaldéhyde) avec une cétone donnant l'énolate en présence d'une base forte.

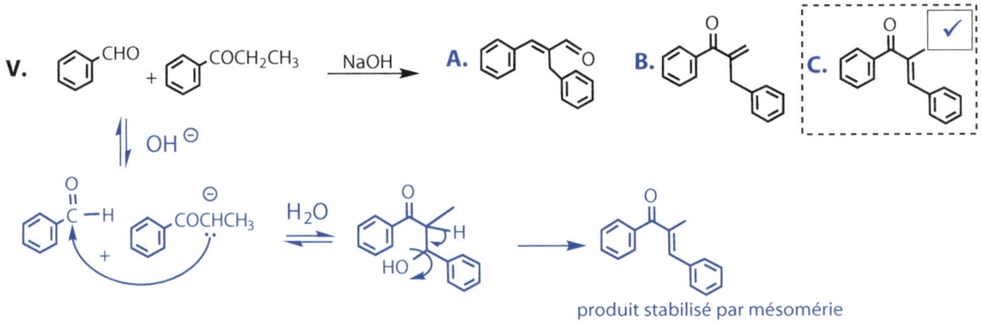

La proposition V.C est juste.

6. Trouver la séquence de réactions permettant les transformations suivantes :

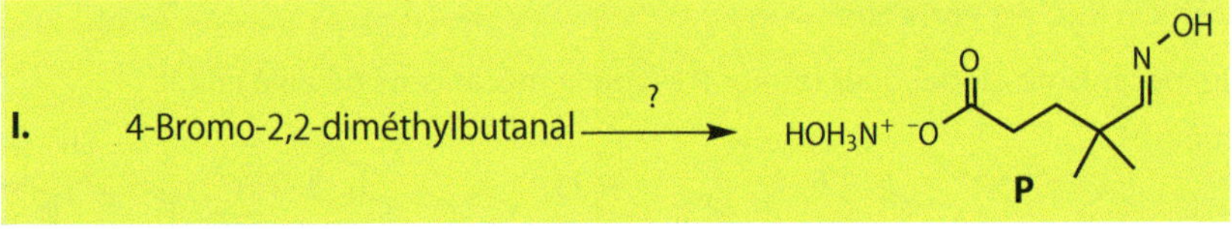

A. a) Mg; b) CO_2; c) H_2O ; d) NH_2OH

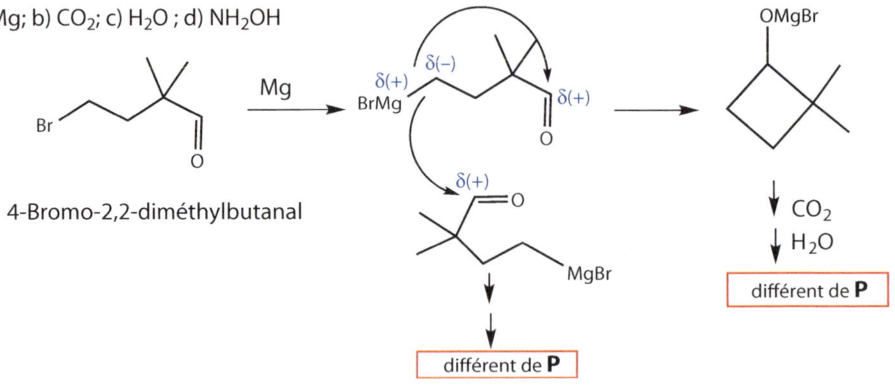

B. a) Mg; b) CH_2O ; c) H_2O ; d) CrO_3 ; NH_2OH

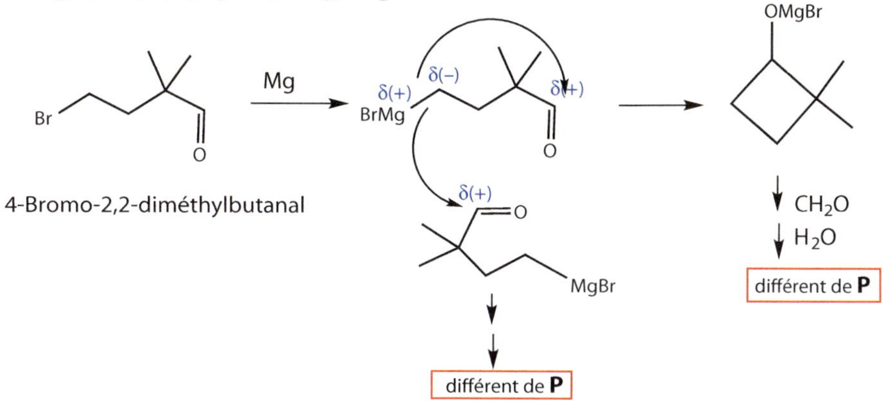

C. a) CH_3CH_2OH (1 *équi*)/H^+; b) CO_2 ; c) H_3O^+ ; d) NH_2OH

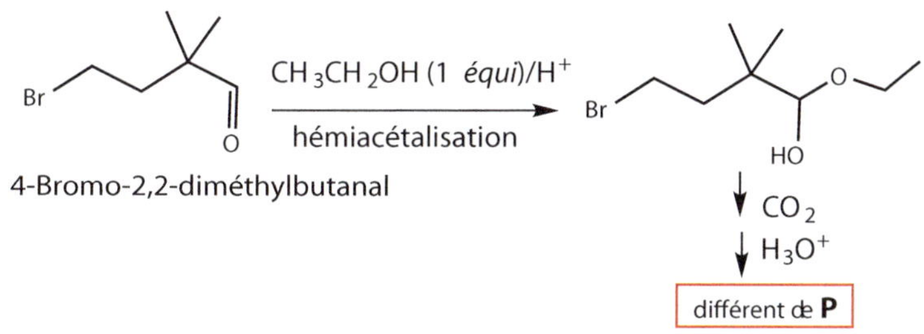

D. a) CH_3CH_2OH (*excès*) /H^+; b) M g ; c) CO_2 ; d) H_3O^+ ; e) NH_2OH

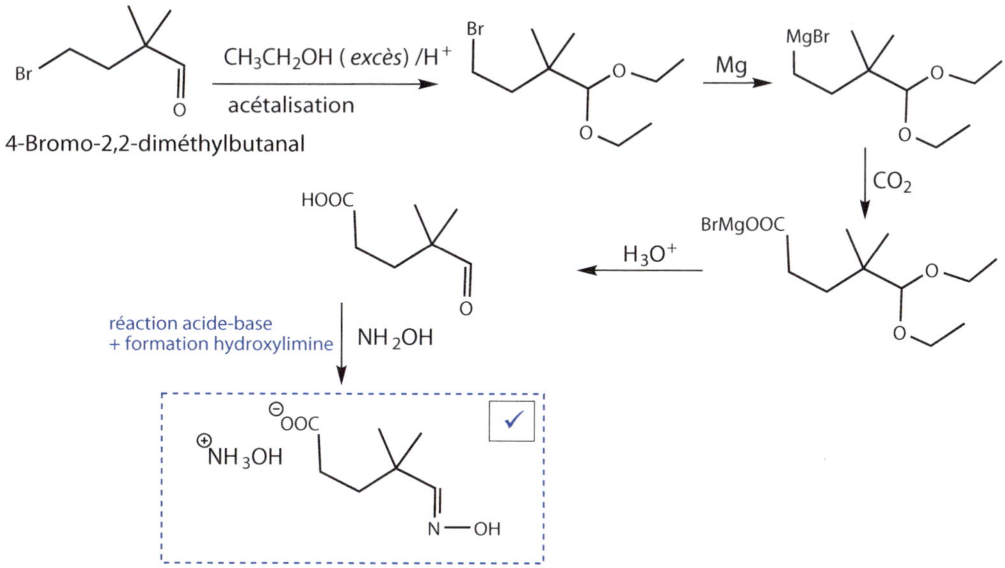

La séquence réactionnelle I.D est correcte.

II. 4-méthylhexanal ⟶ ?

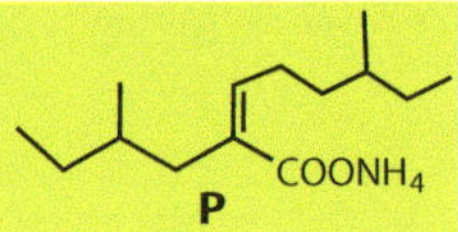

On constate que le nombre d'atomes de carbone dans le produit **P** est le double que celui dans le réactif. La réaction de condensation aldol est donc utile à utiliser.

A. a) NaOH; b) H^+/Δ; c) $LiAlH_4$; d) NH_2CH_3

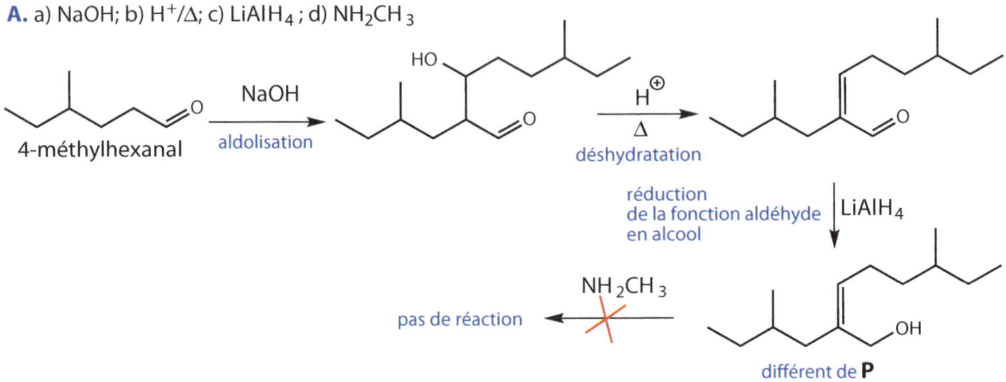

B. a) NaOH; b) H^+/Δ ; c) $LiAlH_4$; d) NH_3

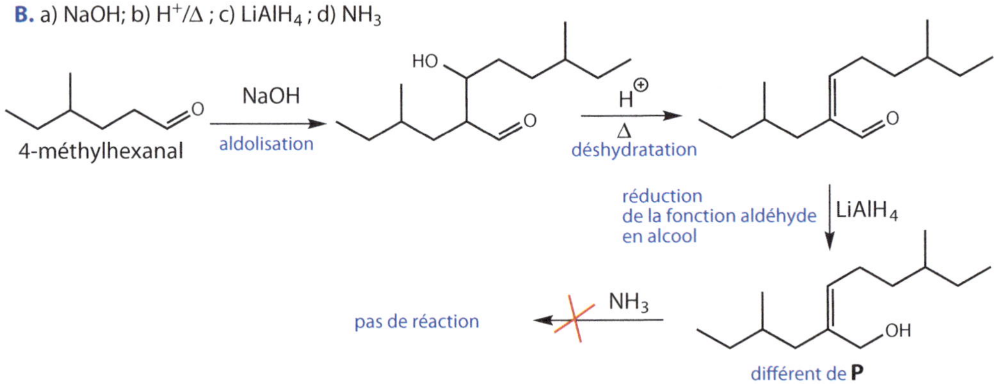

C. a) $CH_3CH_2NH_2$ (1 *équi*); b) H_3O^+/Δ ; c) CrO_3 ; d) NH_3

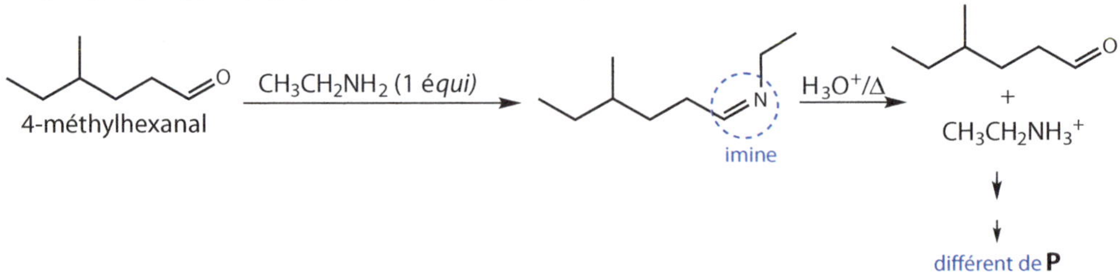

D. a) $CH_3CH_2NH_2$ (0,1 *équi*); b) H^+/Δ ; c) CrO_3 ; d) NH_3

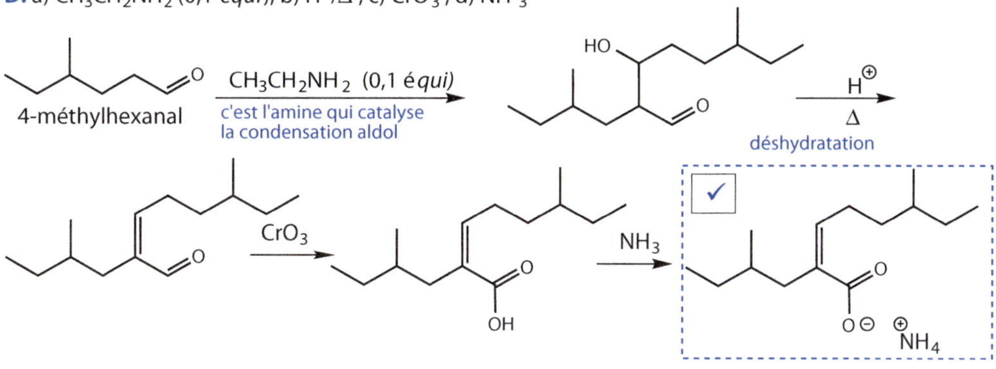

La séquence réactionnelle correcte est II.D.

Le mécanisme de la condensation aldol catalysée par l'amine est le suivant :

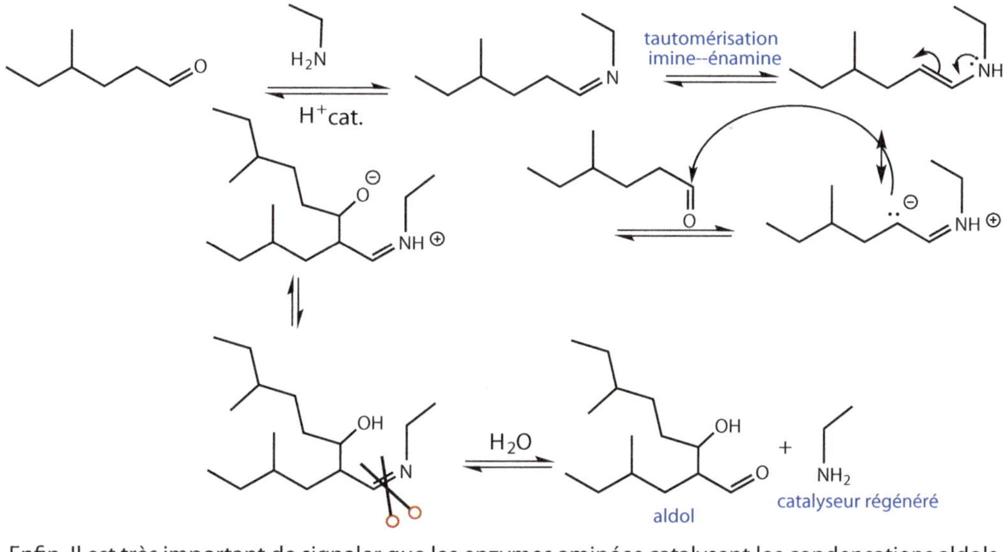

Enfin, Il est très important de signaler que les enzymes aminées catalysent les condensations aldols dans l'organisme selon le même mécanisme détaillé ci-dessus.

Aide dirigée . . .

Acides carboxyliques, dérivés amines et dérivés azotés

1. Classer par ordre d'acidité décroissante les molécules suivantes :
Eau (1) ; Acide acétique (2) ; *p*-Nitrophénol (3) ; Butan-2-ol (4) ; Tertiobutanol (5) ; Acide dichloroacétique (6)

Ce sont des acides faibles dont la force d'acidité augmente ou diminue par effet inducteur/mésomère capteur ou donneur d'électrons. Les p*K*a à attribuer aux fonctions acides des molécules proposées (ou à en déduire) dans cet exercice sont :

- H_2O, p*K*a = 15,73
- CH_3COOH, p*K*a = 4,75, ce qui implique que $CHCl_2COOH$ a un p*K*a ~=1,5
- phénol, p*K*a = 10, ce qui implique que *p*-nitrophénol a un p*K*a ~=7,14
- butan-2-ol : alcool secondaire (p*K*a =16,5)
- *tertio*butanol, p*K*a = 17 : alcool tertiaire

Si l'on les classe par ordre d'acidité décroissante, on obtient :

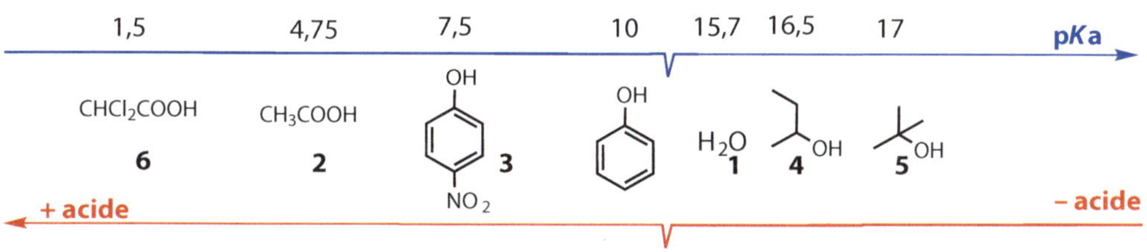

La bonne proposition est E.

2. Évaluer la valeur de la constante d'équilibre pour la réaction suivante :

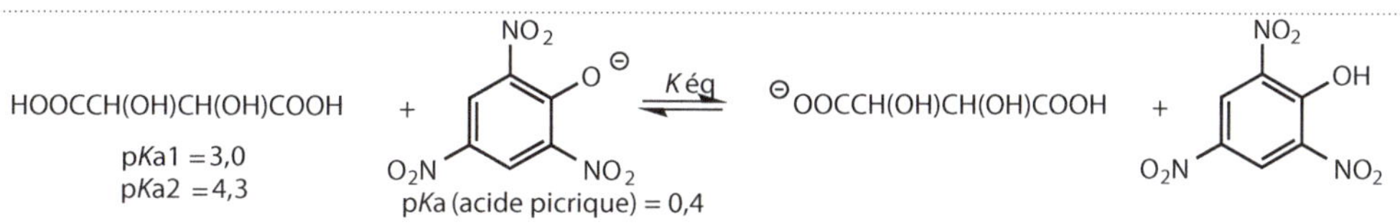

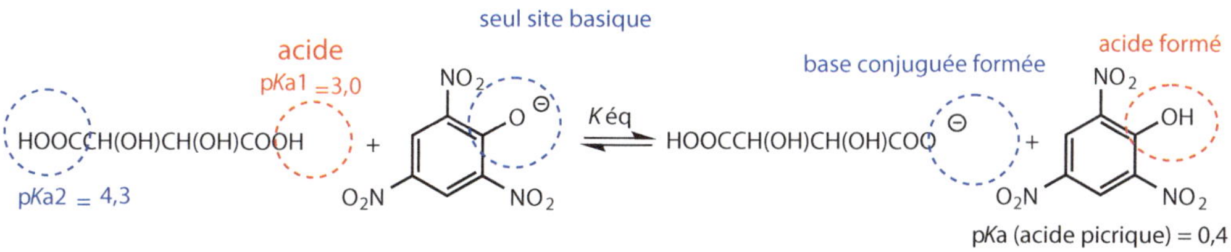

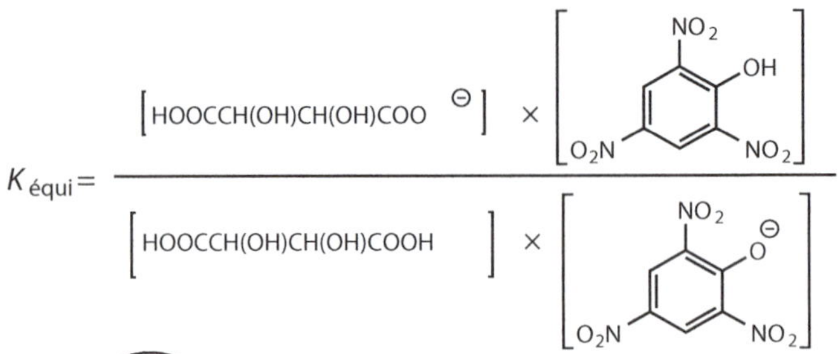

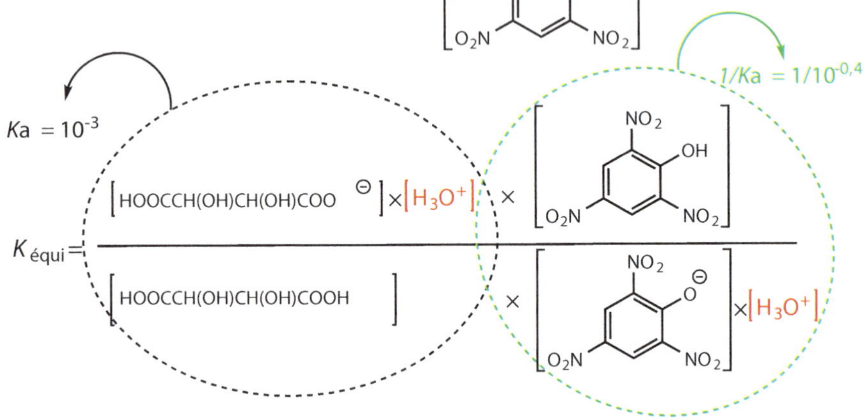

$K_{équi} = \quad 10^{-3} / 10^{-0,4} = 10^{-2,6} = 2,51\ 10^{-3} << 10^{2}$ (la réaction acide-base est impossible)

La proposition correcte est C.

3. Connaissant les valeurs des p*K*a de l'acide, quelle sera la forme dominante ($A^{\ominus}$ ou HA), dans une solution aqueuse de l'acide $ClCH_2CH_2CH_2COOH$ à pH = 5,2 (I) ? Que vaut le rapport [HA] / [$A^{\ominus}$] (II) ? p*K*a ($ClCH_2CH_2CH_2COOH$) = 4,5

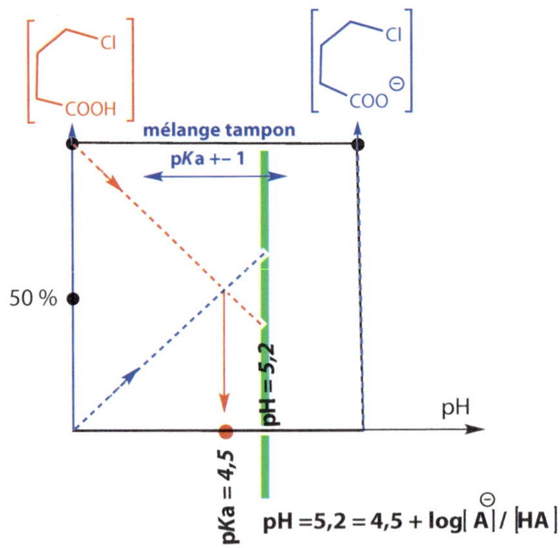

D'après le diagramme, à pH = 5,2 (> p*K*a = 4,5)), c'est la base conjuguée de l'acide 4-chlorobatonoïque qui est majoritaire.

Si l'on résout l'équation pH =5,2 = 4,5 + log [$A^{\ominus}$] /[HA], on obtient [HA] / [$A^{\ominus}$] = 0,199. Pour 1000 molécules de $A^{\ominus}$ il y a 199 molécules de l'acide HA.

Pour de plus amples détails quant à cette méthode de diagramme, voir la correction de l'exercice 1 du chapitre portant sur les acides aminés, les peptides et les protéines,

Les bonnes propositions sont : I. A et II.A.

4. Parmi les produits proposés, indiquer celui qui sera le produit majoritaire, pour chacune des réactions ci-dessous.

C'est une réaction d'estérification au cours de laquelle l'alcool se condense avec l'acide carboxylique, en présence d'un catalyseur acide, pour former un ester.

Étant donné que l'alcool n'est pas en excès (1 équivalent) par rapport à la quantité d'acide (2 équivalents), le produit **A.** est majoritaire. Le mécanisme est expliqué dans l'exercice **5** ci-dessous.

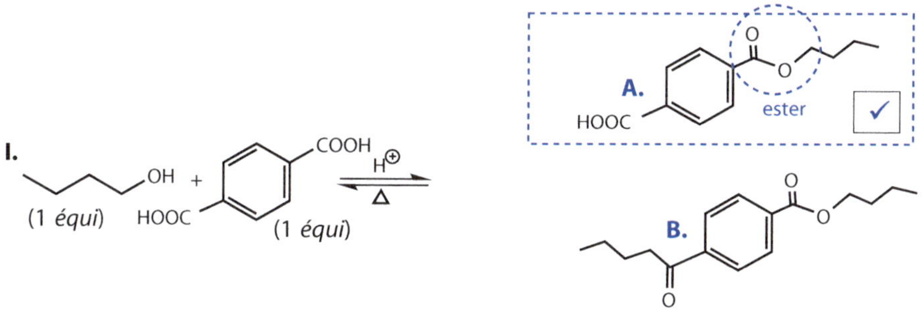

Pour le cas, **II.**, par effet de proximité, l'estérification intramoléculaire est plus favorisée que l'estérification intermoléculaire. L'ester cyclique formé est appelé lactone. Le produit majoritaire est **B.**

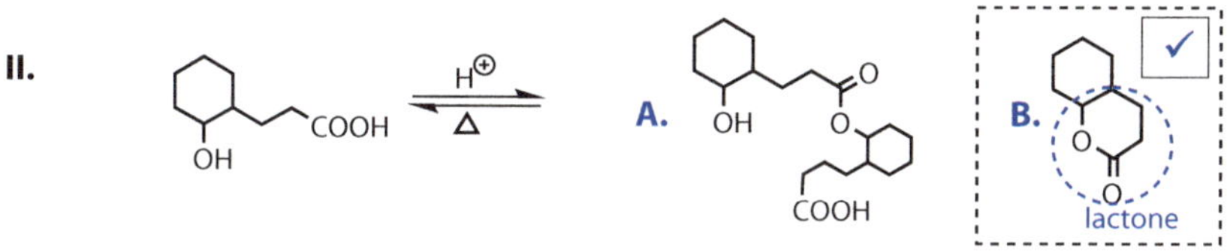

Les bonnes propositions sont : I. A et II.B.

5. Voici le mécanisme détaillé de l'estérification (de Fisher) de l'acide monochloroacétique par l'éthanol. Il s'agit d'un mécanisme dont on distingue les différentes étapes principales. Dans deux étapes, des erreurs ont été commises. Quelles sont ces deux étapes ?

On note que les types d'erreurs pourraient être : sens des flèches, manque des charges, etc.

A. Activation du groupement carbonyle grâce à l'addition de H^+.

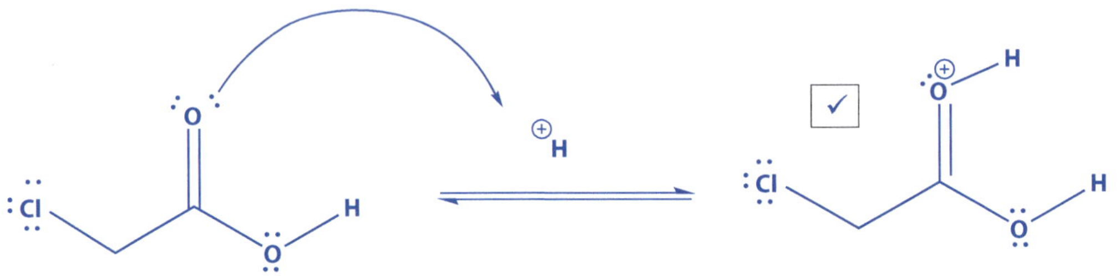

B. Attaque de l'alcool sur le carbonyle activé et formation d'un intermédiaire tétraédrique.

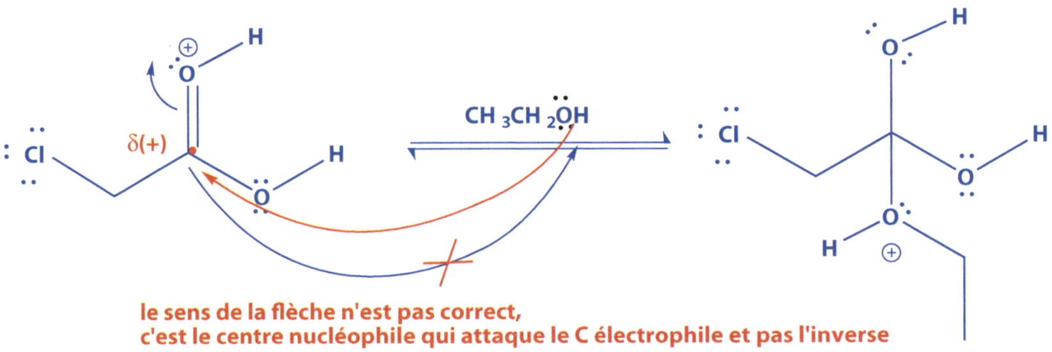

C. Migration de $H^{\oplus}$ afin d'améliorer le caractère nucléofuge de –OH :

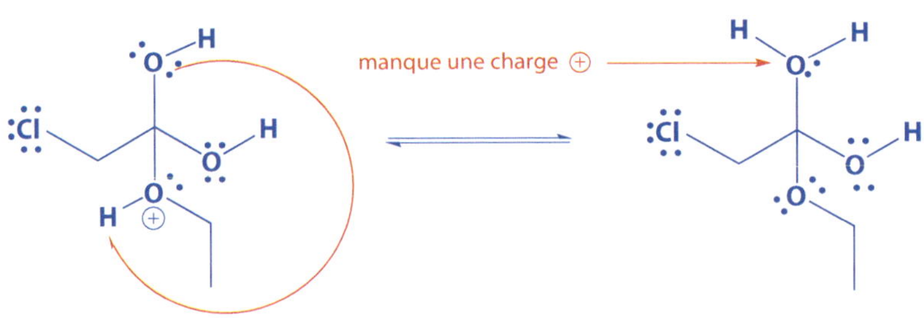

D. Départ du nucléofuge H_2O.

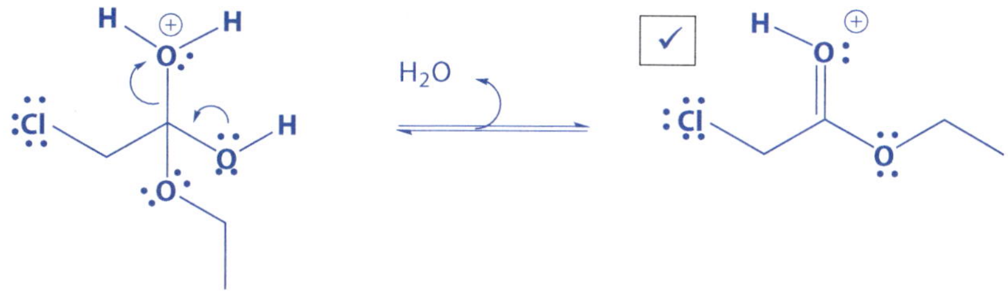

E. Déprotonation du carbonyle et régénération du catalyseur.

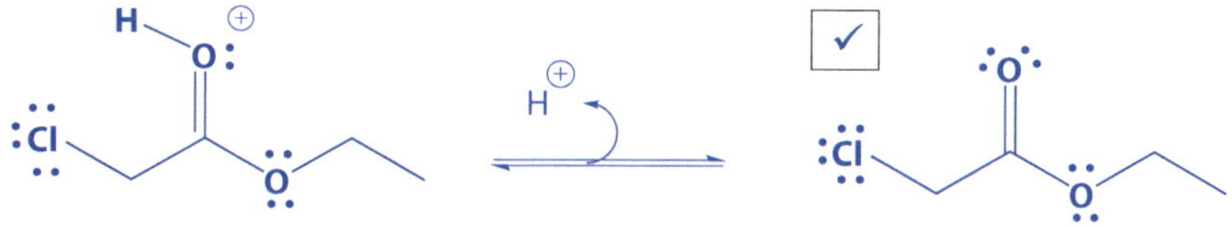

Notons que la concentration en $H^{\oplus}$ ne doit pas être trop grande afin de ne pas protoner l'oxygène de l'alcool ce qui bloquerait son pouvoir nucléophile.

Les propositions correctes sont B. et C.

6. Quel sera le résultat obtenu en faisant réagir mole pour mole les réactifs suivants ?

La règle est claire, l'acide fort réagit avec la base forte. Dans les deux cas, la base qui est l'amine est en quantité limitante (1 mole contre deux moles d'acide), elle réagit donc principalement avec l'acide le plus fort.

I.

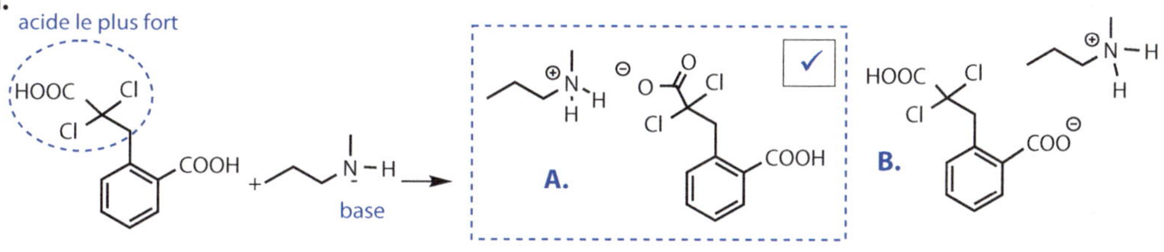

II.

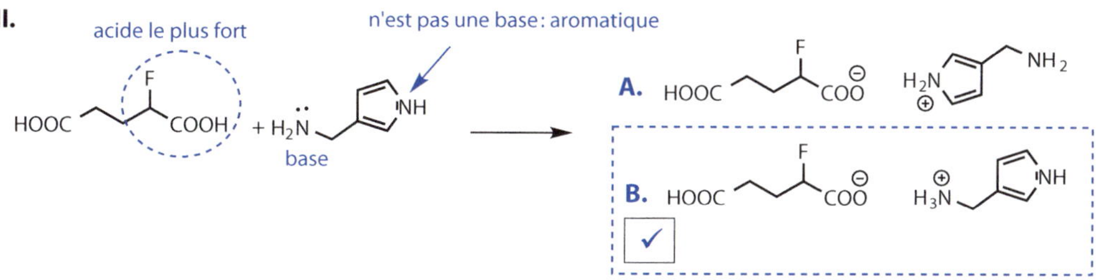

Les bonnes propositions sont I.A et II.B.

7. Compléter le schéma réactionnel suivant en donnant seulement le produit majoritaire dans chaque cas. Les structures des produits formés sont numérotés de 1 à 14. Associer chaque lettre au composé (1,2,.., 14) qui lui correspond.

Les produits sont donnés sans tenir compte de la stéréochimie.

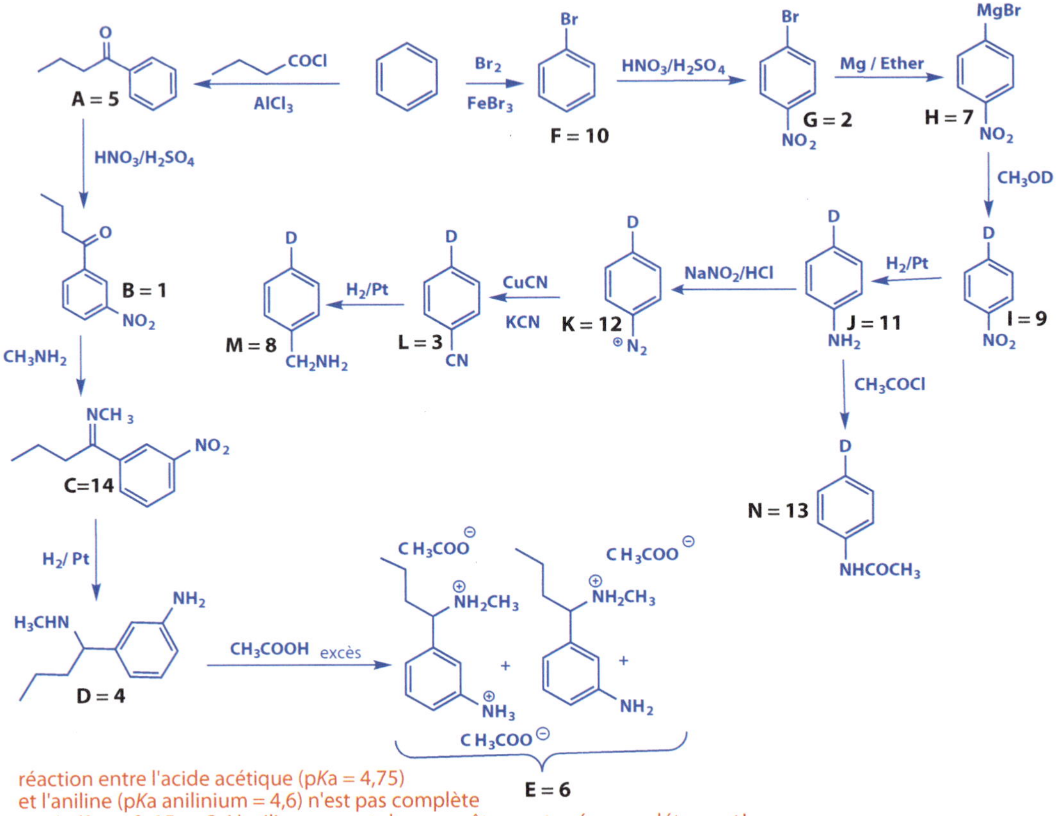

réaction entre l'acide acétique (p*K*a = 4,75) et l'aniline (p*K*a anilinium = 4,6) n'est pas complète car Δp*K*a = - 0, 15 <<2. L'aniline ne peut donc pas être protonée complétement!

8. **Compléter le schéma réactionnel suivant en donnant seulement le produit majoritaire dans chaque cas. Les structures des produits formés sont numérotés de 1 à 14. Associer chaque lettre au composé (1,2,.., 14) qui lui correspond.**

Les produits sont donnés sans avoir tenu compte de la stéréochimie.

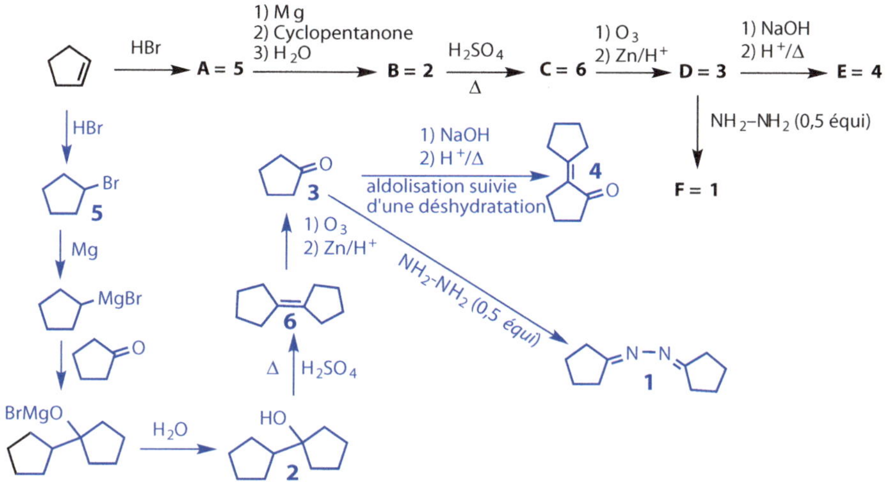

9. **Comment réaliser les transformations I et II suivantes ?**

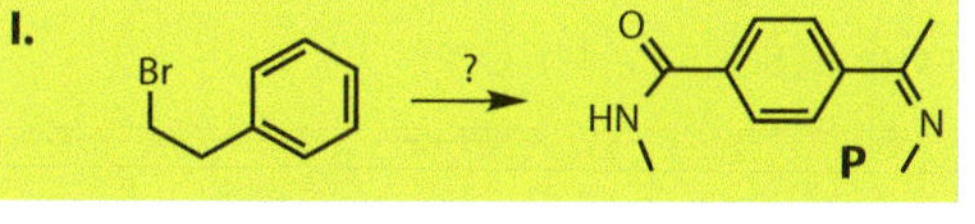

A. a) $(CH_3)_3CONa/\Delta$; b) $CH_3COCl/AlCl_3$; c) $O_3/Zn\text{–}H^+$; d) CrO_3; e) CH_3NH_2

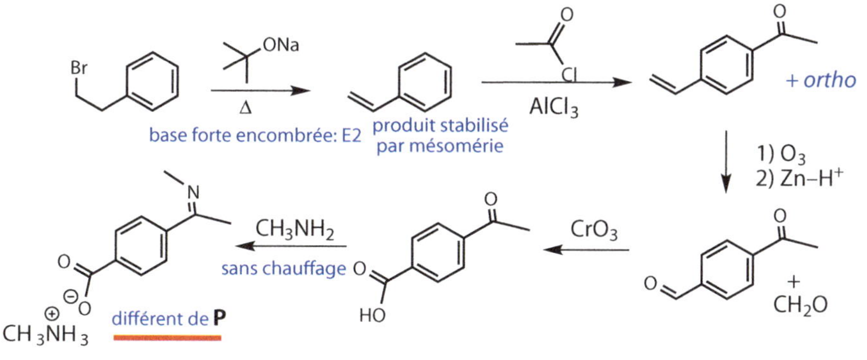

B. a) $(CH_3)_3CONa/\Delta$; b) $CH_3COCl/AlCl_3$; c) $O_3/Zn\text{-}H^+$; d) CrO_3; e) $SOCl_2$; f) CH_3NH_2

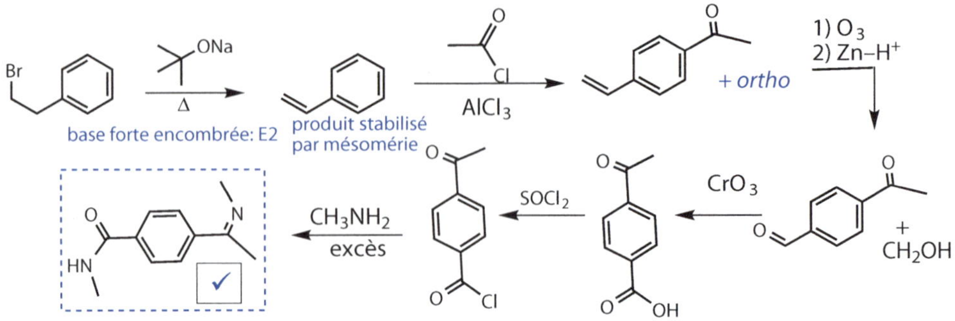

C. a) $(CH_3)_3CONa/\Delta$; b) H_3O^+; c) CrO_3; d) $SOCl_2$; e) CH_3NH_2

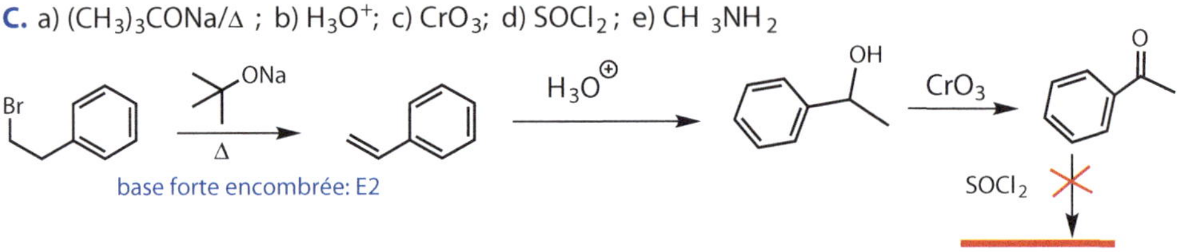

La bonnes proposition est I.B.

II.

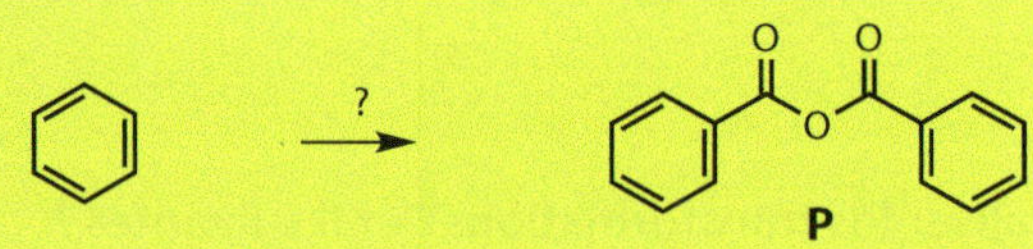

A. a) $Br_2/FeBr_3$; b) Mg; c) CO_2 ; d) $SOCl_2$; e) Ph–COH

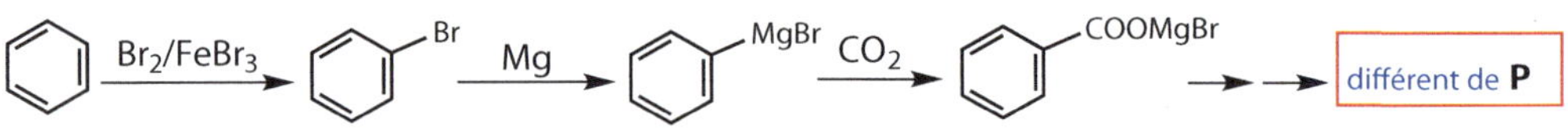

B. a) $Br_2/FeBr_3$; b) Mg; c) CO_2 ; c) H_2O ; d) $SOCl_2$; e) Ph–COOH

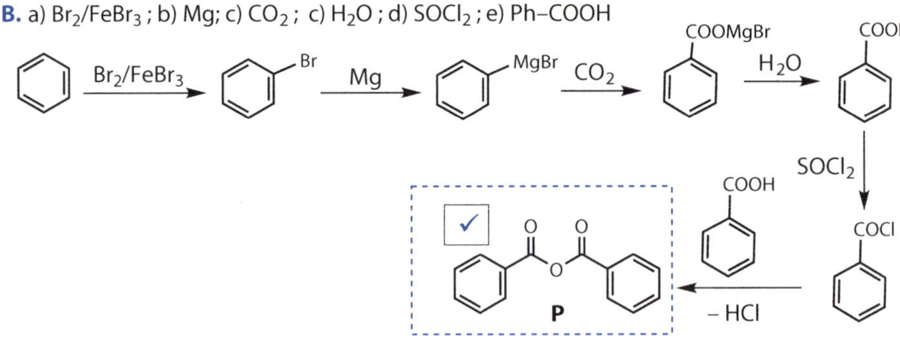

C. a) $Cl_2/FeCl_3$; b) Mg; c) CO_2 ; d) H_2O ; e) $SOCl_2$; f) Ph-COOH

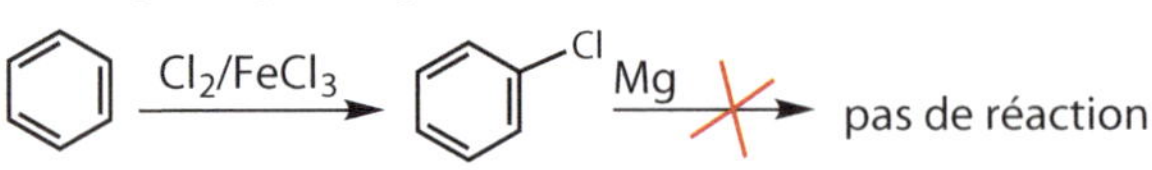

La proposition correcte est II.B.

10. Quels sont le(s) réactif(s) utilisé(s) pour la formation des produits pour les deux réactions suivantes ?

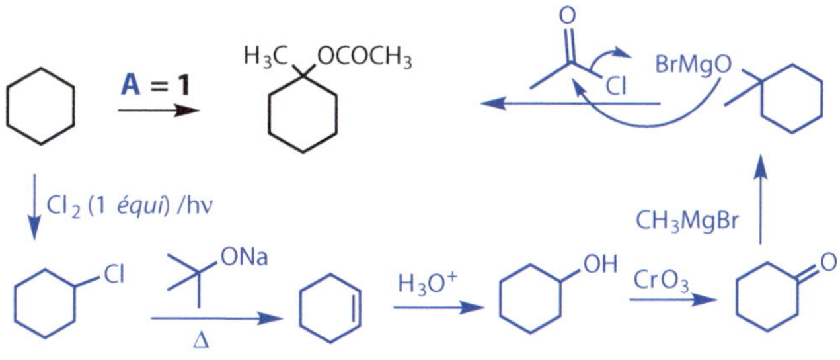

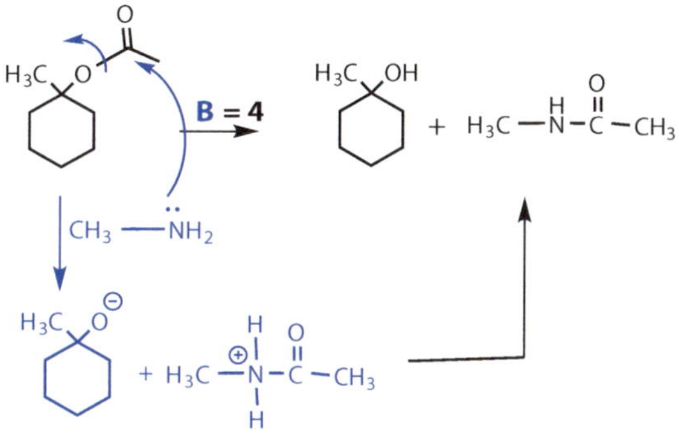

11. Compléter les réactions ci-dessous en identifiant le(s) produit(s) formé(s) :

Les esters réagissent deux fois avec le magnésien. On parle d'une double attaque. En effet, le réactif de Grignard (R'MgX), quelle que soit sa quantité, s'additionne sur le groupe carbonyle (-CO-OR) pour former un produit intermédiaire (tétraédrique) instable. La poussée de la paire électronique de l'oxygène chargé négativement expulse le groupe sortant (-OR). Il se forme alors une cétone (-CO-R'). Cette dernière continue à réagir avec le magnésien car elle est plus réactive que l'ester qui lui est stabilisé par effet mésomère.

I.

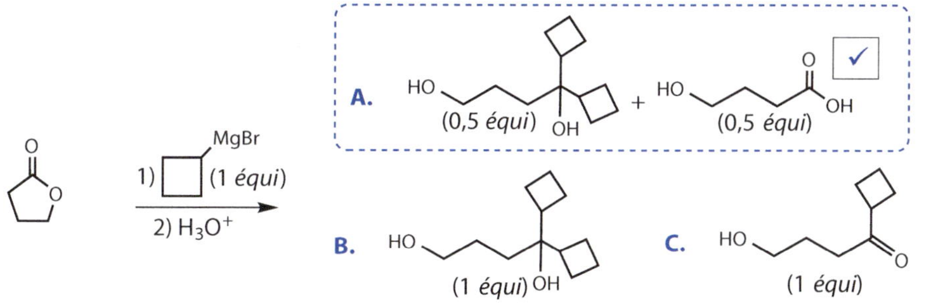

La bonne proposition est I.A.

Le mécanisme réactionnel est le suivant :

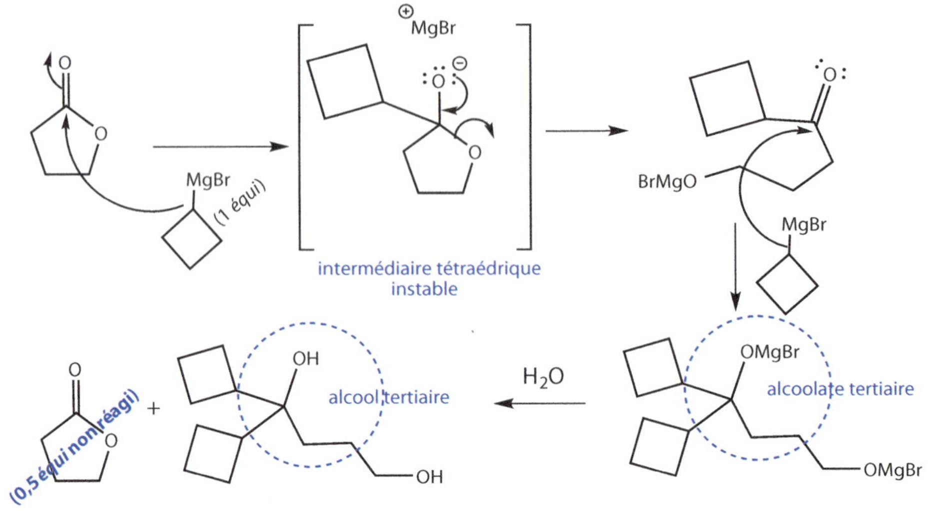

On retient donc qu'un ester avec un magnésien mène toujours à un alcool tertiaire même si les quantités engagées des réactifs ne sont pas stœchiométriques.

De plus, le chlorure d'acide réagit de la même façon que l'ester vis-à-vis d'un magnésien. Cela conduit également à un alcool tertiaire.

II.

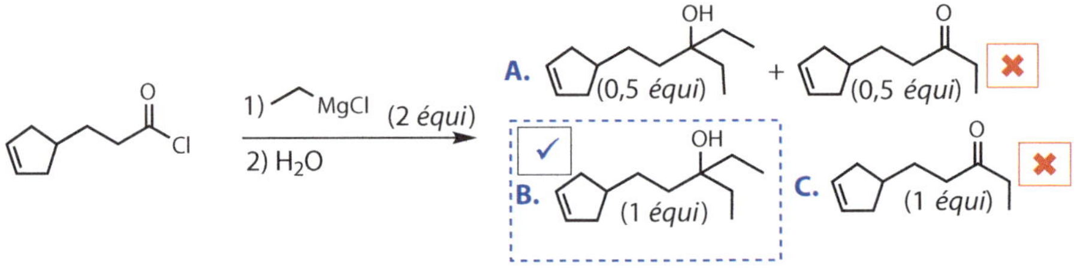

Le magnésien CH_3CH_2MgCl est en quantité stœchiométrique. Le chlorure d'acide réagit complètement.

La proposition II.B est correcte.

III.

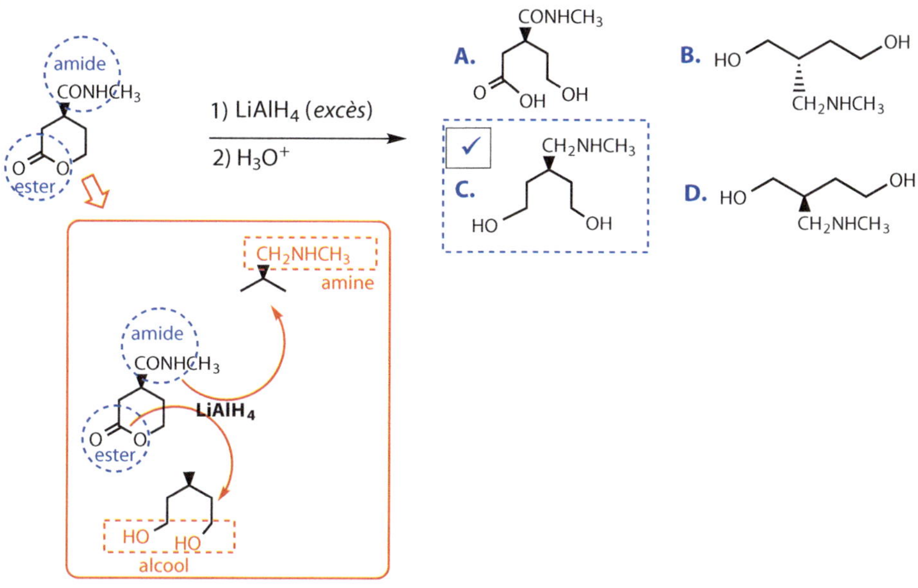

La bonne proposition est III.C.

Pour les réactions de réduction, il faut mémoriser que le $NaBH_4$ ne peut réduire que les cétones et les aldéhydes en alcools correspondants. Quant au $LiAlH_4$, en plus des cétones et les aldéhydes, il réduit les amides en amines, les acides et les esters en alcools.

IV.

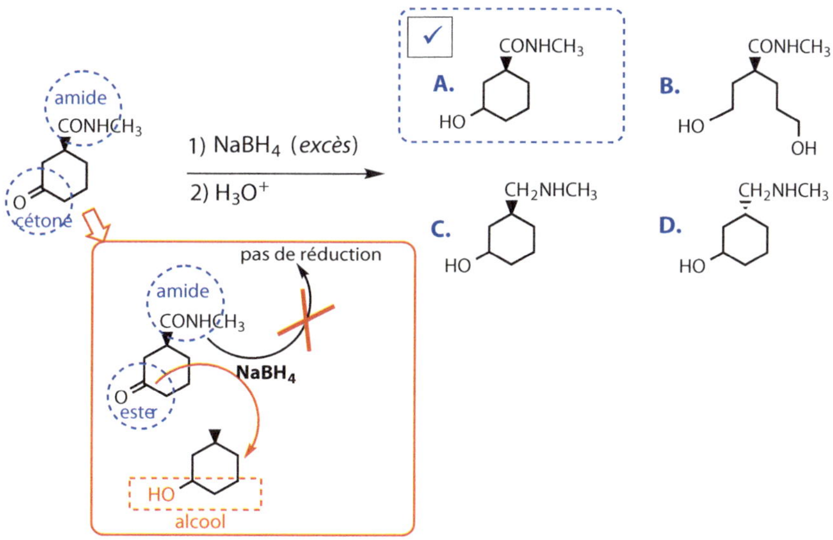

La proposition IV.A est correcte.

12. Indiquer pour chacune des synthèses suivantes la série de réactions appropriées :

Voici quelques exemples de réactions montrant comment faut-il monoalkyler une amine sans avoir accès à des réactions de dialkylation et trialkylation. En effet, les amines sont condensées avec des aldéhydes pour donner des imines qui elles-mêmes subissent une réduction par action de H_2 /Pt pour se transformer en amines monoalkylées.

A.

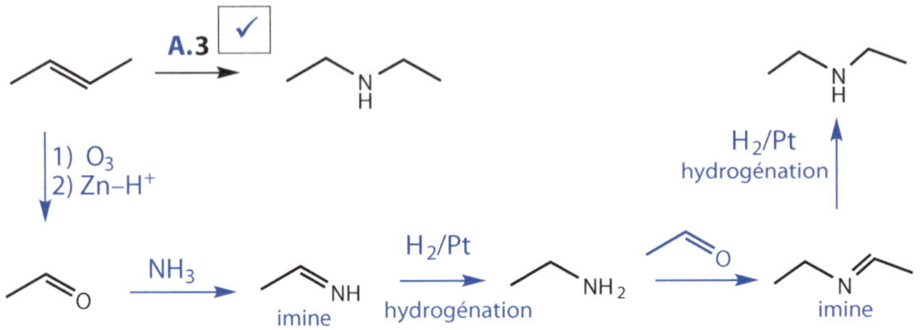

B.

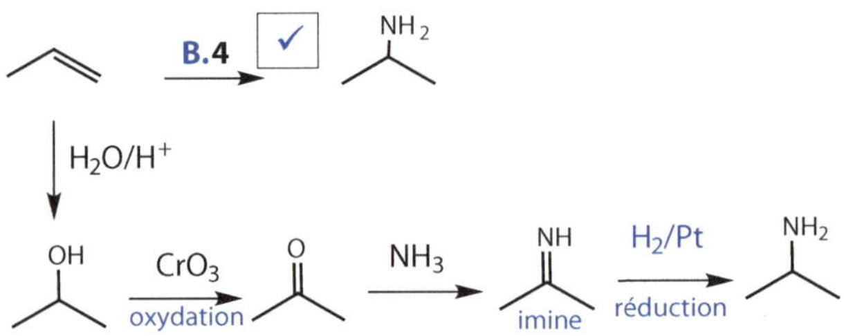

C.

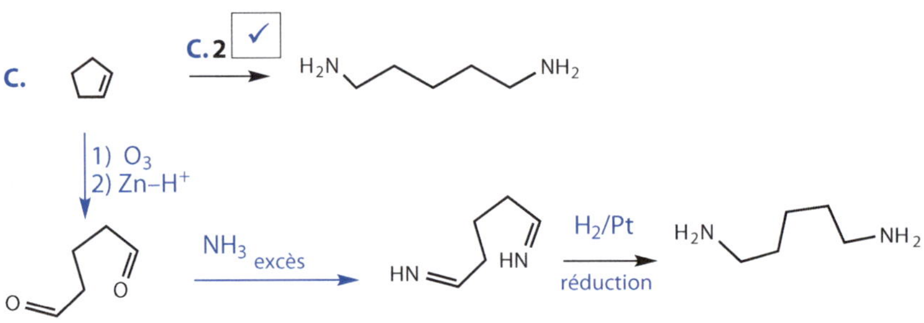

D.

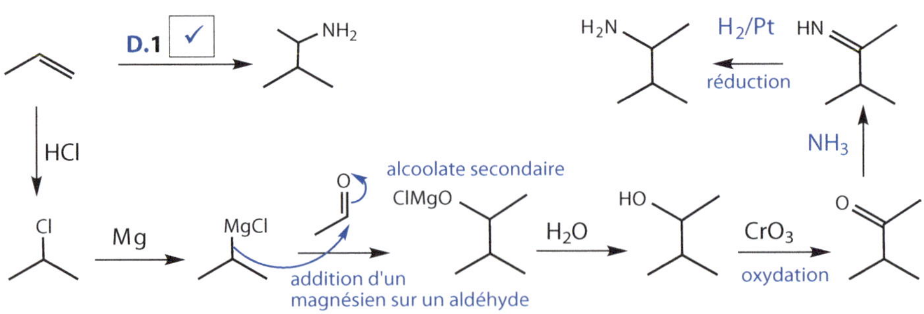

Les bonnes propositions sont : A.3, B.4, C.2 et D.1.

Remarque :
Si l'on veut former l'isopropylamine en **B.** à partir d'une alkylation, on pourra difficilement arrêter la réaction au niveau de l'amine primaire. En effet, l'amine primaire formée en premier temps, plus nucléophile que NH_3 (car l'azote est enrichi en électron grâce à l'effet inductif donneur du groupe isopropyle) continuera à réagir avec le chlorure.

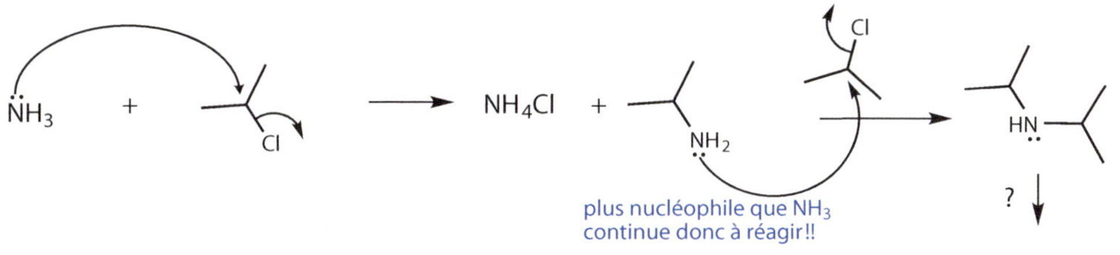

13. Identifier la substance organique désignée comme produit principal des réactions suivantes :

La condensation de Claisen est une réaction au cours de laquelle, une fonction ester contenant un H en alpha réagit avec une base forte pour former un β-cétoestère. On utilise comme base forte l'alcoolate portant la même structure que celle de la partie alcool de l'ester. Par ailleurs, l'hydroxyde de sodium n'est pas utilisé car elle sert plutôt à l'hydrolyse de l'ester (saponification).
Enfin, comme dans la réaction d'aldolisation, la condensation de Claisen est aussi une réaction pour former des nouvelles liaisons C–C.

Pour **I.** : condensation de Claisen

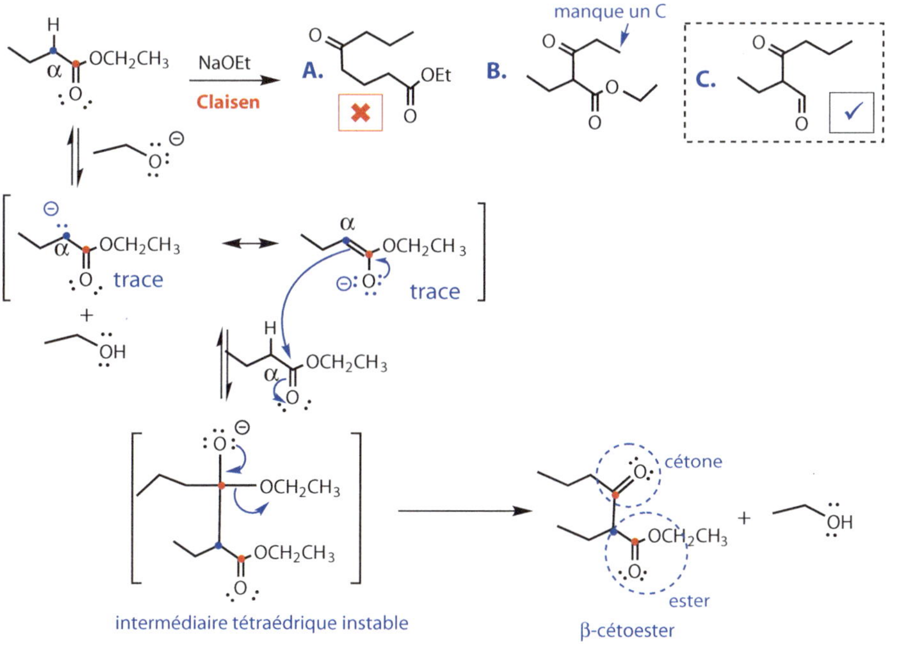

La proposition I.C est correcte.

Pour **II.** : synthèse malonique

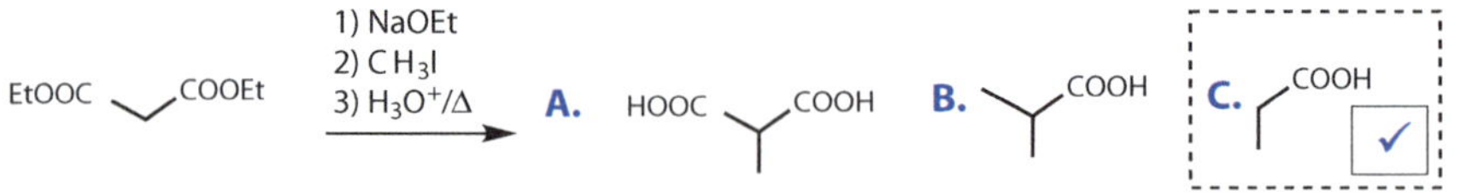

Le malonate d'éthyle est souvent utilisé dans des substitutions nucléophiles. Il ne s'autocondense pas lorsque le groupe méthylène $-CH_2-$ situé entre les deux fonctions ester est déprotoné. La délocalisation des électrons au sein des groupes carbonyles (effet mésomère) rend la molécule non électrophile.

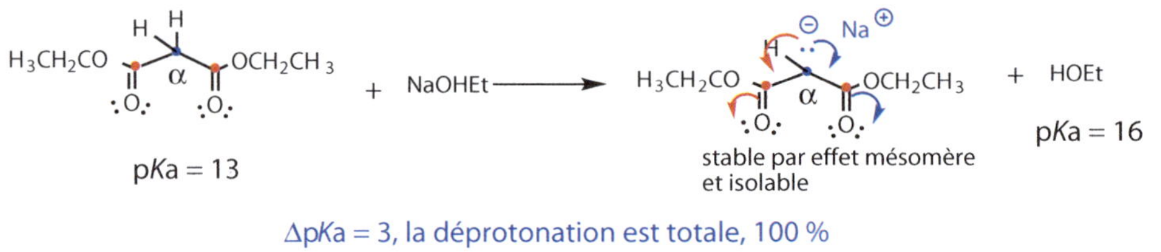

Par contre, le carbanion formé peut s'engager dans une réaction S_N2. En présence de CH_3–I, on obtient :

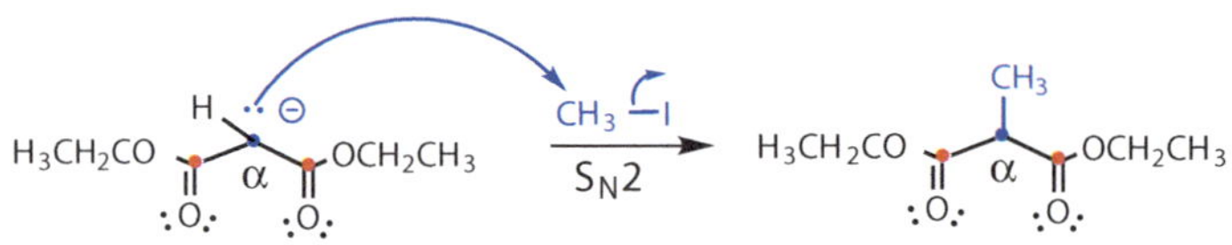

Dans cette synthèse malonique, la troisième étape concerne l'hydrolyse des fonctions esters :

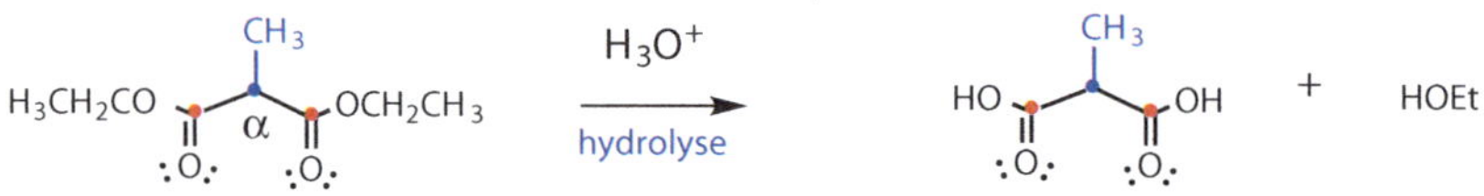

Enfin, par chauffage en milieu acide, le biacide formé se décarboxyle facilement (élimination de CO_2). Le mécanisme de la réaction est le suivant :

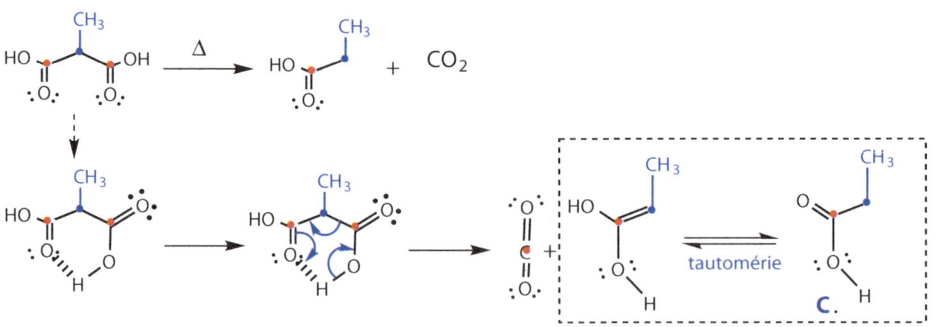

La décarboxylation concerne tout acide carboxylique situé en β par rapport à une autre fonction carbonyle (acide, cétone).

La proposition II.C est correcte.

Pour **III.**:

Suite à la déprotonation du malonate d'étyle, le carbanion formé attaque le centre électrophile du benzylaldéhyde. L'alcool se déshydrate pour former le produit **A.** car la double liaison formée étant stabilisée par effet mésomère.

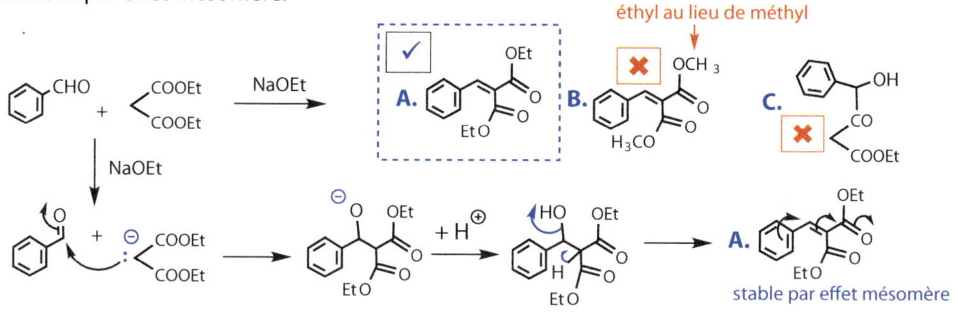

La proposition III.A est juste.

Pour **IV.**

Ici, les deux fonctions esters sont contenues dans la même molécule. La condensation de Dieckmann n'est favorisée que si le cycle formé comprend 5 à 7 atomes de carbone. Le mécanisme intramoléculaire est identique à celui de la condensation de Claisen intermoléculaire.

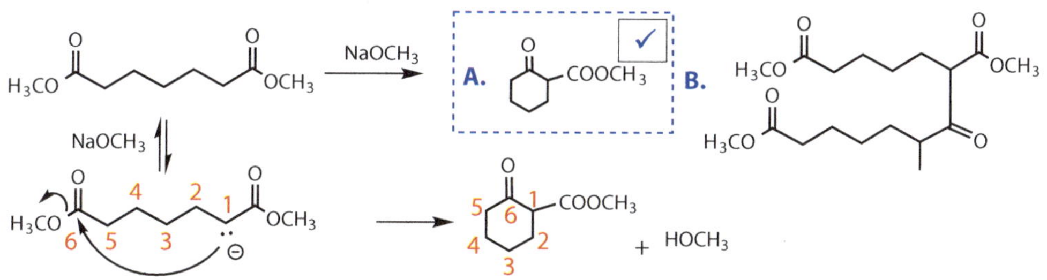

molécule symétrique: la déprotonation à gauche ou à droite mène au même produit

La proposition IV.A est correcte.

14. **Comment préparer les dérivés suivants en utilisant le sel de diazonium? Indiquer la(es) séquence(s) appropriée(s) pour chacune des réactions?**

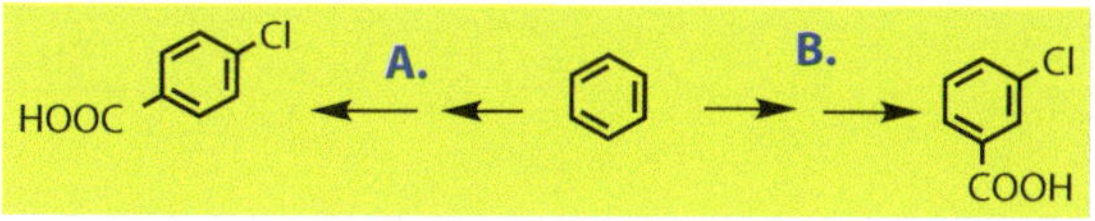

Pour 1.

1. a) HNO_3 / H_2SO_4
b) $Cl_2 / FeCl_3$
c) Zn / HCl
d) $NaNO_2 / HCl$
e) $Cu(CN)_2 / KCN$
f) H_3O^+

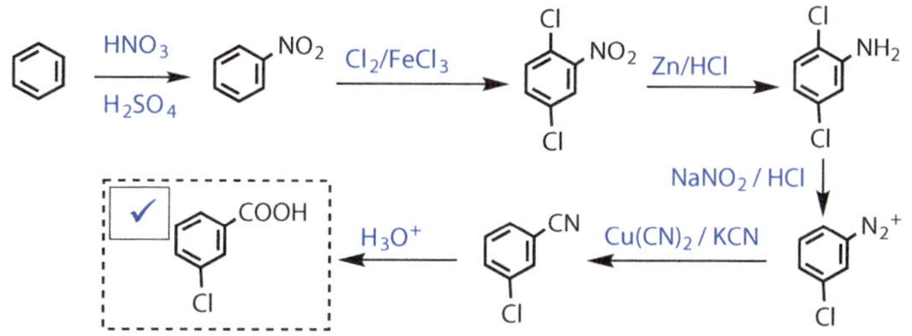

La séquence 1. (=B) conduit à la formation de l'acide *méta*-chlorobenzoïque

Pour 2.

2. a) $Cl_2 / FeCl_3$
b) HNO_3 / H_2SO_4
c) $LiAlH_4$
d) $NaNO_2 / HCl$
e) $Cu(CN)_2 / KCN$
f) H_3O^+

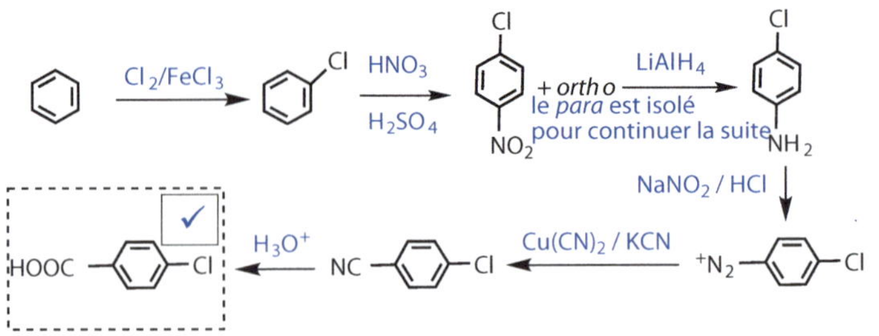

Pour 3.

3. a) $Cl_2 / FeCl_3$
b) $Br_2 / FeBr_3$
c) Mg
d) CO_2
e) H_3O^+

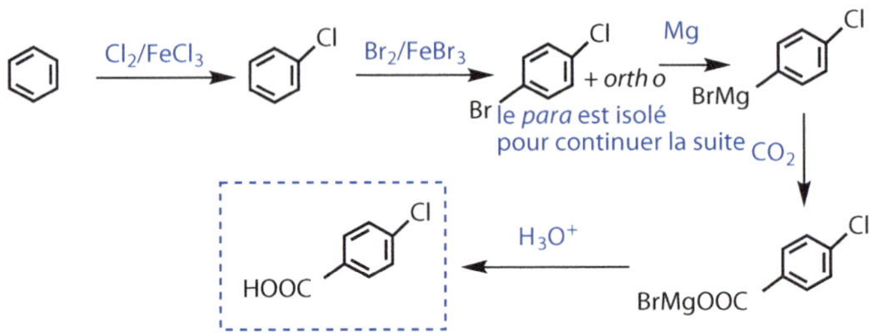

Les séquences 2. et 3. (= A) conduisent à la formation de l'acide *para*-chlorobenzoïque

15. Comment préparer les dérivés suivants en partant du benzène ? Indiquer la(es) séquence(s) appropriée(s) pour chaque produit ?

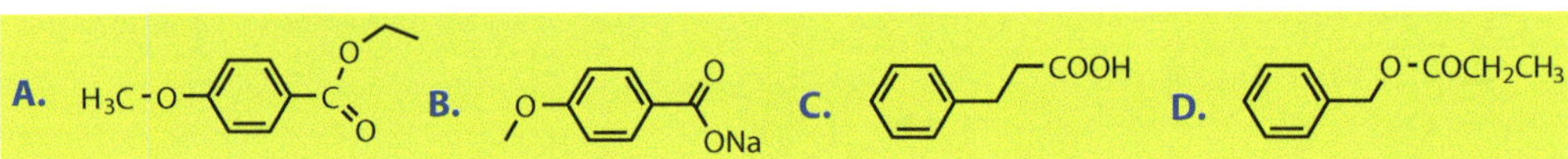

Les séquences réactionnelles **1.** conduisent au **D.**

1. a) $Br_2/FeBr_3$
b) Mg
c) méthanal
d) H_2O
e) $SOCl_2$
f) CH_3CH_2COONa

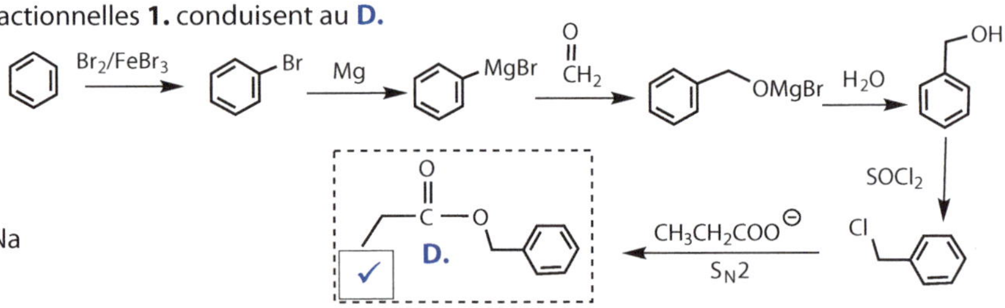

Les séquences réactionnelles **2.** conduisent au **C.**

2. a) $Br_2/FeBr_3$
b) Mg
c) oxyde d'éthylène
d) H_2O
e) $SOCl_2$
f) Mg
g) CO_2
h) H_2O

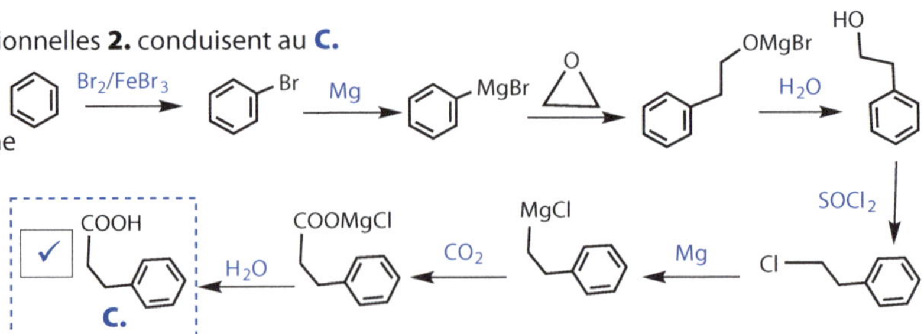

Les séquences réactionnelles **4.** conduisent au **D.**

4. a) HNO_3/H_2SO_4
b) $LiAlH_4$
c) $NaNO_2/HCl$
d) KCN
e) H_3O^+
f) $LiAlH_4$
g) CH_3CH_2COOH/H^+

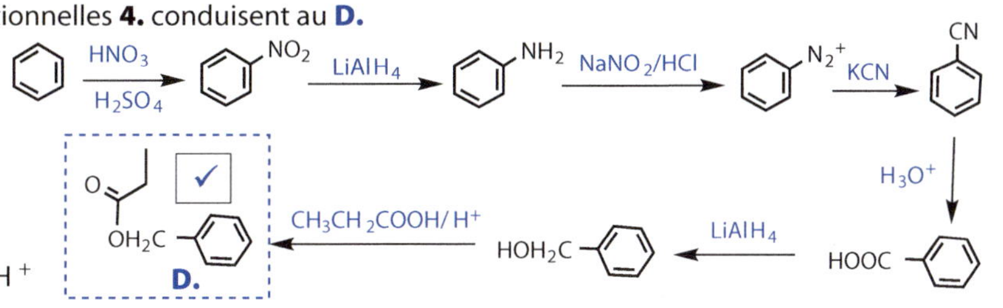

Les séquences réactionnelles **5.** conduisent au **B.**

5. a) HNO_3/H_2SO_4
b) $LiAlH_4$
c) $NaNO_2/HCl$
d) H_2O/Δ
e) NaOH
f) CH_3I
g) $Br_2/FeBr_3$
h) Mg
i) CO_2
j) H_2O
k) NaOH

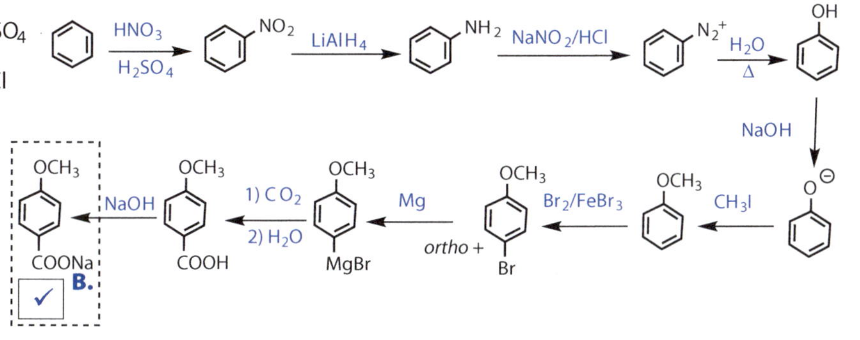

Aide dirigée . . .

Hydrates de carbone

1. **Pour le cétose ci-dessous,**

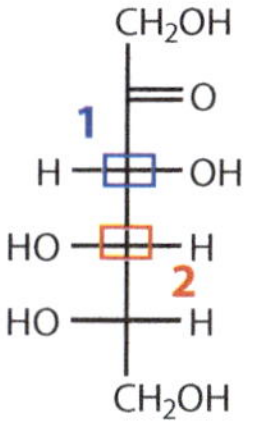

I. Quels sont les descripteurs de la configuration absolue respectifs des carbones encadrés 1 et 2.

On classe par ordre de priorité les 4 groupements liés au **C1** (idem pour **C2**). Le substituant numéro **1** est celui dont le numéro atomique est le plus élevé et ainsi de suite.

En regardant le plan de la projection de Fischer, pour aller du groupement prioritaire **1** au **3** passant par **2**, on tourne dans le sens contraire des aiguilles d'une montre. La configuration du **C1** est donc ***S***. Cette configuration doit être inversée car le substituant numéro **4** (H), le moins prioritaire, n'est pas en arrière du plan. Sinon, il faut observer le **C1** derrière le plan comme indiqué sur le dessin.

Enfin, on obtient une configuration *R* pour C1 et *S* pour C2.

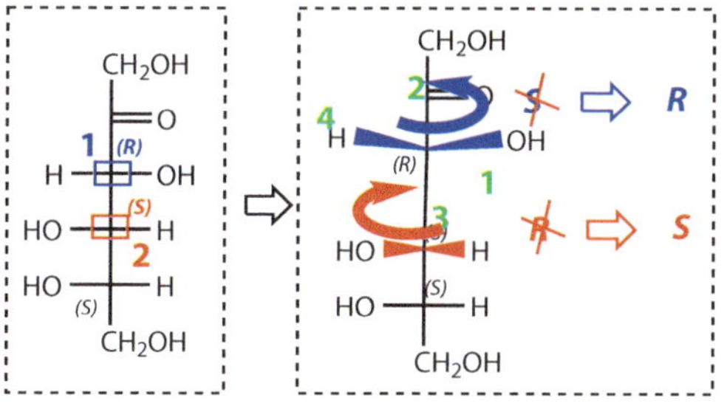

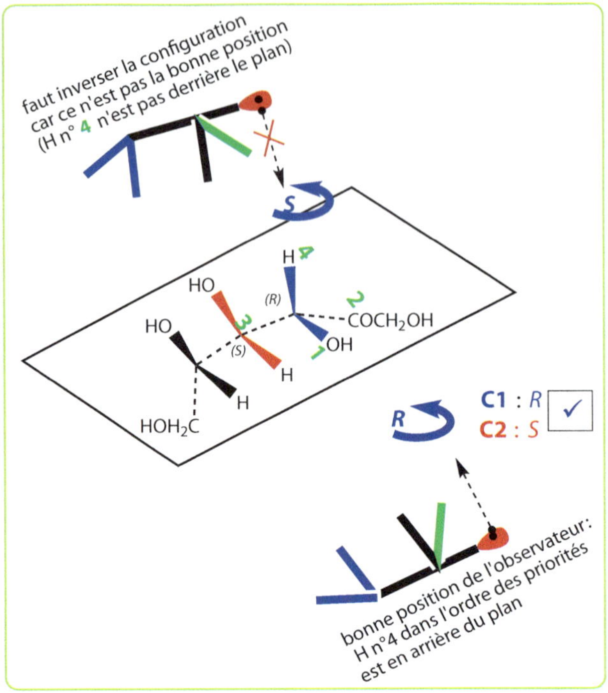

La bonne proposition est I.A.

II. **Parmi les trois propositions suivantes, quelle est la projection de Newman qui visualise la molécule en ayant, à l'avant, le carbone 4 et à l'arrière, le carbone 5.**

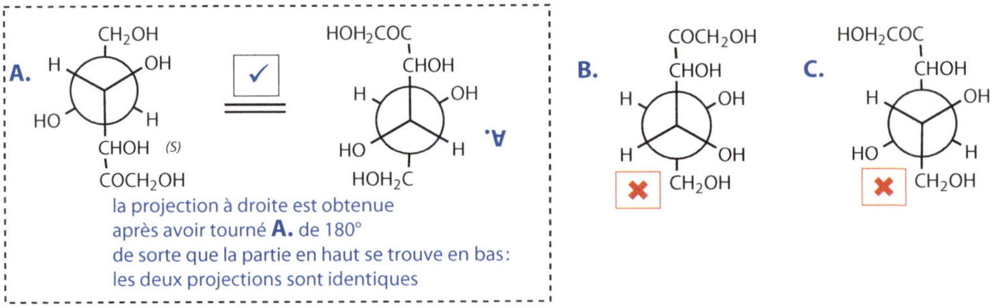

Pour dessiner facilement la projection de Newman, la conversion de la projection de Fischer en représentation de Cram est conseillée.

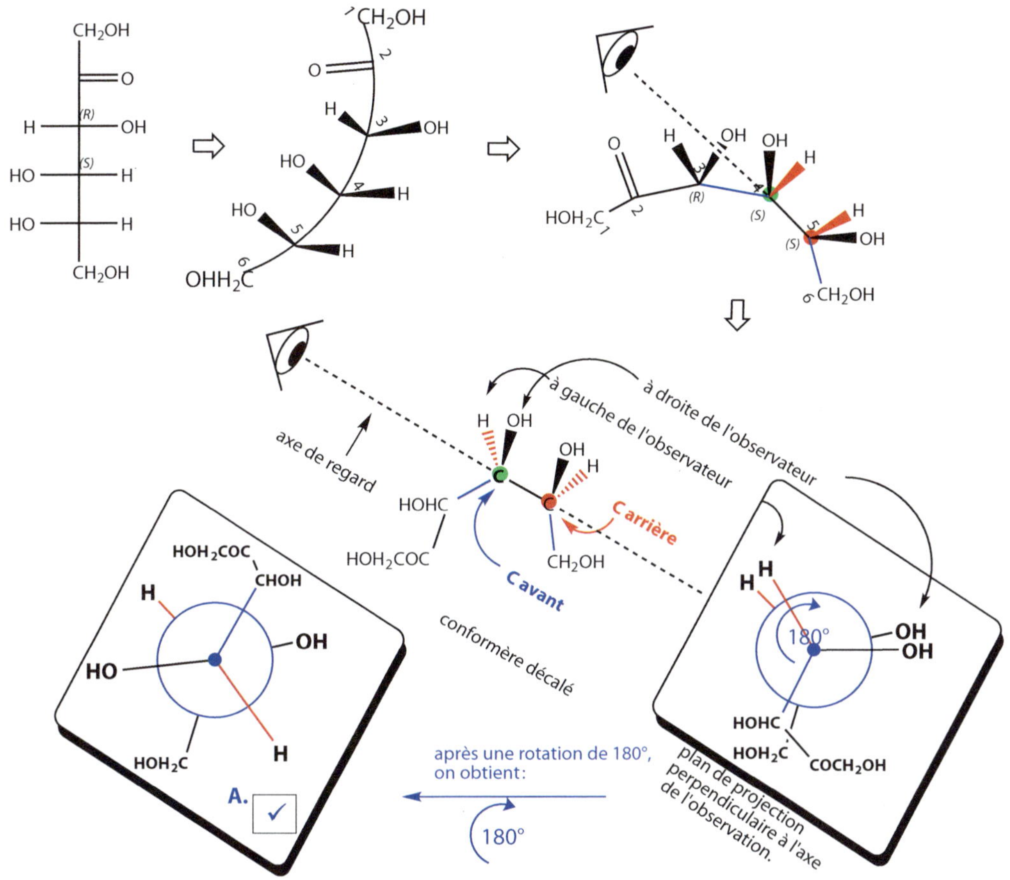

La bonne proposition est II.A.

2. Soit la structure du galactose en projection de Fischer (forme ouverte) :

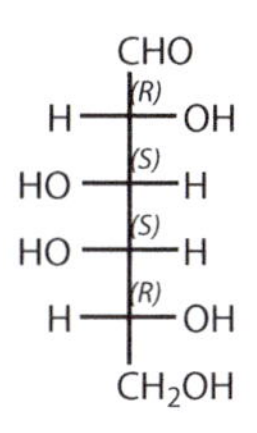

I. Indiquer en projection de Haworth la structure du β-D-galactose.
La proposition correcte est C. :

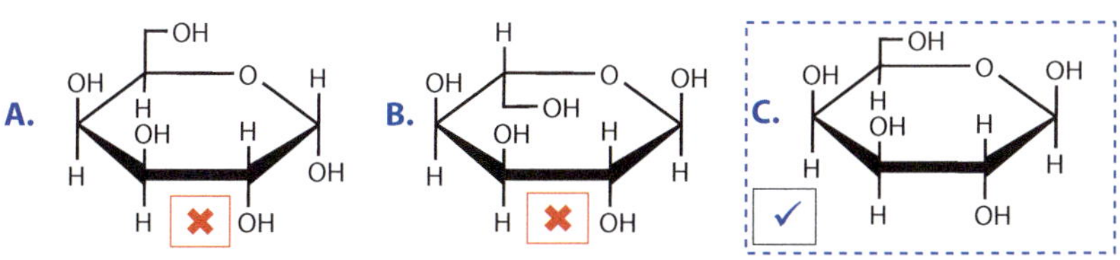

Pour effectuer la projection, une bonne visualisation de la molécule en 3D est indispensable. Voici les différentes étapes importantes à suivre :

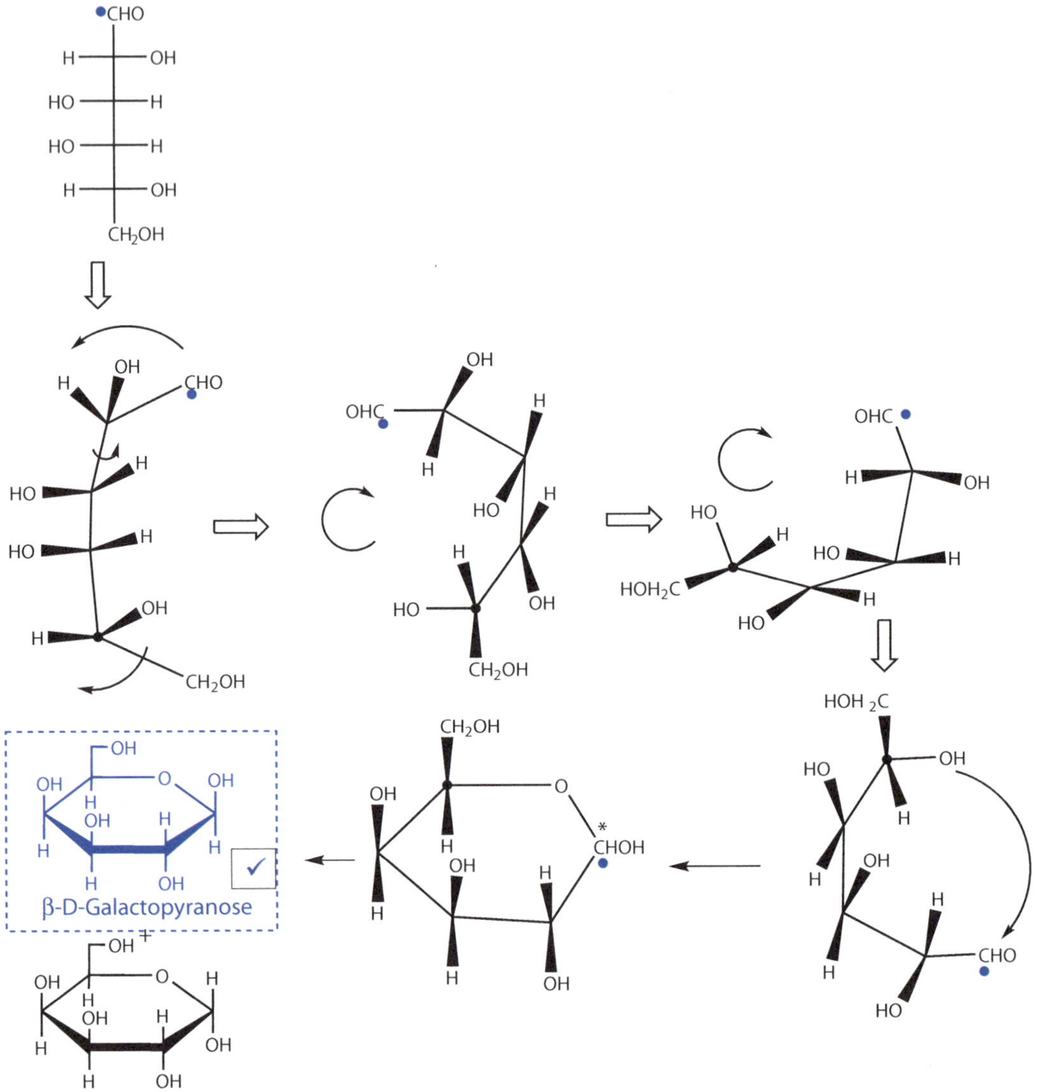

α-D-Galactopyranose

On constate que pour la série D :

- le groupement –OH à droite dans la représentation de Fischer correspond à une liaison qui pointe vers le bas dans le modèle de Haworth.
- le groupement –OH qui apparait à gauche dans la projection de Fischer correspond à une liaison qui pointe vers le haut dans la représentation de Haworth.
- l'anomère β est celui dont le groupement –OH du carbone anomérique (C1) est du même côté (*cis*) que le groupement $-CH_2OH$ lié au C5 par rapport au cycle. Pour l'anomère α, les deux groupements sont situés du côté opposé (*trans*).
- les deux cycles sont en équilibre avec la forme ouverte. Le phénomène est appelé mutarotation. On dit aussi que le sucre est réducteur.

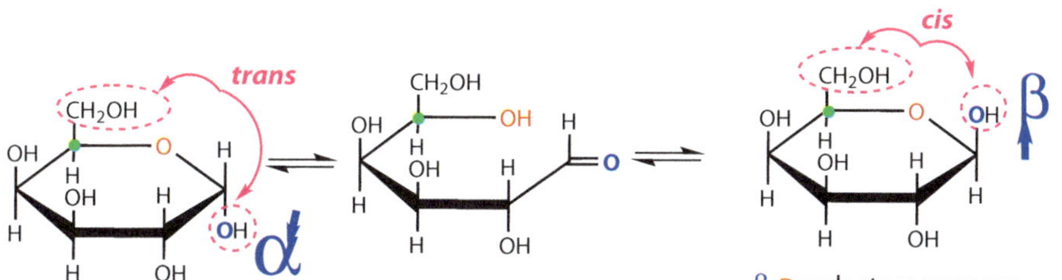

α-D-galactopyrannose — D-glactose — β-D-galactopyrannose

II. Parmi les 3 propositions suivantes, quelle est la forme chaise du β-D-galactose ?.

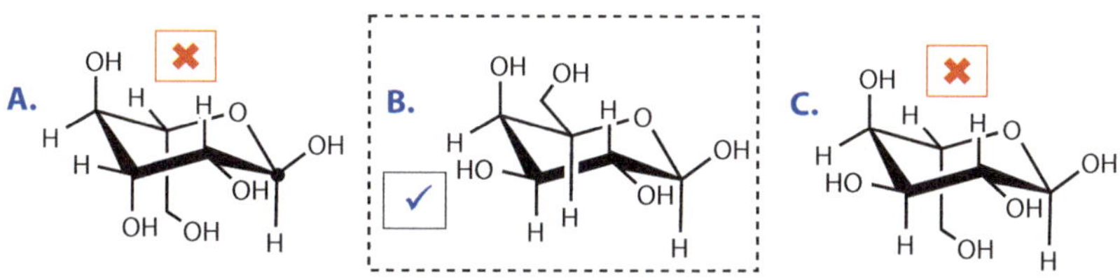

Pour passer d'une projection de Haworth à une forme chaise, il suffit de conserver le sens de pointage des groupements –OH ; un groupe –OH pointant vers le haut en projection de Haworth pointe également vers le haut dans la forme chaise et réciproquement.

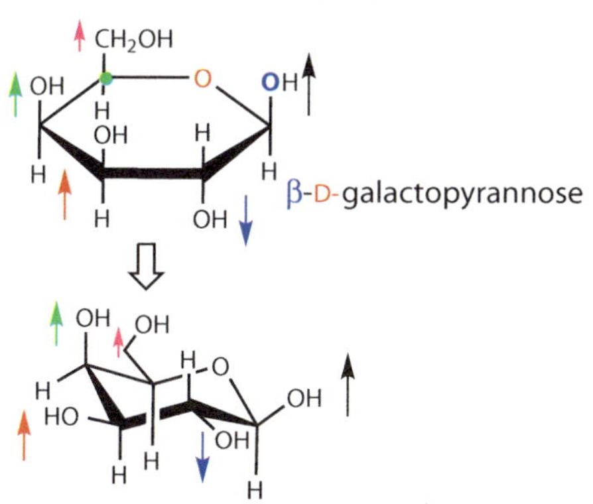

la structure **B.** convient

La bonne proposition est II.B.

III. Quelle est la projection de Fischer (forme ouverte) de l'épimère du β-D-galactose en carbone 3 ?

La proposition exacte est III.B.

Deux sucres qui ne diffèrent l'un de l'autre que par l'inversion d'un seul centre chiral (mis à part le carbone 1) sont appelés épimères. Pour répondre à la question, Il suffit d'inverser la configuration du C3 du D-galactose.

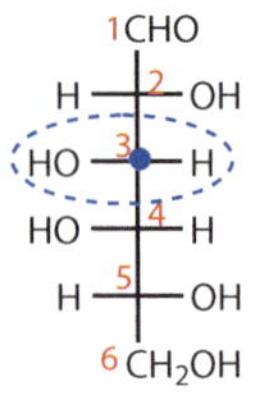

D-galactose

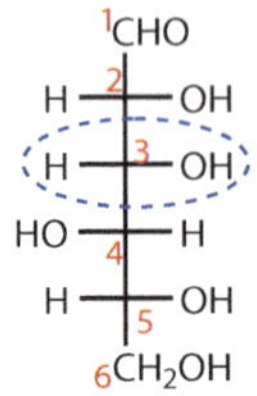

épimère du D-galactose en C3

A.

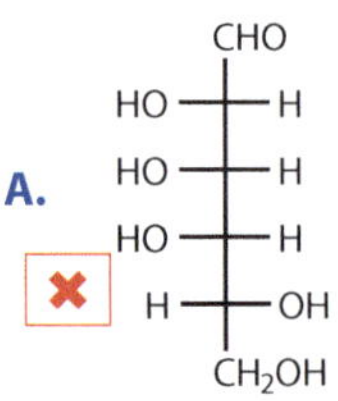

B.

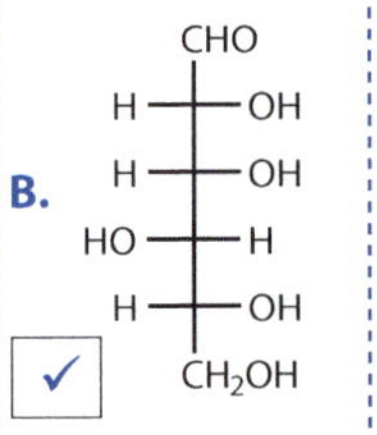

C.

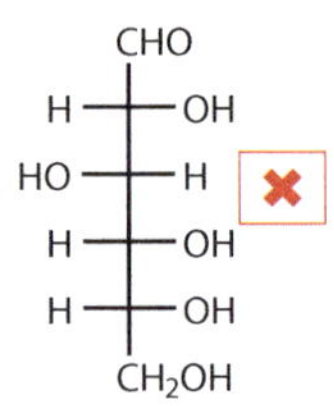

3. Construire la formule cyclique en projection de Haworth du β-D-mannose. Le mannose diffère du glucose par sa configuration absolue du carbone 2.

Le **β-D-mannose** est l'épimère de **β-D-glucose** en C2. Il suffit donc de dessiner la projection de Haworth de **β-D-glucose** et ensuite d'inverser la configuration du C2.
Les deux projections de Haworth de **β-D-glucose** et de **β-D-mannose** sont:

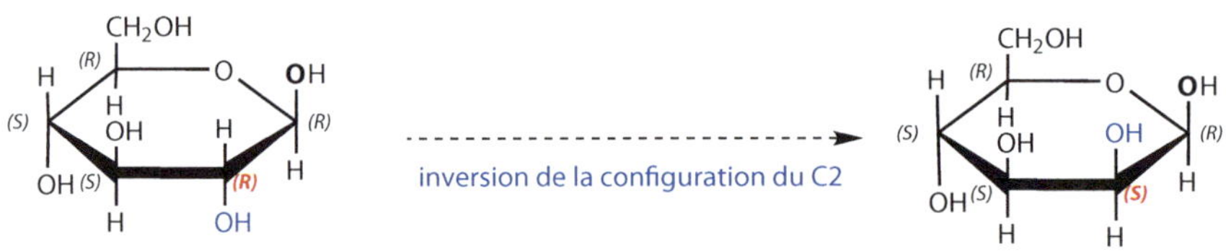

β-D-glucose

β-D-mannose : épimère de β-D-Glucose en C2

La bonne réponse est donc B.

A.

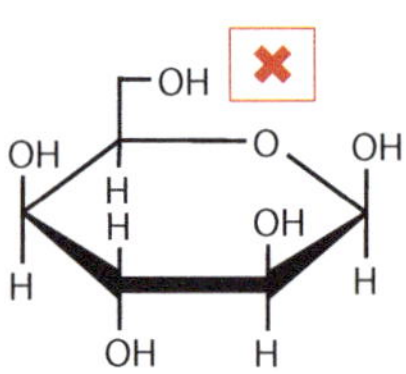

B.

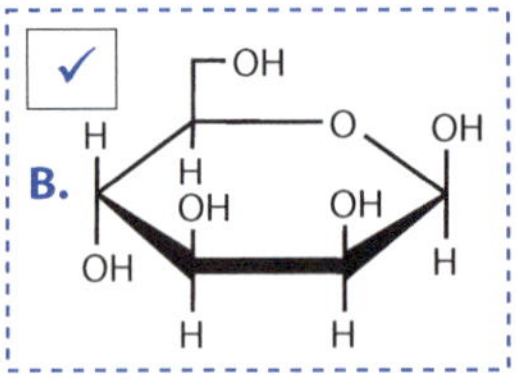

C.

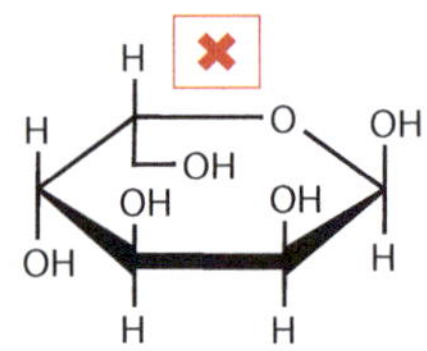

4. **Indiquer le modèle de Haworth du disaccharide qui résulte de l'acétalisation du β-D-allose (allose = épimère du glucose en carbone 3) par l'hydroxyle anomérique du α-D-galactose (galactose = épimère du glucose en carbone 4) ?**

Afin de vous faciliter la tâche, il faut représenter séparément les deux sucres en projection de Haworth et ensuite les condenser en acétalisant le carbone anomérique du β-D-allose par l'alcool lié au C1 du α-D-galactose comme indiqué dans l'énoncé. On obtient une double acétalisation à cause de la condensation des deux alcools anomériques.

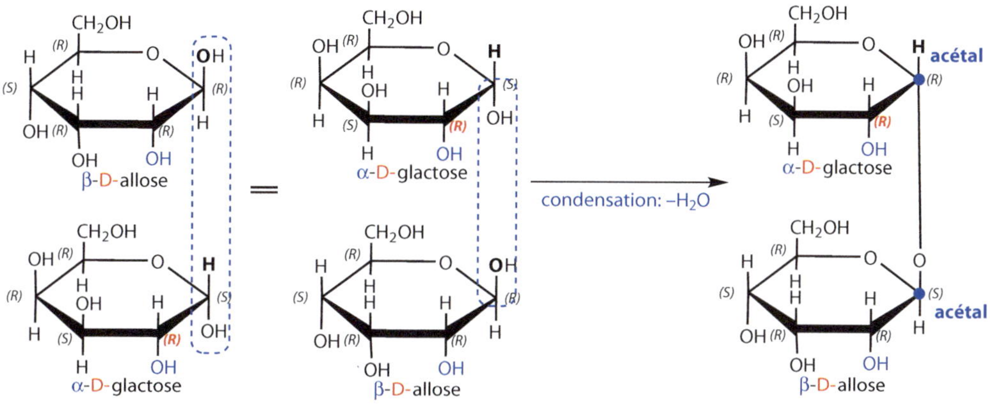

La bonne réponse est donc A.

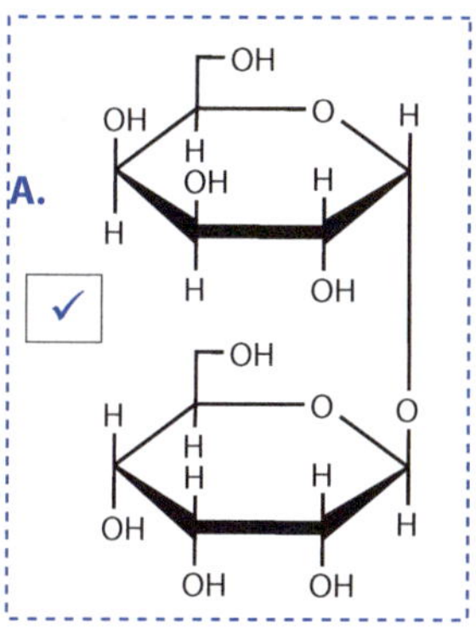

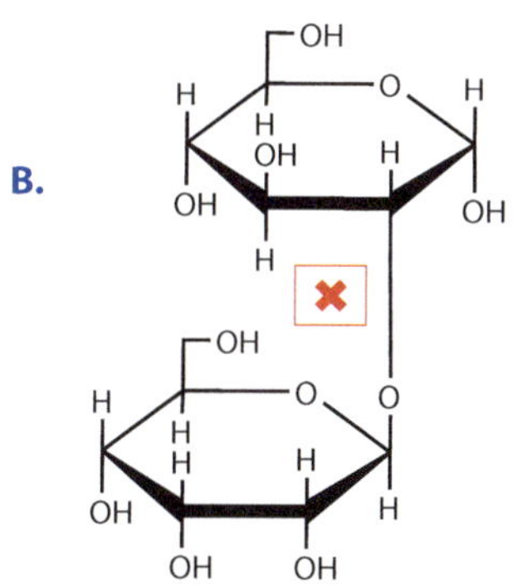

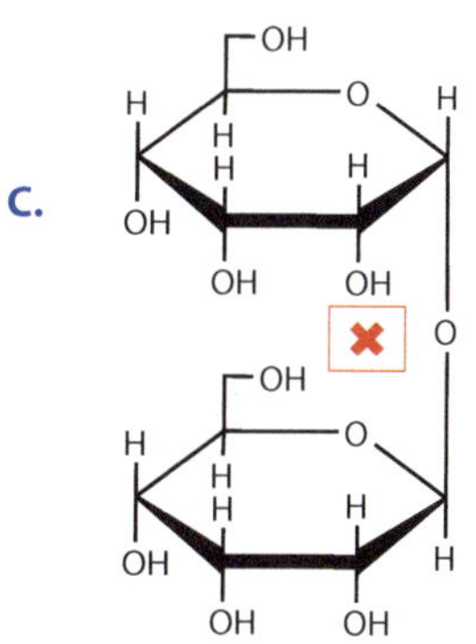

5. Quels sont les produits formés?

Lorsque l'on met une quantité de la substance ci-dessous dans l'eau, on constate que le pouvoir rotatoire ([α]) du mélange varie au fur et à mesure que le temps passe. Cela ne peut être possible que si l'action de l'eau sur le sucre conduit à la formation de nouveaux produits dans le milieu.

Dans l'eau, l'ouverture du cycle comprenant la fonction hémiacétale est possible mais elle ne dure que très peu de temps. Le « cycle » se referme en donnant deux diastéréoisomères responsables de la variation du pouvoir rotatoire ([α]) dans le milieu. A l'équilibre, ce pouvoir rotatoire est constant.

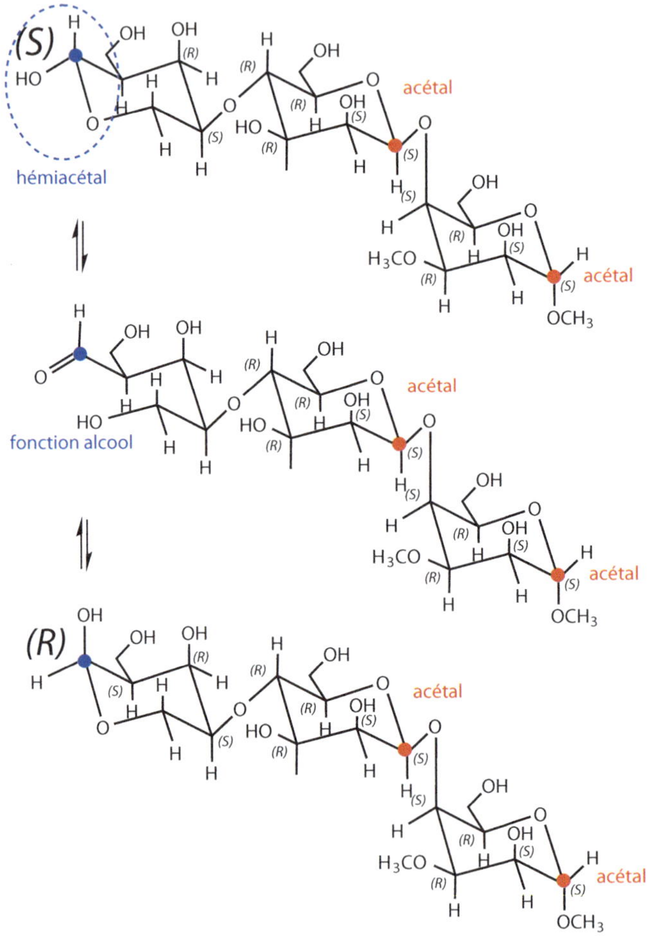

- le cycle comprenant le C acétal ne s'ouvre que si le milieu est acide
- dans l'eau pure seul le cycle contenant le C hémiacétal s'ouvre et se ferme spontanément pour donner deux anomères α et β

La bonne réponse est C.

6. **Voici une suite de réactions à partir du β-D-lactose. Trois erreurs ont été commises, trouvez-les.**

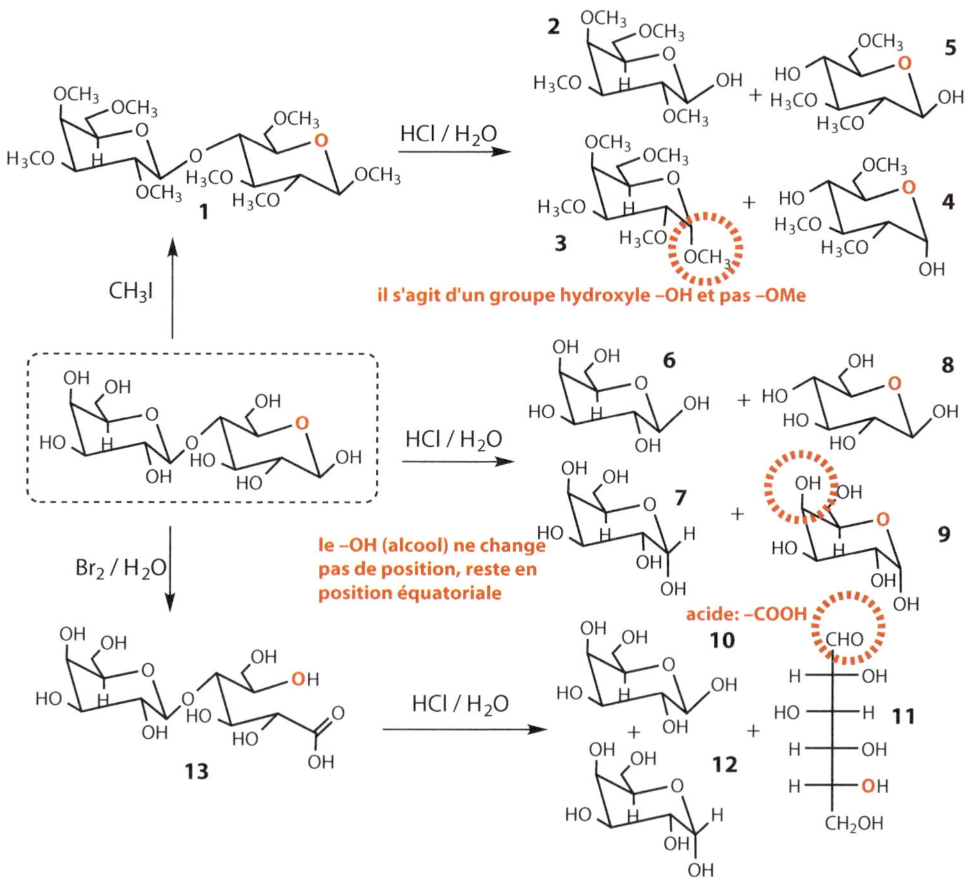

Remarque : on suppose que l'oxygène rouge dans le cycle à droite du β-D-lactose (le sucre encadré) n'est pas le même (un isotope!) que celui dans le cycle à gauche.

La bonne proposition est E.

Aide dirigée...

Acides aminés, peptides et protéines

1. **Soit la structure chimique de la Lysine :**

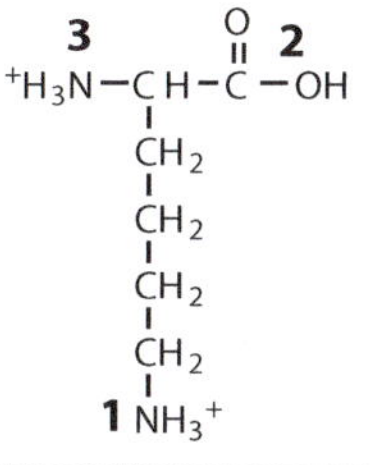

I. Restituer aux fonctions 1, 2 et 3 de l'acide aminé (Lysine), les pK_A respectifs adéquats.

Analysons la force d'acidité des 3 trois types de fonction acide :

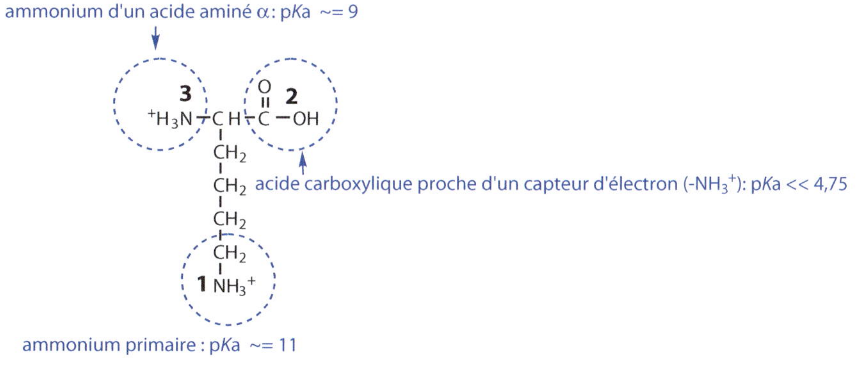

La proposition qui convient le mieux est **I.C.**

II. Quelle est la valeur du point isoélectrique ?

Le point isoélectrique est la valeur de pH à laquelle la molécule est neutre c'est-à-dire qu'il y a autant de charges négatives que positives. La détermination de cette valeur est très importante pour recristalliser les protéines. La répulsion entre les protéines chargées rend la recristallisation difficile, voire impossible.

D'une manière simple et pratique, on présente dans le diagramme ci-dessous toutes les espèces en fonction de pH lors d'une neutralisation de la molécule avec une base forte.

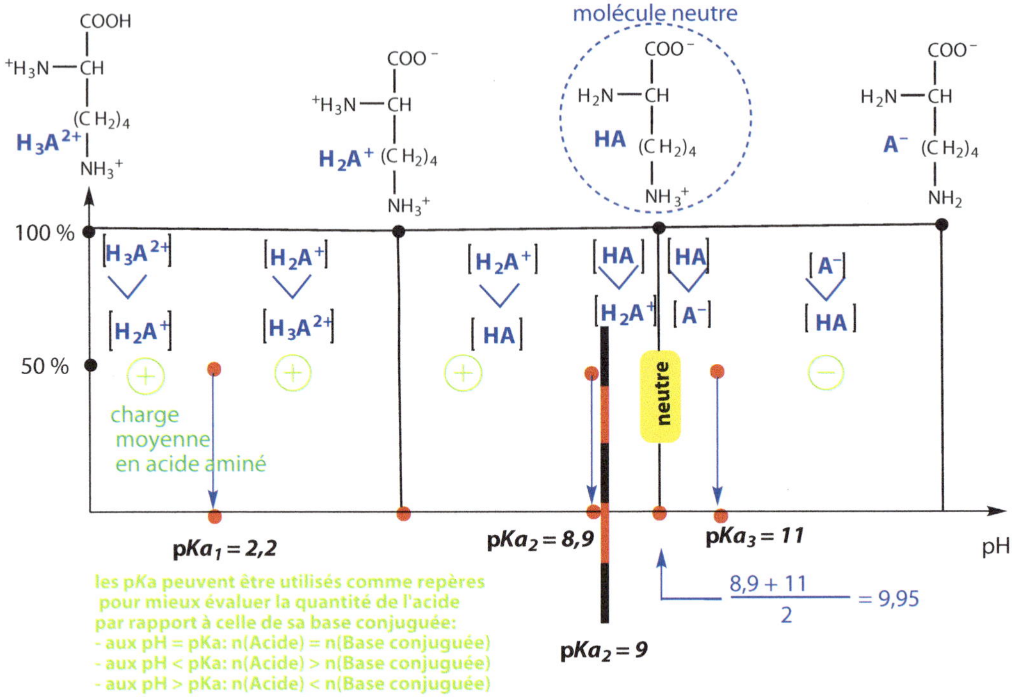

Comme indiqué sur le diagramme, le pH isoélectrique pour lequel il y a autant de protonation que de déprotonation est situé entre le p$K a_2$ et le p$K a_3$. A ce pH, la molécule est neutre. Sa valeur est égale à la moitié de la somme (la moyenne) de ces deux pKa (9,95).

La bonne réponse est II.C

III. Parmi les structures suivantes, quelle(s) espèce(s) trouve-t-on en solution à pH = 9 ?

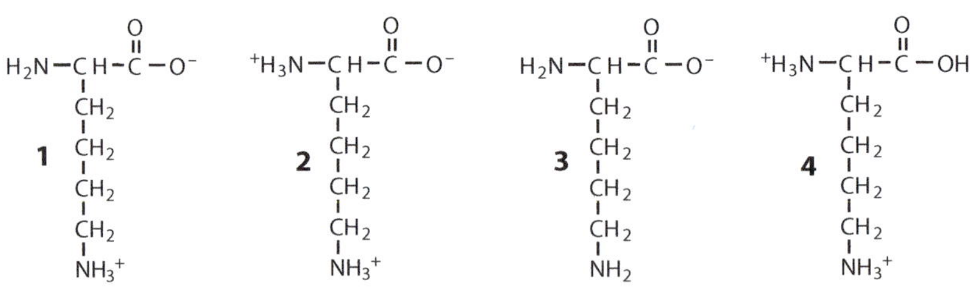

Si l'on observe le diagramme en haut, on observe qu'à pH = 9, proche de p$K a_2$, les deux substances principales sont **1** et **2**.

La bonne proposition est III.A

2. Quelle est la charge moyenne (1 = charge positive ; 2 = charge nulle ; 3 = charge négative) pour les acides aminés ci-après ?

Pour répondre à cette question, il vaut mieux donner le diagramme comme représenté ci-haut pour chacune de ces molécules.

La règle est la suivante :

si pH = p*K*a, la concentration de l'acide est égale à celle de sa base conjuguée
si pH < p*K*a, la concentration de l'acide est supérieure à celle de sa base conjuguée
si pH > p*K*a, la concentration de la base est supérieure à celle de son acide conjugué

Pour les charges moyennes, il faut tenir compte des concentrations des charges de l'acide aminé et de sa base conjuguée.

❖ Pour la molécule **A.**,

selon le diagramme ci-dessous :

- la charge moyenne à pH = 5,94 est **nulle**. Il s'agit de pH isoélectrique de l'acide aminé.
- la charge est négative lorsque le pH est supérieur à 9,44.
- à pH inférieur à 2,43, la charge moyenne est positive.

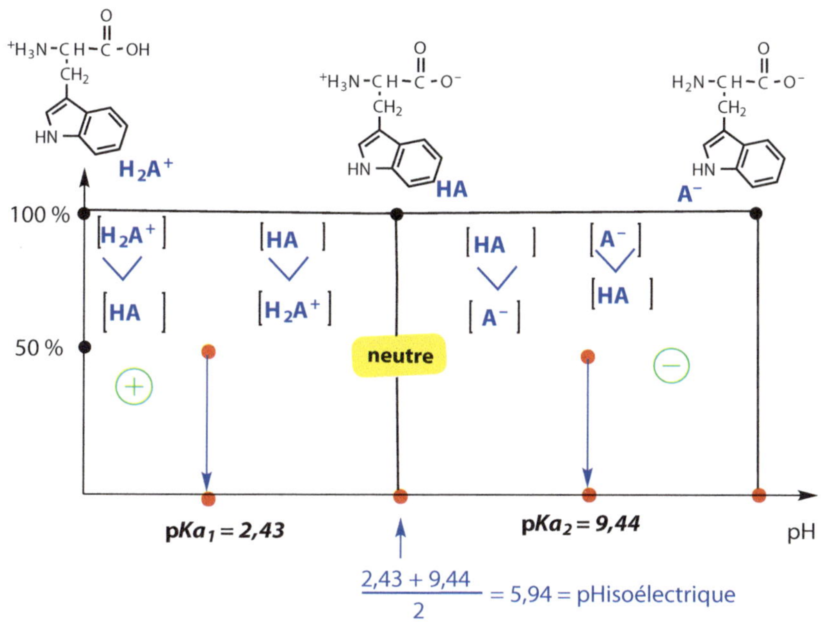

pH	% H_2A^+	% HA
0,5	~ 99 %	~ 1 %
1,4	~ 91 %	~ 9 %
2,43	~ 50 %	~ 50 %
5,94	~	~ 99,9 %

pH	% HA	% A^-
6,44	+ 99 %	~
9,44	~ 50 %	~ 50 %
10,44	~10	90 %
11,44	~ 1 %	~ 99 %

Ces valeurs sont calculées sur base de l'équation générale de Handerson-Hasselbalch :

$$AH \rightleftarrows A^- + H^+$$

$$pH = pKa + \log \frac{[A^-]}{[AH]}$$

❖ Pour l'acide aminé **B.**

Comme indiqué dans le diagramme suivant, la charge moyenne de l'acide aminé est **négative** à pH = 9,41.

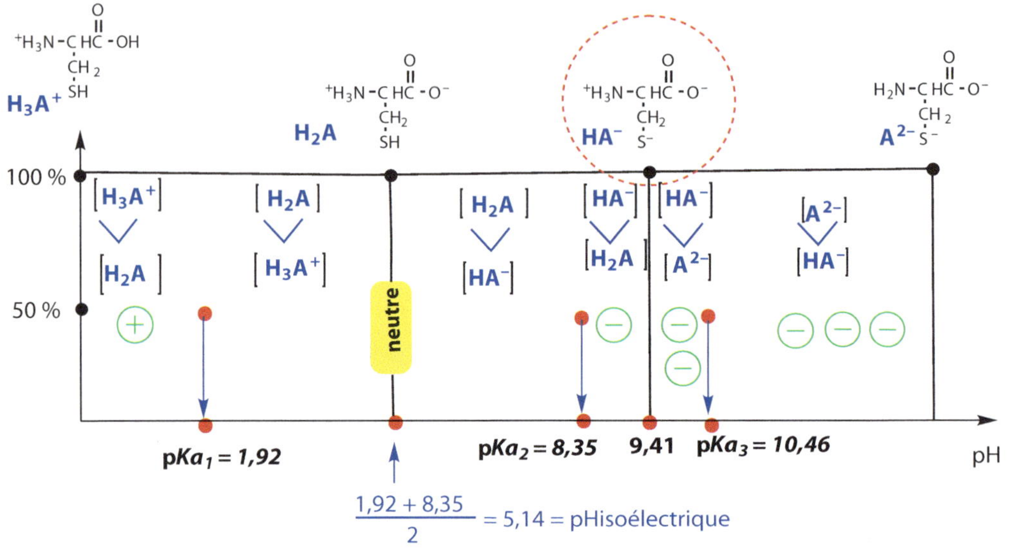

❖ Enfin pour **C.**, à pH = 11,11 > p*Ka*$_2$, l'espèce la plus abondante dans le milieu est A^-, la charge moyenne est donc **négative**.

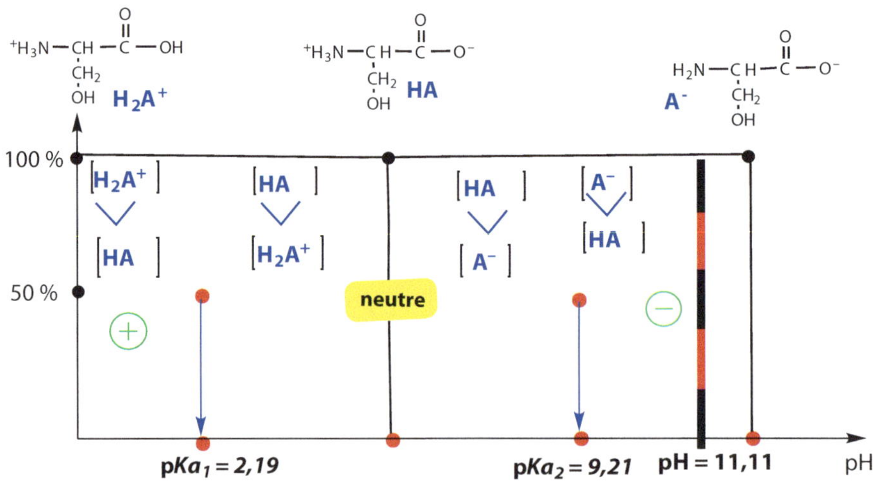

3. **Compléter les réactions suivantes en choisissant le produit approprié de la liste ci-après.**

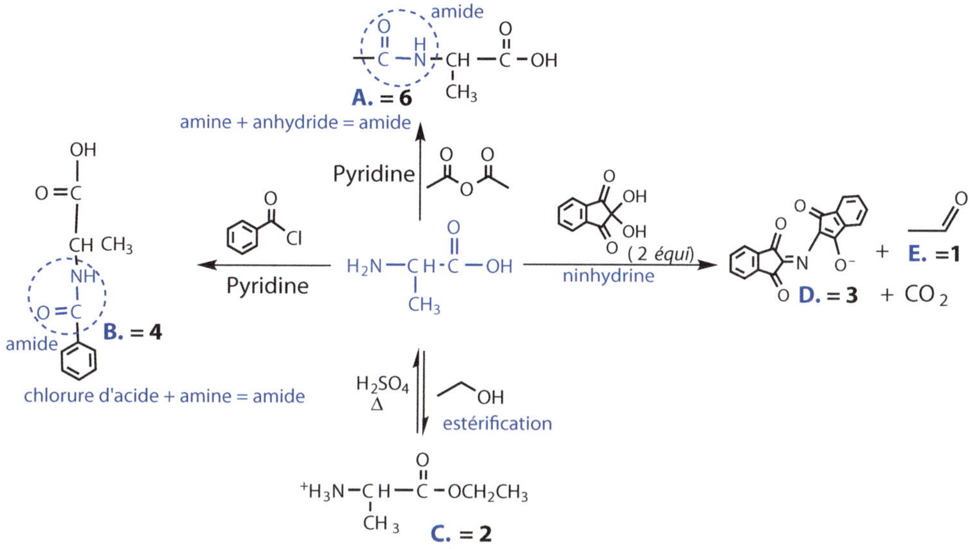

4. **Lors de la condensation de l'alanine racémique avec l'anhydride acétique dans un milieu légèrement basique, le produit (acide) formé est mis en solution avec la (–)-cinchonidine (1 équivalent):**

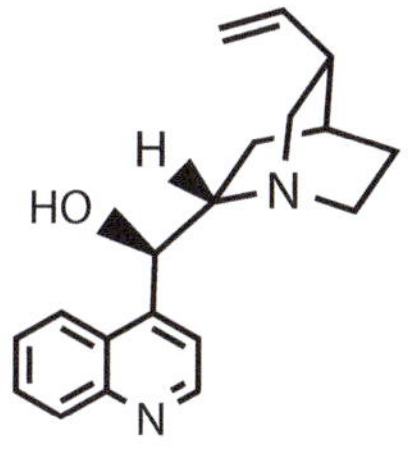

Un mélange de deux diastéréoisomères s'est formé:

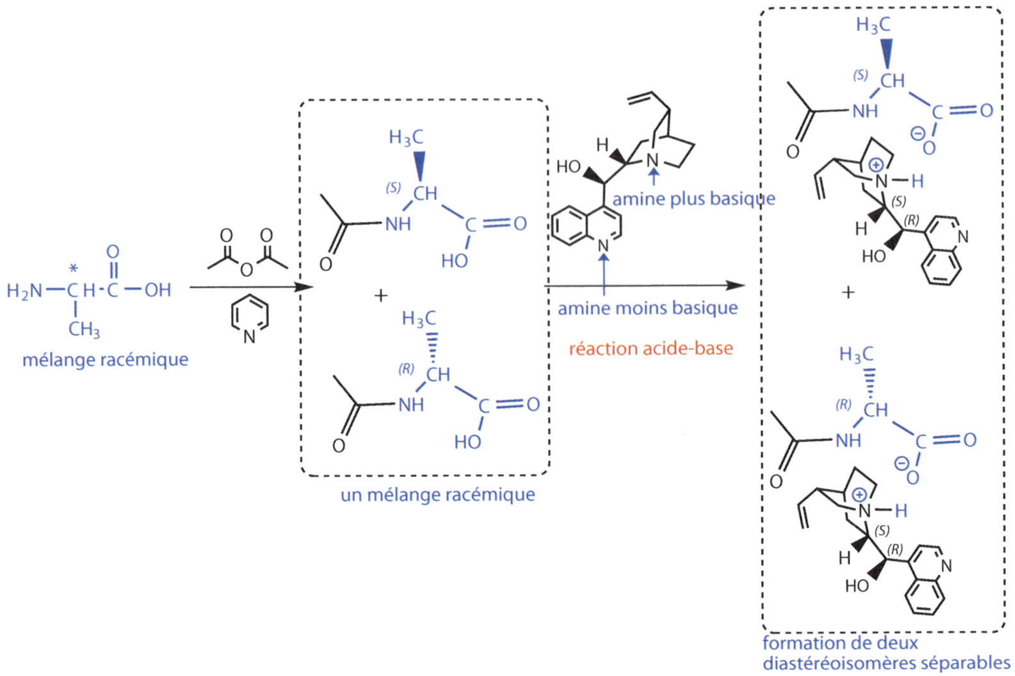

La bonne proposition est B.

5. Soit le peptide suivant :
Ala-Gly-Gly-Lys-Leu-Trp-Tyr-Met-Gly-Ala-Arg

I. L'acide aminé *N*-terminal est Ala (réponse I.B.)

II. Il est important de rappeler que :

- la chymotrypsine coupe les liaisons peptidiques à droite des résidus de Tyr, Phe et Trp
- la trypsine coupe les liaisons peptidiques à droite des résidus de Lys et Arg
- le bromure de cyanogène (BrCN) coupe les liaisons peptidiques à droite de l'acide aminé Met

Les fragments qui seront obtenus par clivage avec la trypsine sont :

Ala-Gly-Gly-Lys et Leu-Trp-Tyr-Met-Gly-Ala-Arg (Réponse **II.A.**)

III. Par clivage avec le bromure de cyanogène, les fragements obtenus sont :

Ala-Gly-Gly-Lys-Leu-Trp-Tyr-Met et Gly-Ala-Arg (Réponse **III.C.**)

IV. Les fragments qui seront obtenus par clivage avec le carboxypeptidase sont :

Arg et Ala-Gly-Gly-Lys-Leu-Trp-Tyr-Met-Gly-Ala (Réponse **IV.B.**)

V. Le composé que l'on peut identifier en hydrolysant le peptide après l'avoir traité par le réactif de *Sanger* est l'acide N-terminal, ici l'Ala. (Réponse V.B.)

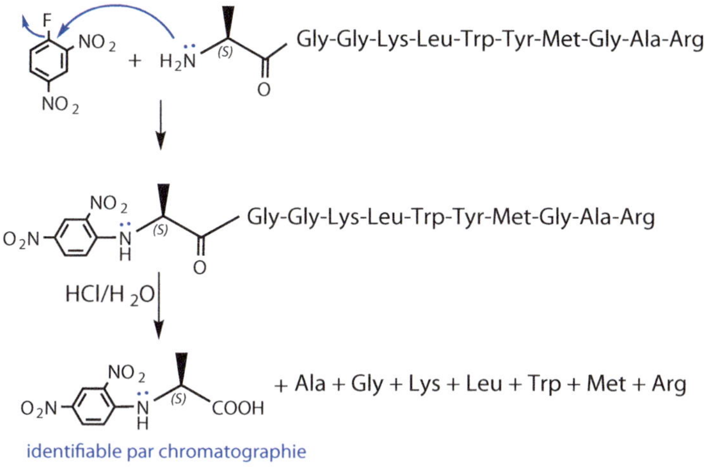

VI. On obtient 8 acides aminés (sans tenir compte de la stéréochimie) différents si le peptide est hydrolysé par HCl (6 M) pendant 24 heures. (Réponse VI.A.)

VII. Le nombre de stéréoisomères formés à partir de ce peptide s'il était construit à partir d'acides aminés racémiques est $2^8 = 256$ (le peptide est composé de 8 acides aminés chiraux, la Gly n'est pas chirale).

La bonne proposition est VII.C.

6. Le nombre de tripeptides différents possibles si ceux-ci sont formés, sans répétition, à partir d'acides aminés racémiques de glycine, d'alanine et de leucine est 24.

En effet, dans le cas où on compte préparer *k* structures de peptides parmi *n* acides aminés. L'ordre dans lequel les acides aminés sont séquencés est important. Si les acides aminés ne sont pas répétés, le nombre d'arrangements possibles est :

$$A_n^k = \frac{n!}{(n-k)!}$$

Pour le tripeptide, le nombre d'acides aminés par structure de peptides est égal à 3 ($k = 3$). Ces acides aminés sont racémiques sauf la glycine. Ceci veut dire que chaque acide aminé compte pour deux stéréoisomères différents.

On obtient donc : $2^2 \times A_n^k = 2^2 \times A_3^3 = 4 \times 6 = 24$ peptides différents.

La bonne proposition est C.

7. Le nombre de tétrapeptides différents possibles s'ils sont formés à partir d'acides aminés racémiques de deux unités de glycine et deux unités d'alanine est 24.

On peut compter 6 pepetides si l'on ne tient pas compte de la stéréochimie.

Gly-Gly-Ala-Ala
Ala-Ala-Gly-Gly
Ala- Gly-Ala -Gly
Gly- Ala-Gly-Ala
Gly- Ala-Ala-Gly
Ala- Gly-Gly-Ala

Chaque peptide contient deux centres chiraux. Le nombre de peptides possible est égal à $2^2 \times 6 = 24$. Il y a 12 couples d'énantiomères. Par conséquent, le nombre de spots sur chromatographie sur couche mince est égal à 12.

Les bonnes propositions sont I.B. et II.B

8. La séquence complète du polypeptide est Ser-Ala-Arg-Met-Leu-Arg-Met-Lys-Gly-Gly

9. La séquence complète du polypeptide est Met-Ser-Ser-Gly-Gly-Ala-Ile-Lys- Cys-Trp-Leu-Lys- Val-Val-Phe-His-Asp-Tyr-Lys-Ser-Arg

10. La séquence complète du polypeptide est : Phe-Met-Gly-Ala- Ser-Met-Cys-Gly-Ile-Tyr- Pro-Asp-Glu-Arg- His-Thr-Ser-Val-Val-Lys- Tyr-Met-Leu-Trp-His-Ala-Val-Val-Lys

11. La séquence complète du polypeptide est : Asp-Arg-Met-Asp-Arg-Met-Phe-Gly

Ébranlement des connaissances pour construire son savoir réflexif

1. À propos du 1-éthylcyclohexène,

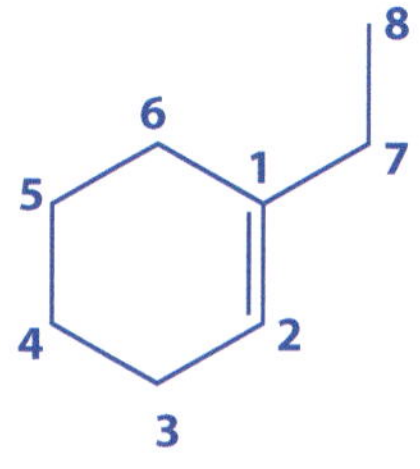

A.	l'addition de Br_2 donne un produit (le produit peut être un mélange de plusieurs composés) chiral	Vrai ❑ Faux ❑ Je l'ignore ❑
B.	l'addition de Cl_2 conduit à deux stéréoisomères non chiraux	Vrai ❑ Faux ❑ Je l'ignore ❑
C.	l'hydrogénation sous catalyse métallique (H_2/Pd) conduit à un produit contenant deux carbones chiraux	Vrai ❑ Faux ❑ Je l'ignore ❑
D.	l'addition d'HBr avec catalyse par peroxyde (ex. H_2O_2) produit deux stéréoisomères	Vrai ❑ Faux ❑ Je l'ignore ❑
E.	l'oxydation par le permanganate dilué à froid fournit un couple d'énantiomères	Vrai ❑ Faux ❑ Je l'ignore ❑
F.	lors de la combustion complète de la molécule, un carbone de niveau d'oxydation –IV passe au niveau +IV	Vrai ❑ Faux ❑ Je l'ignore ❑
G.	l'ozonolyse (1. O_3; 2. Zn/H^+) de la molécule conduit à un mélange de deux molécules, une qui contient une fonction aldéhyde et l'autre comporte une fonction cétone.	Vrai ❑ Faux ❑ Je l'ignore ❑
H.	l'addition de HBr donne un produit chiral	Vrai ❑ Faux ❑ Je l'ignore ❑
I.	l'addition d'eau sous catalyse acide (H_2O/H^+) donne un alcool tertiaire	Vrai ❑ Faux ❑ Je l'ignore ❑
J.	l'alcène est tétrasubstitué	Vrai ❑ Faux ❑ Je l'ignore ❑
K.	le carbone 1 est hybridé sp^2 et le carbone 3 quant à lui est hybridé sp^3	Vrai ❑ Faux ❑ Je l'ignore ❑

L. les carbones C1, C2, C3, C6 et C7 sont toujours situés dans le même plan — Vrai ❑ Faux ❑ Je l'ignore ❑

M. il n'y a pas d'électrons π — Vrai ❑ Faux ❑ Je l'ignore ❑

N. il y a 22 liaisons sigma (σ) — Vrai ❑ Faux ❑ Je l'ignore ❑

O. la molécule est plane — Vrai ❑ Faux ❑ Je l'ignore ❑

P. le H lié au C2 est plus acide que le H lié au C8 — Vrai ❑ Faux ❑ Je l'ignore ❑

Q. la molécule est douée d'activité optique — Vrai ❑ Faux ❑ Je l'ignore ❑

R. l'addition de $KMnO_4$ dilué à froid conduit à un diol vicinal cis. Le diol isolé est ensuite ajouté à l'acétone (CH_3COCH_3) sous catalyse acide. Le produit final obtenu est un cétal. — Vrai ❑ Faux ❑ Je l'ignore ❑

S. l'addition de $KMnO_4$ dilué à froid conduit à un diol vicinal *cis*. Le diol isolé est ensuite ajouté à l'acétone (CH_3COCH_3) sous catalyse acide. Le produit final obtenu est stable en milieu basique. — Vrai ❑ Faux ❑ Je l'ignore ❑

T. l'addition d'un peracide RCOOOH suivie d'un traitement à H_2O/H^+ mène à un diol vicinal *cis*. — Vrai ❑ Faux ❑ Je l'ignore ❑

U. elle est obtenue au départ de 1-chloro-2-éthylhexane et une base forte non encombrée (CH_3O^- concentrée) — Vrai ❑ Faux ❑ Je l'ignore ❑

V. elle peut être obtenue à partir de l'addition de i) HCl concentré sur le 3-éthylcyclohexène suivie ii) d'une réaction de type E2 avec EtONa concentrée. — Vrai ❑ Faux ❑ Je l'ignore ❑

W. l'addition d'eau sous catalyse acide (H_2O/H^+) donne un mélange racémique — Vrai ❑ Faux ❑ Je l'ignore ❑

X. si l'on fait réagir le produit (1 *équi*) obtenu lors de l'ozonolyse (1. O_3; 2. Zn/H^+) de la molécule 1-éthylcyclohexène avec de l'hydrazine (0,5 équi), on forme un cycle à 8 atomes comprenant deux doubles liaisons conjuguées — Vrai ❑ Faux ❑ Je l'ignore ❑

Y. pour obtenir 2-(2-éthylcyclohexyl)éthan-1-ol, il faut faire réagir la molécule ci-dessus avec 1) HBr/H_2O_2; 2) Mg; 3) $(CH_2)_2O$ (époxyde) puis ajouter H_2O. — Vrai ❑ Faux ❑ Je l'ignore ❑

Z. la configuration est *E* — Vrai ❑ Faux ❑ Je l'ignore ❑

2. Soit la réaction suivante :

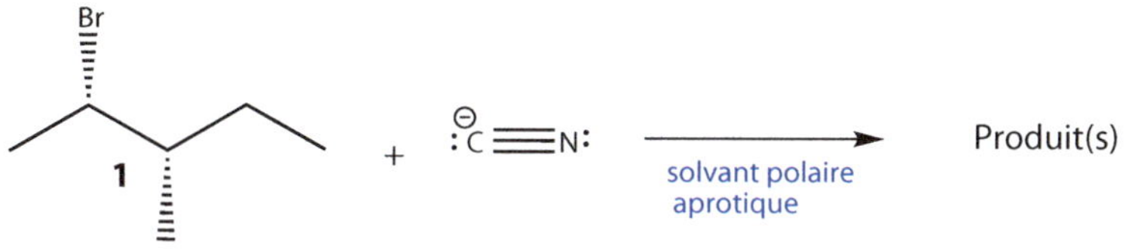

A.	la réaction est de type S_N1	Vrai ❑ Faux ❑ Je l'ignore ❑
B.	la réaction est stéréosélective	Vrai ❑ Faux ❑ Je l'ignore ❑
C.	le produit principal est formé via un mécanisme S_N2	Vrai ❑ Faux ❑ Je l'ignore ❑
D.	le produit formé est un mélange racémique	Vrai ❑ Faux ❑ Je l'ignore ❑
E.	le nucléophile utilisé est fort	Vrai ❑ Faux ❑ Je l'ignore ❑
F.	le carbone numéroté 3 de la chaîne principale est *S*	Vrai ❑ Faux ❑ Je l'ignore ❑
G.	en tenant compte de la stéréochimie, on dénombre 7 isomères du bromo-3-méthylpentane	Vrai ❑ Faux ❑ Je l'ignore ❑
H.	l'halogénure **1** est un énantiomère pur	Vrai ❑ Faux ❑ Je l'ignore ❑
I.	l'halogénure **1** est le seul produit formé lors de la photomono-bromation du 3-méthylpentane	Vrai ❑ Faux ❑ Je l'ignore ❑
J.	l'halogénure **1** possède deux centres chiraux	Vrai ❑ Faux ❑ Je l'ignore ❑
K.	pour la molécule **1,** le carbone numéroté 2 est hybridé sp^2 et le carbone 3 est hybridé sp^3	Vrai ❑ Faux ❑ Je l'ignore ❑
L.	l'hybridation de l'atome azote du nucléophile est *sp*	Vrai ❑ Faux ❑ Je l'ignore ❑
M.	l'hydrolyse du produit obtenu, par réaction avec H_3O^+, conduit à une molécule comportant une fonction acide carboxylique	Vrai ❑ Faux ❑ Je l'ignore ❑
N.	le produit principal obtenu est chiral	Vrai ❑ Faux ❑ Je l'ignore ❑
O.	on peut prédire le pouvoir rotatoire du produit principal obtenu si on connait celui du réactif **1**	Vrai ❑ Faux ❑ Je l'ignore ❑
P.	si le réactif **1** subit une réaction d'élimination E2 en présence d'une base forte non encombrée, le produit obtenu est *trans*	Vrai ❑ Faux ❑ Je l'ignore ❑
Q.	lorsque **1** subit une réaction d'élimination E2 en présence d'une base forte non encombrée, le produit obtenu est doué d'activité optique	Vrai ❑ Faux ❑ Je l'ignore ❑
R.	si l'on augmente la concentration du nucléophile, la vitesse de réaction ne change pas	Vrai ❑ Faux ❑ Je l'ignore ❑
S.	le composé **1** dans un solvant protique comme le méthanol peut subir une S_N1	Vrai ❑ Faux ❑ Je l'ignore ❑

T. le produit principal S_N1 de **1** avec H_2O/H^+ donne un alcool tertiaire — Vrai ❑ Faux ❑ Je l'ignore ❑

U. le produit majoritaire S_N1 du réactif **1** avec H_2O/H^+ donne un alcool secondaire — Vrai ❑ Faux ❑ Je l'ignore ❑

V. la réaction s'accompagne d'un réarrangement de Wagner-Meerwein — Vrai ❑ Faux ❑ Je l'ignore ❑

W. le carbone numéroté 2 sur la chaîne principale est de configuration *R* — Vrai ❑ Faux ❑ Je l'ignore ❑

X. la vitesse de la réaction est d'ordre 2 — Vrai ❑ Faux ❑ Je l'ignore ❑

Y. le C2 du produit principal obtenu est de configuration *R* — Vrai ❑ Faux ❑ Je l'ignore ❑

Z. l'addition de HBr sur 3-(*S*)-méthylpent-1-ène conduit à la formation du composé **1** pur — Vrai ❑ Faux ❑ Je l'ignore ❑

3. À propos des molécules suivantes,

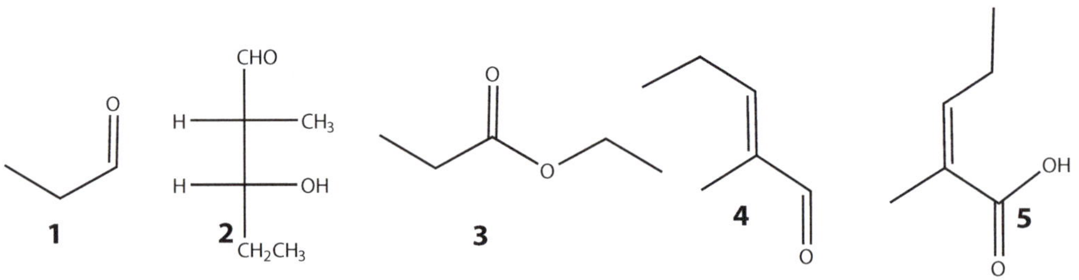

A. les composés **4** et **5** sont diastéréoisomères — Vrai ❑ Faux ❑ Je l'ignore ❑

B. le composé **3** est chiral — Vrai ❑ Faux ❑ Je l'ignore ❑

C. les centres chiraux du composé **2** sont tous les deux de configuration absolue *R* — Vrai ❑ Faux ❑ Je l'ignore ❑

D. la double liaison C2=C3 dans la molécule **5** est de configuration *E* — Vrai ❑ Faux ❑ Je l'ignore ❑

E. la molécule **5** est douée d'activité optique — Vrai ❑ Faux ❑ Je l'ignore ❑

F. Le carbone C2 asymétrique de l'image miroir de la molécule **2** est de configuration absolue *S* — Vrai ❑ Faux ❑ Je l'ignore ❑

G. un mélange comprenant 50 % de **2** et 50 % de **5** peut provoquer une nette rotation de la lumière polarisée. On suppose que la molécule **2** est douée d'activité optique — Vrai ❑ Faux ❑ Je l'ignore ❑

H. On peut prédire le pouvoir rotatoire de la molécule **2** à partir de celui du (2*S*)-(3*S*)-3-hydroxy-2-méthylpentanal — Vrai ❑ Faux ❑ Je l'ignore ❑

I. le **2** est le seul produit formé lorsque l'on traite **1** par NaOH — Vrai ❑ Faux ❑ Je l'ignore ❑

J.	l'hydrolyse de la molécule **3** par H_2O/H^+ donne **1**	Vrai ❑ Faux ❑ Je l'ignore ❑
K.	l'action du bromure d'éthylmagnésien, suivie d'hydrolyse sur le composé **1** conduit à la formation d'un alcool secondaire	Vrai ❑ Faux ❑ Je l'ignore ❑
L.	l'action du bromure d'éthylmagnésien, suivie d'hydrolyse sur le composé **1** conduit à la formation de la molécule **3**	Vrai ❑ Faux ❑ Je l'ignore ❑
M.	l'action du bromure d'éthylmagnésien, suivie d'hydrolyse sur la molécule **3** donne un alcool tertiaire	Vrai ❑ Faux ❑ Je l'ignore ❑
N.	l'action de NaOH sur le composé **3** donne un mélange de deux molécules dont chacune contient une fonction différente de l'autre	Vrai ❑ Faux ❑ Je l'ignore ❑
O.	la condensation aldol du composé **1** conduit à un mélange de deux énantiomères	Vrai ❑ Faux ❑ Je l'ignore ❑
P.	la condensation aldol du composé **1** suivie d'une déshydratation donne les molécules **4** et **5**	Vrai ❑ Faux ❑ Je l'ignore ❑
Q.	la condensation aldol du composé **1** donne un mélange de quatre stéréoisomères	Vrai ❑ Faux ❑ Je l'ignore ❑
R.	le **2** est l'un des composés formés lors de la condensation aldol de la molécule **1**	Vrai ❑ Faux ❑ Je l'ignore ❑
S.	la condensation de Claisen du composé **3** conduit à une molécule contenant deux fonctions à savoir une cétone et une fonction alcool	Vrai ❑ Faux ❑ Je l'ignore ❑
T.	l'action de l'éthoxyde sur le composé **3** donne un cétoester	Vrai ❑ Faux ❑ Je l'ignore ❑
U.	si l'on réagit **1** avec 1) CrO_3, 2) $SOCl_2$ et 3) CH_3CH_2OH/Pyridine, on obtient le composé **3**	Vrai ❑ Faux ❑ Je l'ignore ❑
V.	la molécule **1** est formée lorsque l'on fait réagir la molécule **3** avec 1) $NaOH/H_2O$, 2) $LiAlH_4$ et 3) CrO_3	Vrai ❑ Faux ❑ Je l'ignore ❑
W.	si l'on fait réagir le composé **1** avec 1) NaOH, 2) H^+/Δ et CrO_3, on obtient le produit **5**	Vrai ❑ Faux ❑ Je l'ignore ❑
X.	la déshydratation de la molécule **2** peut donner le diastéréoisomère **4**	Vrai ❑ Faux ❑ Je l'ignore ❑
Y.	l'action d'une amine secondaire sur la molécule **3** conduit à un composé amide	Vrai ❑ Faux ❑ Je l'ignore ❑
Z.	l'action d'un anhydride acétique sur la molécule **2** conduit à un composé contenant deux fonctions principales, un aldéhyde et un ester	Vrai ❑ Faux ❑ Je l'ignore ❑

4. À propos des séquences réactionnelles,

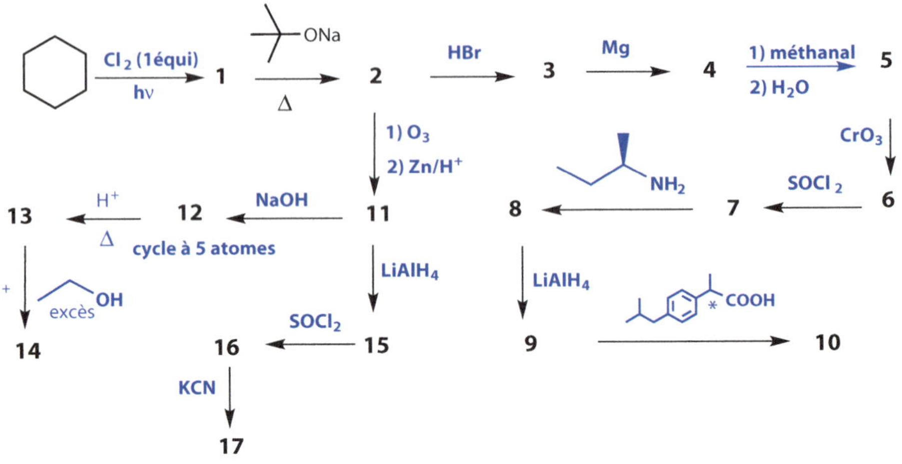

A.	le produit **1** est un mélange de deux stéréoisomères différents	Vrai ❑ Faux ❑ Je l'ignore ❑
B.	la configuration du composé **2** est Z	Vrai ❑ Faux ❑ Je l'ignore ❑
C.	la base utilisée pour obtenir la molécule **2** est forte et encombrée	Vrai ❑ Faux ❑ Je l'ignore ❑
D.	la photomonochloration du cyclohexane conduit à la formation d'un seul isomère	Vrai ❑ Faux ❑ Je l'ignore ❑
E.	le composé **2** est obtenu via un mécanisme de type E2	Vrai ❑ Faux ❑ Je l'ignore ❑
F.	le produit **3** est formé via un carbénium intermédiaire tertiaire	Vrai ❑ Faux ❑ Je l'ignore ❑
G.	le solvant utilisé pour former le produit **4** est sec	Vrai ❑ Faux ❑ Je l'ignore ❑
H.	on peut prédire le pouvoir rotatoire de la molécule **2**	Vrai ❑ Faux ❑ Je l'ignore ❑
I.	la molécule **2** comporte une fonction alcool secondaire	Vrai ❑ Faux ❑ Je l'ignore ❑
J.	l'oxydation de la molécule **5** avec CrO_3 conduit à un composé acide carboxylique (**6**)	Vrai ❑ Faux ❑ Je l'ignore ❑
K.	l'amine employée pour synthétiser le composé **8** à partir de la molécule **7** est primaire et chirale	Vrai ❑ Faux ❑ Je l'ignore ❑
L.	le produit **10** est un mélange de deux sels séparables	Vrai ❑ Faux ❑ Je l'ignore ❑
M.	le composé **8** est chiral et contient une fonction amide	Vrai ❑ Faux ❑ Je l'ignore ❑
N.	le composé **9** est chiral	Vrai ❑ Faux ❑ Je l'ignore ❑

O. la molécule **11** dans NaOH conduit à une autocondensation aldol — Vrai ❑ Faux ❑ Je l'ignore ❑

P. le produit **12** est un mélange de quatre stéréoisomères — Vrai ❑ Faux ❑ Je l'ignore ❑

Q. la réaction de l'éthanol en excès avec la molécule **13**, en présence de H^+ comme catalyseur, conduit à un cétal — Vrai ❑ Faux ❑ Je l'ignore ❑

R. la molécule **14** est stable en milieu basique — Vrai ❑ Faux ❑ Je l'ignore ❑

S. la molécule **14** réagit avec un magnésien pour donner un alcool secondaire — Vrai ❑ Faux ❑ Je l'ignore ❑

T. l'action de l'éthoxyde de sodium sur le composé **11** peut donner aussi le composé **12** — Vrai ❑ Faux ❑ Je l'ignore ❑

U. la réduction de la molécule **11** avec $LiAlH_4$ suivie d'une hydrolyse (H_2O) conduit à un diol (**15**) — Vrai ❑ Faux ❑ Je l'ignore ❑

V. la réaction pour former le composé **17** est de S_N2 — Vrai ❑ Faux ❑ Je l'ignore ❑

W. le composé **15** comporte un isomère *méso* — Vrai ❑ Faux ❑ Je l'ignore ❑

X. le produit **17** donnera un composé contenant deux fonctions amine s'il est traité par $LiAlH_4$ — Vrai ❑ Faux ❑ Je l'ignore ❑

Y. l'action de l'éthanol sur la molécule **7** suivie d'un traitement par l'éthoxyde de sodium conduit à une autocondensation de Claisen — Vrai ❑ Faux ❑ Je l'ignore ❑

Z. l'action de NaOH concentrée sur le 2,2-diméthylpropanal se comporte d'une autre façon (mécanisme différent) que celle de NaOH sur le pentanal — Vrai ❑ Faux ❑ Je l'ignore ❑

5. **À propos des séries d'acides suivants,**

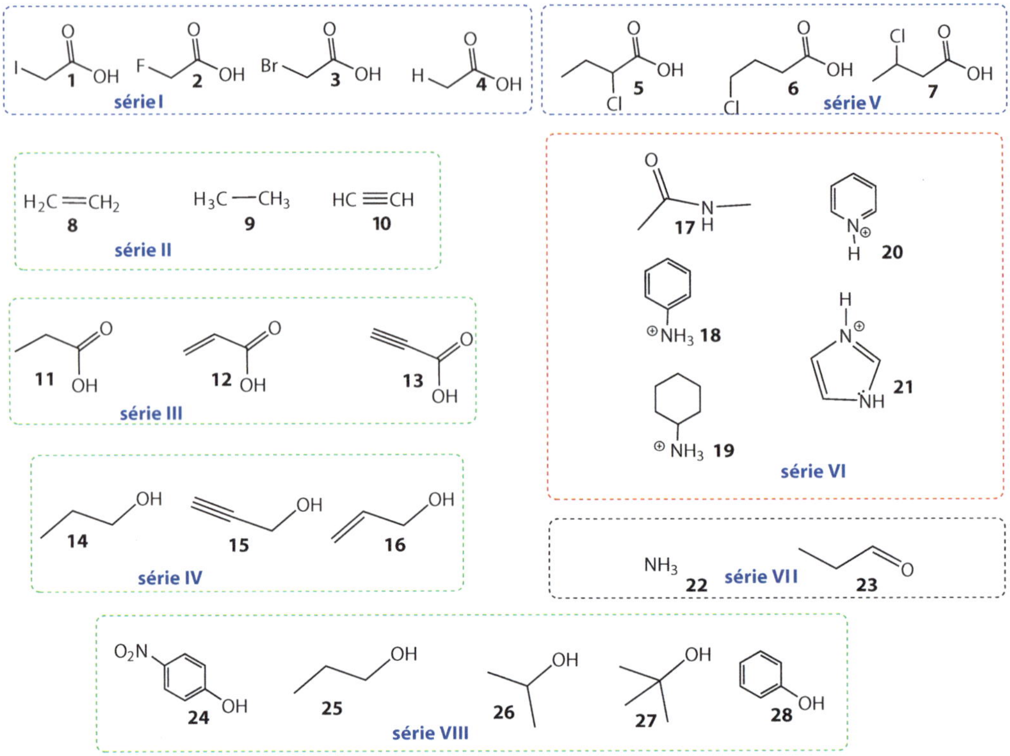

A.	pour la série I, la molécule **4** est plus acide que la molécule **1**	Vrai ❑ Faux ❑ Je l'ignore ❑
B.	la base conjuguée de l'acide **3** est plus forte que celle de l'acide **2**	Vrai ❑ Faux ❑ Je l'ignore ❑
C.	pour la molécule **1**, l'iode joue le rôle d'attracteur d'électrons par effet inductif	Vrai ❑ Faux ❑ Je l'ignore ❑
D.	le classement des acides de la série I par ordre croissant d'acidité est : **2**, **3**, **1**, **4**	Vrai ❑ Faux ❑ Je l'ignore ❑
E.	pour les acides de la série V, le classement par ordre d'acidité décroissante est : **5**, **7**, **6**	Vrai ❑ Faux ❑ Je l'ignore ❑
F.	l'oxygène de la base conjuguée de l'acide **6** possède une densité électronique plus importante que celle sur l'oxygène de la base conjuguée de l'acide **5**	Vrai ❑ Faux ❑ Je l'ignore ❑
G.	l'effet inductif capteur d'électrons est plus ressenti dans la molécule **6** que dans la molécule **5**	Vrai ❑ Faux ❑ Je l'ignore ❑
H.	le p*K*a de l'acide **1** est supérieur à celui de l'acide **2**	Vrai ❑ Faux ❑ Je l'ignore ❑

I.	le proton le plus acide des molécules de la série II se trouve dans la molécule **10**	Vrai ❑ Faux ❑ Je l'ignore ❑
J.	le p*K*a des composés de la série II dépend de l'état d'hybridation du carbone auquel est lié le proton acide	Vrai ❑ Faux ❑ Je l'ignore ❑
K.	un proton lié au C hybridé sp^3 (molécule **9**) est plus acide qu'un proton lié au C hybridé sp^2 (molécule **8**) lui-même plus acide qu'un proton lié au C hybridé *sp* (molécule **10**)	Vrai ❑ Faux ❑ Je l'ignore ❑
L.	l'acide **10** dans une solution d'amidure de sodium (p*K*a NH_3 = 35) se déprotone totalement	Vrai ❑ Faux ❑ Je l'ignore ❑
M.	dans la série IV, l'alcool lié au C hybridé sp^3 (acide **14**) est moins acide que l'alcool lié au C hybridé sp^2 (acide **16**) lui-même moins acide que l'alcool **15**	Vrai ❑ Faux ❑ Je l'ignore ❑
N.	l'alcool **15** est plus acide que l'alcool benzylique ($PhCH_2OH$)	Vrai ❑ Faux ❑ Je l'ignore ❑
O.	la molécule **15** est plus acide que l'acide **13**	Vrai ❑ Faux ❑ Je l'ignore ❑
P.	dans la série III, c'est l'acide **13** qui a le plus petit p*K*a	Vrai ❑ Faux ❑ Je l'ignore ❑
Q.	dans la série VI, l'acide le plus faible est l'amide **17**	Vrai ❑ Faux ❑ Je l'ignore ❑
R.	l'anilinium **18** est plus acide que le cyclohexylammonium **19**	Vrai ❑ Faux ❑ Je l'ignore ❑
S.	la réaction acide-base entre l'anilinium **18** et la cycloxylamine, base conjuguée de l'acide **19**, est complète	Vrai ❑ Faux ❑ Je l'ignore ❑
T.	l'imidazole, base conjuguée de l'acide **21**, est une base plus forte que la pyridine	Vrai ❑ Faux ❑ Je l'ignore ❑
U.	pour la série VI, le classement par ordre croissant d'acidité des molécules est : **17, 19, 21, 20, 18**	Vrai ❑ Faux ❑ Je l'ignore ❑
V.	le p*K*a de NH_4^+ est supérieur au p*K*a de la molécule **22**	Vrai ❑ Faux ❑ Je l'ignore ❑
W.	le H en α de la fonction aldéhyde (**23**) est plus acide que le H lié au C hybridé *sp* de la molécule **10**	Vrai ❑ Faux ❑ Je l'ignore ❑
X.	l'ordre d'acidité croissante des molécules de la série VIII est : **24**, **28**, **25**, **26**, **27**.	Vrai ❑ Faux ❑ Je l'ignore ❑
Y.	la pyridinium **20**, contrairement à l'amide **17**, se déprotone complétement en solution d'hydroxyde de sodium	Vrai ❑ Faux ❑ Je l'ignore ❑
Z.	le composé le plus acide des vingt-huit molécules précitées est l'acide carboxylique **13**	Vrai ❑ Faux ❑ Je l'ignore ❑

6. La réaction suivante,

A. Vrai ❑ Faux ❑ Je l'ignore ❑

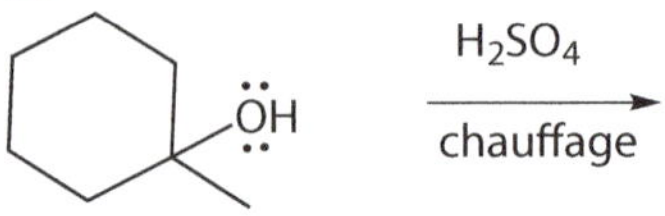

est de type E1.

B. Vrai ❑ Faux ❑ Je l'ignore ❑

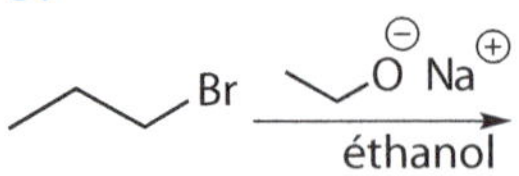

est de type S_N1.

C. Vrai ❑ Faux ❑ Je l'ignore ❑

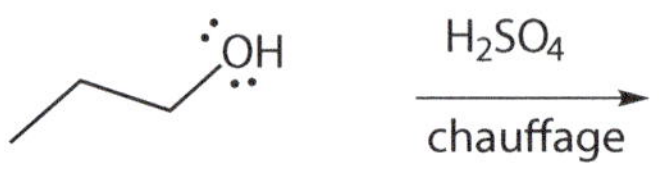

est de type E1.

D. Vrai ❑ Faux ❑ Je l'ignore ❑

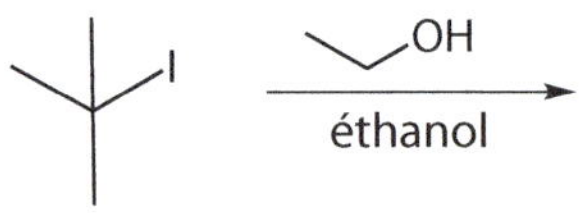

est de type S_N1.

E. Vrai ❑ Faux ❑ Je l'ignore ❑

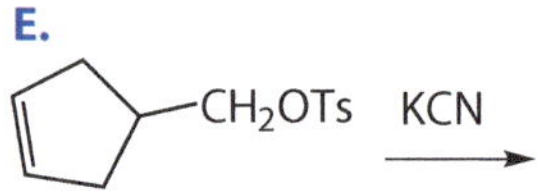

est de type S_N2.

F. Vrai ❑ Faux ❑ Je l'ignore ❑

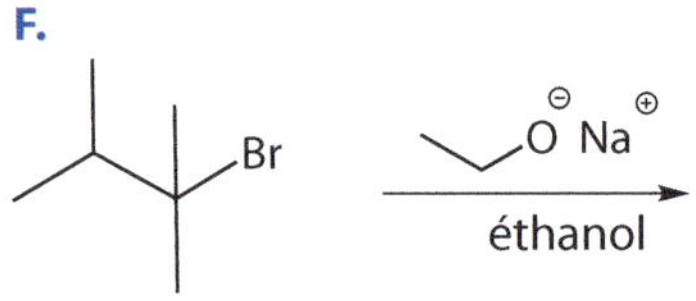

R = 77 %

est une élimination qui suit la règle de Zaytsev.

G. Vrai ❑ Faux ❑ Je l'ignore ❑

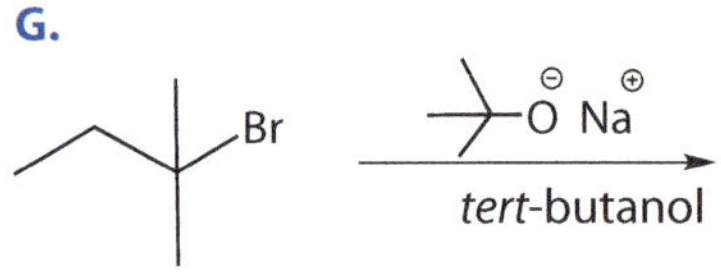

R = 73 %

est une élimination qui suit la règle de Zaytsev.

H. Vrai ❑ Faux ❑ Je l'ignore ❑

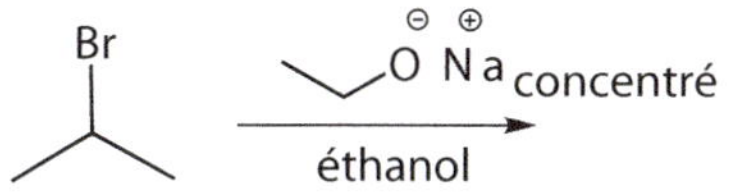

donne deux produits, un produit majoritaire E2 et un minoritaire S_N2.

I. Vrai ❑ Faux ❑ Je l'ignore ❑

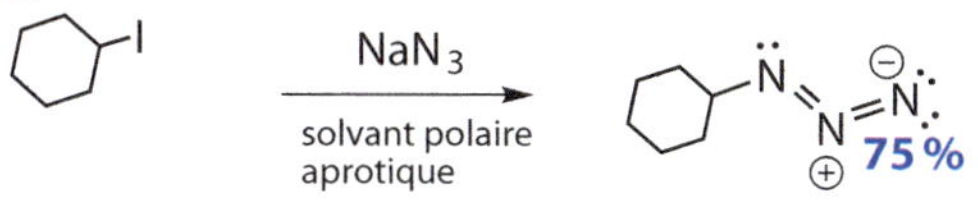

est de type SN1.

J. Vrai ❑ Faux ❑ Je l'ignore ❑

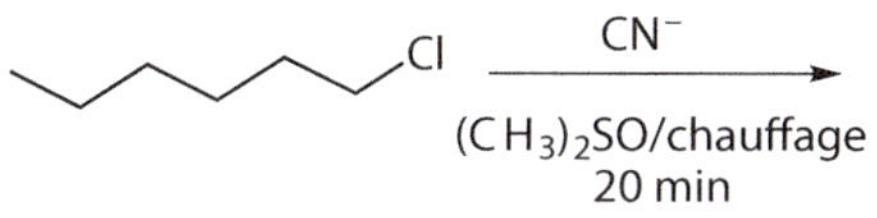

est de type S_N2.

K. Vrai ❑ Faux ❑ Je l'ignore ❑

est de type E2.

L. Vrai ❑ Faux ❑ Je l'ignore ❑

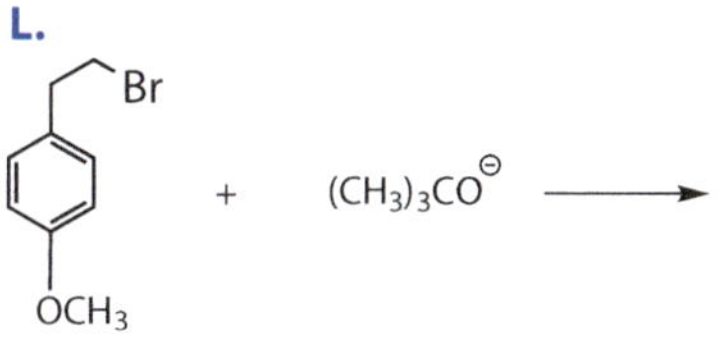

conduit à un produit majoritaire de type S_N2.

M. Vrai ❑ Faux ❑ Je l'ignore ❑

subit un réarrangement de Wagner-Meerwein.

N. Vrai ❑ Faux ❑ Je l'ignore ❑

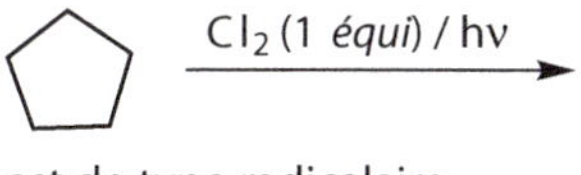

est de type radicalaire.

O. Vrai ❑ Faux ❑ Je l'ignore ❑

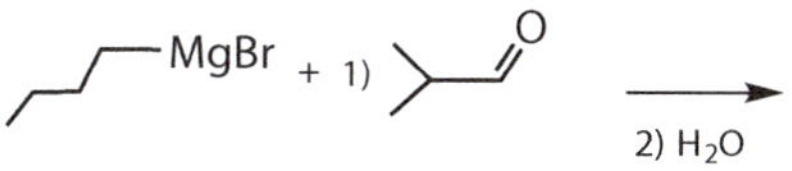

conduit à un alcool secondaire.

P. Vrai ❑ Faux ❑ Je l'ignore ❑

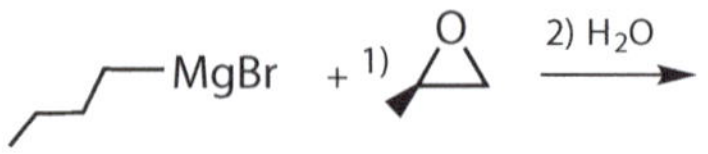

conduit à un alcool secondaire.

Q. Vrai ❑ Faux ❑ Je l'ignore ❑

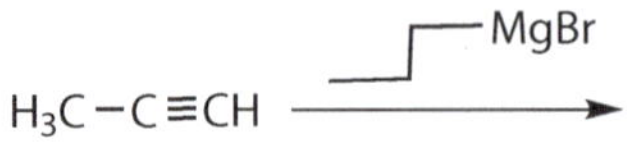

est une réaction acide-base.

R. Vrai ❑ Faux ❑ Je l'ignore ❑

$H_3C-C\equiv CH \quad + NaNH_2 \longrightarrow$

est une réaction de type S_N2.

S. Vrai ❑ Faux ❑ Je l'ignore ❑

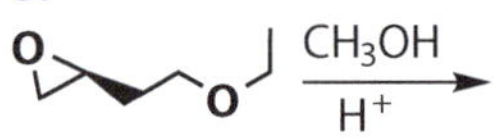

conduit à une molécule contenant deux fonctions éther
et une fonction alcool secondaire.

T. Vrai ❑ Faux ❑ Je l'ignore ❑

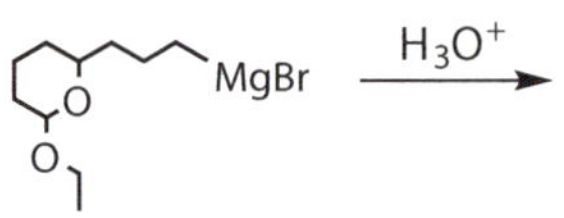

est à la fois une déprotection de la fonction cétone
et une réaction acide-base entre le magnésien et l'eau acidulée.

U. Vrai ❑ Faux ❑ Je l'ignore ❑

est une condensation type aldol.

V. Vrai ❑ Faux ❑ Je l'ignore ❑

est une condensation type Claisen.

W. Vrai ❑ Faux ❑ Je l'ignore ❑

conduit à la formation d'un cétoester.

X. Vrai ❑ Faux ❑ Je l'ignore ❑

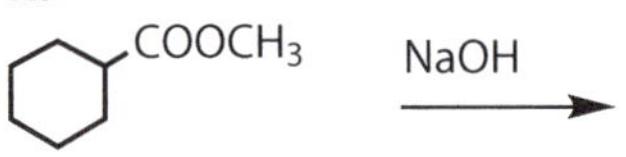

conduit à la formation d'un carboxylate.

Y. Vrai ❑ Faux ❑ Je l'ignore ❑

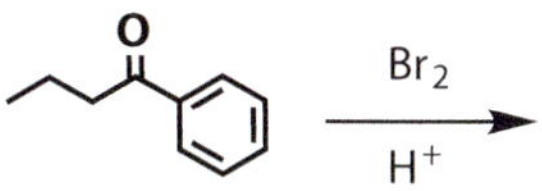

mène à une monobromation du carbone α de la fonction carbonyle.

Z. Vrai ❑ Faux ❑ Je l'ignore ❑

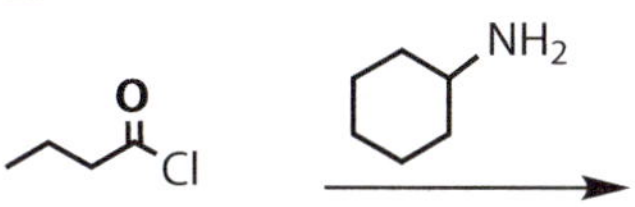

produit une amide.

7. Le réactif / produit de la réaction suivante

A. Vrai ❑ Faux ❑ Je l'ignore ❑

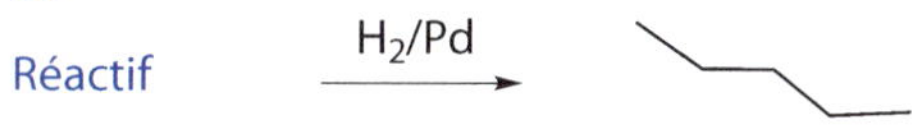

ne peut être un alcyne.

B. Vrai ❑ Faux ❑ Je l'ignore ❑

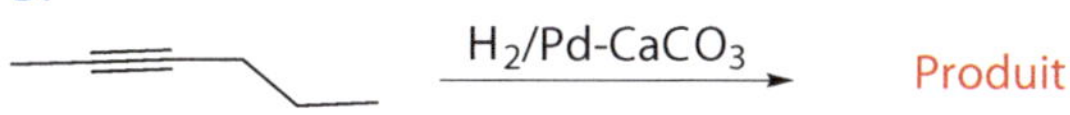

est de configuration *cis*.

C. Vrai ❑ Faux ❑ Je l'ignore ❑

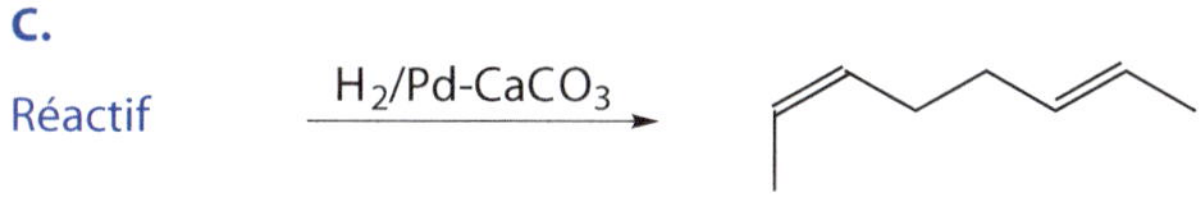

comporte deux fonctions alcynes non conjuguées.

D. Vrai ❑ Faux ❑ Je l'ignore ❑

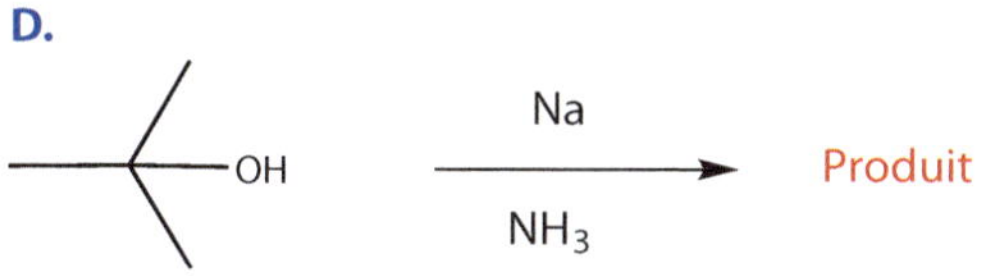

est un alcoolate.

E. Vrai ❑ Faux ❑ Je l'ignore ❑

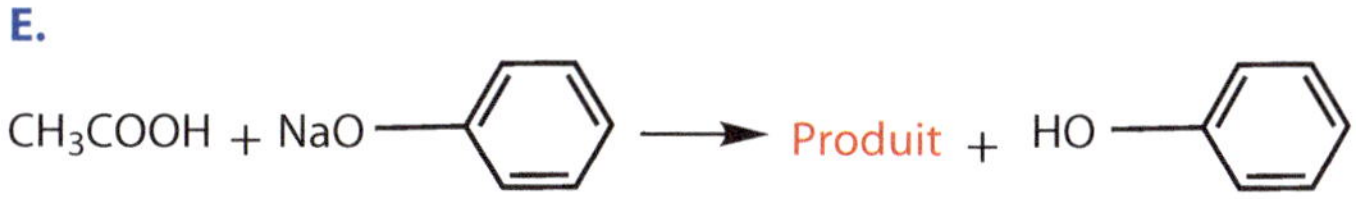

est une base plus forte que le phénolate.

F. Vrai ❑ Faux ❑ Je l'ignore ❑

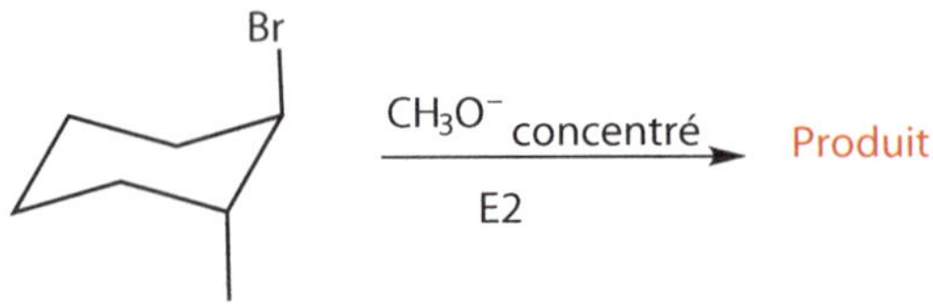

est un alcène secondaire.

G. Vrai ❑ Faux ❑ Je l'ignore ❑

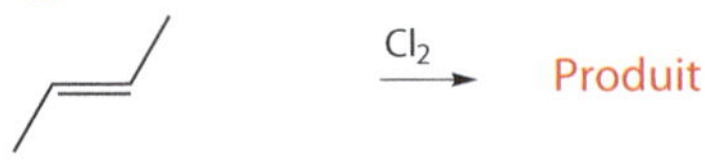

est optiquement actif.

H. Vrai ❑ Faux ❑ Je l'ignore ❑

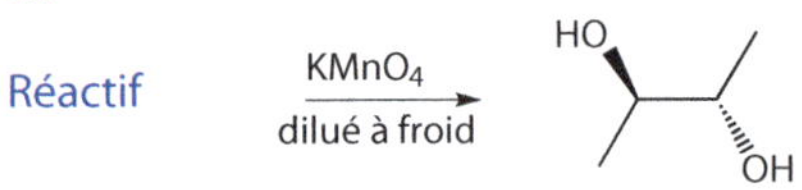

est de configuration *cis*.

I. Vrai ❑ Faux ❑ Je l'ignore ❑

2-Méthylpent-2-ène + CH_3OH (*1 équi*) $\xrightarrow[(S_N1)]{H^{\oplus}\ cat}$ Produit

est un alcool tertiaire.

J. Vrai ❑ Faux ❑ Je l'ignore ❑

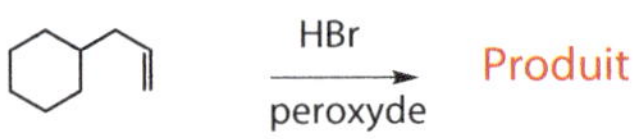

est de type S_N2.

K. Vrai ❑ Faux ❑ Je l'ignore ❑

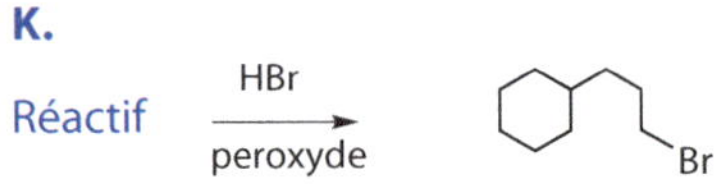

est un alcène monosubstitué.

L. Vrai ❑ Faux ❑ Je l'ignore ❑

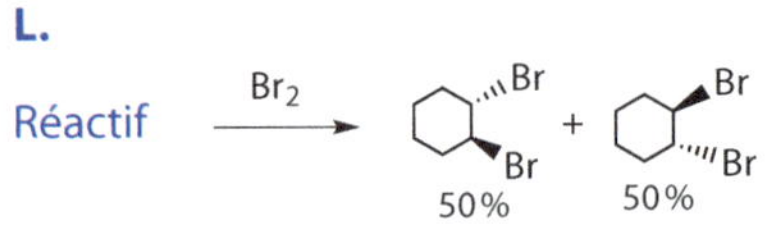

est le cyclohexène.

M. Vrai ❑ Faux ❑ Je l'ignore ❑

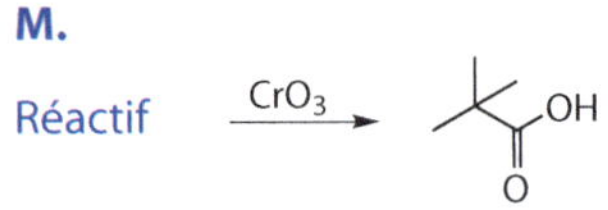

peut être un alcool primaire.

N. Vrai ❑ Faux ❑ Je l'ignore ❑

est une molécule symétrique : forme *méso*.

O. Vrai ❑ Faux ❑ Je l'ignore ❑

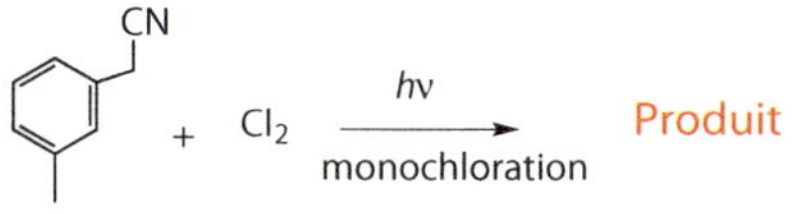

est un mélange d'un couple d'énantiomères et d'un isomère non chiral.

P. Vrai ❑ Faux ❑ Je l'ignore ❑

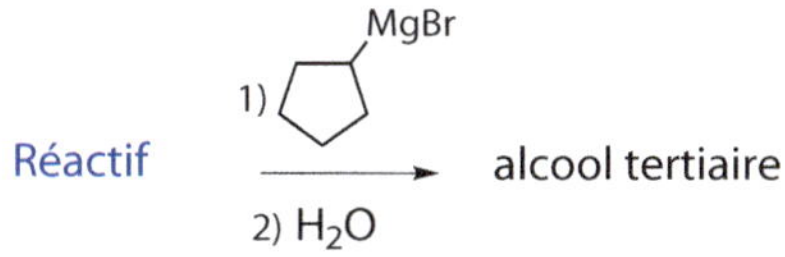

peut être un aldéhyde.

Q. Vrai ❑ Faux ❑ Je l'ignore ❑

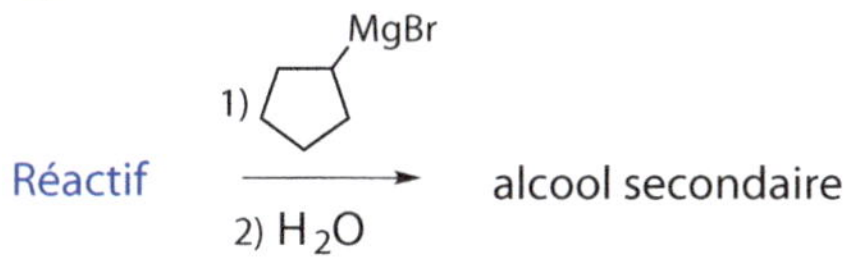

peut être une cétone.

R. Vrai ❑ Faux ❑ Je l'ignore ❑

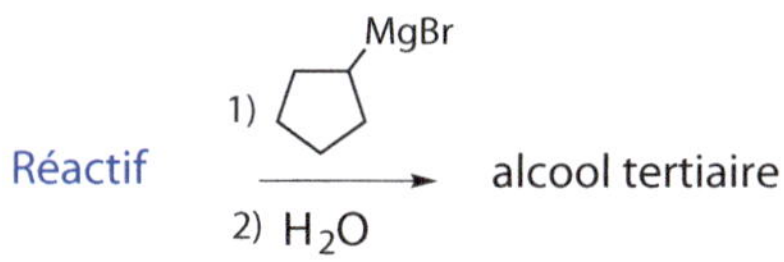

peut être ester.

S. Vrai ❑ Faux ❑ Je l'ignore ❑

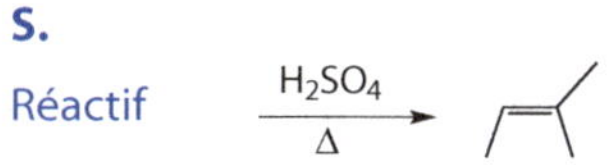

peut être un alcool primaire, secondaire ou tertiaire.

T. Vrai ❑ Faux ❑ Je l'ignore ❑

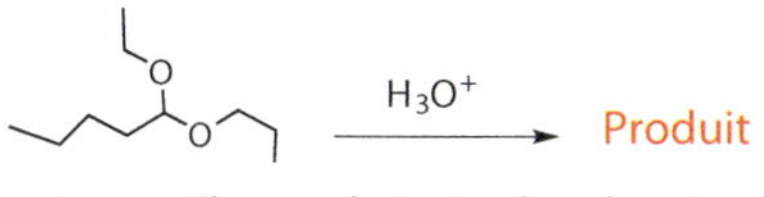

est un mélange de trois alcools primaires.

U. Vrai ❑ Faux ❑ Je l'ignore ❑

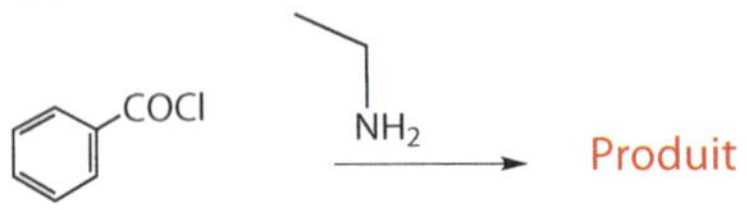

est un composé aromatique comportant une fonction imine

V. Vrai ❑ Faux ❑ Je l'ignore ❑

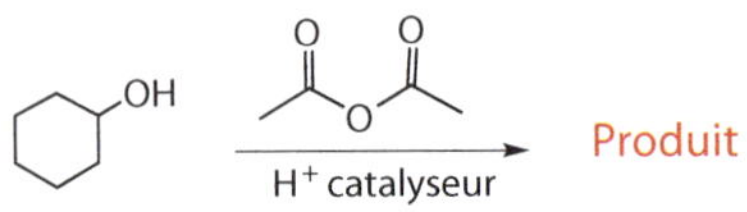

est un composé cyclique comportant une fonction ester.

W. Vrai ❑ Faux ❑ Je l'ignore ❑

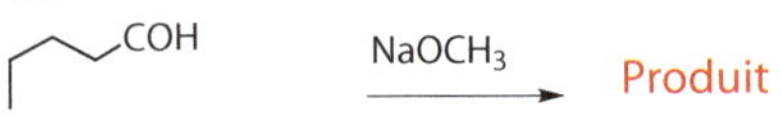

est un aldol.

X. Vrai ❑ Faux ❑ Je l'ignore ❑

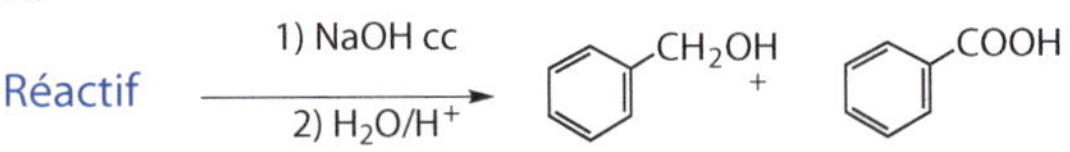

est le benzylaldéhyde.

Y. Vrai ❑ Faux ❑ Je l'ignore ❑

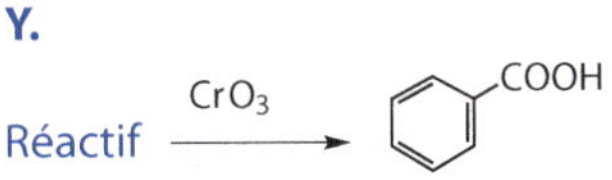

est le phénol.

Z. Vrai ❑ Faux ❑ Je l'ignore ❑

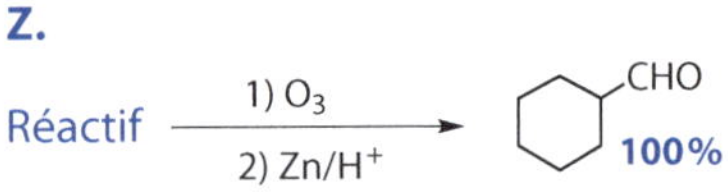

admet 3 insaturations.

Corrections

	1.	2.	3.	4.	5.	6.	7.
A.	F	F	F	F	F	V	F
B.	F	V	F	V	V	F	V
C.	F	V	V	V	V	F	F
D.	F	F	F	V	F	V	V
E.	V	V	F	V	V	V	F
F.	F	V	V	F	V	V	V
G.	F	V	V	V	F	F	F
H.	F	V	V	V	V	V	V
I.	V	F	F	F	V	F	F
J.	F	V	F	V	V	V	F
K.	V	F	V	V	F	F	V
L.	V	V	F	V	V	F	V
M.	F	V	V	V	V	V	V
N.	V	V	V	V	V	V	V
O.	F	F	F	V	F	V	V
P.	V	V	F	V	V	V	F
Q.	F	F	V	F	V	V	F
R.	V	F	V	V	V	F	V
S.	V	V	F	F	V	F	V
T.	F	V	V	V	V	F	F
U.	F	F	V	V	V	F	F
V.	V	F	F	V	F	F	V
W.	F	F	V	F	V	V	V
X.	V	V	V	V	F	V	V
Y.	V	V	V	V	V	V	F
Z.	F	F	V	V	V	V	V

Table des matières

FSC
www.fsc.org
MIXTE
Papier issu
de sources
responsables
FSC® C008551

Achevé d'imprimer en **février 2021** par Silhouet en Belgique
N° éditeur : DBSSI20210017
N° impression : 00005731